Java 网络编程实战

李建英 编著

机械工业出版社
China Machine Press

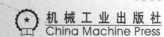

图书在版编目（CIP）数据

Java网络编程实战/李建英编著. –北京：机械工业出版社，2022.1

ISBN 978-7-111-70063-0

Ⅰ. ①J… Ⅱ. ①李… Ⅲ. ①JAVA语言–程序设计 Ⅳ. ①TP312.8

中国版本图书馆CIP数据核字（2022）第016289号

本书全面介绍如何使用Java开发网络程序。读者将学习如何使用Java的网络类库既快速又轻松地完成常见的网络编程任务，如套接字编程、多线程并发服务器的设计、IPv6编程以及向服务端程序提交数据。

本书共11章，主要内容包括：TCP/IP基础、在Windows下搭建Java开发环境、在Linux下搭建Java开发环境、本机网络信息编程、Java多线程编程、TCP套接字编程、FTP网络编程、UDP编程和即时通信系统的设计、网络服务器设计、网络性能工具Iperf的使用、IPv6编程等。

本书适用于 Java 编程人员，同时也可作为高校的 Java 教材以及企业的 Java 培训教材。

Java 网络编程实战

出版发行：机械工业出版社（北京市西城区百万庄大街 22 号　邮政编码：100037）

责任编辑：迟振春　　责任校对：王叶

印　刷：三河市宏达印刷有限公司　　版　次：2022 年 3 月第 1 版第 1 次印刷

开　本：188mm×260mm　1/16　　印　张：22

书　号：ISBN 978-7-111-70063-0　　定　价：89.00 元

客服电话：（010）88361066　88379833　68326294　　投稿热线：（010）88379604

读者信箱：hzjsj@hzbook.com

前　言

用 Java 开发的人越来越多，但是市面上介绍 Java 网络编程的书不多，而且所讲述的内容大多比较老旧（和一线开发关系不大），所以迫切需要一本紧贴一线实战的网络编程书。编者长期从事一线 Java 开发，知道哪些内容是初学者和中级开发者必须要掌握的，哪些是开发过程中的痛点和难点，所以编写了本书将这些经验转化成一个个精心设计的小实例来展现给读者。

本书对套接字编程的重点知识进行简单介绍，以使读者能够迅速掌握，并且能够迅速将所学的技能应用到日常工作中。除了基本的套接字编程外，本书还设计了较为复杂的综合案例，使读者能灵活地应用套接字编程（包括 TCP 编程和 UDP 编程）。另外，本书还重点阐述了网络服务器的设计，比如如何设计并发服务器。本书所选的都是典型、主流的方法和库，既高效又实用，同时精心打磨技术细节，以提高读者的学习效率。

本书的一大特色是实例丰富，读者可以跟着实例进行实战练习。同时本书讲解细致，从基本的开发环境搭建到基本的网络编程技术，再逐步过渡到网络服务器的设计，学习曲线非常平缓，这样可以使读者持续保持学习热情，一步一步往前走。通过阅读本书，读者不仅可以掌握网络编程的实用技术，还可以进一步提高用面向对象的思想来设计和编写 Java 软件的能力。

本书的资源文件可以登录机械工业出版社华章公司的网站（www.hzbook.com）下载，方法是：搜索到本书，然后在页面上的“资源下载”模块下载即可。如果下载有问题，请发送电子邮件至 booksaga@126.com。如果读者有兴趣，也可以加入 QQ 技术交流群（492823357）参与讨论。

虽然编者尽了最大努力，但是书中依旧可能会出现疏漏之处，恳请读者批评指正。另外，如果阅读本书的过程中遇到问题，可以发送邮件（3189505006@qq.com）进行咨询，编者也会将本书的勘误放到 QQ（3189505006）空间中。

编　者

2021 年 9 月

目　　录

第 1 章

TCP/IP 基础

虽然本书以实战为主，但必要的网络基本概念还是要阐述一下。就像我们学游泳一样，每次下水之前都要热热身，做做准备活动。本章不是让读者从头开始学网络基础知识，而是回忆曾经学过的一些网络知识。本章的内容是笔者平时提炼的网络知识精华，可以让读者迅速在头脑中形成网络的概念，继而更快地适应网络实战。

1.1 什么是 TCP/IP

TCP/IP（Transmission Control Protocol/Internet Protocol，传输控制协议/互联网协议）是互联网的基本协议，也是国际互联网络的基础。TCP/IP不是指一个协议，也不是TCP和IP这两个协议的合称，而是一个协议族，包括多个网络协议，比如IP、ICMP（Internet Control Message Protocol，互联网控制报文协议）、TCP、HTTP（Hyper Text Transfer Protocol，超文本传输协议）、FTP（File Transfer Protocol，文件传输协议）、POP3（Post Office Protocol version 3，邮局协议）等。TCP/IP定义了计算机操作系统如何连入互联网，以及数据传输的标准。

TCP/IP是为了解决不同系统的计算机之间的传输通信而提出的一个标准，不同系统的计算机采用了同一种协议后，就能相互通信，从而能够建立网络连接，实现资源共享和网络通信。就像两个不同国家的人，用同一种语言就能相互交流了。

1.2 TCP/IP 的分层结构

TCP/IP协议族按照层次由上到下分成4层，分别是应用层（Application Layer）、传输层（Transport Layer）、网络层（Internet Layer，或称网际层）和网络接口层（Network Interface Layer，或称数据链路层）。其中，应用层包含所有的高层协议，比如Telnet（Telecommunications Network，远程登录协议）、FTP、SMTP（Simple Mail Transfer Protocol，简单邮件传输协议）、DNS（Domain Name Service，域名服务）、NNTP（Net News Transfer Protocol，网络新闻传输协议）和HTTP等。Telnet允许一台机器上的用户登录远程机器进行工作，FTP提供将文件从一台机器上移到另一台机器上的有效方法，SMTP用于电子邮件的收发，DNS用于把主机名映射到网络地址，

NNTP用于新闻的发布、检索和获取，HTTP用于在WWW上获取主页。

应用层的下面一层是传输层，著名的TCP和UDP（User Datagram Protocol，用户数据报协议）就在这一层。TCP是面向连接的协议，它提供可靠的报文传输和对上层应用的连接服务。为此，除了基本的数据传输外，它还有可靠性保证、流量控制、多路复用、优先权和安全性控制等功能。UDP是面向无连接的不可靠传输协议，主要用于不需要TCP的排序和流量控制等功能的应用程序。

传输层的下面一层是网络层，该层是整个TCP/IP体系结构的关键部分，其功能是使主机可以把数据报（Packet，或称为分组）发往任何网络，并使分组独立地传向目标。这些分组经由不同的网络到达的顺序和发送的顺序可能不同。网络层使用的协议有IP。

网络层的下面是数据链路层，该层是整个体系结构的基础部分，负责接收IP层的IP数据报，通过网络向外发送，或接收从网络上来的物理帧，抽出IP数据报，向IP层发送。该层是主机与网络的实际连接层。数据链路层下面就是实体线路（比如以太网络、光纤网络等）。数据链路层有以太网、令牌环网等标准，负责网卡设备的驱动、帧同步（就是从网线上检测到什么信号算作新帧的开始）、冲突检测（如果检测到冲突就自动重发）、数据差错校验等工作。交换机可以在不同的数据链路层的网络之间（比如十兆以太网和百兆以太网之间、以太网和令牌环网之间）转发数据帧，由于不同数据链路层的帧格式不同，交换机要将进来的数据报拆掉报头重新封装之后再转发。

不同的协议层对数据报有不同的称谓，在传输层叫作段（Segment），在网络层叫作数据报（Datagram），在数据链路层叫作帧（Frame）。数据封装成帧后发送到传输介质上，到达目的主机后，每层协议再剥掉相应的报头，最后将应用层数据交给应用程序处理。

不同层包含不同的协议，可以使用图1-1来表示各个协议及其所在的层。

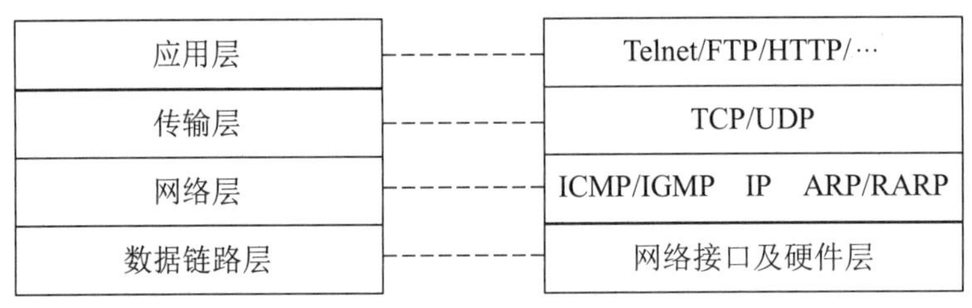

图 1-1

在主机发送端，从传输层开始会把上一层的数据加上一个报头形成本层的数据，这个过程称为数据封装。在主机接收端，从最下层开始，每一层数据会去掉报头信息，该过程称为数据解封。其过程如图1-2所示。

我们来看一个例子。以浏览某个网页为例，看一下浏览网页的过程中TCP/IP各层做了哪些工作。

发送方：

1）打开浏览器，输入网址www.xxx.com，按回车键来访问网页，其实就是访问Web服务器上的网页，在应用层采用的协议是HTTP，浏览器将网址等信息组成HTTP数据，并将数据传送给下一层——传输层。

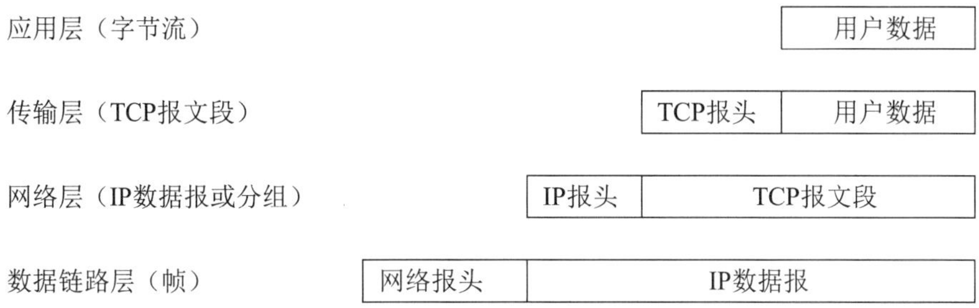

层	数据格式
应用层（字节流）	用户数据
传输层（TCP报文段）	TCP报头 | 用户数据
网络层（IP数据报或分组）	IP报头 | TCP报文段
数据链路层（帧）	网络报头 | IP数据报

图 1-2

2）传输层在数据前面加上TCP报头，并标记端口为80（Web服务器的默认端口），将这个数据段给了下一层——网络层。

3）网络层在这个数据段前面加上自己机器的IP和目的IP，这时该段被称为IP数据报，然后将这个IP数据报给了下一层——数据链路层。

4）数据链路层先在IP数据报前面加上自己机器的MAC地址以及目的MAC地址，加上MAC地址的数据称为帧，然后通过物理网卡把这个帧以比特流的方式发送到网络上。

互联网上有路由器，它会读取比特流中的IP地址进行路由操作，到达正确的网段后，这个网段的交换机读取比特流中的MAC地址，从而找到要接收的对应机器。

接收方：

1）数据链路层用网卡接收到了比特流，读取比特流中的帧，将帧中的MAC地址去掉，就成了IP数据报，传递给上一层——网络层。

2）网络层接收下层传来的IP数据报，将IP从包的前面拿掉，取出带有TCP的数据（数据段）交给传输层。

3）传输层拿到了这个数据段，看到TCP标记的端口是80，说明应用层协议是HTTP，之后将TCP头去掉并将数据交给应用层，告诉应用层对方请求的是HTTP数据。

4）应用层得知发送方请求的是HTTP数据，因此调用Web服务器程序把www.xxx.com的首页文件发送回去。

如果两台计算机位于不同的网段中，那么数据从一台计算机到另一台计算机传输的过程中要经过一个或多个路由器，如图1-3所示。

目的主机收到数据报后，如何经过各层协议栈最终到达应用程序呢？整个过程如图1-4所示。

以太网驱动程序首先根据以太网报头中的“上层协议”字段确定该数据帧的有效载荷（Payload，指除去协议报头之外实际传输的数据）是IP、ARP或RARP的数据报，然后交给相应的协议处理。假如是IP数据报，IP再根据IP报头中的“上层协议”字段确定该数据报的有效载荷是TCP、UDP、ICMP或IGMP，然后交给相应的协议处理。假如是TCP段或UDP段，TCP或UDP再根据TCP报头或UDP报头的“端口号”字段确定应该将应用层数据交给哪个用户进程。IP地址是标识网络中不同主机的地址，而端口号是同一台主机上标识不同进程的地址，IP地址和端口号合起来标识网络中唯一的进程。

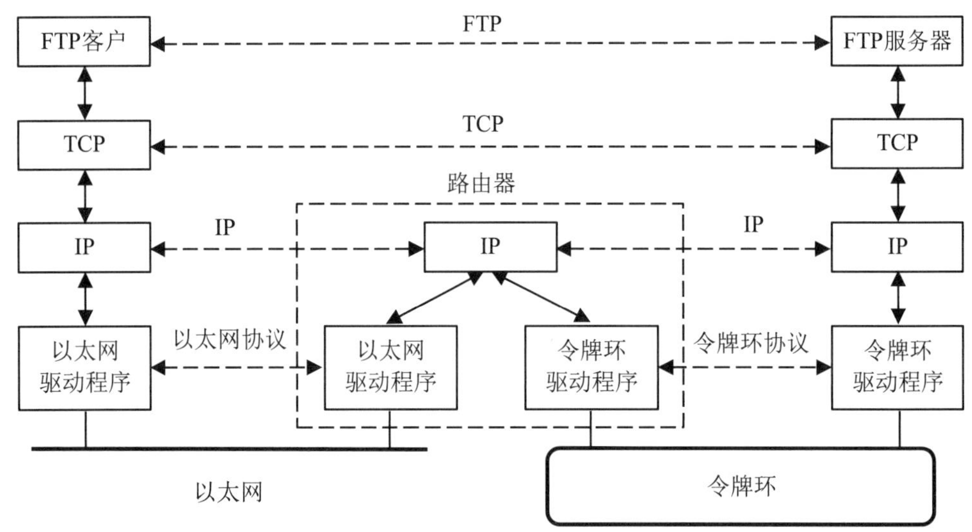

图 1-3

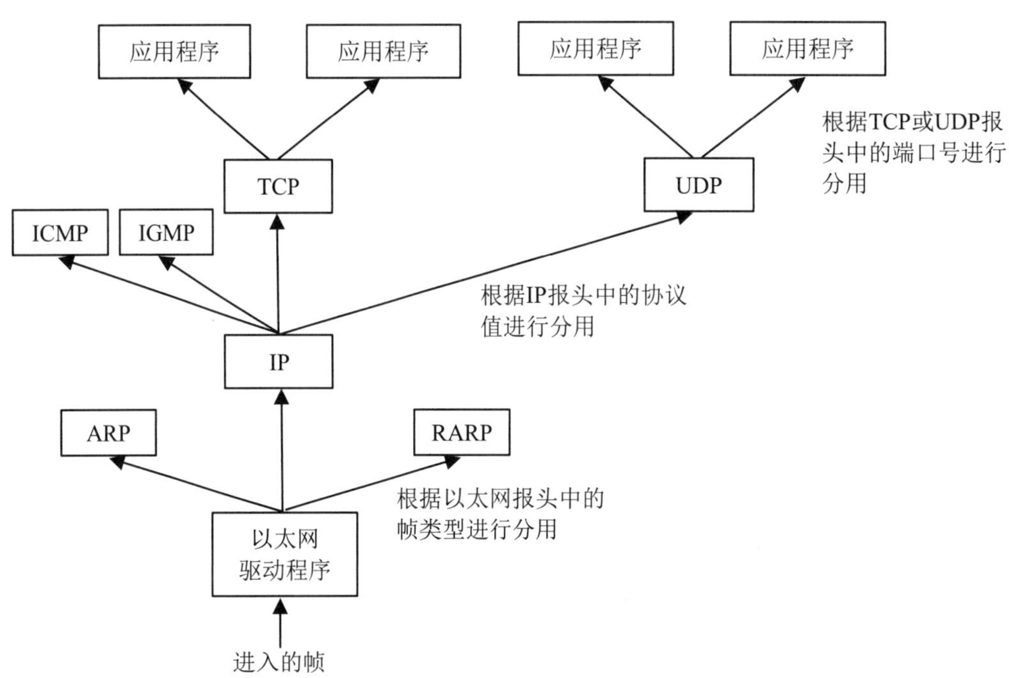

图 1-4

虽然 IP、ARP 和 RARP 数据报都需要以太网驱动程序来封装成帧，但是从功能上划分，ARP 和 RARP 属于数据链路层，而 IP 属于网络层。虽然 ICMP、IGMP、TCP、UDP 的数据都需要 IP 协议来封装成数据报，但是从功能上划分，ICMP、IGMP 与 IP 同属于网络层，而 TCP 和 UDP 属于传输层。

上面可能讲得有点繁杂，再用一张简图来总结一下TCP/IP模型对数据的封装，如图1-5所示。

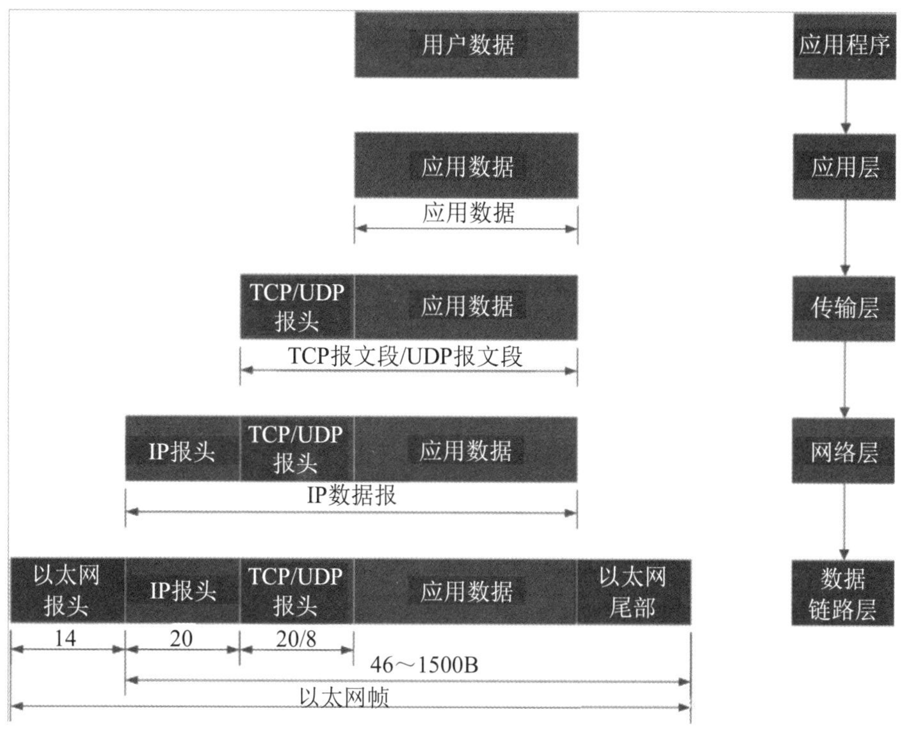

图 1-5

每一层数据是由上一层数据+本层报头信息组成的，其中每一层的数据称为本层的协议数据单元（Protocol Data Unit，PDU）。

- 应用层：用户数据在应用层中会被加密、编码传输。
- 传输层：在传输层中，经过TCP封装的数据将会加上TCP报头，此时的PDU被称为TCP报文段，或简称为TCP段。经过UDP封装的数据将会加上UDP报头，此时的PDU被称为UDP报文段。该层的数据单元也可以统称为段。TCP/UDP报头主要包含源进程端口号和目的进程端口号。
- 网络层：经过IP封装的PDU被称为IP数据报，也被称为包。IP报头主要包含源IP地址和目的IP地址，以及上层传输层协议的类型。
- 数据链路层：在数据链路层中，PDU被进一步封装为帧。传输媒介不同，帧的类型也不同，比如通过以太网传输的就是以太网帧，而令牌环网上传输的则是令牌环帧。以太网帧报头主要包含源MAC地址和目的MAC地址，以及帧类型（用于确定上层协议类型）。最终，帧被以比特流的形式通过物理传输介质传输给目的主机，此时数据传输的单位就是比特。

当目的主机收到一个以太网数据帧时，通过匹配帧中的MAC地址发现目的地是本机，数据就开始在协议栈中由底向上升，同时去掉各层协议加上的报头。每层协议盒都要去检查报头中的协议标识，以确定接收数据的上层协议。

1.3 应　用　层

应用层位于TCP/IP最高层，该层的协议主要有以下几种：

1）远程登录协议（Telnet）。
2）文件传输协议（FTP）。
3）简单邮件传输协议（SMTP）。
4）域名服务（DNS）。
5）简单网络管理协议（SNMP）。
6）超文本传输协议（HTTP）。
7）邮局协议（POP3）。

其中，从网络上下载文件时使用的是FTP；上网浏览网页时使用的是HTTP；在网络上访问一台主机时通常不直接输入IP地址，而是输入域名，使用的是DNS，它会将域名解析为IP地址；通过Outlook发送电子邮件时使用的是SMTP；接收电子邮件时使用的是POP3。

1.3.1 DNS

互联网上的主机通过IP地址来标识自己，但由于IP地址是一串数字，人们较难用这个数字去访问主机，因此互联网管理机构采用一串英文来标识一个主机。这串英文是有一定规则的，它的专业术语叫域名（Domain Name）。对用户来讲，访问一个网站时，既可以输入该网站的IP地址，又可以输入其域名，两者是等价的。例如，微软公司的Web服务器的域名是www.microsoft.com，无论用户在浏览器中输入的是www.microsoft.com，还是Web服务器的IP地址，都可以访问其Web网站。

域名由互联网域名与地址分配机构（Internet Corporation for Assigned Names and Numbers，ICANN）管理，这是为担负域名系统管理、IP地址分配、协议参数配置以及主服务器系统管理等职能而设立的非营利机构。ICANN为不同的国家或地区设置了相应的顶级域名，这些域名通常由两个英文字母组成，例如.uk代表英国、.fr代表法国、.jp代表日本。中国的顶级域名是.cn，.cn下的域名由CNNIC（中国互联网络信息中心）进行管理。

域名只是某个主机的别名，并不是真正的主机地址，主机地址只能是IP地址。为了通过域名来访问主机，必须实现域名和IP地址之间的转换。这个转换工作就由域名系统来完成。DNS是互联网的一项核心服务，它作为可以将域名和IP地址相互映射的一个分布式数据库，能够使人们更方便地访问互联网，而不用去记住能够被机器直接读取的IP数字串。一个需要域名解析的用户先将解析请求发往本地的域名服务器，如果本地的域名服务器能够解析，则直接得到结果，否则本地的域名服务器将向根域名服务器发送请求，并依据根域名服务器返回的指针再查询下一层的域名服务器，以此类推，最后得到所要解析域名的IP地址。

1.3.2 端口

我们知道，网络上的主机通过IP地址来标识自己，以方便其他主机上的程序和自己主机上的程序建立通信。但主机上需要通信的程序有很多，如何才能找到对方主机上的目的程序呢？IP地址只是用来寻找目的主机的，最终通信还是需要找到目的程序。为此，人们提出了端口这个概念，它用来标识目的程序。有了端口，一台拥有IP地址的主机就可以提供许多服务，比如Web服务进程用80端口提供Web服务，FTP进程通过21端口提供FTP服务，SMTP进程通过23端口提供SMTP服务，等等。

如果把IP地址比作一间旅馆的地址，则端口就是这家旅馆内某个房间的房号。旅馆的地址只有一个，但房间却有很多个，因此端口也有很多个。端口是通过端口号来标记的，端口号是一个16位的无符号整数，范围是0~65 535（2^{16}–1），并且前面1024个端口号是留给操作系统使用的，如果我们自己的应用程序要使用端口，通常使用1024后面的整数作为端口号。

1.4 传输层

传输层为应用层提供会话和数据报通信服务。传输层的两个重要协议是TCP和UDP。

1.4.1 TCP

TCP提供一对一的、面向连接的高可靠（数据无丢失、数据无失序、数据无错误、数据无重复）通信服务，它能建立连接，对发送的数据报进行排序和确认，并恢复在传输过程中丢失的数据报。TCP会把应用层数据加上一个TCP报头，组成TCP报文段。TCP报文段的报头（或称为TCP头部）的格式如图1-6所示。

<table>
<tr><td colspan="8">16位源端口号</td><td>16位目的端口号</td></tr>
<tr><td colspan="9">32位序列号</td></tr>
<tr><td colspan="9">32位确认号</td></tr>
<tr><td>4位
报头长度</td><td>保留
（6位）</td><td>U
R
G</td><td>A
C
K</td><td>P
S
H</td><td>R
S
T</td><td>S
Y
N</td><td>F
I
N</td><td>16位窗口大小</td></tr>
<tr><td colspan="8">16位校验和</td><td>16位紧急指针</td></tr>
<tr><td colspan="9">选项</td></tr>
<tr><td colspan="9">数据</td></tr>
</table>

图 1-6

如果用Java语言来定义，可以这样编写：

```
public class _TCP_HEADER                    //TCP报头定义，共20字节
{
    short  sSourPort;                       //源端口号16bit
    short  sDestPort;                       //目的端口号16bit
    unsigned int  uiSequNum;                //序列号32bit
    unsigned int  uiAcknowledgeNum;         //确认号32bit
    short  sHeaderLenAndFlag;          //前4位为TCP报头长度，中6位保留，后6位为标志位
    short  sWindowSize;                     //窗口大小16bit
    short  sCheckSum;                       //校验和16bit
    short  surgentPointer;                  //紧急指针16bit
}
```

1.4.2 UDP

与TCP不同，UDP提供一对一或一对多的、无连接的不可靠通信服务。它的协议头相对比较简单，如图1-7所示。

源端口号	目的端口号
报文段长度	校验和
数据	

图 1-7

如果用Java语言来定义，可以这样编写：

```
public  class _UDP_HEADER                    //UDP报头定义，共8字节
{
    unsigned short m_usSourPort;          //源端口号16bit
    unsigned short m_usDestPort;          //目的端口号16bit
    unsigned short m_usLength;            //报文段长度16bit
    unsigned short m_usCheckSum;          //校验和16bit
}
```

1.5 网 络 层

网络层向上层提供简单灵活的、无连接的、尽最大努力交付的数据报服务。该层重要的协议有IP、ICMP、IGMP、ARP、RARP等。

1.5.1 IP

IP是TCP/IP协议族中最为核心的协议。它把上层数据报封装成IP数据报后进行传输。如果IP数据报太大，还要对数据报进行分片后再传输，到了目的地址处再进行组装还原，以适应不同物理网络对一次所能传输的数据大小的要求。

1. IP的特点

（1）不可靠

不可靠的意思是它不能保证IP数据报成功地到达目的地。IP仅提供最好的传输服务，如果发生某种错误，比如某个路由器暂时用完了缓冲区，IP有一个简单的差错处理算法：丢弃该数据报，然后发送ICMP消息给信源端。任何要求的可靠性必须由上层协议来提供（如TCP）。

（2）无连接

无连接的意思是IP并不维护任何关于后续数据报的状态信息。每个数据报的处理是相互独立的，这也说明IP数据报可以不按发送顺序接收。如果一个信源向相同的信宿发送两个连续的数据报（先是A，再是B），每个数据报都是独立地进行路由选择，可能选择不同的路线，因此B可能在A之前到达。

（3）无状态

无状态的意思是通信双方不同步传输数据的状态信息，无法处理乱序和重复的IP数据报。IP数据报提供了标识字段用来唯一标识IP数据报，用来处理IP分片和重组，不指示接收顺序。

2. IPv4数据报的报头格式

IPv4数据报的报头格式如图1-8所示。

<table>
<tr><td>4位版本</td><td>4位报头长度</td><td>8位服务类型（ToS）</td><td colspan="2">16位总长度（字节数）</td></tr>
<tr><td colspan="3">16位标识</td><td>3位标志</td><td>13位片偏移</td></tr>
<tr><td colspan="2">8位生存时间（TTL）</td><td>8位协议</td><td colspan="2">16位报头校验和</td></tr>
<tr><td colspan="5">32位源IP地址</td></tr>
<tr><td colspan="5">32位目的IP地址</td></tr>
<tr><td colspan="4">选项（如果有）</td><td>填充</td></tr>
<tr><td colspan="5">数据</td></tr>
</table>

图 1-8

IPv4的报头结构与IPv6的报头结构不同，图1-8中的“数据”以上部分就是IP报头的内容。因为有了选项部分，所以IP报头长度是不定长的。如果没有选项部分，则IP报头的长度为（4+4+8+16+16+3+13+8+8+16+32+32）bit=160bit=20Byte，这也就是IP报头的最小长度。

- 版本：占用4比特（也称为位），标识目前采用的IP协议的版本号。如果是IPv4协议，则取0110；如果是IPv6协议，则取0110。
- 报头长度：占用4比特，由于在IP报头中有变长的可选部分，为了能多表示一些长度，因此采用4字节（32比特）作为本字段数值的单位，比如，4比特最大能表示1111，即15，单位是4字节，因此最多能表示的长度为15×4=60字节。
- 服务类型（Type of Service，ToS）：占用8比特，这8比特可用PPPDTRC0这8个字符来表示，其中PPP定义了包的优先级，取值越大表示数据越重要，取值如表1-1所示。

表 1-1　PPP 取值及其含义

PPP 取值	含　义	PPP 取值	含　义
000	常规（Routine）	100	疾速（Flash Override）
001	优先（Priority）	101	关键（Critic）
010	立即（Immediate）	110	网间控制（Internetwork Control）
011	闪速（Flash）	111	网络控制（Network Control）

PPP后面的DTRC0含义如下：

D：延迟，0表示常规，1表示延迟尽量小。

T：吞吐量，0表示常规，1表示吞吐量尽量大。

R：可靠性，0表示常规，1表示可靠性尽量大。

M：传输成本，0表示常规，1表示成本尽量小。

0：这是最后一位，被保留，恒定为0。

- 总长度：占用16比特，该字段表示以字节为单位的IP报的总长度（包括IP报头部分和IP数据部分）。如果该字段全为1，就是最大长度，即$2^{16}-1$= 65 535字节≈63.999 023 437 5KB，有些书上写最大是64KB，其实是达不到的，最大长度只能是65 535字节，而不是65 536字节。
- 标识：在协议栈中保持着一个计数器，每产生一个数据报，计数器就加1，并将此值赋给标识字段。注意这个“标识”并不是序号，IP是无连接服务，数据报不存在按序接收的问题。当IP数据报由于长度超过网络的MTU（Maximum Transmission Unit，最大传输单元）

而必须分片（分片会在后面讲到，意思就是把一个大的网络数据报拆分成一个个小的数据报）时，这个标识字段的值就被复制到所有小分片的标识字段中。相同的标识字段值使得分片后的各数据报分片最后能正确地重装为原来的大数据报。该字段占用16比特。

- 标志：占用3比特，该字段最高位不使用，第二位称为DF（Don't Fragment）位，DF位设为1时表明路由器不对上层数据报分片。如果一个上层数据报无法在不分片的情况下进行转发，则路由器会丢弃该上层数据报并返回一个错误信息。最低位称为MF（More Fragment）位。当为1时说明这个IP数据报是分片的，并且后续还有数据报；当为0时说明这个IP数据报是分片的，但已经是最后一个分片了。
- 片偏移：该字段的含义是某个分片在原IP数据报中的相对位置。第一个分片的偏移量为0，片偏移以8字节为偏移单位。这样，每个分片的长度一定是8字节（64位）的整数倍。该字段占13比特。
- 生存时间：也称存活时间（Time To Live，TTL），表示数据报到达目的地址之前的路由跳数。TTL 是由发送端主机设置的一个计数器，每经过一个路由节点就减1，减到0时，路由就丢弃该数据报，向源端发送ICMP差错报文。这个字段的主要作用是防止数据报在网络上永不终止地循环转发。该字段占用8比特。
- 协议：该字段用来标识数据部分所使用的协议，比如取值1表示ICMP，取值2表示IGMP，取值6表示TCP，取值17表示UDP，取值88表示IGRP，取值89表示OSPF。该字段占用8比特。
- 报头校验和：该字段用于对IP报头的正确性进行检测，但不包含数据部分。前面提到，每个路由器会改变TTL的值，所以路由器会为每个通过的数据报重新计算报头校验和。该字段占用16比特。
- 源IP地址和目的IP地址：用于标识这个IP数据报的来源和目的地址。值得注意的是，除非使用NAT（网络地址转换），否则整个传输过程中这两个地址都不会改变。这两个字段都占用32比特。
- 选项（可选）：这是一个可变长的字段。该字段属于可选项，主要是在一些特殊情况下使用，最大长度是40字节。
- 填充：由于IP报头长度字段的单位为32比特，所以IP报头的长度必须为32比特的整数倍。因此，在可选项后面，IP会填充若干个0，以达到32比特的整数倍。

在Linux源码中，IP报头的定义如下：

```
struct iphdr {
#if defined(__LITTLE_ENDIAN_BITFIELD)
    __u8        ihl:4,
            version:4;
#elif defined (__BIG_ENDIAN_BITFIELD)
    __u8    version:4,
            ihl:4;
#else
#error  "Please fix <asm/byteorder.h>"
#endif
    __u8        tos;
    __be16      tot_len;
    __be16      id;
    __be16      frag_off;
```

```
    __u8        ttl;
    __u8        protocol;
    __sum16     check;
    __be32      saddr;
    __be32      daddr;
    /*The options start here. */
};
```

这个定义可以在源码目录的include/uapi/linux/ip.h中查到。

3. IP数据报分片

IP在传输数据报时，将数据报分为若干分片（小数据报）后进行传输，并在目的端系统中进行重组。这一过程称为分片。

要理解IP分片，首先要理解MTU（Maximum Transmission Unit，最大传输单元），物理网络一次传送的数据是有最大长度的，因此网络层下一层（数据链路层）的传输单元（数据帧）也有一个最大长度，该最大长度值就是MTU。每一种物理网络都会规定数据链路层数据帧的最大长度，比如以太网的MTU为1500字节。

IP在传输数据报时，如果IP数据报加上数据帧报头后长度大于MTU，则将数据报切分成若干分片（小数据报）后再进行传输，并在目的端系统中进行重组。IP分片既可能在源端主机进行，又可能发生在中间的路由器处，因为不同网络的MTU是不一样的，而传输的整个过程可能会经过不同的物理网络。如果传输路径上的某个网络的MTU比源端网络的MTU要小，路由器就可能对IP数据报再次进行分片。分片数据的重组只会发生在目的端的IP层。

4. IP地址

（1）IP地址的定义

IP中有一个非常重要的内容是IP地址。所谓IP地址，就是互联网中主机的标识，互联网中的主机要与别的主机通信必须具有一个IP地址。就像房子要有一个门牌号，这样邮递员才能根据信封上的家庭地址送到目的地。

IP地址现在有两个版本，分别是32位的IPv4和128位的IPv6，后者是为了解决前者不够用而产生的。每个IP数据报都必须携带目的IP地址和源IP地址，路由器依据此信息为数据报选择路由。

这里以IPv4为例，IP地址是由4个数字组成的，数字之间用小圆点隔开，每个数字的取值范围为0~255（包括0和255）。通常有两种表示形式：

- 十进制表示，比如192.168.0.1。
- 二进制表示，比如11000000.10101000.00000000.00000001。

两种形式可以相互转换，每8位二进制数对应1位十进制数，如图1-9所示。

在实际应用中多用十进制表示。

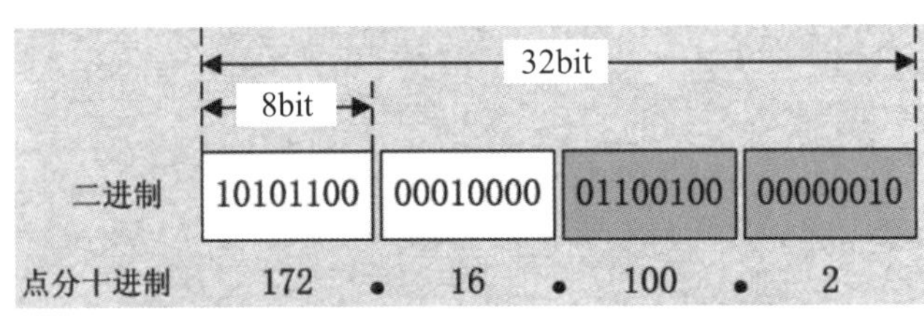

图 1-9

（2）IP地址的两级分类编址

互联网由很多网络构成，每个网络上都有很多主机，这样就构成了一个有层次的结构。IP地址在设计时就考虑到地址分配的层次特点，把每个IP地址分割成网络号（NetID）和主机号（HostID）两部分。网络号表示主机属于互联网中的哪一个网络，而主机号则表示其属于该网络中的哪一台主机。两者之间是主从关系，同一网络中绝对不能有主机号完全相同的两台计算机，否则会导致IP地址冲突。IP地址分为两部分后，IP数据报从网际上的一个网络到达另一个网络时，选择路径可以基于网络而不是主机。在大型的网际中，这一优势特别明显，因为路由表中只存储网络信息而不是主机信息，这样可以大大简化路由表，大大方便路由器的IP寻址。

根据网络地址和主机地址在IP地址中所占的位数可将IP地址分为A、B、C、D、E五类，每一类网络可以从IP地址的第一个数字看出，如图1-10所示。

- A类地址的第1位为0，第2~8位为网络地址，第9~32位为主机地址。这类地址适用于为数不多的主机数大于2^{16}的大型网络，A类网络地址的数量最多不超过126（2^7–2）个，每个A类网络最多可以容纳16 777 214（2^{24}–2）台主机。
- B类地址的前两位分别为1和0，第3~16位为网络地址，第17~32位为主机地址。这类地址用于主机数介于2^8~2^{16}的中型网络，B类网络地址的数量最多为16 382（2^{14}–2）个。
- C类地址的前3位分别为1、1、0，第4~24位为网络地址，其余为主机地址。由于每个网络只能容纳254（2^8–2）台主机，C类网络地址的数量上限为2 097 150（2^{21}–2）个。
- D类地址的前4位为1、1、1、0，其余为多播地址。
- E类地址的前5位为1、1、1、1、0，其余位留待后用。

A类IP地址的第一个字节范围是0~126，B类IP地址的第一个字节范围是128~191，C类IP地址的第一个字节范围是192~223，所以看到192.X.X.X肯定是C类IP地址，读者根据IP地址的第一个字节的范围就能够推导出该IP地址属于A类、B类还是C类。

IP地址以A、B、C三类为主，又以B、C两类更为常见。除此之外，还有一些特殊用途的IP地址：广播地址（主机地址全为1，用于广播，这里的广播是指同时向网上的所有主机发送报文，不是指我们日常听的那种广播）、有限广播地址（所有地址全为1，用于本网广播）、本网地址（网络地址全0，后面的主机号表示本网地址）、回送测试地址（127.x.x.x型，用于网络软件测试及本地机进程间通信）、主机位全0地址（这种地址的网络地址就是本网地址）及保留地址（网络号全1和32位全0两种）。由此可见，网络位全1或全0和主机位全1或全0都是不能随意分配的，这也是前面的A、B、C类网络的网络数及主机数要减2的原因。

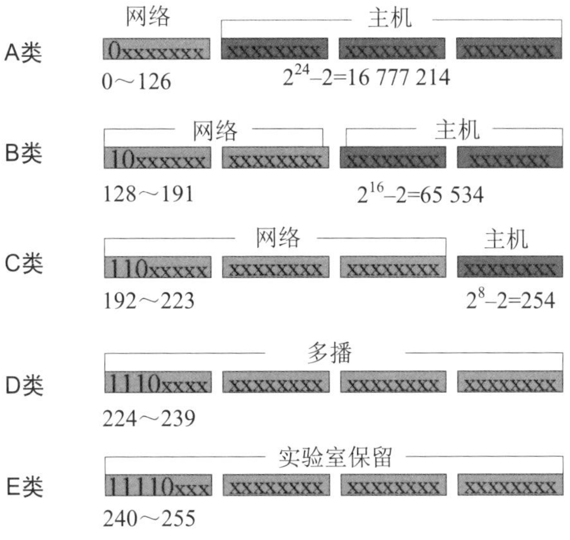

图 1-10

总之，主机号全为0和全为1时分别作为本网地址和广播地址使用，这种IP地址不能分配给用户使用。D类网络用于广播，它可以将信息同时传送到网上的所有设备，而不是点对点的信息传送，这种网络可以用来召开电视/电话会议。E类网络常用于进行试验。网络管理员在配置网络时不应该采用D类和E类网络。我们把特殊的IP地址列在表1-2中。

表 1-2　特殊的 IP 地址

特殊 IP 地址	含　　义
0.0.0.0	表示默认的路由，这个值用于简化IP路由表
127.0.0.1	表示本主机，使用这个地址，应用程序可以像访问远程主机一样访问本主机
网络号全为0的IP地址	表示本网络的某主机，如0.0.0.88将访问本网络中节点为88的主机
主机号全为0的IP地址	表示网络本身
网络号或主机号全为1	表示所有主机
255.255.255.255	表示本网络广播

当前，A类地址已经全部分配完，B类也不多了，为了有效并连续地利用剩下的C类地址，互联网采用CIDR（Classless Inter-Domain Routing，无类别域间路由）方式把许多C类地址合起来作为B类地址分配。整个世界被分为4个地区，每个地区分配一段连续的C类地址：欧洲（194.0.0.0～195.255.255.255）、北美（198.0.0.0～199.255.255.255）、中南美（200.0.0.0～201.255.255.255）、亚太地区（202.0.0.0～203.255.255.255）、保留备用（204.0.0.0～223.255.255.255）。这样每一类都有约3200万网址可供使用。

5. 网络掩码

在IP地址的两级编址中，IP地址由网络号和主机号两部分组成。如果我们把主机号部分全部置为0，此时得到的地址就是网络地址。网络地址可以用于确定主机所在的网络，为此路由器只需计算出IP地址中的网络地址，然后跟路由表中存储的网络地址相比较，就可以知道这个分组应该从哪个接口发送出去。当分组达到目的网络后，再根据主机号抵达目的主机。

要计算出IP地址中的网络地址，需要借助网络掩码，或称默认掩码。它是一个32位的数，左边连续*n*位全部为1，右边32–*n*位连续为0。A、B、C三类地址的网络掩码分别为255.0.0.0、255.255.0.0和255.255.255.0。我们通过IP地址和网络掩码进行“与”运算，得到的结果就是该IP地址的网络地址。网络地址相同的两台主机处于同一个网络中，它们可以直接通信，而不必借助路由器。

举一个例子，现在有两台主机A和B，A的IP地址为192.168.0.1，网络掩码为255.255.255.0，B的IP地址为192.168.0.254，网络掩码为255.255.255.0。我们先对A做运算，把它的IP地址和子网掩码按位相“与”：

```
IP：         11010000.10101000.00000000.00000001
子网掩码：    11111111.11111111.11111111.00000000
AND运算
网络号：      11000000.10101000.00000000.00000000
转换为十进制：192.168.0.0
```

再把B的IP地址和子网掩码按位相“与”：

```
IP：         11010000.10101000.00000000.11111110
子网掩码：    11111111.11111111.11111111.00000000
AND运算
网络号：      11000000.10101000.00000000.00000000
转换为十进制：192.168.0.0
```

我们看到，A和B两台主机的网络号是相同的，因此可以认为它们处于同一网络。

由于IP地址越来越不够用，为了不浪费，人们对每类网络进一步划分出了子网，为此IP地址又有了三级编址的方法，即子网内的某个主机IP地址={<网络号>,<子网号>,<主机号>}。该方法中有了子网掩码的概念，后来又提出了超网、无分类编址和IPv6。限于篇幅，这里不再赘述。

1.5.2 ARP

网络上的IP数据报到达最终目的网络后，必须通过MAC地址来找到最终目的主机，而数据报中只有IP地址，为此需要把IP地址转为MAC地址，这个工作就由ARP来完成。ARP是网络层中的协议，用于将IP地址解析为MAC地址。通常，ARP只适用于局域网。ARP的工作过程如下：

1）本地主机在局域网中广播ARP请求，ARP请求数据帧中包含目的主机的IP地址。这一步所表达的意思是“如果你是这个IP地址的拥有者，请回答你的硬件地址”。

2）目的主机收到这个广播报文后，用ARP解析这份数据报，识别出是询问其硬件地址，于是发送ARP应答数据报，其中包含IP地址及其对应的硬件地址。

3）本地主机收到ARP应答后，知道了目的地址的硬件地址，之后的数据报就可以传送了。同时，会把目的主机的IP地址和MAC地址保存在本机的ARP表中，以后通信直接查找此表即可。

可以在Windows操作系统的命令行下使用“arp –a”命令来查询本机ARP缓存列表，如图1-11所示。

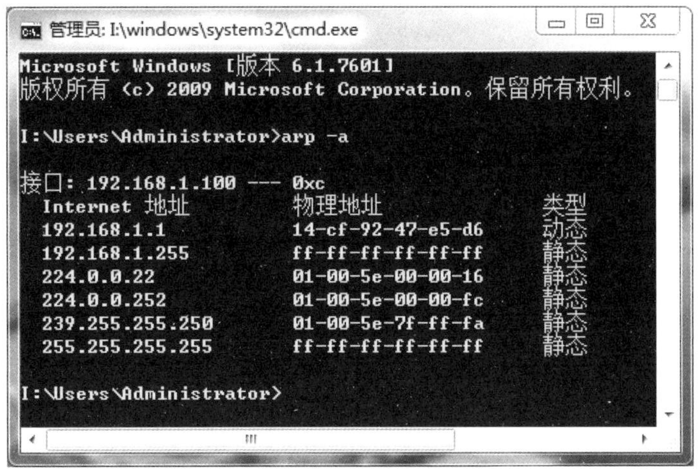

图 1-11

另外，可以使用“arp -d”命令来清除ARP缓存表。

ARP通过发送和接收ARP数据报来获取物理地址，ARP数据报的格式如图1-12所示。

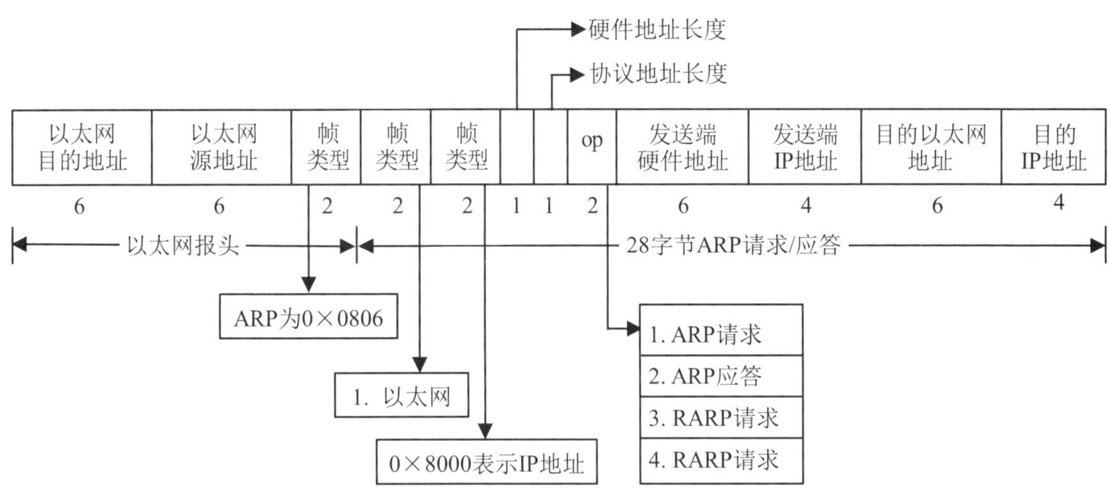

图 1-12

ether_header结构定义了以太网报头；arphdr结构定义了其后的5个字段，其信息用于在任何类型的介质上传送ARP请求和应答；ether_arp结构除了包含arphdr结构外，还包含源主机和目的主机的地址。如果这个数据报格式用C语言来表述，可以这样编写：

```
//定义常量
#define EPT_IP   0x0800          /* type: IP */
#define EPT_ARP   0x0806         /* type: ARP */
#define EPT_RARP 0x8035          /* type: RARP */
#define ARP_HARDWARE 0x0001      /* Dummy type for 802.3 frames */
#define ARP_REQUEST 0x0001       /* ARP request */
#define ARP_REPLY 0x0002         /* ARP reply */
//定义以太网报头
typedef struct ehhdr
```

```
{
    unsigned char eh_dst[6];        /* destination ethernet address */
    unsigned char eh_src[6];        /* source ethernet address */
    unsigned short eh_type;         /* ethernet packet type */
}EHHDR, *PEHHDR;
//定义以太网ARP字段
typedef struct arphdr
{
//ARP报头
    unsigned short arp_hrd;         /* format of hardware address */
    unsigned short arp_pro;         /* format of protocol address */
    unsigned char arp_hln;          /* length of hardware address */
    unsigned char arp_pln;          /* length of protocol address */
    unsigned short arp_op;          /* ARP/RARP operation */

    unsigned char arp_sha[6];       /* sender hardware address */
    unsigned long arp_spa;          /* sender protocol address */
    unsigned char arp_tha[6];       /* target hardware address */
    unsigned long arp_tpa;          /* target protocol address */
}ARPHDR, *PARPHDR;
```

定义整个ARP数据报，总长度为42字节：

```
typedef struct arpPacket
{
    EHHDR;
    ARPHDR;
} ARPPACKET, *PARPPACKET;
```

1.5.3 RARP

RARP允许局域网的物理机器从网关服务器的ARP表或者缓存上请求其IP地址。比如局域网中有一台主机只知道自己的物理地址而不知道自己的IP地址，那么可以通过RARP发出征求自身IP地址的广播请求，然后由RARP服务器负责回答。RARP广泛应用于无盘工作站引导时获取IP地址。RARP允许局域网的物理机器从网管服务器ARP表或者缓存上请求其IP地址。

RARP的工作过程如下：

1）主机发送一个本地的RARP广播，在此广播包中声明自己的MAC地址并且请求任何收到此请求的RARP服务器分配一个IP地址。

2）本地网段上的RARP服务器收到此请求后，检查其RARP列表，查找该MAC地址对应的IP地址。

3）如果IP地址存在，RARP服务器就给源主机发送一个响应数据报并将此IP地址提供给对方主机使用。如果IP地址不存在，RARP服务器对此不做任何响应。

4）源主机收到RARP服务器的响应信息后，将利用得到的IP地址进行通信。如果一直没有收到RARP服务器的响应信息，则表示初始化失败。

RARP的帧格式与ARP只是帧类型字段和操作类型不同。

1.5.4　ICMP

ICMP是网络层的一个协议，用于探测网络是否连通、主机是否可达、路由是否可用等。简单来讲，它是用来查询、诊断网络的。

虽然和IP协议同处网络层，但ICMP报文却是作为IP数据报的数据，然后加上IP报头后再发送出去的，如图1-13所示。

图 1-13

IP报头的长度为20字节。ICMP报文作为IP数据报的数据部分，当IP报头的协议字段取值为1时，其数据部分是ICMP报文。ICMP报文格式如图1-14所示。

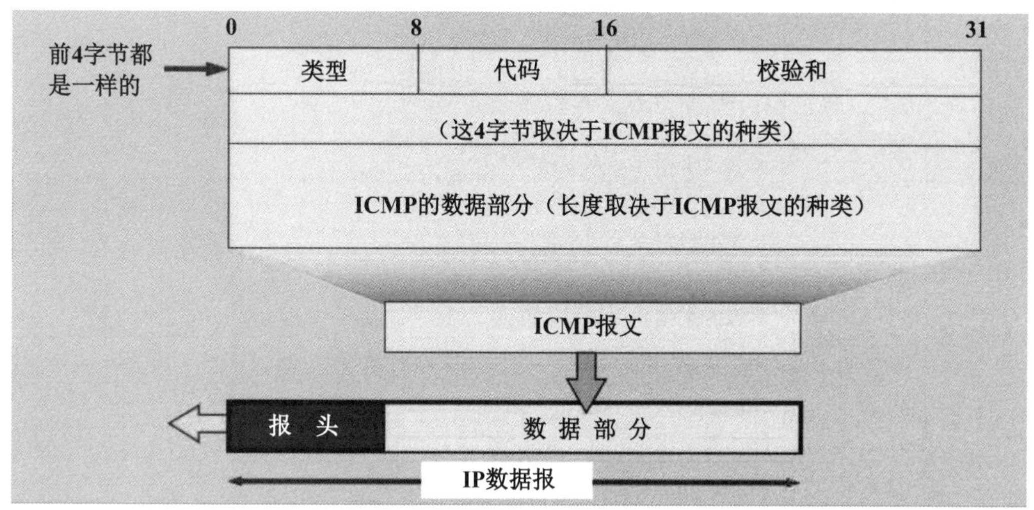

图 1-14

其中，最上面（0, 8, 16, 31）指的是比特位，所以前3个字段（类型、代码、校验和）共占了32比特（类型占8位，代码占8位，校验和占16位），即4字节。所有ICMP报文前4字节的格式都是一样的，即任何ICMP报文都含有类型、代码、校验和这3个字段，8位类型和8位代码字段一起决定了ICMP报文的种类。紧接着后面4字节取决于ICMP报文的种类。前面8字节就是ICMP报文的报头，后面的ICMP数据部分的内容和长度也取决于ICMP报文的种类。16位的校验和字段是包括选项数据在内的整个ICMP数据报文的校验和，其计算方法和IP头部校验和的计算方法是一样的。

ICMP报文可分为两大类别：差错报告报文和查询报文。报文的代码及其含义如表1-3所示。

表 1-3　报文的代码及其含义

类　　型	代　　码	含　　义	查　　询	差错报告
0	0	回显应答（Ping应答）	*	
3	0 1	目的不可达 网络不可达		* *

（续表）

类　型	代　码	含　义	查　询	差错报告
3	2	主机不可达		*
	3	协议不可达		*
	4	端口不可达		*
	5	需要分片但设置了不分片比特		*
	6	目的网络不认识		*
	7	目的主机不认识		*
	8	源主机被隔离（作废不用）		*
	9	目的网络被强制禁止		*
	10	目的主机被强制禁止		*
	11	由于服务类型是ToS，因此网络不可达		*
	12	由于服务类型是ToS，因此主机不可达		*
	13	由于过滤，因此通信被强制禁止		*
	14	主机越权		*
	15	优先权中止生效		*
4	0	源端被关闭（基本流控制）		*
5	0	对网络重定向		*
	1	对主机重定向		*
	2	对服务类型和网络重定向		*
	3	对服务类型和主机重定向		*
8	0	回显请求（Ping请求）	*	
9	0	路由器通告	*	
10	0	路由器请求	*	
11	0	传输期间生存时间为0		*
	1	在数据报组装期间生存时间为0		*
12	0	坏的IP报头（包括各种差错）		*
	1	缺少必需的选项		*
13	0	时间戳请求	*	
14	0	时间戳应答	*	
15	0	信息请求（作废不用）	*	
16	0	信息应答（作废不用）	*	
17	0	地址掩码请求	*	
18	0	地址掩码应答	*	

从表1-3中可以看出，每一行都是一条（或称每一种）ICMP报文，它要么属于查询，要么属于差错报告。

1. ICMP差错报告报文

从表1-3中可以发现，属于差错报告报文的ICMP报文蛮多的，为了方便归纳，可以将这些差错报告报文分为5种类型：目的不可达（类型=3）、源端被关闭（类型=4）、重定向（类型=5）、超时（类型=11）和参数问题（类型=12）。

代码字段不同的取值进一步表明了该类型ICMP报文的具体情况，比如类型为3的ICMP报文都是表明目的不可达，这是什么原因呢？此时就用代码字段进一步说明，比如代码为1表示网络不可达，代码为2表示主机不可达，等等。

ICMP规定，ICMP差错报告报文必须包括产生该差错报告报文的源数据报的IP报头，还必须包括跟在该IP（源IP）报头后面的前8字节，这样ICMP差错报告报文的IP报长度=本IP报头（20字节）+本ICMP报头（8字节）+ 源IP报头（20字节）+源IP报的IP报头后的8字节=56字节。可以使用图1-15来表示ICMP差错报告报文。

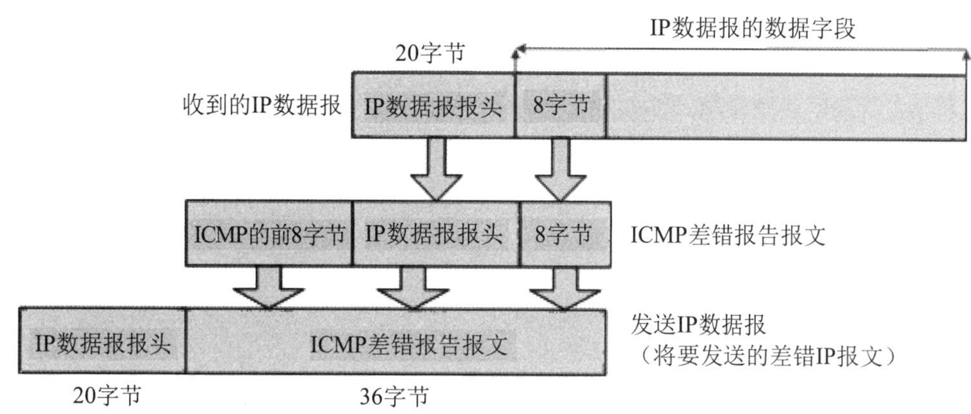

图 1-15

比如我们来看一个具体的UDP端口不可达的差错报文，如图1-16所示。

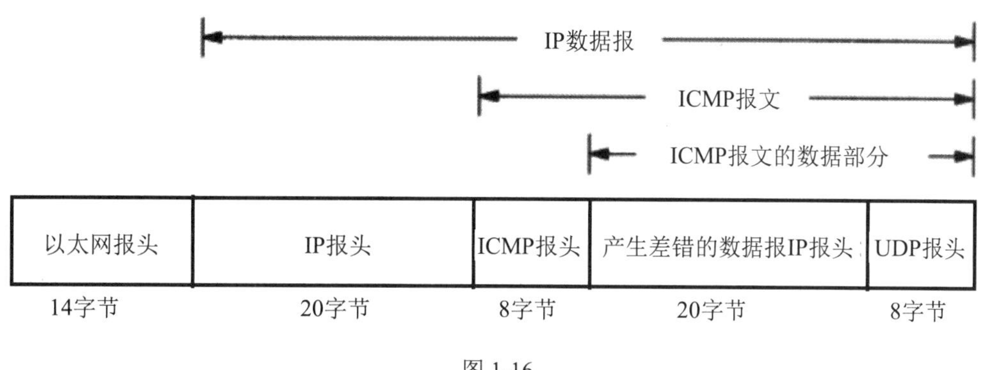

图 1-16

从图1-16可以看到，IP数据报的长度是56字节。为了让读者更形象地了解这5类差错报告报文的格式，我们用图形来表示每一类报文。

（1）ICMP目的不可达报文

目的不可达也称终点不可达，可分为网络不可达、主机不可达、协议不可达、端口不可达、需要分片但设置了不分片比特（DF（方向标志）比特置为1）等16种报文，其代码字段分别置为0～15。当出现以上16种情况时就向源站发送目的不可达报文。目的不可达报文的格式如图1-17所示。

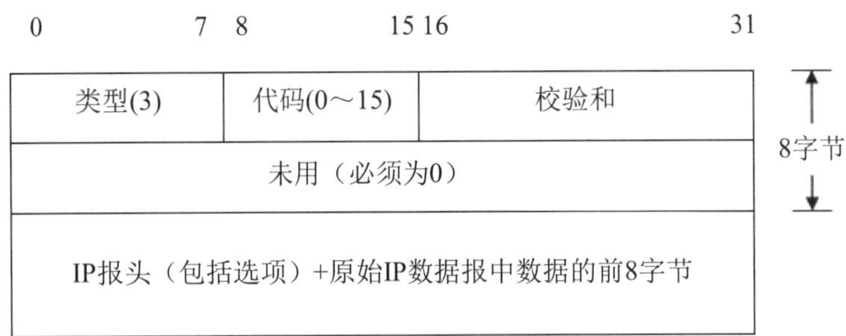

图 1-17

（2）ICMP源端被关闭报文

也称源站抑制，当路由器或主机由于拥塞而丢弃数据报时，就向源站发送源站抑制报文，让源站知道应当将数据报的发送放慢。这类报文的格式如图1-18所示。

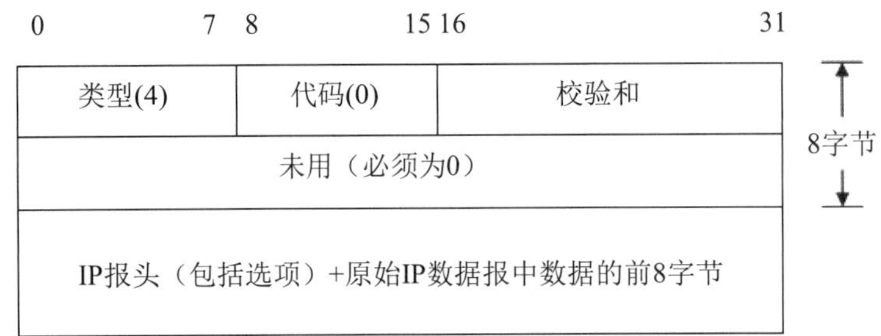

图 1-18

（3）ICMP重定向报文

当IP数据报应该被发送到另一个路由器时，收到该数据报的当前路由器就要发送ICMP重定向报文给IP数据报的发送端。重定向一般用来让具有很少路由信息的主机逐渐建立更完善的路由表。ICMP重定向报文只能由路由器产生。这类报文的格式如图1-19所示。

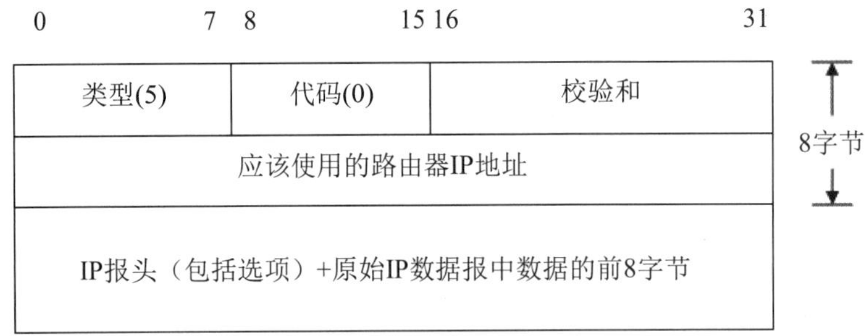

图 1-19

（4）ICMP超时报文

当路由器收到生存时间为零的数据报时，除了丢弃该数据报外，还要向源站发送超时报文。当目的站在预先规定的时间内不能收到一个数据报的全部分片时，就将已收到的分片丢弃，并向源站发送超时报文。这类报文的格式如图1-20所示。

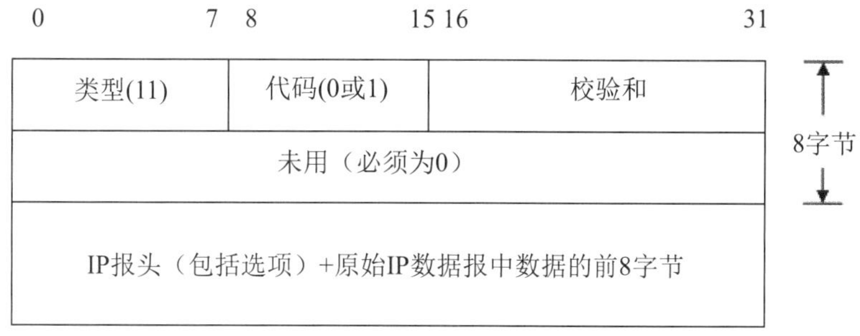

图 1-20

（5）ICMP参数问题报文

当路由器或目的主机收到的数据报的报头中的字段值不正确时，就丢弃该数据报，并向源站发送参数问题报文。这类报文的格式如图1-21所示。

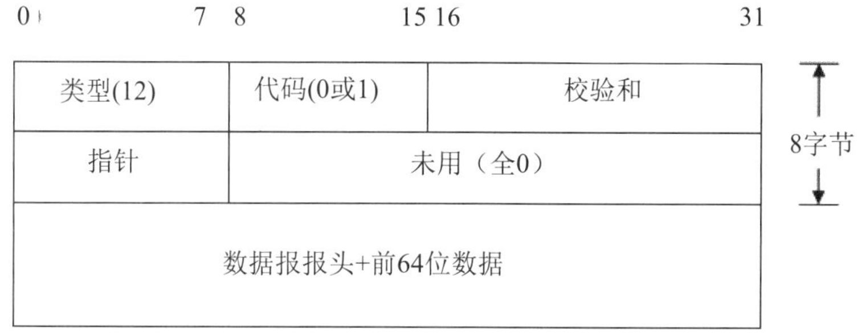

代码为0时，数据报某个参数错，指针域指向出错的字节；
代码为1时，数据报缺少某个选项，无指针字段。

图 1-21

2. ICMP查询报文

根据功能的不同，ICMP查询报文可以分为4大类：回显（Echo）请求或应答、时间戳（Timestamp）请求或应答、地址掩码（Address Mask）请求或应答、路由器请求或通告。前面提到，种类由类型和代码字段决定，我们来看一下它们的类型和代码，如表1-4所示。

表 1-4　ICMP 查询报文的类型和代码

类　型	代　码	含　义
8、0	0	回显请求（TYPE=8）、应答（TYPE=0）
13、14	0	时间戳请求（TYPE=13）、应答（TYPE=14）
17、18	0	地址掩码请求（TYPE=17）、应答（TYPE=18）
10、9	0	路由器请求（TYPE=10）、通告（TYPE=9）

这里要提一下回显请求和应答，Echo的中文翻译为回声，有的文献翻译为回送或回显，本书采用回显。回显请求的含义就是请求对方回复一个应答。我们知道Linux和Windows下各有一个ping命令，Linux下的ping命令产生的ICMP报文大小是（56+8=）64字节，56是ICMP报文数据部分长度，8是ICMP报头部分长度，而Windows下ping命令产生的ICMP报文大小是（32+8=）40字节。该命令就是本机向一个目的主机发送一个回显请求（类型为8）的ICMP报

文，如果途中没有异常（例如被路由器丢弃、目标不回应ICMP或传输失败），则目标返回一个回显应答的ICMP报文（类型为0），表明这台主机存在。后面的章节还会讲到ping命令的抓包和编程。

为了让读者更加形象地了解这4类查询报文的格式，我们用图形来表示每一类报文。

1）ICMP回显请求和应答报文的格式如图1-22所示。

图 1-22

2）ICMP时间戳请求和应答报文的格式如图1-23所示。

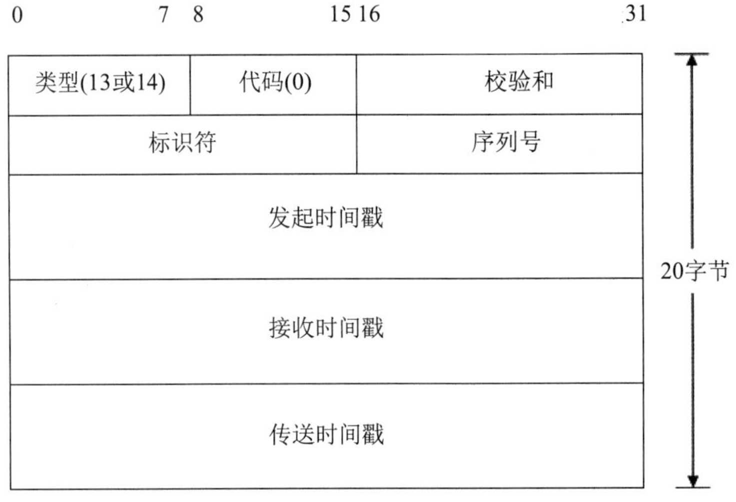

图 1-23

3）ICMP地址掩码请求和应答报文的格式如图1-24所示。

图 1-24

4）ICMP路由器请求和通告报文的格式分别如图1-25和图1-26所示。

0　　7　8　　15 16　　31

类型(10)	代码(0)	校验和
未用（置为0发送）		

8字节

图 1-25

0　　7　8　　15 16　　31

类型(9)	代码(0)	校验和
地址数	地址选项长度(2)	生存时间
路由器地址[1]		
优先级[1]		
路由器地址[2]		
优先级[2]		
……		

8字节

图 1-26

【例1.1】　抓包查看来自Windows的ping包

1）启动虚拟机VMware下的Windows操作系统，设置网络连接方式为NAT，则虚拟机中的Windows 7会连接到虚拟交换机VMnet8上。

2）在Windows下安装并打开抓包软件Wireshark，选择要捕获网络数据报的网卡是VMware Network Adapter VMnet8，如图1-27所示。

图 1-27

双击图1-27中选中的网卡，即可在该网卡上捕获数据。此时我们在虚拟机的Windows（192.168.80.129）下ping宿主机（192.168.80.1），可以在Wireshark下看到捕获到的ping包。图1-28所示是回显请求，可以看到ICMP报文的数据部分是32字节，如果加上ICMP报头（8字节），那就是40字节。

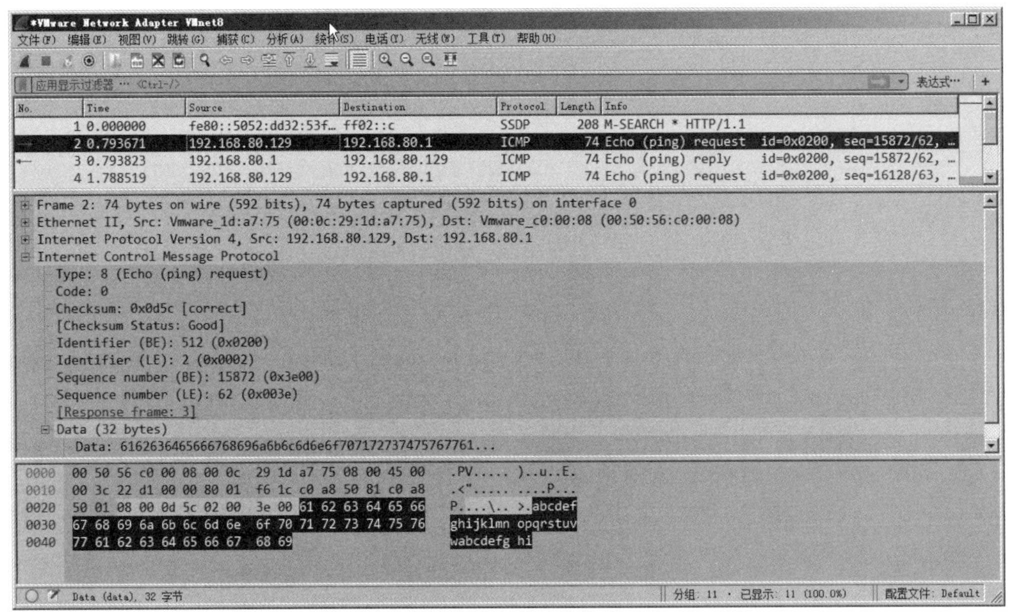

图 1-28

我们可以再看一下回显应答，ICMP报文的数据部分长度依然是32字节，如图1-29所示。

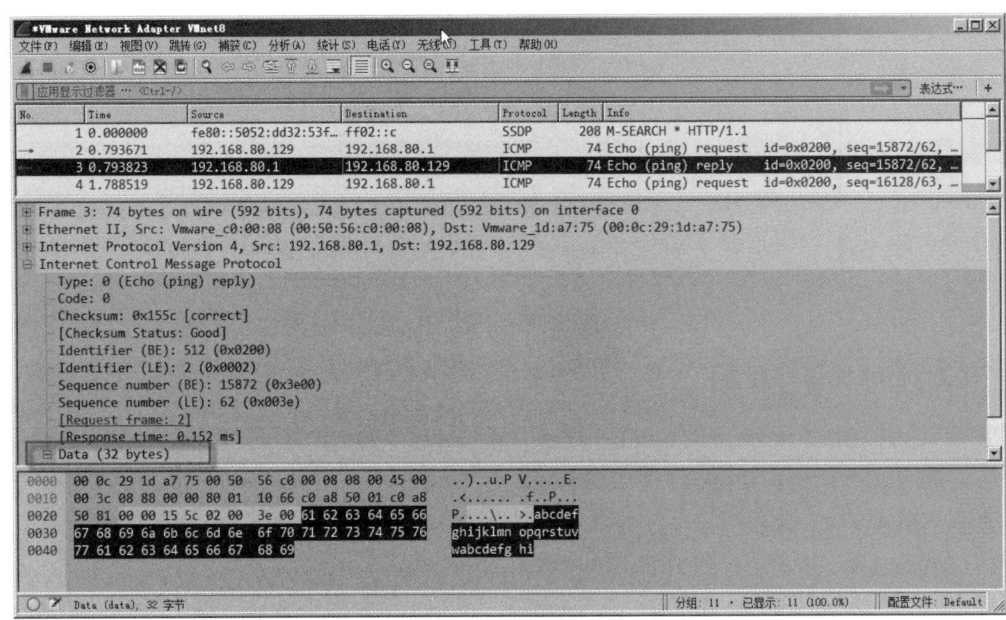

图 1-29

【例1.2】 抓包查看来自Linux的ping包

1）启动VMware下的Linux系统，设置网络连接方式为NAT，则虚拟机中的Linux会连接到虚拟交换机VMnet8上。

2）在Linux下安装并打开抓包软件Wireshark，选择要捕获网络数据报的网卡是VMware Network Adapter VMnet8，其显示结果类似于图1-27。

在虚拟机的Linux（192.168.80.128）下ping宿主机（192.168.80.1），可以在Wireshark下看到捕获的ping包。图1-30所示是回显请求，可以看到ICMP报文的数据部分是56字节，如果加上ICMP报头（8字节），那就是64字节。

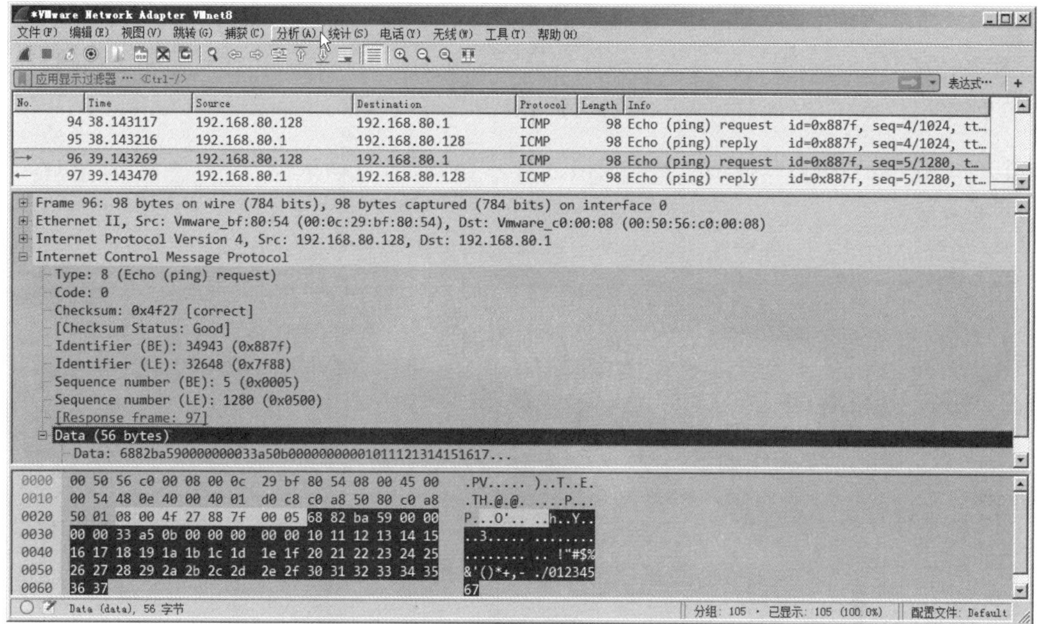

图 1-30

我们可以再看一下回显应答，ICMP报文的数据部分长度依然是56字节，如图1-31所示。

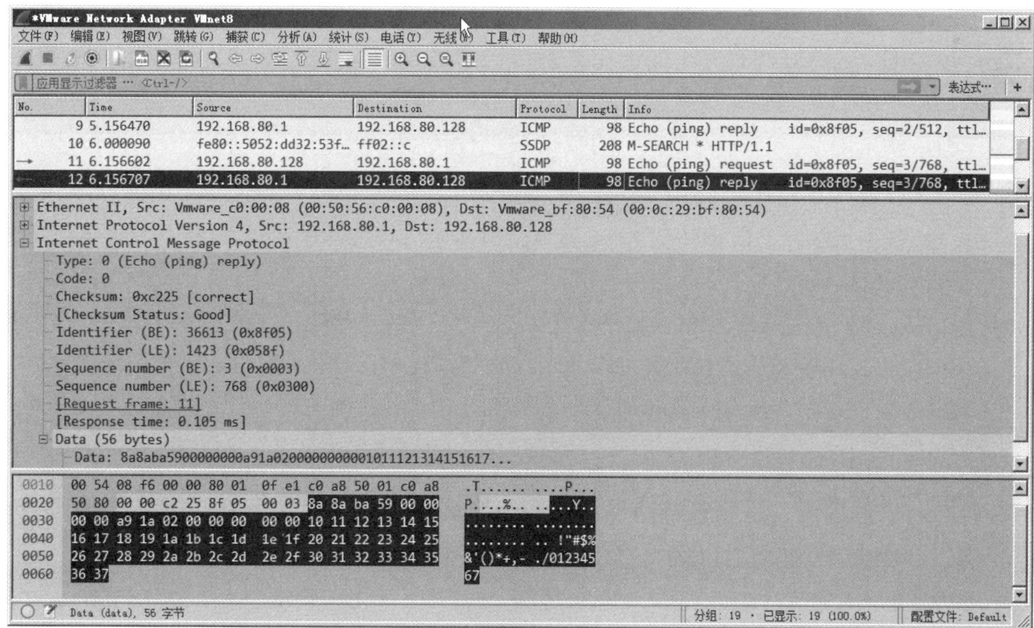

图 1-31

1.6 数据链路层

1.6.1 数据链路层的基本概念

数据链路层的基本服务是将来自源计算机网络层的数据可靠地传输到相邻节点的目标计算机的网络层。为了达到这个目的，数据链路层主要解决以下3个问题：

1）如何将数据组合成数据块（在数据链路层中将这种数据块称为帧，帧是数据链路层的传送单位）。

2）如何控制帧在物理信道上的传输，包括如何处理传输差错、如何调节发送速率以与接收方相匹配。

3）如何管理两个网络实体之间数据链路通路的建立、维持和释放。

1.6.2 数据链路层的主要功能

数据链路层的主要功能如下：

（1）为网络层提供服务

- 没有确定的无连接服务，适用于实时通信或者误码率较低的通信信道，如以太网。
- 有确定的无连接服务，适用于误码率较高的通信信道，如无线通信。
- 有确定的面向连接服务，适用于通信要求比较高的场合。

（2）成帧、帧定界、帧同步、透明传输

为了向网络层提供服务，数据链路层必须使用物理层提供的服务。物理层是以比特流的形式进行传输的，这种比特流并不保证在数据传输的过程中没有错误，接收到的比特数量可能少于、等于或者多于发送的比特数量，它们还可能有不同的值。这时数据链路层为了实现有效的差错控制，就采用了一种称为“帧”的数据块进行传输。而要采用“帧”格式传输，就必须有相应的帧同步技术，这就是数据链路层的“成帧”（也称为“帧同步”）功能。

- 成帧：两个工作站之间传输信息时，必须将网络层的分组封装成帧，以帧的形式进行传输。在一段数据的前后分别添加报头和尾部，就构成了帧。
- 帧定界：报头和尾部含有很多控制信息，它们的一个重要作用是确定帧的界限，即帧定界。
- 帧同步：帧同步指的是接收方应当能从接收的二进制比特流中区分出帧的起始和终止。
- 透明传输：透明传输就是无论所传输的数据是什么样的比特组合，都能在链路上传输。

（3）差错控制

在数据通信过程中，受物理链路性能和网络通信环境等因素的影响，难免会出现一些传送错误，为了确保数据通信的准确性，必须使这些错误发生的概率尽可能低。该功能也是在数据链路层实现的。

（4）流量控制

在双方的数据通信中，如何控制数据通信的流量同样非常重要。它既可以确保数据通信的有序进行，又可以避免通信过程中不会出现因接收方来不及接收而造成数据丢失。

（5）链路管理

数据链路层的“链路管理”功能包括数据链路的建立、维持和释放3个主要方面。当网络中的两个节点要进行通信时，数据的发送方必须明确知道接收方是否已处于准备接收的状态。为此通信双方必须先交换一些必要的信息，以建立一条基本的数据链路。在传输数据时要维持数据链路，而在通信完毕时要释放数据链路。

（6）MAC寻址

这是数据链路层中的MAC子层的主要功能。这里所说的“寻址”与“IP地址寻址”是完全不一样的，因为此处寻找的地址是计算机网卡的MAC地址，也称“物理地址”或“硬件地址”，而不是IP地址。在以太网中，采用媒体访问控制（Media Access Control，MAC）地址进行寻址，MAC地址被烧录到每个以太网网卡中。

网络接口层中的数据通常被称为MAC帧，帧所用的地址为媒体设备地址，即MAC地址，也就是通常所说的物理地址。每块网卡都有一个全世界唯一的物理地址，它的长度固定为6字节，比如00-30-C8-01-08-39。在Linux操作系统的命令行下执行ifconfig -a命令就可以看到系统中所有网卡的信息。

MAC帧的帧头定义如下：

```
typedef struct _MAC_FRAME_HEADER    //数据帧头定义
{
    char  cDstMacAddress[6];        //目的MAC地址
    char  cSrcMacAddress[6];        //源MAC地址
    short m_cType;  //上一层协议类型，如0x0800代表上一层是IP，0x0806代表上一层是ARP
}MAC_FRAME_HEADER,*PMAC_FRAME_HEADER;
```

第 2 章

在 Windows 下搭建 Java 开发环境

这是一本Java开发图书，当然少不了讲述Java开发环境的配置，包括JDK的配置和集成开发环境的使用。本章将讲述如何在Windows下搭建Java开发环境。

2.1　下载 JDK

这里推荐使用JDK 1.8，可以到官网（https://www.oracle.com/cn/java/）下载。

网页右上角有一个“下载Java”的链接，打开它即可选择下载不同的JDK版本。笔者的计算机操作系统是Windows 7 64位，所以选择jdk-8u181-windows-x64.exe。值得注意的是，因为JDK更新比较快，所以读者打开该网页下载时有可能8u181已经下架了，但是可以选择jdk-8u系列的高版本，这不影响后续的使用。

有些朋友会说，为何不使用JDK的最新版本？这是因为就目前而言，使用JDK 1.8的人最多，其稳定性也最好，新版本虽然有很多新特性，但是很多新特性还用不到，而且很多公司也不用。我们学习时要选择市面上大多数公司用的版本，这样方便以后就业。还有一个原因是用的人多，碰到问题时容易找到答案，很多“坑”都是别人经历过的。不少新版本升级的地方对开发有利的重大特性很少，吸引力不够，所以大家没必要去升级，在公司开发时稳定压倒一切。我们可以看一个调查，使用Java 8的公司和程序员高达80%，如图2-1所示。

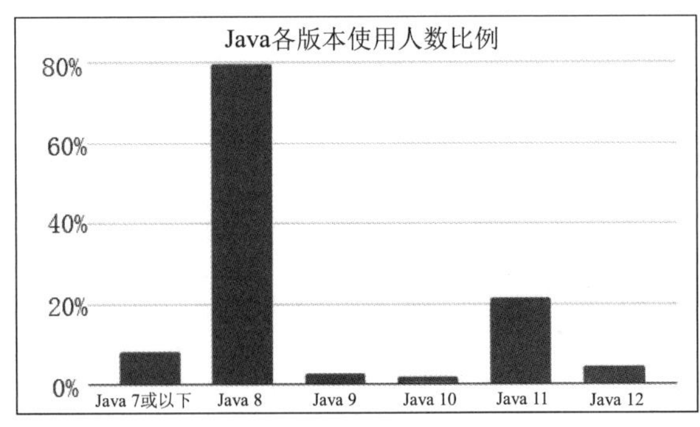

图 2-1

2.2 安装 JDK

安装JDK很简单，操作步骤如下：

步骤 01 双击 jdk-8u181-windows-x64.exe 即可开始安装，第一个安装界面如图 2-2 所示。

步骤 02 单击“下一步”按钮，然后使用默认的安装路径 C:\Program Files\Java\jdk1.8.0_181\，如图 2-3 所示。

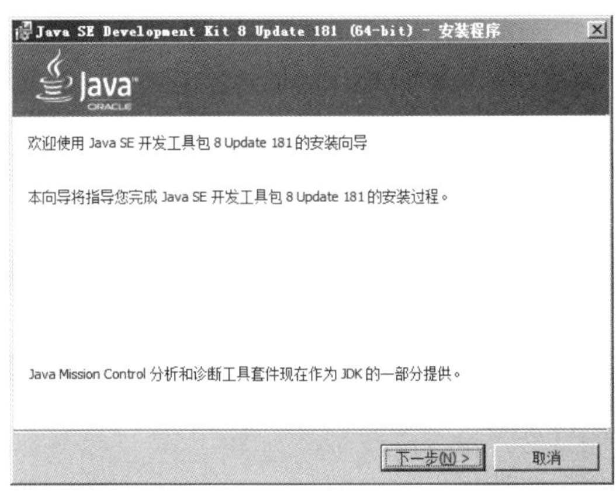

图 2-2

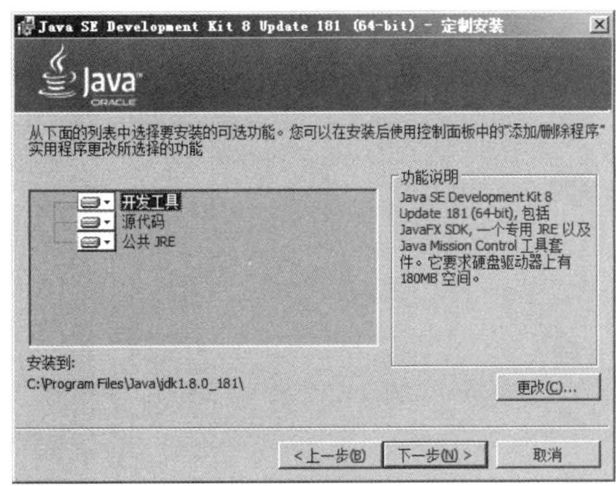

图 2-3

步骤 03 单击“下一步”按钮开始正式安装，在安装过程中，还会询问 JRE（Java 运行时环境，即 Java 程序运行所依赖的环境）的安装路径，保持默认即可，如图 2-4 所示。

步骤 04 单击“下一步”按钮，稍等片刻即可安装完毕，如图 2-5 所示。

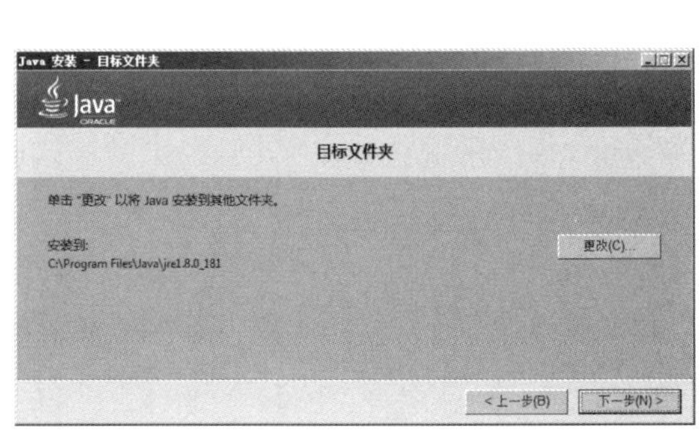

图 2-4

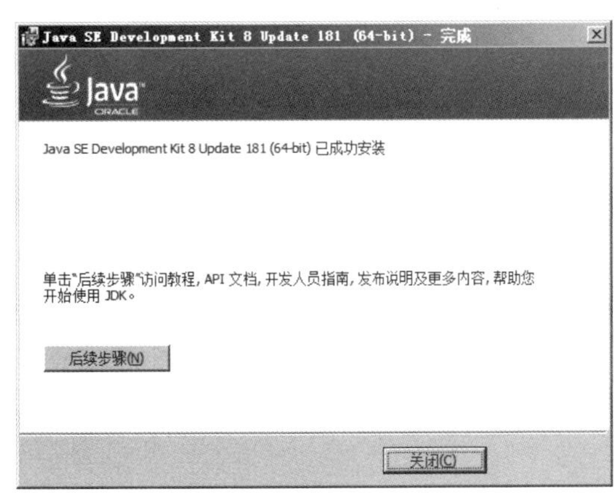

图 2-5

步骤 05 单击“关闭”按钮，至此 JDK 安装完成。

2.3 配置 JDK 环境变量

安装完毕后，我们需要配置环境变量，操作步骤如下：

步骤01 打开“环境变量”对话框，在“系统变量”下新建一个变量 JAVA_HOME，注意要在系统变量中新建，而不是在用户变量中新建（否则会出现 javac 不认识编译命令的情况），然后输入变量值为 JDK 的安装路径 C:\Program Files\Java\jdk1.8.0_181，如图 2-6 所示。有一点要说明的是，以前的 JDK 版本（JDK 5 以下）还需要新建一个 CLASSPATH 环境变量，而高版本就不需要了。

步骤02 在系统变量 Path 中添加“;%JAVA_HOME%\bin;%JAVA_HOME%\jre\bin”。新打开一个命令行控制台，注意一定要重新开启，不能使用已经打开的。然后在命令行下输入命令 java -version 和 javac，如果出现正确反馈，那么说明我们的 JDK 配置正确了，如图 2-7 所示。

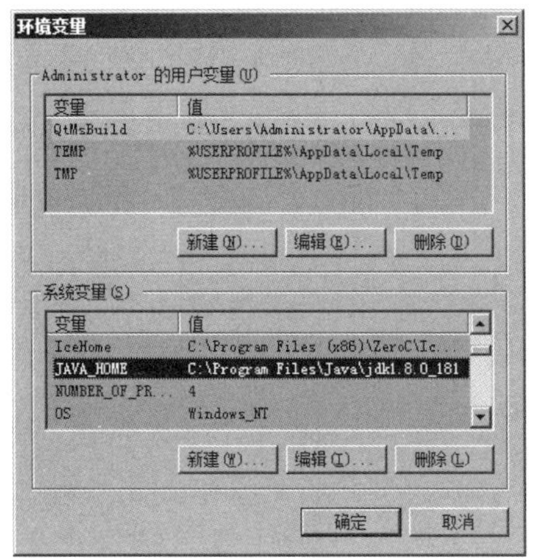

图 2-6

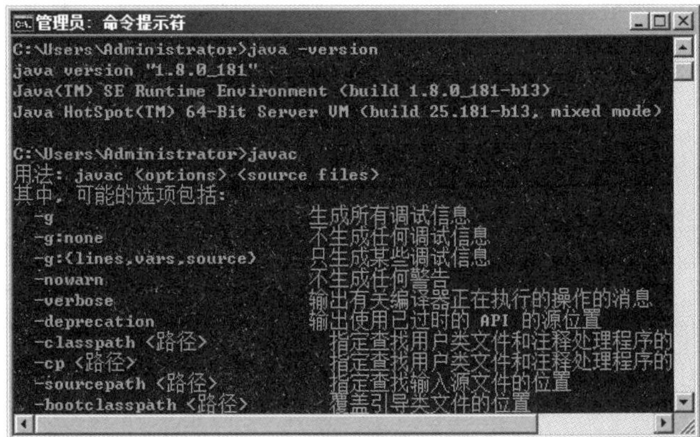

图 2-7

其中，javac是命令行编译javac程序的工具，稍后我们还会用到。至此，JDK安装和配置成功。

2.4 在命令行下编译 Java 程序

前面我们正确配置了JDK，现在编写一个简单的Java程序来编译运行一下。马上开始我们的HelloWorld程序。

【例2.1】 第一个命令行编译的Java程序

1）打开记事本，并输入如下代码：

```
public class HelloWorld{
    public static void main(String[] args){
        System.out.println("Hello World!");
    }
}
```

这里的代码很简单，仅一个HelloWorld类，它就是主类，其中也只有一个main函数，main函数中是一条打印输出语句，将会在控制台输出字符串“Hello World!”。

保存文件为HelloWorld.java，其路径随意，笔者保存的路径是C:\myjava\。

2）打开命令行窗口，进入HelloWorld.java所在的路径，笔者的是C:\myjava\，然后输入编译命令：

```
javac HelloWorld.java
```

javac执行编译程序，把Java文件编译成Class文件，如图2-8所示，文件夹中多出了一个后缀名是class的文件。

HelloWorld.class	2018/11/30 16:18	CLASS 文件
HelloWorld.java	2018/11/30 16:15	JAVA 文件

图 2-8

该Class文件就是编译后的Java字节码文件。接着我们在CMD中输入 java HelloWorld来执行Class文件。执行程序后，控制台将输出“Hello World!”，如图2-9所示。

至此，第一个命令行编译的Java程序成功了。值得注意的是，保存的Java文件名必须和主类（这里是HelloWorld类）相同，即必须保存为HelloWorld.java，而不能是其他。有兴趣的读者可以试试，笔者把HelloWorld.java重命名为ffff.java，并删除了HelloWorld.java，此时再编译javac ffff.java，会出现错误提示，如图2-10所示。

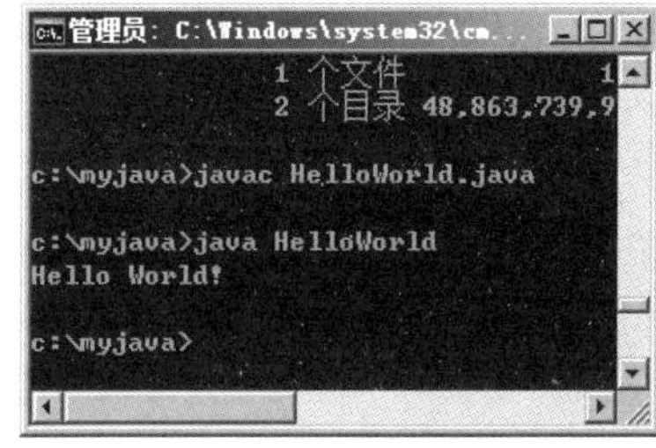

图 2-9

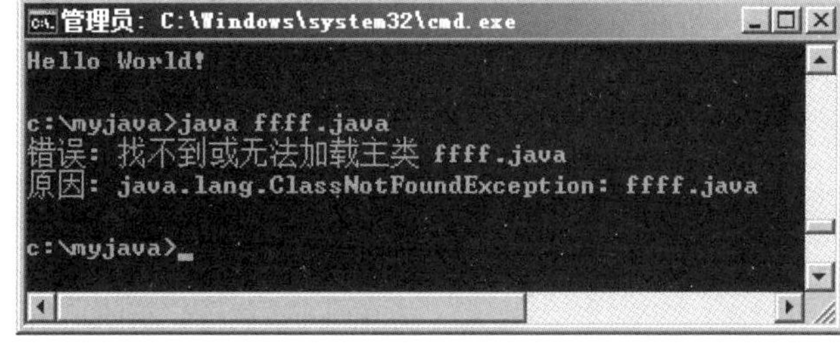

图 2-10

2.5　在 Eclipse 中开发 Java 程序

前面在命令行下编译运行了一个Java程序，虽然简单，但是在一线开发中很少使用命令行工具进行程序的编译和运行，因为实际开发涉及的源代码文件较多，必须借助可视化IDE（Integrated Development Environment，集成开发环境）。在Java界，IDE的“一哥”非Eclipse莫属，就像开发Windows程序的Visual Studio一样。

Eclipse的功能非常强大，可以跨平台，能开发C++、Java、JavaScript程序等，此外它还是开源和免费的。

2.6　下载 Eclipse

现在安装好了Java的开发包、运行环境和Web应用服务器，接下来配置开发工具。Java的开发工具有很多，这里推荐采用Eclipse，并且建议下载Eclipse EE版本：Eclipse IDE for Enterprise Java and Web Developers。可以到官网下载，其网址是http://www.eclipse.org/downloads/packages/。

然后在中间位置可以看到要下载的版本，如图2-11所示。

图 2-11

单击Windows右边的x86_64进行下载，下载的文件为：

```
eclipse-jee-2021-03-R-win32-x86_64.zip
```

当然，当读者打开该网页时很有可能Eclipse的版本又更新了。

2.7 启动 Eclipse

Eclipse是绿色软件，不需要安装。下载后，直接解压缩，然后进入解压目录所在路径，就可以看到eclipse.exe了，双击它可以直接启动Eclipse。启动时会提示用户选择一个工作区文件夹，如图2-12所示。

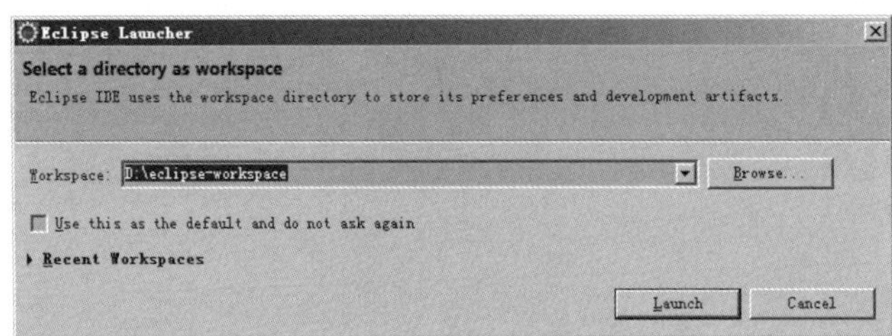

图 2-12

笔者现在的工作区文件夹路径是D:\eclipse-workspace。工作区其实就是一个文件夹路径（该文件夹会自动新建），一个工作区可以存放多个工程，这些工程文件夹都作为工作区文件夹的子文件夹。启动后会出现一个欢迎页面，关闭欢迎页面就可以看到Eclipse的主界面，如图2-13所示。

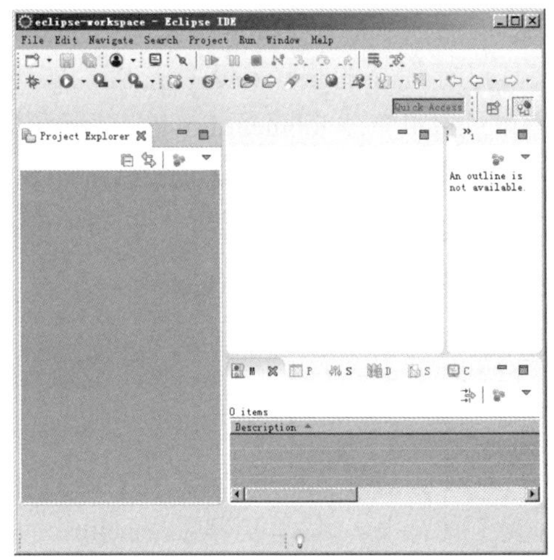

图 2-13

2.8　第一个 Eclipse 下的 Java 工程

趁热打铁，马上在Eclipse下开启HelloWorld工程，以测试Eclipse是否能够正常工作。

【例2.2】　第一个Eclipse开发的Java程序

双击打开Eclipse.exe，首先出现的对话框是让我们确定工作区的目录，工作区相当于VC++中的解决方案，就是可以在工作区目录下存放多个工程（Project）的文件夹。在Eclipse中，直接打开工作区文件夹，就可以快速打开该工作区下的所有工程。另外，Eclipse提供了一个菜单用于切换工作区。总而言之，在Eclipse中，打开、关闭、切换工作区是非常方便的，所以我们要把工作区文件夹作为一个操作对象来看待。

本书大部分例子的工作区都命名为myws（如果某个例子不特地讲明工作区路径，则使用默认的工作区路径D:\eclipse-workspace\myws），并且大部分例子在工作区内的第一个工程名称默认为myprj。如果要在Eclipse中打开源码目录的某个例子，可以在Eclipse中直接打开源码目录编号下的myws文件夹，比如k:\code\ch02\2.2\myws，如果要将例子移动到其他路径，可以直接复制myws文件夹，然后在Eclipse中打开新路径下的myws工作区，比如“我的新路径\myws”。

笔者通常把工作区文件夹myws放在D:\eclipse-workspace\下，如图2-14所示。

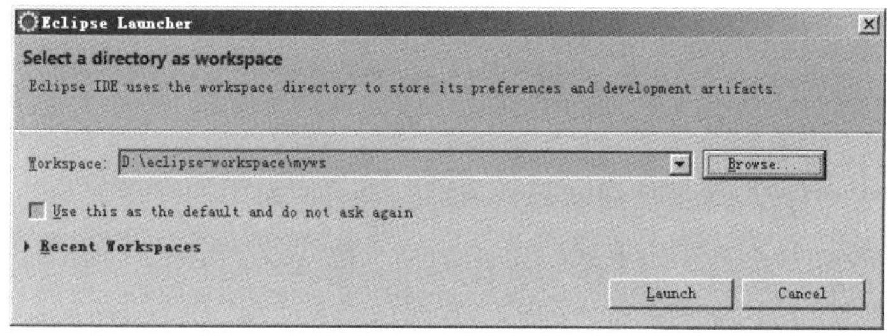

图 2-14

Eclipse会自动新建文件夹myws，使用这个编号作为工作区文件夹。为每个工程都对应一个工作区的好处是：方便以后移动工作区文件夹后，在Eclipse中可以马上切换打开（File→Switch Workspace）。建议读者开发时，把工程和工作区一一对应，就像VC的解决方案目录那样。

单击Launch启动Eclipse，随后出现欢迎界面，在欢迎界面中单击Workbench链接，如图2-15所示。

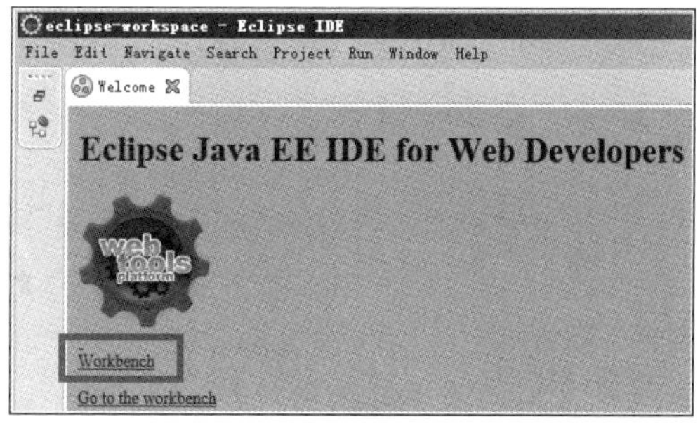

图 2-15

此时打开的工作区界面如图2-16所示。

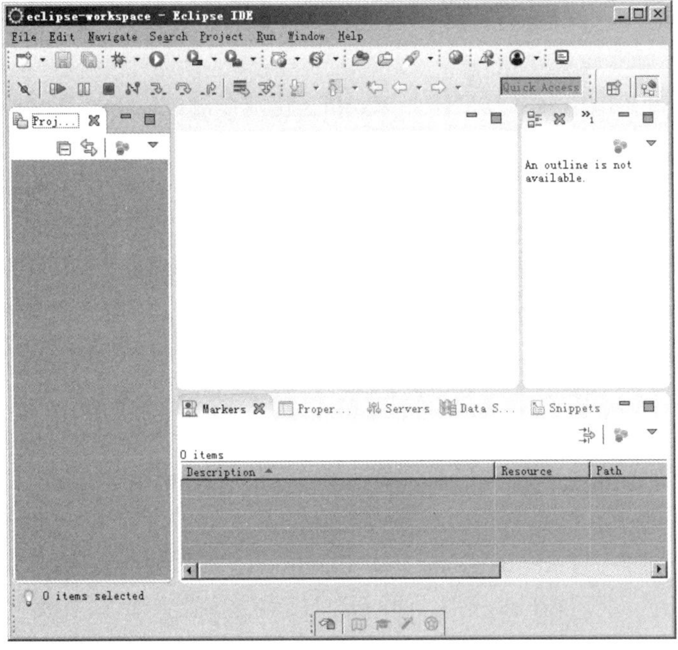

图 2-16

单击主菜单File→New→Project，此时出现New Project对话框，展开Java，选择Java Project，如图2-17所示。

单击Next按钮，出现New Java Project对话框，输入工程名“myprj”，如图2-18所示。

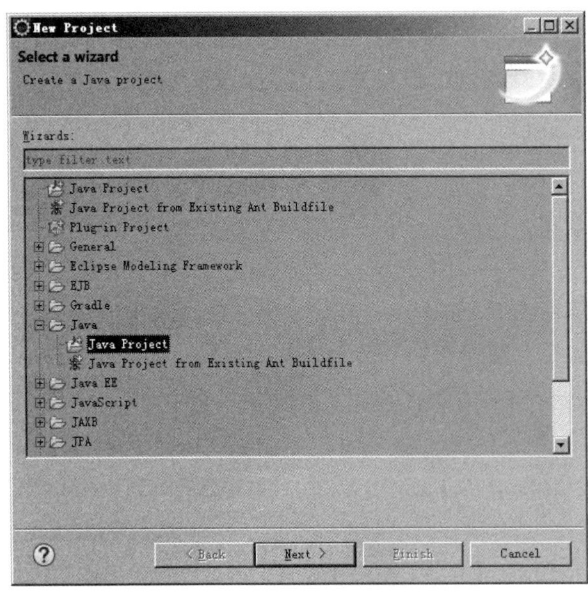

图 2-17

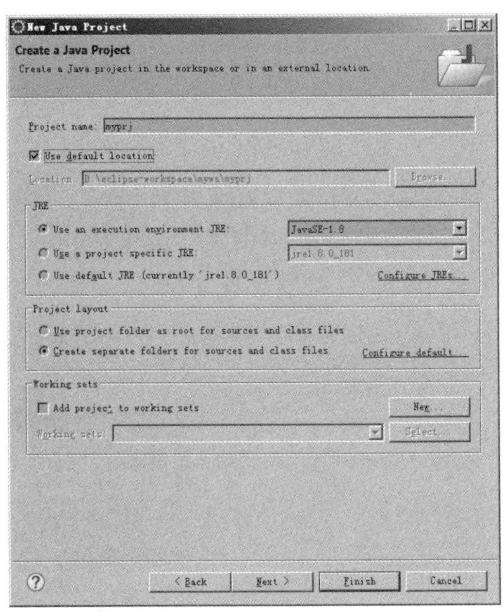

图 2-18

然后单击Finish按钮，此时将提示是否打开Java开发视图，如图2-19所示。

单击Open Perspective按钮，即可在Package Explorer下看到工程，如图2-20所示。

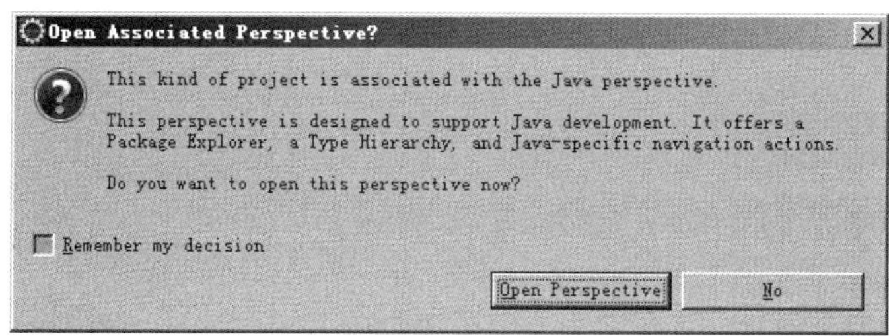

图 2-19

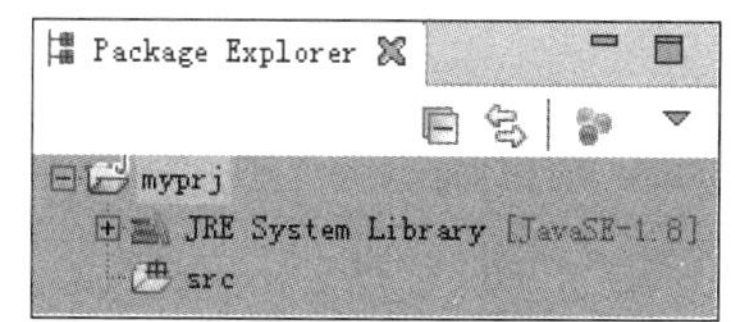

图 2-20

此时src下还没有源代码文件，我们来添加一个Java文件。Java都是类组成的，所以可以新建一个类，再右击src，然后在弹出的快捷菜单中选择New→Class，随后会出现New Java Class对话框，在该对话框中输入类名“FirstJava”，并选中public static void main(String[] args)，如图2-21所示。

接着单击Finish按钮，此时将新建FirstJava.java，并自动在编辑视图中显示其文件内容，如图2-22所示。

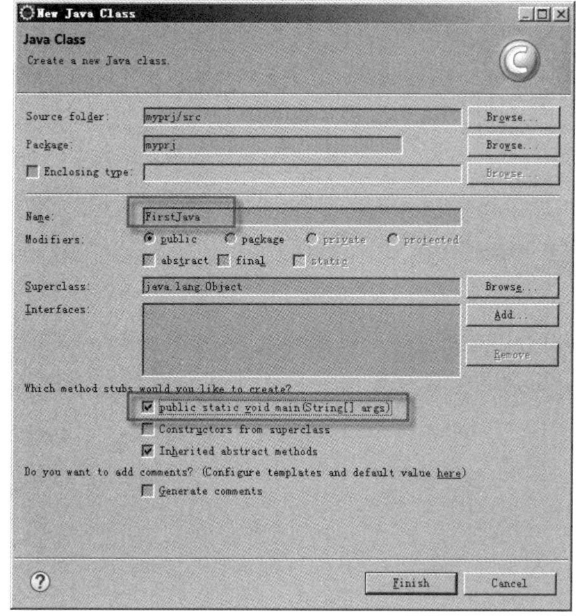

图 2-21

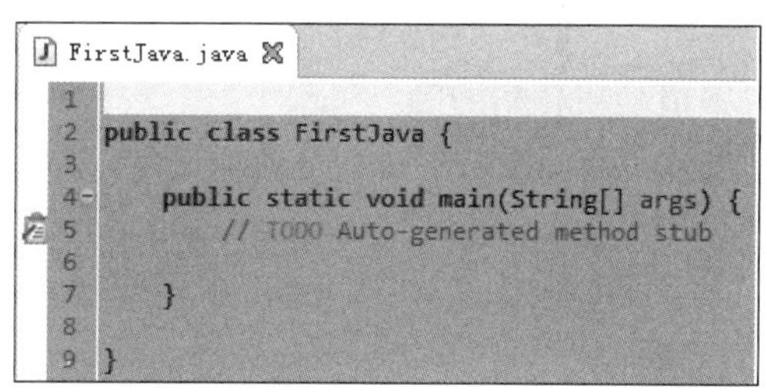

图 2-22

main函数是Java程序的入口，在该函数中添加一条打印字符串的语句：

```
System.out.println("Hello,this is my first Java program.");
```

println函数是显示字符串的函数，ln表示显示后会自动按回车键。下面开始编译运行。

单击主菜单中的Run→Run或者按Ctrl+F11快捷键，此时出现Save and Launch对话框，如图2-23所示。选中Always save resources before launching（运行前保存资源）复选框，然后单击OK按钮来运行程序。接着，在下方的控制台（Console）中显示运行结果，如图2-24所示，程序成功打印出字符串“Hello,this is my first Java program.”。至此，Eclipse下的第一个Java程序运行成功。

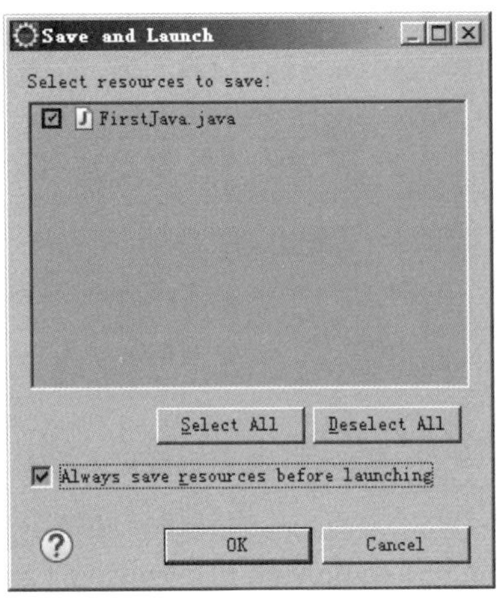

图 2-23

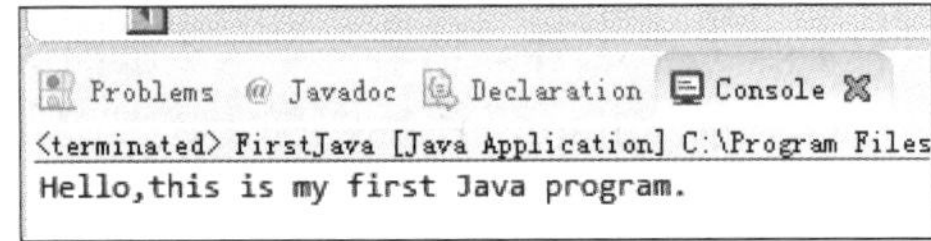

图 2-24

2.9　在工作区打开工程

如果有多个工作区，则可以在Eclipse中方便地来回切换，其方法是在Eclipse中单击主菜单中的File→Switch Workspace。工作区的文件夹有点类似于VC编程中的解决方案文件夹，都是用来存放工程的。

2.10　搭建 Java Web 开发环境

Java不但可以开发桌面程序，而且它在Web应用领域也是“诸侯一霸”，这就是大名鼎鼎的JSP网页程序。在JDK、Eclipse已经准备好的基础上，只需要再安装一个Web服务器软件就可以成功搭建JSP开发环境。这里选择Tomcat 9作为Web服务器软件，Web服务器软件主要用于解析网页、执行Web服务端的Java代码，然后把结果返回给浏览器。

2.10.1　下载 Tomcat

可以到官网（http://tomcat.apache.org/）下载Tomcat，单击Tomcat 9，如图2-25所示。

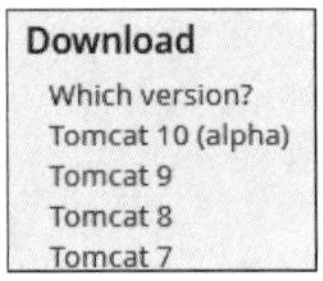

Download
Which version?
Tomcat 10 (alpha)
Tomcat 9
Tomcat 8
Tomcat 7

图 2-25

然后根据操作系统选择合适的版本，这里选择32-bit/64-bit Windows Service Installer (pgp, sha512)，下载的文件为apache-tomcat-9.0.41.exe，这是Windows下的安装文件。

2.10.2　安装 Tomcat

直接双击下载的apache-tomcat-9.0.41.exe，会出现欢迎界面，如图2-26所示。

单击Next按钮，出现License Agreement界面，单击I Agree按钮，出现Choose Components界面，保持默认选项，继续单击Next按钮，出现Configuration界面，在User Name文本框中输入admin作为用户名，在Password文本框中输入123456作为口令（即登录密码），其他文本框保持默认设置，如图2-27所示。

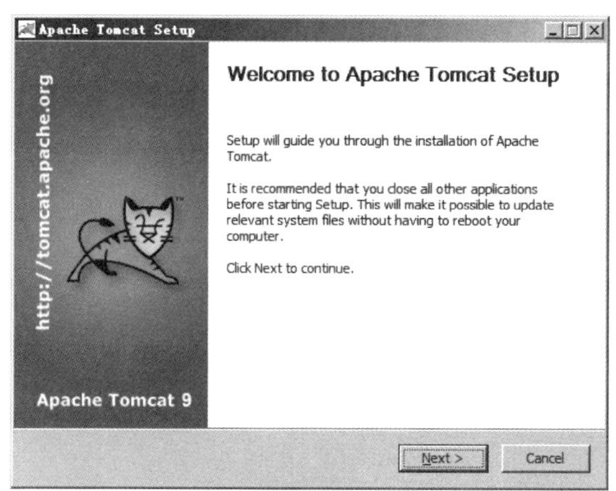

图 2-26

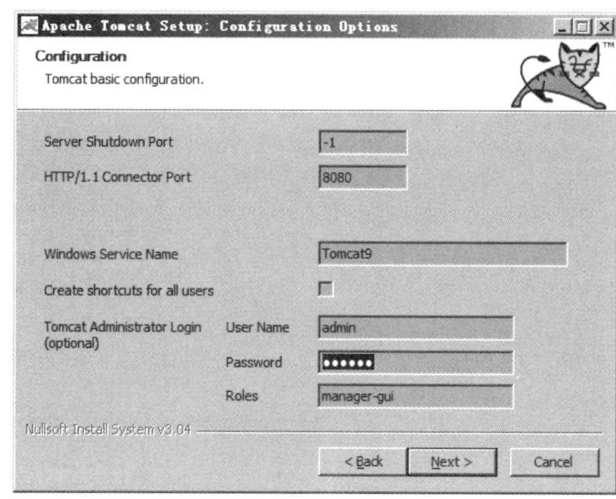

图 2-27

然后单击Next按钮，出现Java Virtual Machine界面，保持默认设置，如图2-28所示。这个JRE路径就是前面安装JRE所设置的路径，应该保持一致。单击Next按钮，出现Choose Install Location界面，保持默认设置，如图2-29所示。

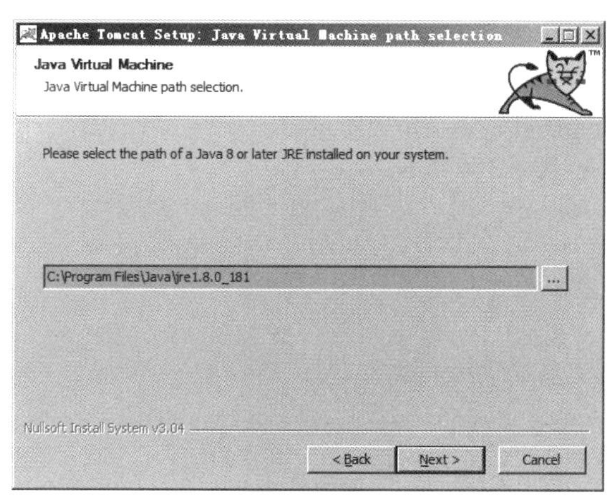

图 2-28

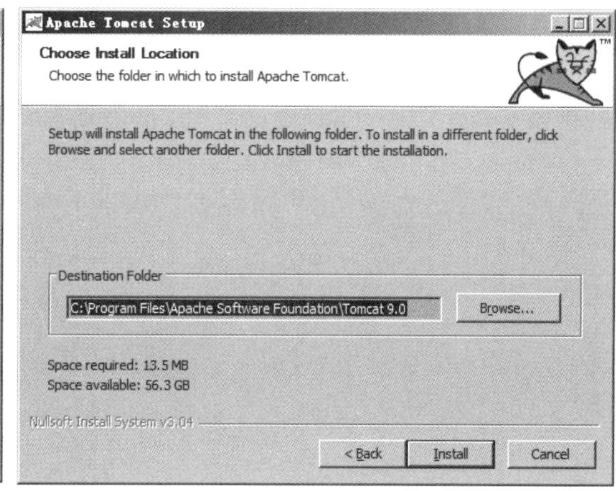

图 2-29

单击Install按钮开始安装。稍等片刻即可安装完成，如图2-30所示。

单击Finish按钮完成安装。Tomcat自动启动，稍等片刻，可以在任务栏右下角看到Tomcat正在运行的图标。

至此，Tomcat安装完毕。打开浏览器（比如火狐浏览器），在地址栏输入http://localhost:8080或http://127.0.0.1:8080，如果出现Tomcat示例主页，则表示服务器安装成功，如图2-31所示。

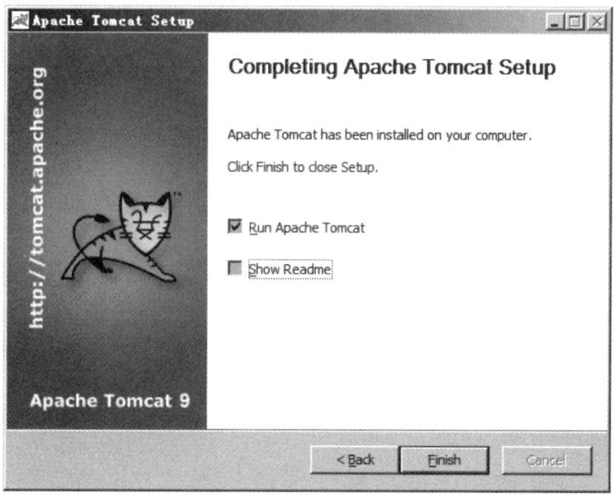

图 2-30

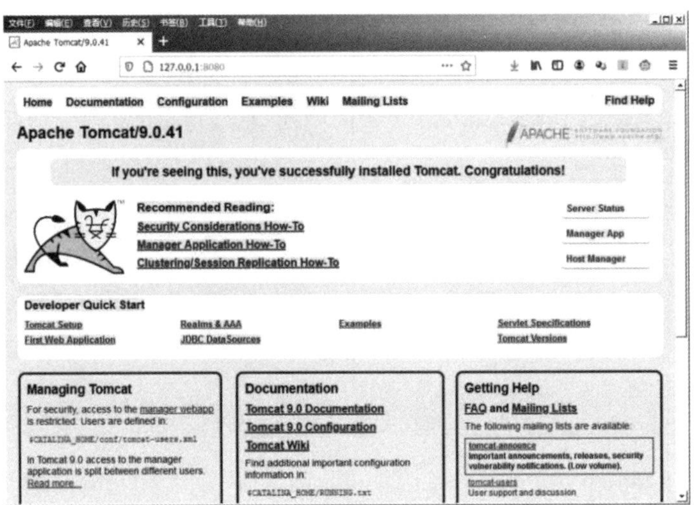

图 2-31

2.10.3 在 Eclipse 中配置 Tomcat

Tomcat安装完毕后，还需要让Eclipse“认识”这位老朋友，所以需要在Eclipse中进行Tomcat相关配置。打开Eclipse，然后单击主菜单中的Window→Preferences来打开Preferences窗口，然后在该窗口左边展开Server，选择Runtime Environment，如图2-32所示。

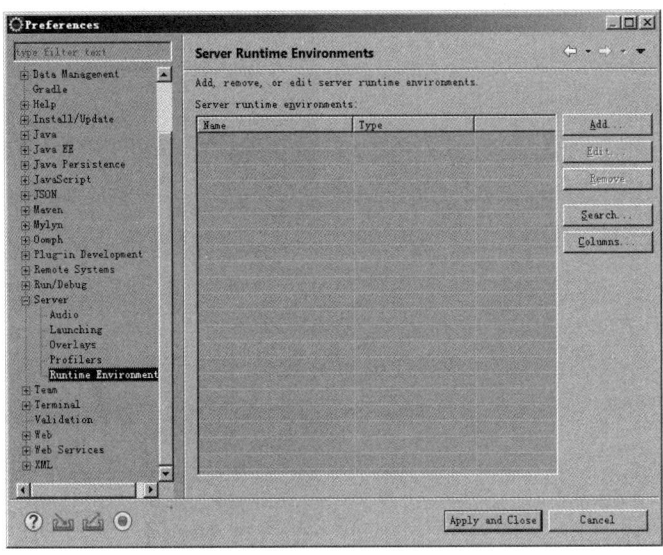

图 2-32

单击右侧的Add按钮，出现New Server Runtime Environment窗口，选择Apache Tomcat v9.0。如图2-33所示。

单击Next按钮，在随后出现的窗口中选择Tomcat的安装路径C:\Program Files\Apache Software Foundation\Tomcat 9.0，如图2-34所示。

其他选项保持默认设置，单击Finish按钮。至此，Eclipse中的Tomcat配置完毕，以后新建Web工程时，Eclipse就会自动选择配置的Tomcat。

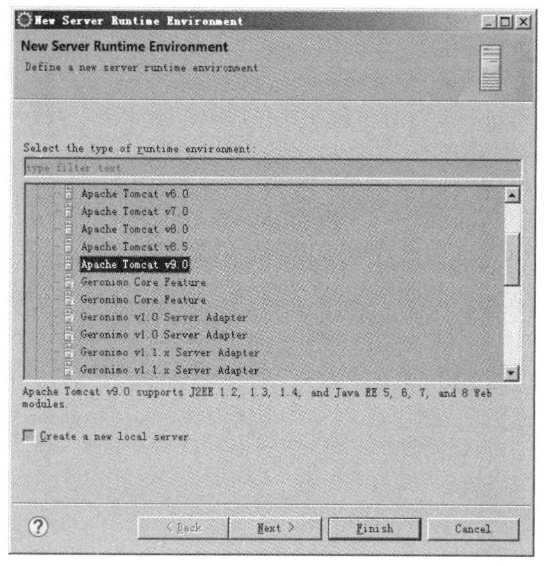

图 2-33

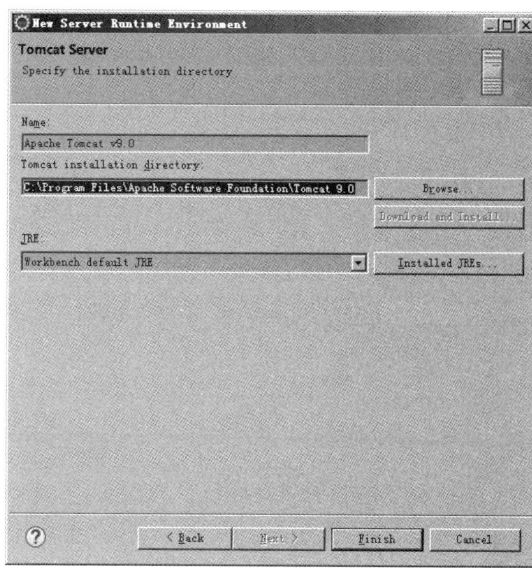

图 2-34

2.10.4　第一个 Eclipse 下的 JSP 工程

前面部署好了Tomcat软件，现在来看一下网页JSP的测试程序。下面通过一个Eclipse下的JSP工程来测试它是否能正常工作。

【例2.3】　第一个Eclipse JSP工程，在浏览器中查看结果

1）打开Eclipse，准备新建一个Web工程，即在主菜单中选择File→New→Dynamic Web Project，在Dynamic Web Project窗口中输入工程名myprj，其他保持默认设置，如图2-35所示。

如果Target runtime下是None，则可以单击New Runtime添加Tomcat 9.0，这个配置前面介绍过了。

接着，直接单击Finish按钮。这时主界面左边的Project Explorer视图下就会出现myprj工程。同时，在工作区文件夹内会出现一个myprj文件夹，该文件夹就是工程文件夹，其中会自动创建一些文件夹和文件，比如build文件夹用来存放编译之后的文件，WebContent用来存放JSP文件。

2）为myprj工程添加一个JSP文件。右击Project Explorer视图下的项目名myprj，然后在快捷菜单中选择New→JSP File，此时会出现New JSP File窗口，如图2-36所示。

WebContent文件夹通常用于存放JSP网页文件，src目录用于存放Java源文件（*.java），build文件夹用于存放生成的字节码文件（.class）。

我们要把NewFile.jsp文件放到WebContent目录下，因此要在树形控件内选中WebContent，然后输入新建JSP文件的文件名，这里保持默认文件名NewFile.jsp，单击Finish按钮，一个JSP文件就建好了，并且默认“帮助”我们编写了一些代码，不过我们并不需要这些代码，可以将其全部删除，然后输入如下短小精悍的代码：

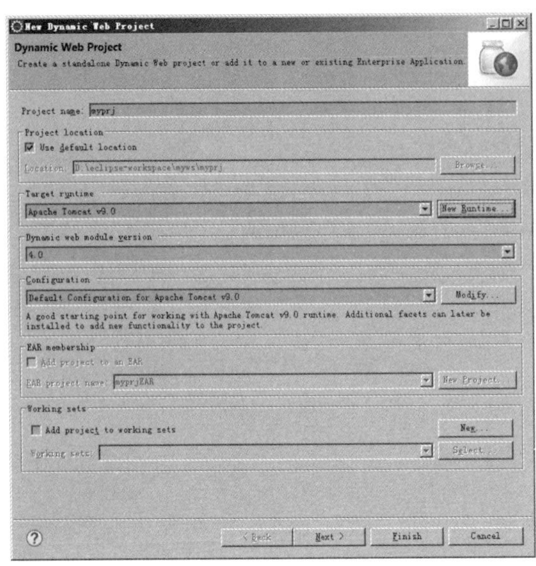

图 2-35

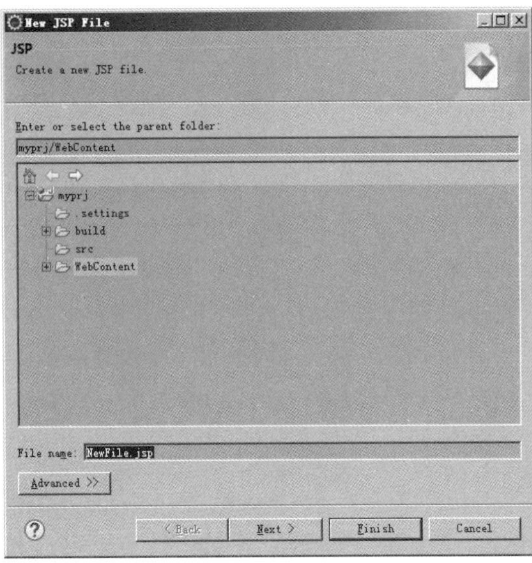

图 2-36

```
01 <%@ page language="java" contentType="text/html; charset=utf-8" %>
02 <html>
03   <head>
04     <title>我的第一个JSP程序</title>
05   </head>
06   <body>
07     <h>下面的话来自Java：</h><br>
08     <% out.print("Hello world.我是Java，JSP中的Java！"); %>
09   </body>
10 </html>
```

在上述代码中，第01行是JSP指令标签，后面章节会详细阐述；第02~07行是HTML标记，
表示回车换行；第08行是Java代码，而且包含在指令标签<% %>中，这条Java代码很简单，就是输出一段文本。在JSP中，Java代码要编写在<%和%>之间，这样可以和HTML语言区分开来。读者在输入的时候，会发现输入“<%”时Eclipse会自动补齐“%>”，在输入out.时会自动显示out的很多方法，直接选择println即可，非常方便，这就是Eclipse提供的IntelliSense（智能感知）功能，大大提高了程序员的开发效率。最后记得保存一下这个文件。

3）配置Tomcat虚拟目录。Tomcat的默认根目录为C:\Program Files\Apache Software Foundation\Tomcat 9.0\webapps\ROOT\，初学者喜欢把Web项目都放到webapps目录下，这不大符合规范，也不专业（所有Web工程都放在默认的根目录下会很乱），最好还是把Tomcat的默认根目录和每个Web项目文件分开。专业的方式是设置虚拟目录，首先找到当前项目所在的路径，在Eclipse中展开myprj工程，右击WebContent，在快捷菜单中选择Properties，在属性对话框中将Location右边的路径复制下来，如图2-37所示。

接着，进入Tomcat的安装路径下的conf子目录（C:\Program Files\Apache Software Foundation\Tomcat 9.0\conf），用记事本或其他文本编辑工具打开server.xml文件，定位到末尾Host标签处，然后在Host标签中添加Context标签：

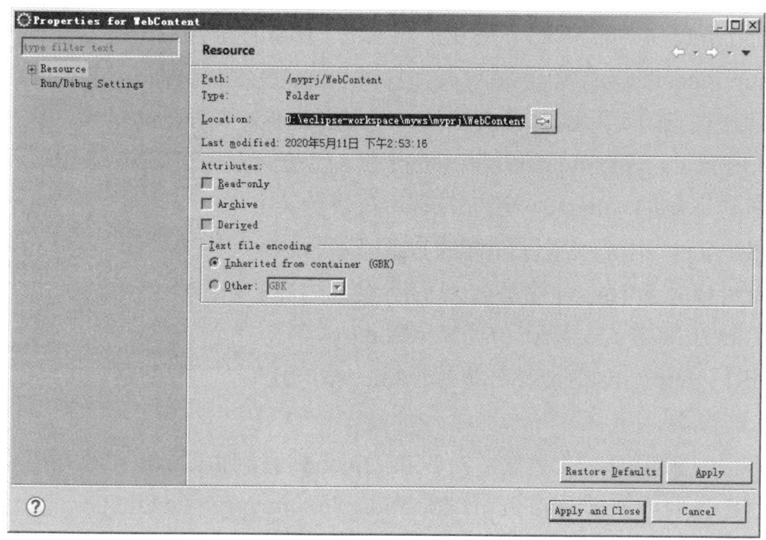

图 2-37

```
<Host name="localhost"  appBase="webapps"
      unpackWARs="true" autoDeploy="true">

   <!-- SingleSignOn valve, share authentication between web applications
        Documentation at: /docs/config/valve.html -->
   <!--
   <Valve className="org.apache.catalina.authenticator.SingleSignOn" />
   -->
        <Context path="" docBase="D:\eclipse-workspace\myws\myprj\
WebContent"/>
   <!-- Access log processes all example.
        Documentation at: /docs/config/valve.html
        Note: The pattern used is equivalent to using pattern="common" -->
   <Valve className="org.apache.catalina.valves.AccessLogValve"
directory="logs"
          prefix="localhost_access_log" suffix=".txt"
          pattern="%h %l %u %t &quot;%r&quot; %s %b" />

  </Host>
```

粗体部分（Context标记那一行）是我们添加的。操作server.xml这个文件要小心，首先要注意：Context path 那一行的末尾“>”前面的“/”不要少了，这个“/”表示Context结束，如果少了“/”，Tomcat服务就无法启动，此时可以到C:\Program Files\Apache Software Foundation\Tomcat 9.0\logs下查看日志文件，比如catalina.2020-05-11.log，有一次笔者少写了“/”，该文件末尾就提示：

```
file:/C:/Program%20Files/Apache%20Software%20Foundation/Tomcat%209.0/conf/
server.xml; lineNumber: 168; columnNumber: 9; 元素类型 "Context" 必须由匹配的结束标
记 "</Context>" 终止。
```

接下来要注意的是，“docBase=”语句中开始的双引号右边不要有空格，结尾的双引号左边也不要有空格。

继续看server.xml，其中粗体部分是我们添加的，path的内容是浏览器访问的目录，现在为空，因此通过http://localhost:8080再加网页文件就可以直接访问Web下的JSP文件。docBase的内容表示虚拟目录对应的实际磁盘目录路径，也就是JSP文件所在的目录，而NewFile.jsp正是在D:\eclipse-workspace\myps\myprj\WebContent下。现在保存一下server.xml，然后重启Tomcat服务，可以右击右下角的Tomcat小图标，随后在快捷菜单中选择Stop Service，稍等片刻以同样的方式选择Start Service，这样就可以重启Tomcat服务，我们所设置的虚拟目录就能被Tomcat知道了。现在访问NewFile.jsp，打开浏览器输入URL：http://localhost:8080/ NewFile.jsp，出现如图2-38所示的页面。

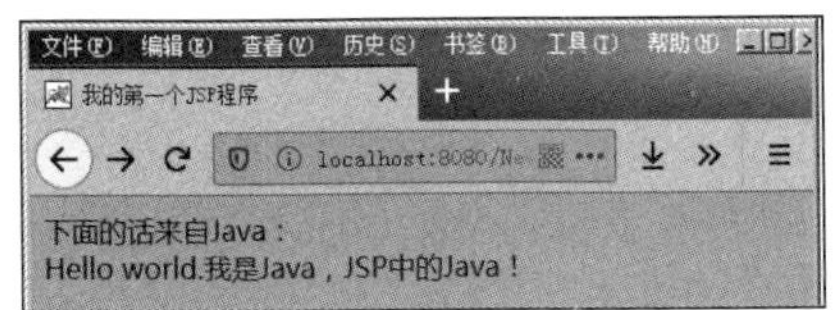

图 2-38

如果想为虚拟目录添加一个名字，可以再为path赋值，比如path="/myprj"，这样在浏览器中访问时输入URL也要增加myprj：http://localhost:8080/myprj/NewFile.jsp。

注意，一般不要把真实的工程名作为名字，比如path="/test"，这样在浏览器中访问时要输入URL：http://localhost:8080/test/NewFile.jsp。

另外，path留空（""）或"/"的效果是一样的。值得注意的是，如果path为空或“/”的话，则会覆盖/webapps/ROOT下的项目，导致ROOT下的内容无法访问。

我们的第一个JSP程序执行成功了。

为了让Tomcat的/webapps/ROOT下的内容可以访问，最好不要把path留空，可以把虚拟目录改为/hello，即把刚才在conf/server.xml文件中添加的Context标签改为：

```
<Context path="/myprj" docBase="D:\eclipse-workspace\myps\myprj\hello\
WebContent"/>
```

重启Tomcat服务，打开浏览器，输入URL：http://localhost:8080/myprj/NewFile.jsp。

应该会出现同样的效果，如图2-39所示。

现在输入http://localhost:8080/的话，可以访问/webapps/ROOT下的index.jsp文件，如图2-40所示。

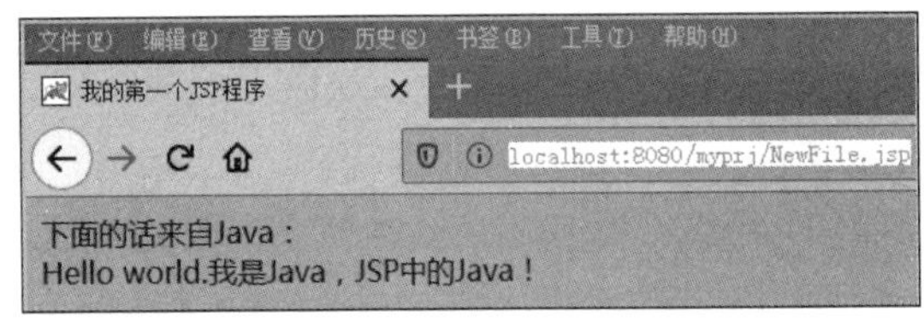

图 2-39

图 2-40

这就是采用虚拟目录的好处，即不影响默认系统主页。为了方便读者学习，笔者把server.xml放在本例工程源码目录下，如果要采用该文件的配置，那么记得把myps文件夹放到D:\eclipse-workspace\下，因为我们在server.xml中写“死”了这个路径。至此，第一个JSP工程创建成功了。

2.10.5　第一个 JavaBean 工程

JavaBean是一种可重复使用的Java组件，它可以被Applet、Servlet、JSP等Java应用程序调用，也可以可视化地被Java开发工具使用。它包含属性（Properties）、方法（Method）、事件（Event）等特性。

JavaBean是一种软件组件模型，就与ActiveX控件一样，它们提供已知的功能，可以轻松重用并集成到应用程序中的java类。任何可以用Java代码创造的对象都可以利用JavaBean进行封装。通过合理地组织具有不同功能的JavaBean可以快速地生成一个全新的应用程序，如果将这个应用程序比作一辆汽车，那么这些JavaBean就好比组成这辆汽车的不同零件。对于软件开发人员来说，JavaBean带来的最大优点是充分提高了代码的可重用性，并且对软件的可维护性和易维护性起到了积极作用。

JavaBean的种类按照功能可以划分为可视化和不可视化两类。可视化的JavaBean拥有GUI图形用户界面，对最终用户是可见的。不可视化的JavaBean不要求继承，它更多地被使用在JSP中，通常情况下用来封装业务逻辑、数据分页逻辑、数据库操作和事物逻辑等，这样可以实现业务逻辑和前台程序的分离，提高了代码的可读性和易维护性，使系统更健壮和灵活。随着JSP的发展，JavaBean更多应用在非可视化领域，并且在服务端的应用方面表现出了越来越强的生命力。

从功能上讲，JavaBean可以看成是一个黑盒子，即只需要知道其功能，而不必管其内部结构的软件设备。黑盒子只介绍和定义其外部特征以及与其他部分的接口，如按钮、窗口、颜色、形状、句柄等。通过将系统看成使用黑盒子关联起来的通信网络，我们可以忽略黑盒子内部的系统细节，从而有效地控制系统的整体性能。

用户可以使用JavaBean将功能、处理、值、数据库访问进行打包，也可以把其他任何用Java代码创造的对象进行打包，而其他的开发者可以通过内部的JSP页面、Servlet以及其他JavaBean、Applet程序或者应用来使用这些对象。用户可以认为JavaBean提供了一种随时随地的复制和粘贴功能。

JavaBean的3部分说明如下：

（1）属性

JavaBean提供了高层次的属性概念，在JavaBean中不只是传统的面向对象的概念中的属性，同时还得到了属性读取和属性写入的API的支持。属性值可以通过调用适当的bean方法进行读写。比如，可能Bean有一个名字属性，这个属性的值可能需要调用String getName()方法读取，而写入属性值可能需要调用void setName(String str)方法。

每个JavaBean属性通常应该遵循简单的方法命名规则，这样应用程序构造器工具和最终用户才能找到JavaBean提供的属性，然后查询或修改属性值，对Bean进行操作。JavaBean还可以对属性值的改变做出及时的反应。比如一个显示当前时间的JavaBean，如果改变时钟的时区属性，则时钟会立即重画，显示当前指定时区的时间。

（2）方法

JavaBean中的方法就是通常的Java方法，它可以从其他组件或在脚本环境中调用。默认情况下，所有Bean的公有方法都可以被外部调用，但Bean一般只会引出其公有方法的一个子集。由于JavaBean本身是Java对象，调用这个对象的方法是与其交互的唯一途径。JavaBean严格遵守面向对象的类设计逻辑，不让外部世界访问其任何字段（因为JavaBean没有public字段）。这样，方法调用是接触Bean的唯一途径。

与普通类不同的是，对于有些Bean来说，采用调用实例方法的低级机制并不是操作和使用Bean的主要途径。公开Bean方法在Bean操作中降为辅助地位，因为两个高级Bean特性——属性和事件是与Bean交互的更好方式。因此，Bean可以提供让客户调用的public方法，应当认识到，Bean设计人员希望看到绝大部分Bean的功能反映在属性和事件中，而不是在人工调用的各个方法中。

（3）事件

Bean与其他软件组件交流信息的主要方式是发送和接收事件。我们可以将Bean的事件支持功能看作是集成电路中的输入输出引脚：工程师将引脚连接在一起组成系统，让组件进行通信。有些引脚用于输入，有些引脚用于输出，相当于事件模型中的发送事件和接收事件。

事件为JavaBean组件提供了一种发送通知给其他组件的方法。在AWT事件模型中，一个事件源可以注册事件监听器对象。当事件源检测到发生了某种事件时，它将调用事件监听器对象中一个适当的事件处理方法来处理这个事件。由此可见，JavaBean确实也是普通的Java对象，只不过它遵循了一些特别的约定而已。

JavaBean有如下6个特征：

1）JavaBean是一种Java语言编写的可重用类，此类要用访问权限修饰词public进行修饰，主要是为了方便JSP的访问。

2）JavaBean定义构造方法（或构造器或构造函数）时，一定要使用public修饰词，同时不能有参数。如果没有定义构造方法时，Java编译器会使用默认的无参数构造方法。

3）JavaBean的属性通常可以用访问权限修饰词private来修饰，表示该属性是私有的，即只能在JavaBean内被访问，在声明时若用public修饰词进行修饰，则表示该属性是公有的，可以被JavaBean外部访问，便于JSP的访问。

4）调用setXXX()方法和getXXX()方法可获取JavaBean中私有属性XXX的数值。

5）JavaBean一定要放在程序包内，既可以使用package自定义，又可以放在JavaBean代码的第一行。

6）对部署好的JavaBean进行修改时，一定要重新编译字节码文件，同时启动Tomcat服务器，之后才能够生效。

【例2.4】 第一个JavaBean工程

1）打开Eclipse，新建一个Dynamic Web工程，工程名是myprj。

2）在Eclipse的Project Explorer中，右击工程myprj，或者在展开的Java Resources中，右击src，随后在快捷菜单中选择New→Class，即新建一个Class，将Package命名为com.ljy，将类命名为Box，如图2-41所示。

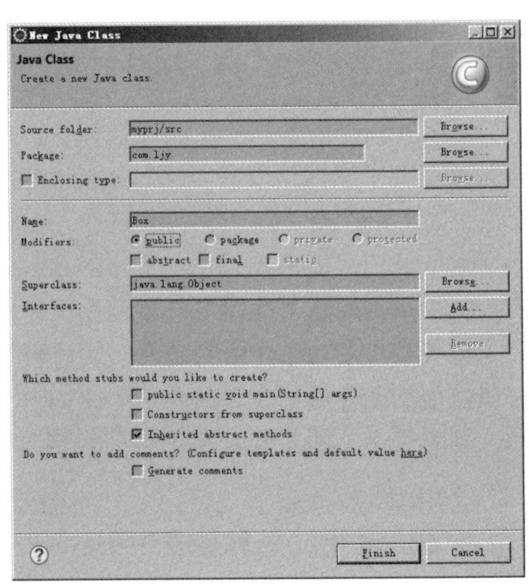

图 2-41

在图2-42中单击Finish按钮，此时IDE将打开Box.java文件，在其中输入如下代码：

```
package com.ljy;

public class Box
{
    double length;
    double width;
    double height;
    public Box()
    {
      length=0;
      width=0;
      height=0;
    }
    public void setLength(double length)
    {
      this.length=length;
    }
    public double getLength()
    {
      return length;
    }
    public void setWidth(double width)
    {
      this.width=width;
    }
    public double getWidth()
    {
      return width;
    }
    public void setHeight(double height)
    {
      this.height=height;
    }
    public double getHeight()
    {
      return height;
    }
    public double volumn()  //获取体积
    {
      double volumnValue;
      volumnValue=length*width* height;
      return volumnValue;
    }
}
```

代码很简单，就是计算一个盒子的体积，通过该类的不同方法可以设置或获取盒子的长、宽、高或体积。输入后保存文件，此时将自动生成Box.class文件，到D:\eclipse-workspace\myws\myprj\build\classes\ com\ljy\下查看，就会发现有Box.class文件。

3）右击Project Explorer视图下的项目名myprj，随后在快捷菜单中选择New→JSP File，此时出现New JSP File对话框，在File name框输入index.jsp作为文件名，如图2-42所示。

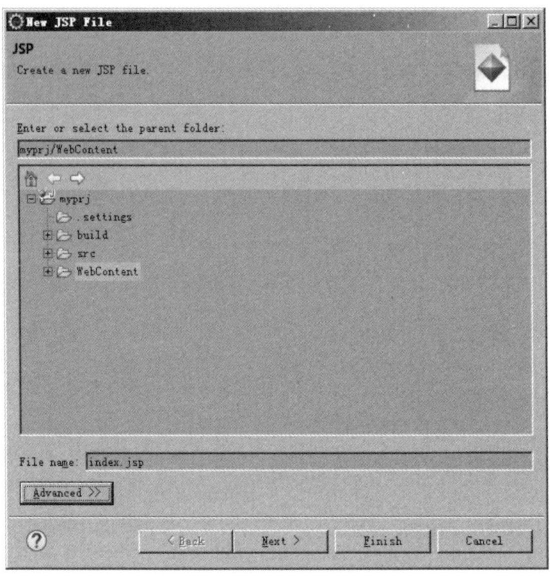

图 2-42

然后单击Finish按钮，在index.jsp文件中添加如下内容：

```
<%@ page language="java" contentType="text/html; charset=utf-8" %>
<%@ page import="com.ljy.Box" %>
<html>
<head>
<title>我的第一个Javabean 程序</title>
</head>
<body>

<h1><% out.print("我的第一个Javabean 程序！");

      Box box = new Box();
      box.setHeight(1);
      box.setWidth(2);
      box.setLength(3);

%></h1>
    <h1>计算体积</h1>
    <hr>
         长度：<%=box.getLength()%><br>
         宽度：<%=box.getWidth() %><br>
         高度：<%=box.getHeight() %><br>
         体积：<%=box.volumn()%>
      <hr>
</body>
</html>
```

保存该文件。接着，进入Tomcat的安装路径下的conf子目录（C:\Program Files\Apache

Software Foundation\Tomcat 9.0\conf），用记事本或其他文本编辑工具打开server.xml文件，定位到末尾Host标签处，然后在Host标签中添加 Context标签：

```
<Context path="/myprj" docBase="D:\eclipse-workspace\myws\myprj\WebContent"
reloadable="true"/>
```

保存server.xml文件，如果其中的reloadable属性设为true，那么Tomcat服务器在运行状态下会监视在WEB-INF/classes和WEB-INF/lib目录下Class文件的改动，如果监测到有Class文件被更新，服务器会自动重新加载Web应用。在开发阶段将reloadable属性设为true，有助于调试Servlet和其他的Class文件，但是这样也会加重服务器运行的负载，因此建议在Web应用的发布阶段将reloadable设为false。

下面将Box.class放到合适的位置，让index.jsp可以找到它。我们在D:\eclipse-workspace\myws\myprj\WebContent\WEB-INF\下新建一个文件夹classes，再根据Box的程序包名在classes下新建com文件夹，再到com文件夹下新建ljy文件夹，然后把D:\eclipse-workspace\myws\myprj\build\classes\com\ljy\ 下 的 Box.class 复 制 到 D:\eclipse-workspace\myws\myprj\WebContent\WEB-INF\classes\com\ljy\下，记得以后每次修改Box.java都要执行这个复制操作。其中，WEB-INF目录是Web目录中最安全的文件夹，用于保存各种类、第三方JAR包、配置文件。

最后，别忘记在桌面任务栏右下角重启Tomcat服务。

4）打开火狐或IE浏览器，输入http://localhost:8080/myprj/index.jsp，运行结果如图2-43所示。

图 2-43

顺便扩展一下，如果不想使用<%@ page import="com.ljy.Box" %>，也可以使用useBean指令，比如：

```
<jsp:useBean id="box" scope="page"
class="com.ljy.Box"/>
```

其中，box是定义的对象名称，这样后续代码中就可以直接使用box对象了，而不必用Box box;来定义了。有兴趣的朋友可以试一试。

至此，第一个JavaBean运行成功。有了JavaBean，以后可以把一些加解密运算放在JavaBean中，然后供前台JSP调用。

2.11　使用 JNI

在密码学领域搞开发，无论是看密码算法的文献资料，还是调用业界著名的密码函数库、大数库、数学库等，都免不了要和C语言打交道（没办法，谁叫C语言是前辈呢）。为了避免重复编程或在核心运算部分提高性能，对于一些基础的算法，我们完全可以利用现有的C函数库来帮忙。这就涉及在Java中调用C函数的问题。幸亏Java给我们提供了JNI（Java Native Interface，Java原生接口）机制，使得在Java中调用C函数易如反掌。

JNI是Java语言的本地编程接口。在Java程序中，我们可以通过JNI实现一些用Java语言不便实现的功能，具体如下：

1）标准的Java类库没有提供应用程序所需要的功能，通常这些功能是与平台相关的（只能由其他语言编写）。

2）希望使用一些已经有的类库或者应用程序，而它们并不是用Java语言编写的。

3）程序的某些部分对速度要求比较苛刻，选择用汇编或者C语言来实现并在Java语言中调用它们。

4）为了应用的安全性，会将一些复杂的逻辑和算法通过本地代码（C或C++）来实现，本地代码比字节码难以破解。

Java可以通过JNI调用C/C++的库，这对于那些对性能要求比较高的Java程序或者Java无法处理的任务无疑是一个很好的方式。Java中的JNI开发流程主要分为以下6步：

步骤01 编写声明 native 方法的 Java 类。

步骤02 将 Java 源代码编译成 Class 字节码文件。

步骤03 用 javah -jni 命令生成.h 头文件（javah 是 JDK 自带的一个命令，-jni 参数表示将 Class 中用 native 声明的函数生成 JNI 规则的函数）。

步骤04 用本地代码实现.h 头文件中的函数。

步骤05 将本地代码编译成动态库（Windows 下为*.dll，Linux/UNIX 下为*.so，Mac OS X 下为*.jnilib）。

步骤06 将动态库复制到 java.library.path 本地库搜索目录下，并运行 Java 程序。

下面我们通过实例来说明。

【例2.5】 第一个JNI程序

1）打开Eclipse，设置工作区路径，注意本例用编号作为工作区文件夹名（这是为了给读者演示多样性，所以本例没有用myws作为工作区名称）。新建一个Java工程，工程名是SimpleHello。在工程中新建一个类，在New Java Class对话框中，在Package框中输入包名com.study.jni.demo.simple，在Name框中输入类名SimpleHello，同时勾选public static void main(String []args]选项，如图2-44所示。

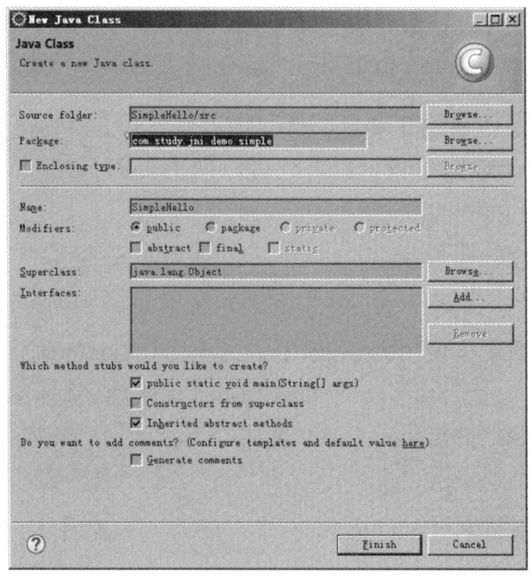

图 2-44

这里简单解释一下package（程序包，简称为包），Java提供了程序包机制，用于区别类名的命名空间。程序包机制把功能相似或相关的类或接口组织在同一个包中，以方便类的查找和使用。如同文件夹一样，包也采用了树形目录的存储方式。同一个包中的类名是不同的，不同包的类名可以相同，当同时调用两个不同包中相同类名的类时，应该加上包名加以区别。因此，包可以避免命名冲突。另外，包也限定了访问权限，拥有包访问权限的类才能访问某个包中的类。Java使用包这种机制是为了防止命名冲突，以及对类和接口进行分类，以便更好地组织和维护它们，提高可重用性。

设置好如图2-44所示的各项后，单击Finish按钮以关闭对话框。此时Eclipse会显示出SimpleHello.java的编辑窗口，在SimpleHello.java中输入如下代码：

```
package com.study.jni.demo.simple;

 public class SimpleHello {
    public static native String sayHello(String name);

    public static void main(String[] args) {
        String name = "Ljy";
        String text = sayHello(name);
        System.out.println("after native, java shows:" + text);
    }

    static {
       System.loadLibrary("hello");  //hello.dll要放在系统路径下，比如c:\windows\
    }
}
```

在main函数中调用sayHello函数。注意sayHello()方法的声明，它有一个关键字native，表明这个方法是使用Java以外的语言实现的。该方法不包括在本程序业务功能的实现中，因为我们要用C/C++语言来实现它。注意System.loadLibrary("hello")这句代码，它是在静态初始化块中定义的，系统用来载入hello库，就是在后文所述要生成的hello.dll。

2）生成.h文件。打开命令行窗口，然后进入SimpleHello.java所在目录，这里是D:\eclipse-workspace\2.5\SimpleHello\src\com\study\jni\demo\simple\，引用了程序包，那么路径就变长了。输入如下命令：

```
javac SimpleHello.java -h .
```

注意，-h后面有一个空格，然后有一个黑点。选项-h表示需要生成JNI的头文件，h后面有个空格，然后加了黑点，黑点表示在当前目录下生成头文件，如果需要指定目录，可以把点改成文件夹名称（文件夹会自动新建）。该命令执行后，会在同一目录下生成两个文件：SimpleHello.class和com_study_jni_demo_simple_SimpleHello.h，后者就是我们所需的头文件，这个文件不要去修改，后面的VC工程中要用到。

3）编写本地实现代码。现在我们要用C/C++语言实现Java中定义的方法，其实就是新建一个DLL程序（DLL是指动态链接库）。

打开VC 2017，按Ctrl+Shift+N组合键打开“新建项目”对话框，然后在界面左侧选择“Windows桌面”，在右侧选择“Windows桌面向导”，输入工程名为“hello”，并设置工程存放的位置，如图2-45所示。

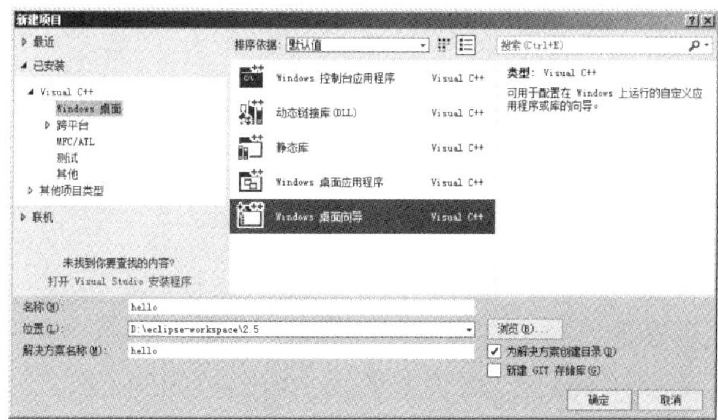

图 2-45

单击“确定”按钮，随后出现“Windows桌面项目”对话框，选择“应用程序类型”为“动态链接库（.dll）”，并撤选“预编译标头”复选框，如图2-46所示。

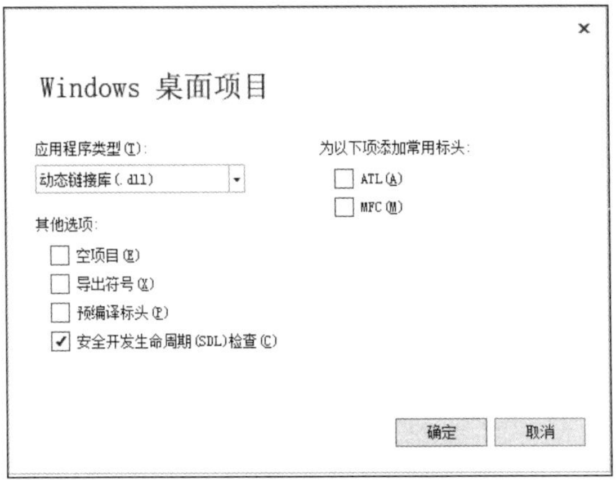

图 2-46

单击“确定”按钮，此时一个DLL工程就建立起来了。在VC解决方案中双击hello.cpp，然后在编辑框中输入如下代码：

```
#include "header.h"
#include "jni.h"
#include "stdio.h"
#include "string.h"
#include "com_study_jni_demo_simple_SimpleHello.h"
JNIEXPORT jstring JNICALL Java_com_study_jni_demo_simple_SimpleHello_
sayHello(JNIEnv *env, jclass cls, jstring j_str)
{
    const char *c_str = NULL;
    char buff[128] = { 0 };
    jboolean isCopy;
    c_str = env->GetStringUTFChars(j_str, &isCopy);   //生成native的char指针
    if (c_str == NULL)
    {
        printf("out of memory.\n");
        return NULL;
    }
    printf("From Java String:addr: %x  string: %s  len:%d  isCopy:%d\n", c_str,
c_str, strlen(c_str), isCopy);
    sprintf_s(buff, "hello %s", c_str);
    env->ReleaseStringUTFChars(j_str, c_str);
    return env->NewStringUTF(buff);    //将C语言字符串转化为java字符串
}
```

这段代码很简单，主要就是把Java传来的参数打印出来。其中jni.h是JDK自带的文件，我们需要为工程添加JDK所在的路径，在VC菜单栏中选择“项目→属性→配置属性→C/C++”，然后在右边“平台”下选择“x64”（因为我们要生成64位的DLL），并在“附加包含目录”框中输入：%JAVA_HOME%\ include; %JAVA_HOME%\include\win32，如图2-47所示。

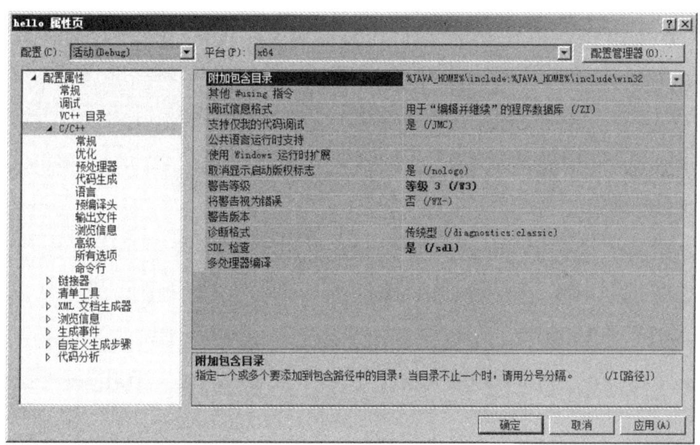

图 2-47

然后单击“确定”按钮关闭对话框，把D:\eclipse-workspace\2.5\SimpleHello\src\com\study\jni\demo\simple\下的com_study_jni_demo_simple_SimpleHello.h复制到VC工程目录下，并在VC中添加该头文件，在VC工具栏上选择解决方案平台为x64，如图2-48所示。

按F7键生成解决方案，此时将在hello\x64\Debug下生成hello.dll，把该文件复制到C:\Windows下。至此，VC本地代码开发工作就完成了。

4）重新回到Eclipse中，按Ctrl+F11组合键来运行工程，随后就可以在下方控制台窗口中看到该程序的输出，如图2-49所示。

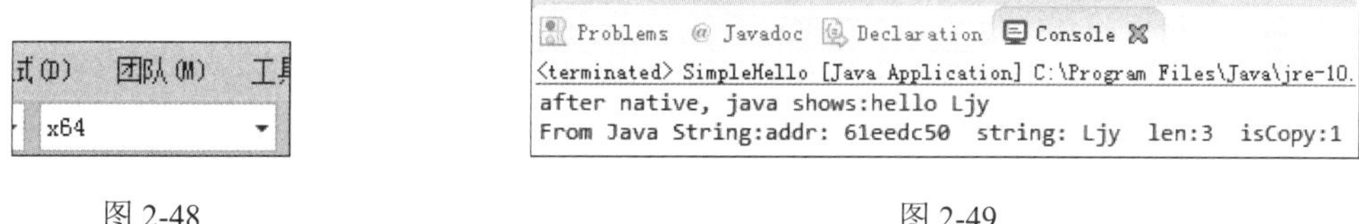

图 2-48　　　　图 2-49

我们看到不但打印了VC程序中的语句，也打印了VC函数的返回值（字符串：hello Ljy）。从这个例子可以验证Java向本地函数传参数，并成功获取了返回值。有人可能不喜欢在C:\Windows下添加文件，没关系，我们可以把hello.dll放到Java工程目录下或者任意一个目录下，只要在Java中指定绝对路径即可。比如我们把hello.dll放到D:盘下，则在Java程序中就要写成绝对路径：

```
System.load("d:/hello.dll"); //写绝对路径时，后缀名.dll也要写出来，要调用load函数
```

2.12　搭建 Java 图形界面开发环境

图形用户界面（Graphics User Interface，GUI）是用户与程序交互的窗口，比命令行界面更加直观，并且更好操作。Swing程序是Java的客户端窗体程序，除了通过手动编写代码的方式设计Swing程序之外，Eclipse中还提供了WindowBuilder工具，该工具是一种非常好用的Swing可视化开发工具，有了它，开发人员就可以像Visual Studio一样通过拖曳组件的方式来编写Swing程序。

记得上大学那会儿比较主流的Java图形开发插件是Visual Editor和SWT Designer，不久又出了一个Jigloo，但去官网看了一下，发现这个东西很久没有更新了，不过据说短小精悍、五脏俱全。SWT Designer不久前被Google公司收购后重新整合进Google自己的产品中，然后开源了，现在名字叫WindowBuilder Pro，看上去界面组件很丰富、强大，支持Swing、AWT、SWT以及Google自家的GWT等。

WindowBuilder Pro已经是目前Java图形界面开发的主流免费工具。如果不缺钱，也可以使用收费的集成开发环境（IDE），比如MyEclipse。在本书中我们使用WindowBuilder Pro，WindowBuilder Pro相当于Eclipse的一个插件，要在Eclipse中使用。WindowBuilder Pro的官网地址是http://www.eclipse.org/windowbuilder/。不过，安装WindowBuilder不必去官网，在Eclipse中即可完成安装。

可以在Eclipse中安装WindowBuilder Pro。打开Eclipse，单击Help→Ecplise MarketPlace，随后出现Ecplise MarketPlace对话框，在该对话框的搜索框中输入WindowBuilder，然后单击右侧的Go按钮，将会出现适合当前Eclipse的WindowBuilder Pro，如图2-50所示。

单击对话框右下角的Install按钮，将出现安装向导，分别单击Confirm和Finish按钮，最后向导对话框消失，返回Eclipse主界面，在主界面右下角可以看到安装进度，如图2-51所示。

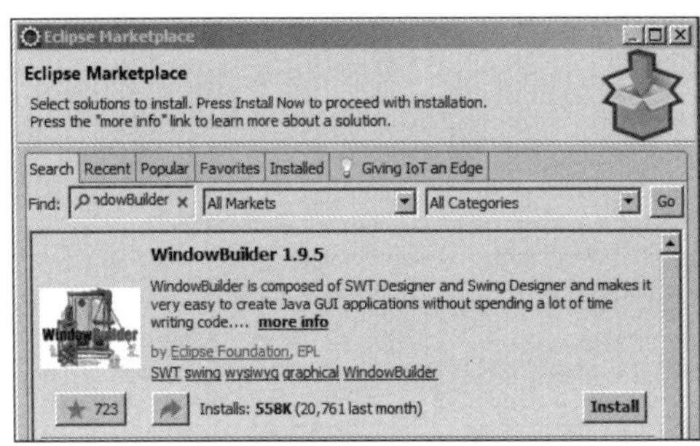

图 2-50

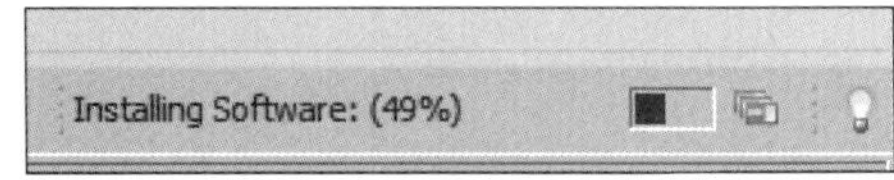

图 2-51

注意，这个过程要保持在线。稍等片刻，出现重启Eclipse对话框，如图2-52所示。单击Restart Now按钮，重启Eclipse。

【例2.6】 第一个Java图形界面程序

1）打开Eclipse后，单击File→New→Project命令或直接按Ctrl+N组合键来打开新建工程对话框，在该对话框上将滑块拉倒底部，可以看到WindowBuilder，展开它，再展开SWT Designer，接着选中SWT/JFace Java Project，如图2-53所示。

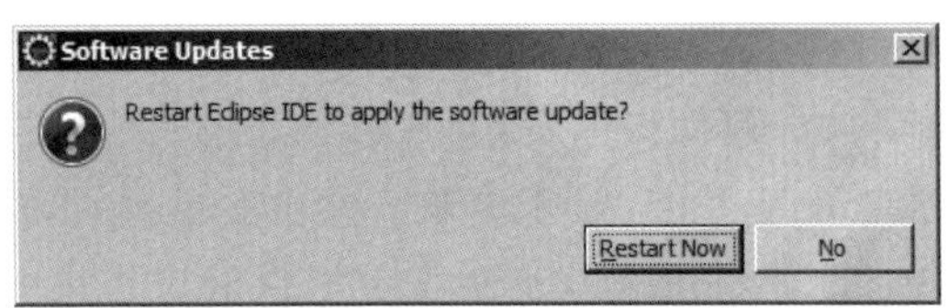

图 2-52

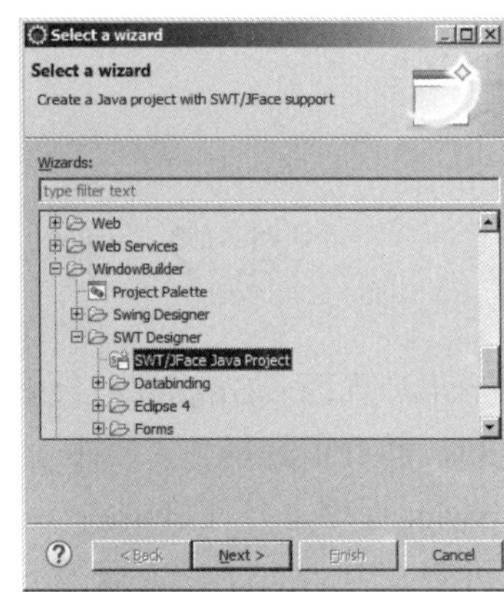

图 2-53

单击Next按钮，并在下一个对话框中输入工程名，这里输入myprj，并在Use an execution environment JRE下拉列表框选择JavaSE-1.8，如图2-54所示。

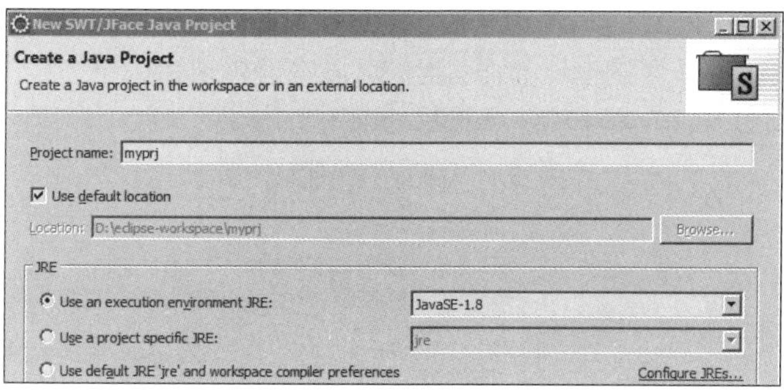

图 2-54

因为本书用的是JDK1.8，所以这里选择JavaSE-1.8，然后单击Finish按钮。此时工程新建完毕，如果工程视图没有出现，可以单击Eclipse的菜单Windows→Show View→Project Explorer。

新建工程完成之后，选中并右击Project Explorer下的src，然后选择New→Other，如图2-55所示。

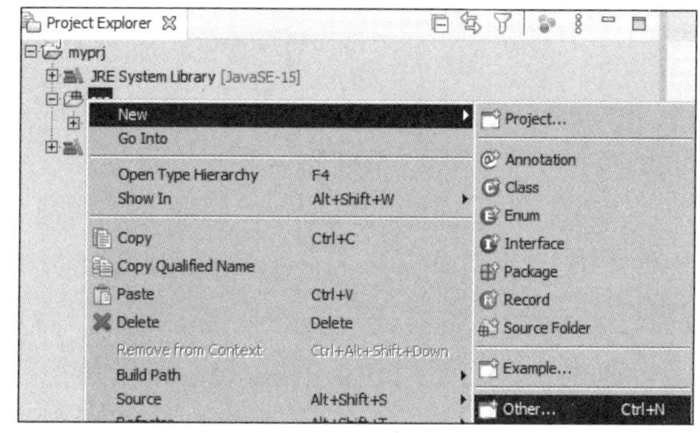

图 2-55

此时出现向导对话框，在该对话框中选择WindowsBuilder→Swing Designer→JFrame，如图2-56所示。

单击Next按钮，在下一个对话框中输入JFrame的名称，如myfrm，该名称也是新建Java文件的主文件名（在磁盘上会创建一个myfrm.java文件），如图2-57所示。

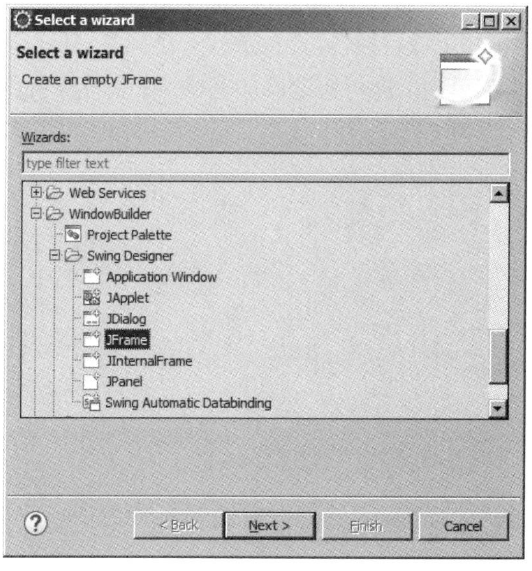

图 2-56

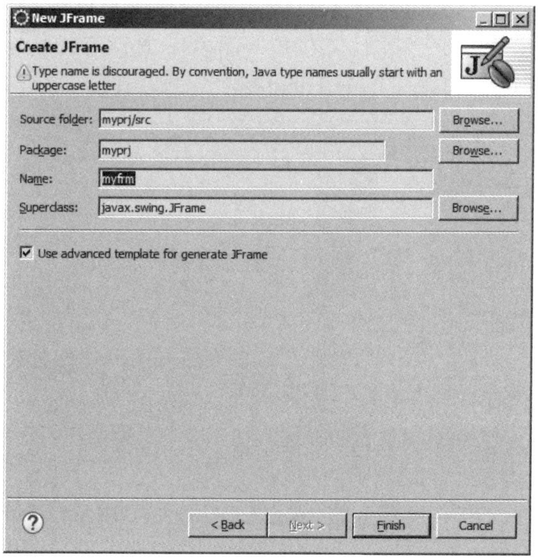

图 2-57

最后单击Finish按钮，这样myfrm.java就自动创建成功了，并自动打开了代码编辑窗口。这个Java文件既可以通过代码编辑的方式来设计窗口界面，又可以通过可视化拖曳控件的方式来设计窗口界面。JFrame的界面和普通Java文件的不同之处在于，它不仅可以编辑源代码，还可以直接设计界面。我们可以在编辑窗口的下方找到代码编辑和界面设计的切换标签，如图2-58所示。

图 2-58

单击Design标签，即可出现界面设计窗口，如图2-59所示。

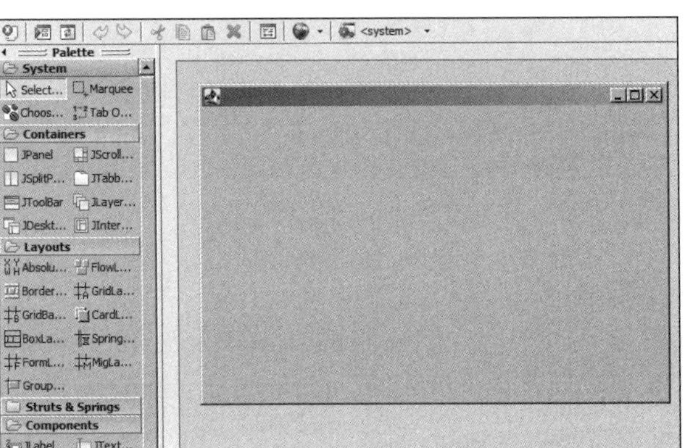

图 2-59

其中，界面左边的Palette（翻译为“调色板”）相当于一个控件工具箱，可以拖曳其中的控件到右边的表单窗口上。在放置控件之前，我们先要了解两个概念：容器（Container）和布局（Layout）。容器是一切的基础，比如一台主机，没有主板，显卡和CPU之类的东西就无法组合起来，目前使用默认的Panel。布局是指控件在窗口摆放的格式，没有布局控件就无法摆放，因而窗口无法设置。这里准备使用绝对布局（Absolute Layout），先单击Palette中的Absolute layout，再到窗口中单击，就添加完成了，如图2-60所示。

绝对布局就是让我们可以随心所欲地安放控件，可以与默认的布局进行比较，该布局方式比较适合新手使用。绝对布局添加完毕后，我们可以在窗口上放置控件，比如放置一个标签（JLabel）控件，可以先单击JLabel控件，然后在窗口空白处再次单击，即可快速添加完成，如图2-61所示。

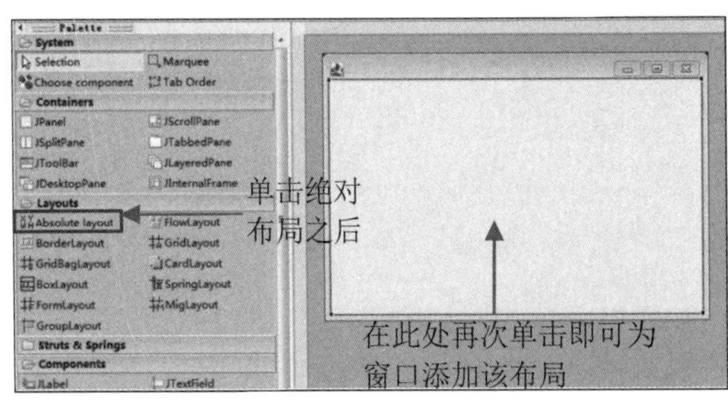

图 2-60

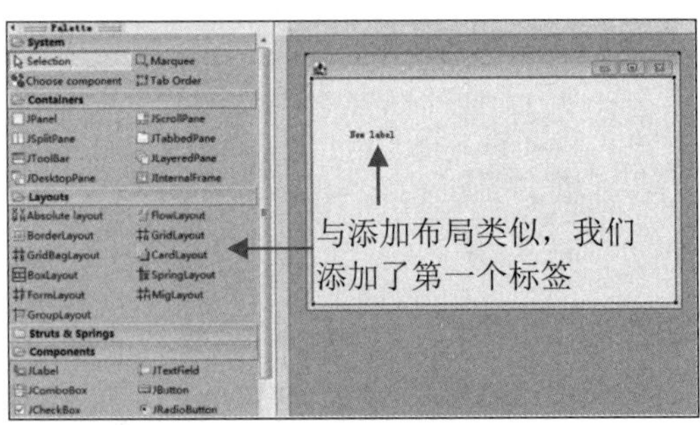

图 2-61

可以设置标签的标题，在左边的Properties视图中找到text，然后在右边输入“IP地址：”，如图2-62所示。

如果以前学过VC、Delphi、Qt之类的可视化开发工具，应该对这种界面开发方式比较熟悉，即先放置控件，然后设置控件的属性，最后根据需要为控件添加事件响应函数，比如单击按钮弹出一个窗口。

使用同样的方法在标签控件右边放置一个文本编辑框（JTextField），然后在窗口上放置一个按钮（JButton），并设置其text为“连接服务器”。最后调整对话框的大小，可以单击对话框的标题栏，此时对话框的下方和右边边框上会出现小黑方块，选中小黑方块（按住鼠标左键不要释放）可以调整对话框大小。最终对话框设计结果如图2-63所示。

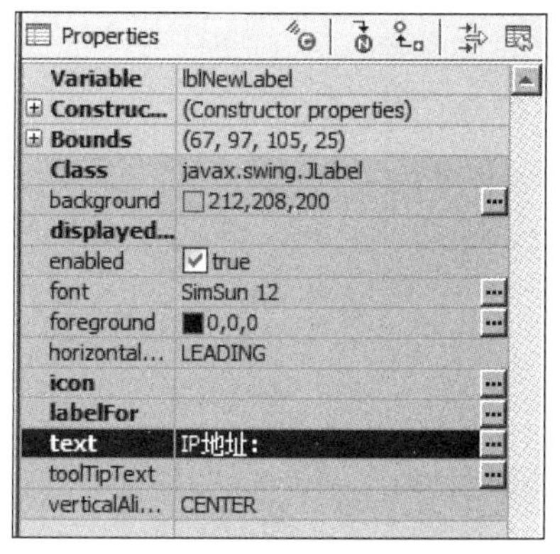

图 2-62

图 2-63

下面为按钮添加鼠标单击事件处理函数。右击该按钮，在弹出的快捷菜单中选择Add event handler→mouse→mouse clicked，此时Eclipse将自动添加鼠标单击处理函数mouseClicked，并且自动定位到mouseClicked函数处，我们可以为该处理函数添加如下代码：

```
public void mouseClicked(MouseEvent e) {
    String t1=textField.getText().trim();
    if(t1.isEmpty())
        JOptionPane.showMessageDialog(null, "请输入IP地址");
    else
        JOptionPane.showMessageDialog(null, "连接服务器成功");
}
```

代码首先判断编辑框是否为空，如果为空，则跳出一个信息框提示输入IP地址；如果不为空，则跳出一个信息框提示连接服务器成功。当然，这里只是模拟，并没有真正连接服务器。其中，textField是编辑框的变量，通过该变量可以引用编辑框类的成员函数，比如getText（获得编辑框中的文本内容），textField可以在编辑框属性视图内的Variable属性中看到，如图2-64所示。

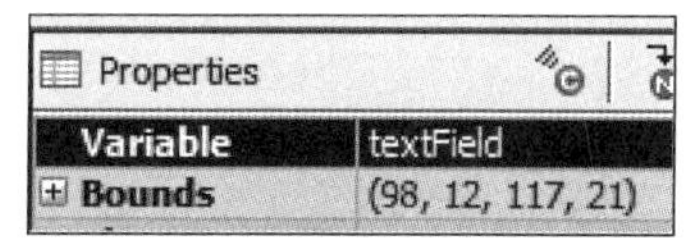

图 2-64

用户也可以根据需要设置更易于理解的编辑框变量名称。JOptionPane类是Swing中用于实现类似Windows平台下的MessageBox的功能，调用JOptionPane类中的各个静态方法来生成各种标准的对话框，从而实现显示信息、提出问题、警告、用户输入参数等功能。这些对话框都是模态对话框，要使用JOptionPane类，需要在文件开头导入对应的程序包：

```
import javax.swing.JOptionPane;
```

代码编辑完毕后就可以准备运行该工程了。

2）保存工程并运行（可以单击工具栏上的白色箭头或按Ctrl+F11组合键来运行），运行结果如图2-65所示。

图 2-65

至此，基于WindowBuilder的Java图形界面开发环境就搭建成功了。为什么一个网络程序开发人员也要学会图形界面设计呢？这是因为完整的网络程序通常分为服务端和客户端，客户端通常都需要和用户打交道，因此需要一个友好的图形界面和用户交互。即使我们编写客户端自测程序，也建议直接在图形界面下编写，因为这样模拟的场景更真实，控制台程序对于用户交互毕竟有限，有时无法模拟出用户使用的真实状况。比如连接服务器，通常要在一定时间内有所反馈（连接成功或连接失败），界面不能卡死，所以要考虑多线程，这些情况的模拟在图形界面下更加容易模拟出来。

第 3 章 在 Linux 下搭建 Java 开发环境

在很多情况下，服务器的操作系统都是Linux，所以我们也要学会在Linux下开发Java，让Java服务器程序在Linux上运行，而且服务程序通常要保证安全性，很多时候会和硬件密码卡、USBKEY等第三方安全设备打交道，而这些设备提供给用户使用的库通常为C语言库，比如一个动态共享库SO文件，因此Java服务程序也要能调用SO库。另外，很多用作服务器的Linux系统都是没有图像界面的，或者图像界面只能在机房里接一个显示器才能看到，这些Linux系统只能通过网线远程来操作。所以，我们的Java开发必须要基于远程Linux开发。笔者将在本章介绍一些一线开发中肯定会碰到的场景。

为了节省投资，我们将Linux系统运行在VMware虚拟机软件上，这样不用再配置一台计算机。为了照顾初学者，我们将从部署虚拟机Linux环境开始讲起。

3.1 部署虚拟机 Linux 环境

3.1.1 在 VMware 下安装 Linux

要开发Linux上的程序，前提是安装了Linux操作系统。通常在公司开发项目中都会有一台专门的Linux服务器供用户使用，而我们自己学习时不需要这样，可以使用虚拟机软件（比如VMware）来安装Linux操作系统。

VMware是大名鼎鼎的虚拟机软件，它通常分两种版本：工作站版本（VMware Workstation）和服务器客户机版本（VMware vSphere）。这两类软件都可以虚拟机上安装不同的操作系统。个人用得较多的是工作站版本，供单个人在本机使用。VMware vSphere通常用于企业环境，供多个人远程使用。通常，我们把自己真实PC上装的操作系统叫宿主机系统，VMware中安装的操作系统叫虚拟机系统。

VMware Workstation可以到网上去下载，它是Windows软件，安装过程非常简单，这里就不浪费笔墨了。笔者这里使用的是15.5版本，其他版本应该也可以使用。虽然现在VMware Workstation 16已经出世，但由于笔者的Windows操作系统是Windows 7，因此没有使用VMware Workstation 16，VMware Workstation 16不支持Windows 7，必须在Windows 8或更高版本中使用。

通常我们开发Linux程序，先在虚拟机上安装Linux操作系统，然后在这个虚拟机的Linux系统中编程调试，或在宿主机系统（比如Windows）中进行编辑，然后传到Linux中进行编译。有了虚拟机的Linux系统，开发方式的灵活性更大。实际上，不少一线开发工程师都是在Windows下阅读编辑代码，然后放到虚拟机的Linux系统中编译运行，这种方式的开发效率居然还不低。

这里采用的虚拟机软件是VMware Workstation 15.5（这是最后一个能安装到Windows 7上的版本）。在安装Linux之前，我们要准备Linux映像文件（ISO文件），可以从网上直接下载Linux操作系统的ISO文件，也可以通过UltraISO等软件从Linux系统光盘制作一个ISO文件，制作方法是在菜单中选择“工具→制作光盘映像文件”。

不过，笔者建议直接从网上下载一个ISO文件来使用，笔者就从CentOS官网（https://www.centos.org/）下载了一个64位的CentOS 7.6，下载下来的文件名是CentOS-7-x86_64-DVD-1810.iso。当然其他发行版本也可以，如RedHat、Debian、Ubuntu、Fedora等，都可以作为学习开发环境。

ISO文件准备好之后，就可以通过VMware来安装Linux了。打开VMware Workstation，然后根据下面几个步骤操作即可。

步骤01 在 VMware 上选择菜单“文件→新建虚拟机”，然后出现“新建虚拟机向导”对话框，如图 3-1 所示。

步骤02 单击“下一步”按钮，出现“安装来源”对话框，由于 VMware15 默认会让 Ubuntu 简易安装，可能会导致很多软件安装不全，为了不让 VMware 简易安装 CentOS，因此选择“稍后安装操作系统。”，如图 3-2 所示。

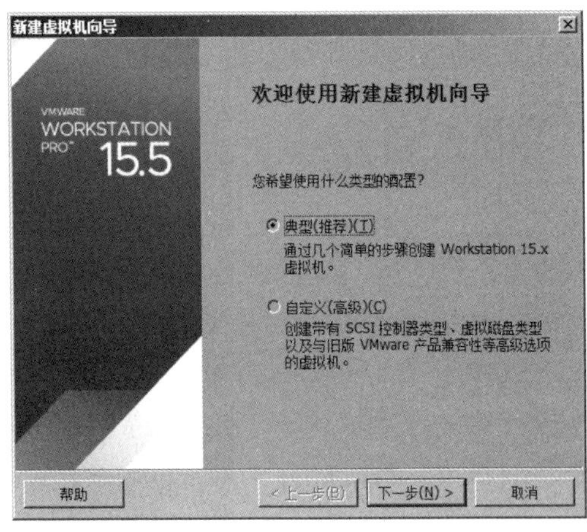

图 3-1

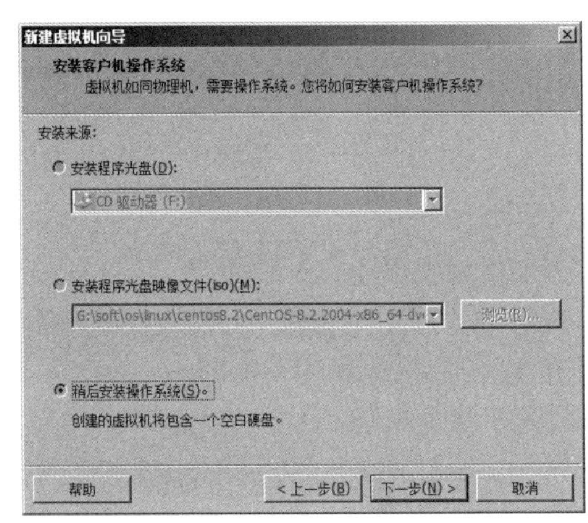

图 3-2

步骤03 单击“下一步”按钮，此时出现“客户机操作系统”对话框，我们选择 Linux 和“CentOS 7 64 位”，如图 3-3 所示。

步骤04 单击“下一步”按钮，此时出现“命名虚拟机”对话框，我们设置虚拟机名为“CentOS 7 64 位”，其位置可以自己选择一个空闲空间较多的磁盘路径，笔者这里设置的是“g:\vm\CentOS 7 64 位”。然后单击“下一步”按钮，此时出现“指定磁盘容量”对话框，保持默认的 20GB，再多一些也可以，其他保持默认设置。继续单击“下一步”按钮，此时出现“已准备好创建虚拟机”对话框，该步只是让我们看一下前面设置的配置列表，直接单击“完成”按钮即可。此时在 VMware 主界面上可以看到一个名为“CentOS 7 64 位”的虚拟机，如图 3-4 所示。

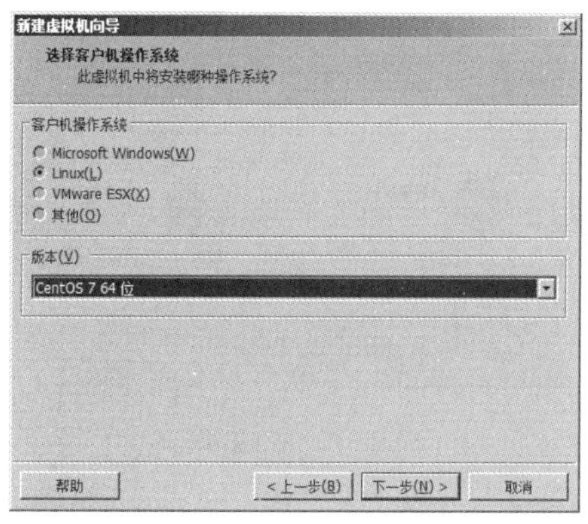

图 3-3

图 3-4

步骤 05　现在虚拟机还是空的，启动不了，因为还未真正安装。单击“编辑虚拟机设置”，出现“虚拟机设置”对话框，在硬件列表中选中“CD/DVD（IDE）”，再选中“使用 ISO 映像文件”，并单击“浏览”按钮，选择我们下载的 CentOS-7-x86_64-DVD-1810.iso 文件，如图 3-5 所示。

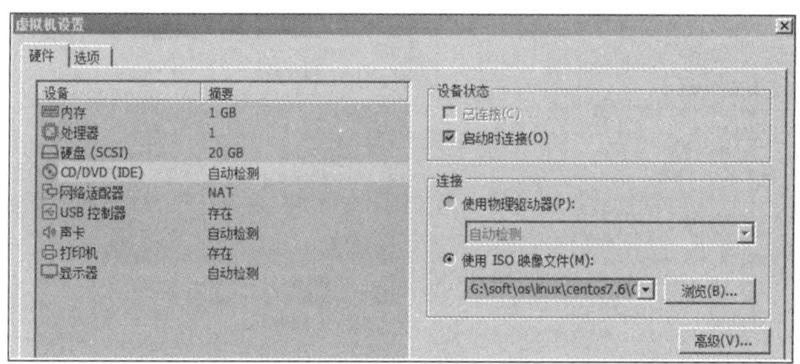

图 3-5

步骤 06　单击“确定”按钮，关闭“虚拟机设置”对话框。此时又回到了主界面，单击“开启此虚拟机”，稍等片刻，会出现 CentOS 7 的安装向导界面，如图 3-6 所示。

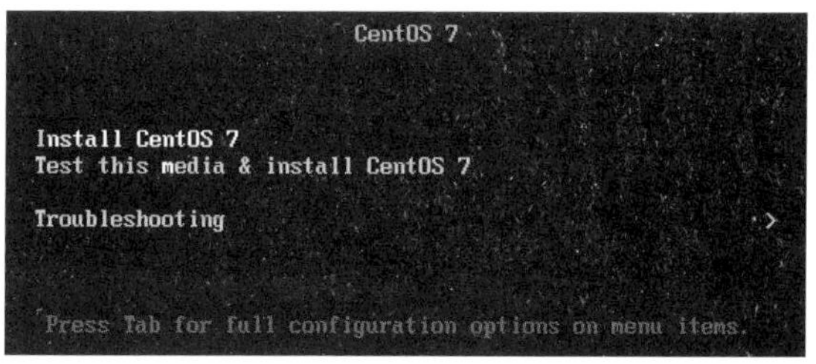

图 3-6

步骤 07　选择第一个 Install CentOS 7 并按回车键，然后出现选择语言对话框，如图 3-7 所示。

步骤 08　这里选择“简体中文（中国）”，然后单击“继续”按钮，出现“安装信息摘要”对话框，如图 3-8 所示。

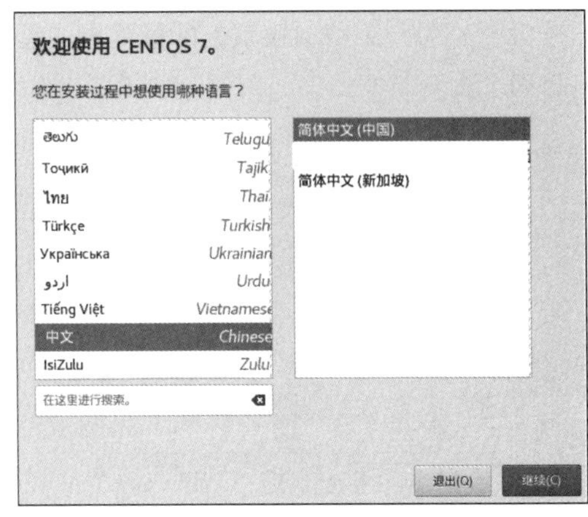

图 3-7

图 3-8

步骤09 单击“软件选择”，然后在左侧选择“开发及生成工作站”，在右侧选择“附加开发”“开发工具”和“平台开发”，如图 3-9 所示。

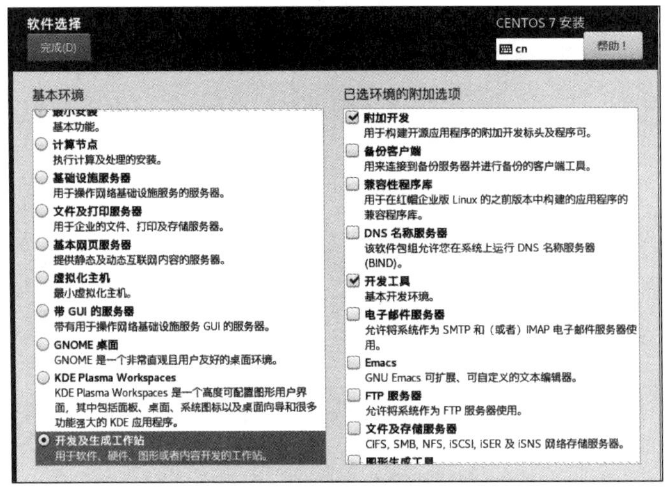

图 3-9

至此，常用的一些开发工具已经自动安装好了。单击“完成”按钮回到“安装信息摘要”对话框，再单击“安装位置”，此时将出现“安装目标位置”对话框，直接单击“完成”按钮即可。这是因为我们是虚拟机安装，所以会自动分区。再回到“安装信息摘要”对话框中，会发现右下角的“开始安装”可用了。单击“开始安装”，随后就开始安装了，此时我们可以设置ROOT账号的密码，并添加一个新账号，这里不再赘述。

稍等片刻，虚拟机CentOS 7安装完毕。下面我们需要对其进行一些设置，使其使用起来更加方便。

3.1.2 关闭防火墙

为了联网方便，最好一开始就关闭防火墙。首先查看防火墙的状态，命令如下：

```
[root@localhost ~]# firewall-cmd --state
running
```

running表示防火墙正在运行，然后临时关闭防火墙，命令如下：

```
[root@localhost ~]# systemctl stop firewalld
```

永久关闭防火墙，命令如下：

```
[root@localhost ~]# systemctl disable firewalld.service
    Removed symlink /etc/systemd/system/multi-user.target.wants/firewalld.
service.
    Removed symlink /etc/systemd/system/dbus-org.fedoraproject.FirewallD1.
service.
```

再次查看防火墙的状态，命令如下：

```
[root@localhost ~]# firewall-cmd --state
not running
```

3.1.3　制作快照

VMware的快照功能可以把当前虚拟机的状态保存下来，以后万一虚拟机操作系统出错了，可以恢复到制作快照时的系统状态。制作快照很简单，选择VMware主菜单“虚拟机→快照→拍摄快照”，然后出现“拍摄快照”对话框，如图3-10所示。

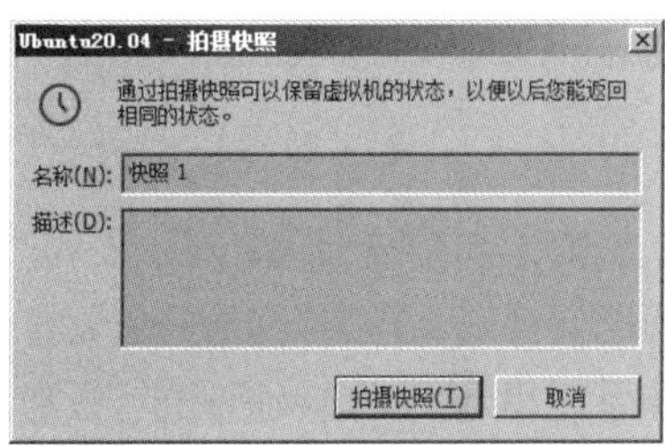

图 3-10

我们可以增加一些说明，比如“刚刚装好”之类的说明性文字，然后单击“拍摄快照”，此时正式制作快照，并在VMware左下角任务栏上会有百分比进度显示，在达到100%之前最好不要对VMware进行操作，等到100%时表示快照制作完毕。快照制作完毕后，我们可以关闭Linux，再进行一些虚拟机的网络设置。

3.1.4　以桥接模式连接 Linux 虚拟机

前面Linux虚拟机准备好了，本节在物理机器的Windows操作系统（简称宿主机）上连接VMware中的虚拟机Linux（简称虚拟机），以便传送文件和远程控制编译运行。基本上，两个系统能相互ping通就算连接成功了。别小看这一步，有时也蛮费劲的。下面简单介绍VMware的3种网络模式，以便连接失败时可以尝试去修复。

VMware虚拟机的网络模式就是虚拟机操作系统和宿主机操作系统之间的网络拓扑关系，通常有桥接模式、主机模式、NAT模式。这3种网络模式都通过一台虚拟交换机和主机通信。默认情况下，桥接模式下使用的虚拟交换机是VMnet0，主机模式下使用的虚拟交换机是VMnet1，NAT模式下使用的虚拟交换机是VMnet8。如果需要查看、修改或添加其他虚拟交换机，可以打开VMware，然后选择主菜单“编辑→虚拟网络编辑器”，此时会出现“虚拟网络编辑器”对话框，如图3-11所示。

默认情况下，VMware会为宿主机操作系统（这里是Windows 7）安装两块虚拟网卡，分别是VMware Virtual Ethernet Adapter for VMnet1和VMware Virtual Ethernet Adapter for VMnet8。看名字就知道，前者用来与虚拟交换机VMnet1相连，后者用来连接VMnet8。我们可以在宿主机Windows 7系统的“控制面板→网络和Internet→网络连接”下看到这两块网卡，如图3-12所示。

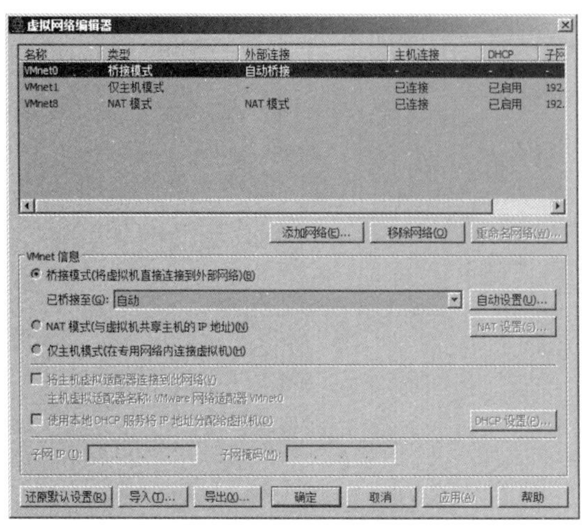

图 3-11

图 3-12

有朋友可能会问，对于虚拟交换机VMnet0，为什么宿主机系统中没有虚拟网卡连接呢？这个问题问得好，其实VMnet0这个虚拟交换机所建立的网络模式是桥接网络（桥接模式中的虚拟机操作系统相当于宿主机所在的网络中的一台独立主机），所以主机直接用物理网卡去连接VMnet0。

值得注意的是，这3种虚拟交换机（VMnet0、VMnet1和VMnet8）都是默认就有的，我们也可以自己添加更多的虚拟交换机（在图3-11中的“添加网络”按钮就有这样的功能），如果添加的虚拟交换机的网络模式是主机模式或NAT模式，那么VMware会自动为主机系统添加相应的虚拟网卡。本书在开发程序时一般以桥接模式连接，如果要在虚拟机中上网，则可以使用NAT模式。接下来具体阐述如何在这两种模式下相互ping通，主机模式了解即可，不太常用。

桥接模式是指宿主机操作系统的物理网卡和虚拟机操作系统的网卡通过VMnet0虚拟交换机进行桥接，物理网卡和虚拟网卡在拓扑图上处于同等地位，网桥模式使用VMnet0这个虚拟交换机。桥接模式下的网络拓扑如图3-13所示。

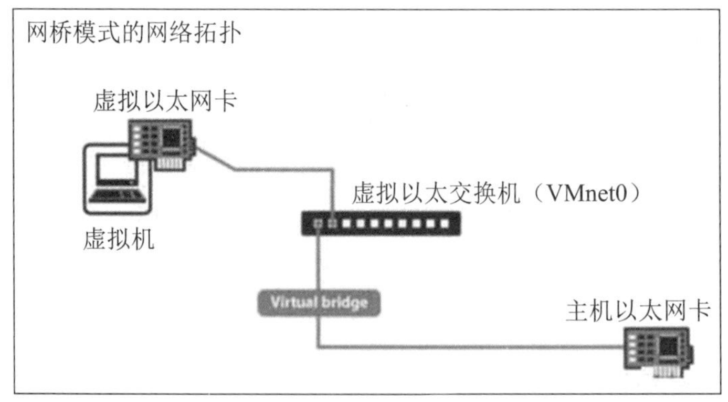

图 3-13

知道原理后，我们来具体设置桥接模式，使得宿主机和虚拟机相互ping通。其过程如下：

1）打开VMware，单击“编辑虚拟机设置”，如图3-14所示。此时虚拟机必须处于关机状态，即“编辑虚拟机设置”上面的文

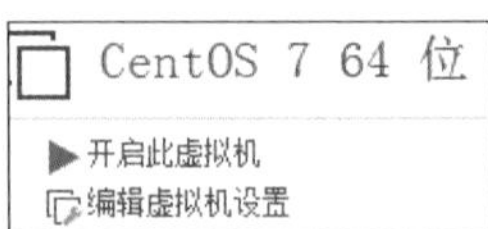

图 3-14

字是“开启此虚拟机”，说明虚拟机是关机状态。通常，对虚拟机进行设置最好是在关机状态，比如更改内存大小等。不过，如果只是配置网卡信息，也可以在开启虚拟机后再进行设置。

2）单击“编辑虚拟机设置”后，将弹出“虚拟机设置”对话框，在该对话框内选中“网络适配器”，在右边选择“桥接模式”，并勾选“复制物理网络连接状态”复选框，如图3-15所示，单击“确定”按钮。接着，开启此虚拟机，并以root身份登录Linux。

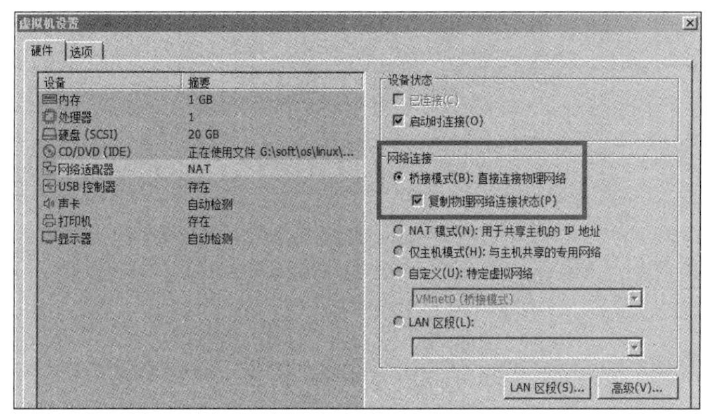

图 3-15

3）设置桥接模式后，VMware的虚拟机操作系统就相当于局域网中的一台独立主机。它可以访问网内任何一台机器。在桥接模式下，VMware的虚拟机操作系统的IP地址、子网掩码可以手工设置，而且要和宿主机处于同一网段，这样虚拟系统才能与宿主机进行通信，如果要上网，还需要自己设置DNS地址。当然，更便捷的方法是从DHCP服务器处获得IP、DNS地址（家庭路由器通常包含DHCP服务器，所以可以从那里自动获取IP和DNS等信息）。

在虚拟机CentOS 7.2中打开终端窗口（可以在桌面上右击，然后在快捷菜单中选择“在终端中打开”），然后在终端窗口（下面简称终端）输入查看网卡信息的命令ifconfig：

```
[root@localhost ~]# ifconfig
ens33: flags=4163<UP,BROADCAST,RUNNING,MULTICAST>  mtu 1500
       ether 00:0c:29:cc:b8:99  txqueuelen 1000  (Ethernet)
       RX packets 2156  bytes 132822 (129.7 KiB)
       RX errors 0  dropped 78  overruns 0  frame 0
       TX packets 0  bytes 0 (0.0 B)
       TX errors 0  dropped 0 overruns 0  carrier 0  collisions 0
```

其中ens33是笔者虚拟机CentOS 7.6中的一块默认安装的网卡的名称，我们可以修改其配置文件来设置新的网卡配置信息。在终端输入：

```
# vi /etc/sysconfig/network-scripts/ifcfg-ens33
```

ifcfg-ens33是网卡ens33的配置文件，假设宿主机Windows的IP是192.168.11.0/8网段的，那么对其进行如下修改：

```
TYPE=Ethernet
PROXY_METHOD=none
BROWSER_ONLY=no
BOOTPROTO=static
```

```
IPADDR=192.168.11.129
NETMASK=255.0.0.0
DEFROUTE=yes
IPV4_FAILURE_FATAL=no
IPV6INIT=yes
IPV6_AUTOCONF=yes
IPV6_DEFROUTE=yes
IPV6_FAILURE_FATAL=no
IPV6_ADDR_GEN_MODE=stable-privacy
NAME=ens33
UUID=6d8a1ed9-4e0a-4e79-8b46-6b2336cff3a5
DEVICE=ens33
ONBOOT=yes
```

主要是把BOOTPROTO修改为static，表示该网卡采用静态IP地址，然后添加IPADDR和NETMASK，即IP地址和掩码，最后把ONBOOT设置修改为yes，表示开机就生效，然后保存并退出。接着重启网络服务，以生效刚才的配置，命令如下：

```
#service network restart
```

此时再用ifconfig查看网卡的IP，发现已经是新的IP地址了，此时在虚拟机Linux下可以和宿主机Windows相互ping通了（如果ping Windows没有通，可能是因为Windows中的防火墙开着，可以把它关闭），如图3-16所示。

其中，192.168.11.2是笔者Windows 7的IP地址，在Windows 7中ping虚拟机Linux，也可以ping通了。

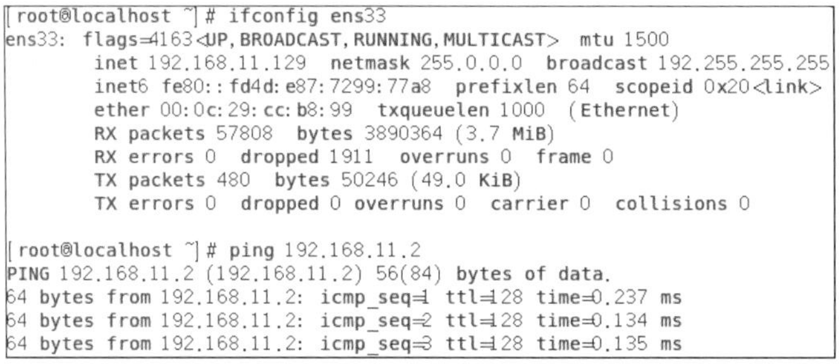

```
[root@localhost ~]# ifconfig ens33
ens33: flags=4163<UP,BROADCAST,RUNNING,MULTICAST>  mtu 1500
        inet 192.168.11.129  netmask 255.0.0.0  broadcast 192.255.255.255
        inet6 fe80::fd4d:e87:7299:77a8  prefixlen 64  scopeid 0x20<link>
        ether 00:0c:29:cc:b8:99  txqueuelen 1000  (Ethernet)
        RX packets 57808  bytes 3890364 (3.7 MiB)
        RX errors 0  dropped 1911  overruns 0  frame 0
        TX packets 480  bytes 50246 (49.0 KiB)
        TX errors 0  dropped 0 overruns 0  carrier 0  collisions 0

[root@localhost ~]# ping 192.168.11.2
PING 192.168.11.2 (192.168.11.2) 56(84) bytes of data.
64 bytes from 192.168.11.2: icmp_seq=1 ttl=128 time=0.237 ms
64 bytes from 192.168.11.2: icmp_seq=2 ttl=128 time=0.134 ms
64 bytes from 192.168.11.2: icmp_seq=3 ttl=128 time=0.135 ms
```

图 3-16

3.1.5 通过终端工具连接 Linux 虚拟机

安装完虚拟机的Linux操作系统后，我们就可以使用它了。怎么使用呢？通常都是在Windows下通过终端工具（比如SecureCRT或SmarTTY）来操作Linux。这里使用SecureCRT这个终端工具来连接Linux，然后在SecureCRT窗口下以命令行的方式使用Linux。该工具既可以通过安全加密的网络连接方式（SSH）来连接Linux，又可以通过串口的方式来连接Linux，前者需要知道Linux的IP地址，后者需要知道串口号。除此之外，还能通过Telnet等方式，读者可以在实践中慢慢体会。

虽然操作界面也是命令行方式，但是比Linux自己的字符界面方便得多，比如SecureCRT可以打开多个终端窗口，可以使用鼠标，等等。SecureCRT软件是Windows下的软件，可以在网上免费下载。下载与安装过程就不赘述了，不过强烈建议使用比较新的版本，笔者使用的版本是64位的SecureCRT 8.5和SecureFX 8.5，其中SecureCRT表示终端工具本身，SecureFX表示配套的用于相互传输文件的工具。我们通过一个例子来说明如何连接虚拟机Linux，网络模式采用桥接模式，假设虚拟机Linux的IP地址为192.168.11.129，使用SecureCRT连接虚拟机Linux的步骤如下：

图 3-17

步骤 01 打开 SecureCRT 8.5 或以上版本，在左侧的 Session Manager 工具栏上选择第三个按钮，这个按钮表示 New Session，即创建一个新的连接，如图 3-17 所示。

此时出现 New Session Wizard 对话框，如图 3-18 所示。

在该对话框中选中 SecureCRT 协议为 SSH2，然后单击“下一步”按钮，出现向导的第二个对话框。

步骤 02 在该对话框中的 Hostname 框中输入 192.168.11.129，在 Username 框中输入 root。这个 IP 就是前面安装的虚拟机 Linux 的 IP，root 是 Linux 的超级用户账户。输入完毕后如图 3-19 所示。再单击“下一步”按钮，出现向导的第三个对话框。

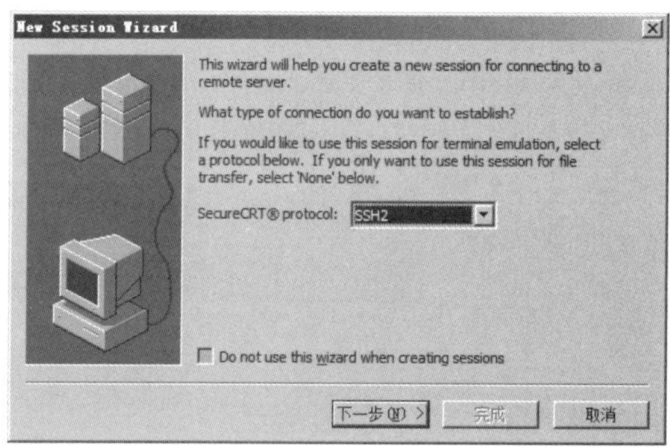

图 3-18

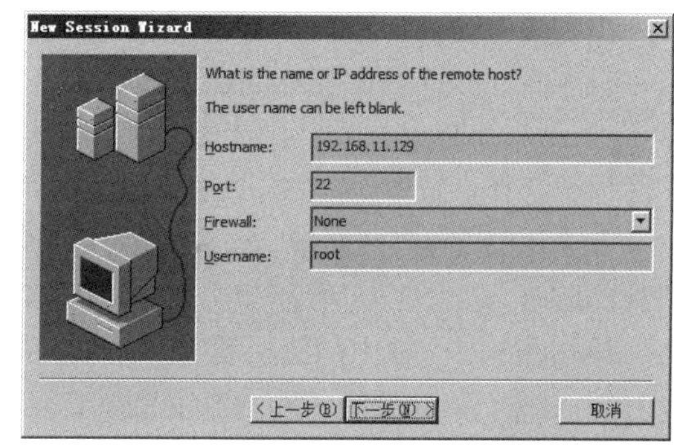

图 3-19

步骤 03 在该对话框中保持默认设置即可，即保持 SecureFX 协议为 SFTP，这个 SecureFX 是宿主机和虚拟机之间传输文件的软件，采用的协议可以是 SFTP（安全的 FTP 传输协议）、FTP、SCP 等，如图 3-20 所示。单击“下一步”按钮，出现向导的最后一个对话框。

步骤 04 在该对话框中可以重新命名会话的名称，也可以保持默认名称，即用 IP 作为会话名称，如图 3-21 所示。

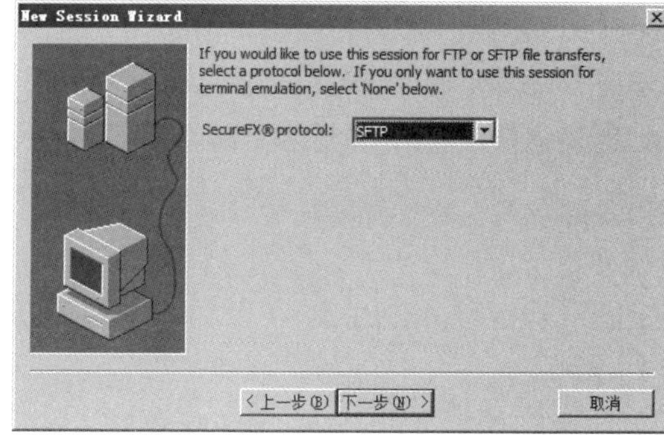

图 3-20

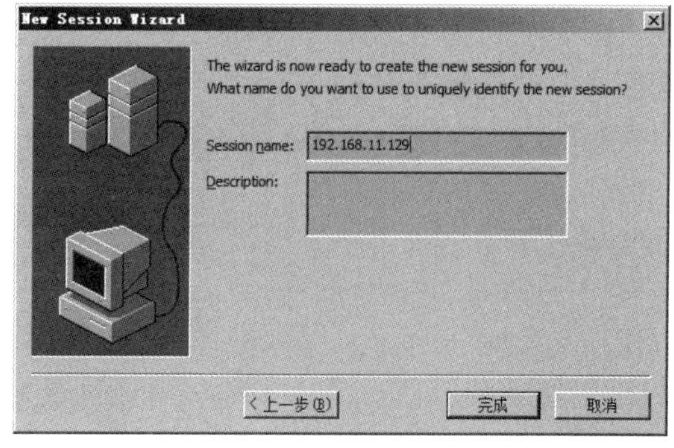

图 3-21

步骤 05 单击“完成”按钮。此时可以看到左侧的 Session Manager 中出现了刚才建立的新会话，如图 3-22 所示。接下来出现登录对话框，如图 3-23 所示。

输入 root 账号的 Password 为 123456（这是笔者安装虚拟机 Linux 时设置的），并勾选 Save password 复选框，这样就不用每次都输入密码了，输入完毕后，单击 OK 按钮，就到了熟悉的 Linux 命令提示符下，如图 3-24 所示。

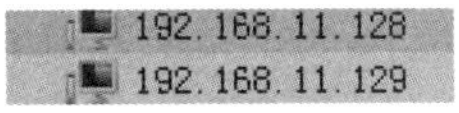

192.168.11.128
192.168.11.129

图 3-22

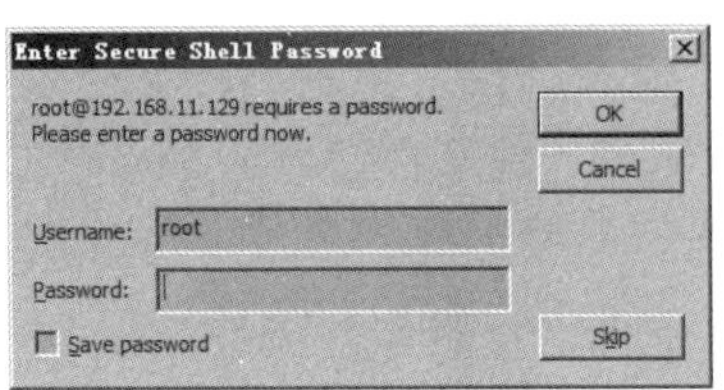

图 3-23

```
root@localhost:~
Last login: Mon Jul 26 22:09:22 2021
[root@localhost ~]#
```

图 3-24

至此，通过SecureCRT连接虚拟机Linux成功，以后就可以通过命令来使用Linux了。

3.1.6 与虚拟机互传文件

由于笔者喜欢在Windows下编辑代码，然后传文件到Linux下去编译运行，因此经常要在宿主机Windows和虚拟机Linux之间传送文件。将文件从Windows传到Linux的方式很多，有命令行的sz/rz、FTP客户端、SecureCRT自带的SecureFX等图形化的工具，读者可以根据习惯和实际情况选择合适的工具。本书使用的是命令行工具SecureFX。

首先用SecureCRT连接Linux，然后单击右上角的工具栏按钮SecureFX，如图3-25所示。

图 3-25

单击图3-25方框中的图标就会启动SecureFX程序，并自动打开Windows和Linux的文件浏览窗口，其界面如图3-26所示。

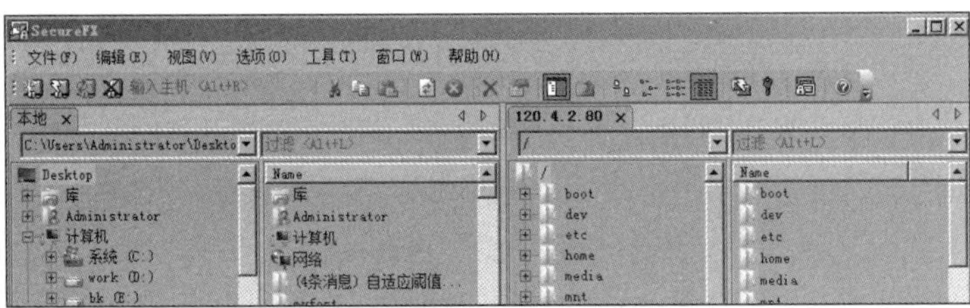

图 3-26

图中左侧是本地Windows的文件浏览窗格，右侧是IP为120.4.2.80的虚拟机Linux的文件浏览窗格。如果要把Windows中的某个文件上传到Linux，只需要在左侧选中该文件，然后拖曳到右侧的Linux窗格中，从Linux下载文件到Windows也是这样的操作，非常简单。相信读者都是Windows高手，无须多言，实践几下即可上手。

3.2 命令行编译运行 Java 程序

在CentOS 7下会自动安装好JDK（Java开发包），所以我们可以直接编译Java程序。读者可以在命令行下用javac -version和java -version测试：

```
[root@localhost ~]# javac -version
javac 1.8.0_181
[root@localhost ~]# java -version
openjdk version "1.8.0_181"
OpenJDK Runtime Environment (build 1.8.0_181-b13)
OpenJDK 64-Bit Server VM (build 25.181-b13, mixed mode)
[root@localhost ~]#
```

其中命令javac就是用来编译Java源文件的。趁热打铁，马上来一个纯手工版的HelloWorld程序。

【例3.1】 命令行下的HelloWorld程序

1）在命令下切换到某个目录，然后用vi命令编辑一个Java源码文件，代码如下：

```
public class test {
   public static void main(String[] args) {
      System.out.println("Hello world!");
   }
}
```

然后保存为test.java。

2）在命令行下编译：

```
[root@localhost ex]# javac test.java
```

如果没有错误，此时可以在同一个目录下看到多了一个test.class文件，这是test.java的字节码文件，它可以在Java虚拟机中运行。

```
[root@localhost ex]# ls
test.class  test.java
```

运行test，命令如下：

```
[root@localhost ex]# java test
Hello world!
[root@localhost ex]#
```

至此，我们的手工版HelloWorld程序创建成功了。考虑到vi高手毕竟是少数，年轻人更喜欢用图形界面开发程序，所以我们要从武器库中拿出更现代化的开发工具来学习。企业一线开发中的程序规模都不小，用的开发工具大多是图形化开发工具，因此对于命令行的编译运行过程读者只需了解即可。

3.3　图形化界面开发 Java 程序

当今Java图形化界面的开发工具有两大霸主：一个是Eclipse（免费）/MyEclipse（收费），另一个是JetBrains公司的IntelliJ IDEA（简称IDEA，收费）。两者都是Java语言的跨平台图形化集成开发环境，可以在Windows、Mac OS和Linux上提供一致的体验，两者的用户群体都不少。一般预算足够的人用IntelliJ IDEA比较多，IntelliJ IDEA在业界被公认为是最好的Java开发工具，尤其在智能代码助手、代码自动提示、重构、JavaEE支持、各类版本工具（Git、SVN等）、JUnit、CVS整合、代码分析、创新的GUI设计等方面的功能可以说是超常的。这两个工具笔者都使用过，感觉IntelliJ IDEA更胜一筹。举一个例子，比如在IntelliJ IDEA开发中，只知道一个类名，但不知道是哪个程序包里的，即不知道import后如何编写，此时把鼠标放在这个类名上就会出现智能提示，如图3-27所示。

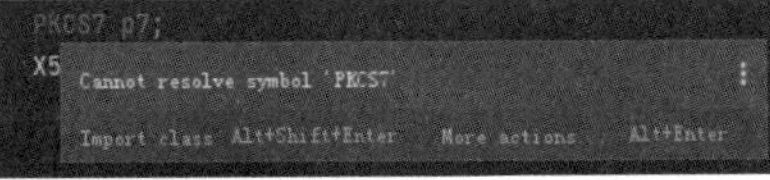

图 3-27

PKCS7是要使用的类名，但不知道是哪个程序包里的，此时可以单击蓝色的Import class，就会自动帮助添加好包，我们在源文件开头可以看到新增了import sun.security.pkcs.PKCS7;这一句，这就是IDEA帮助添加的，它识别出了PKCS7，非常智能。别小看这个功能，只知道类名但不知道包名这种情况经常会发生，IDEA可以最大限度地帮我们节省时间。这里笔者推荐IntelliJ IDEA，它提供了30天的免费使用期限，读者可以去官网下载，地址是https://www.jetbrains.com/idea/ download/。笔者使用的是IntelliJ IDEA 2021.1.3版本，在Windows 7下使用（用Windows 10与此类似）。

在图形化的Linux下使用这两款开发工具非常简单，都是傻瓜式操作。在企业一线开发中，很多Linux系统都是不带图形界面的，而且Linux主机都是锁在机柜里的，开发人员只能在自己办公桌上用计算机进行远程的Linux开发。因此，我们要学会在计算机上进行远程Linux开发，而且要使用集成开发环境。值得庆幸的是，IDEA已经完全考虑到了这一点，并且提供了周到的支持，让我们远程开发起来非常舒心。

3.3.1 第一个 IDEA 开发的 Java 应用程序

笔者在Windows 7上安装了IntelliJ IDEA 2021.1.3，然后用VMware安装了CentOS 7.6来模拟远程Linux，这样只需要一台计算机就够了。笔者的Windows 7的IP是192.168.11.2，虚拟机CentOS 7.6的IP是192.168.11.129，两者已经能互相ping通。下载安装IntelliJ IDEA的过程这里就不赘述了，相信读者都是Windows安装高手。另外，要在Windows 7下使用IDEA，必须先在Windows 7下安装好JDK，我们在上一章已经介绍过其安装方法，这里不再赘述。下面直接进入实战。

【例3.2】 在IDEA下远程开发Linux程序

1）在Windows下打开IntelliJ IDEA 2021.1.3，新建一个Java工程，如图3-28所示。

单击Next按钮，然后指定工程名和路径，如图3-29所示。

用户也可以根据自己的习惯设置工程名和路径。单击Finish按钮进入IDEA主界面。如果磁盘上没有E:\ex\myjava路径，则会提示我们是否要自动建立，选择“是”，系统会帮助我们建立E:\ex\myjava路径，非常贴心。

2）添加一个源文件。在IDEA的project视图下右击src，然后在快捷菜单中选择New→Java Class，再输入类名helloworld，随后编辑窗口就被打开了，在其中输入如下代码：

```
public class helloworld {
    public static void main(String[] args) {
        System.out.println("Hello world!");
    }
}
```

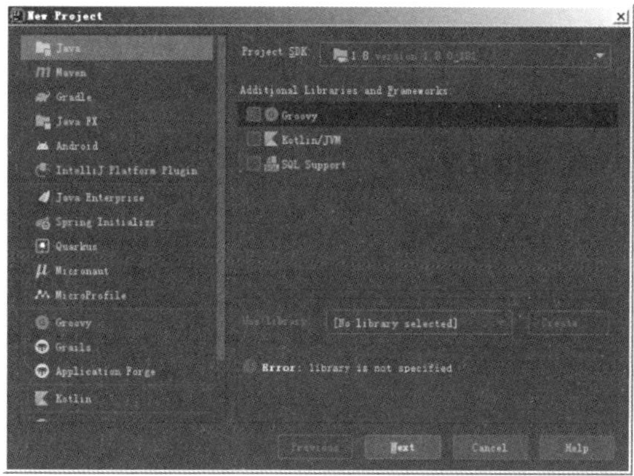

图 3-28

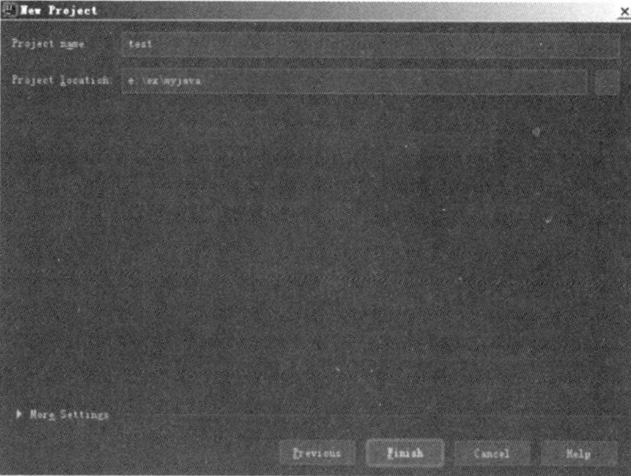

图 3-29

3）进行运行与调试配置。单击菜单Run→Edit Configurations...，此时出现Run/Debug Configurations对话框，单击Add New Configuration，出现一个菜单，选择Application菜单项，也就是为应用程序添加一个运行配置（包括编译所在的主机、工作文件夹等信息），如图3-30所示。

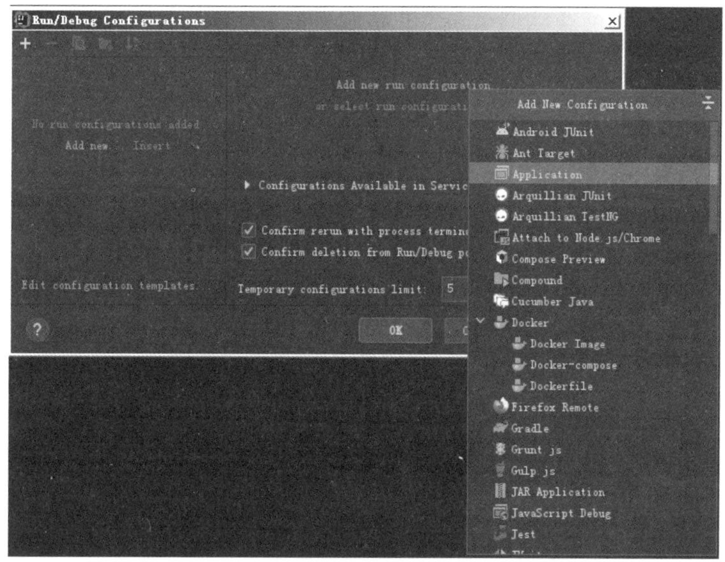

图 3-30

在该对话框的Name框中输入自定义的配置名，比如myconfig，随后在Run on右边的下拉列表框中选择SSH，将出现New Target:SSH对话框，如图3-31所示。

在Host框中输入192.168.11.129，在Username框中输入root，其中192.168.11.129是虚拟机Linux的IP地址，root是虚拟机Linux的账号，通过SSH连接，我们可以把本地编辑的Java源码文件安全传输到虚拟机Linux上去编译和运行。单击Next按钮，稍等片刻，如果连接成功，则会出现root账号与密码的对话框，如图3-32所示。

输入root账号的密码123456，单击Next按钮，稍等片刻，如果认证成功，则自动解析Linux上的Java安装成功，如图3-33所示。

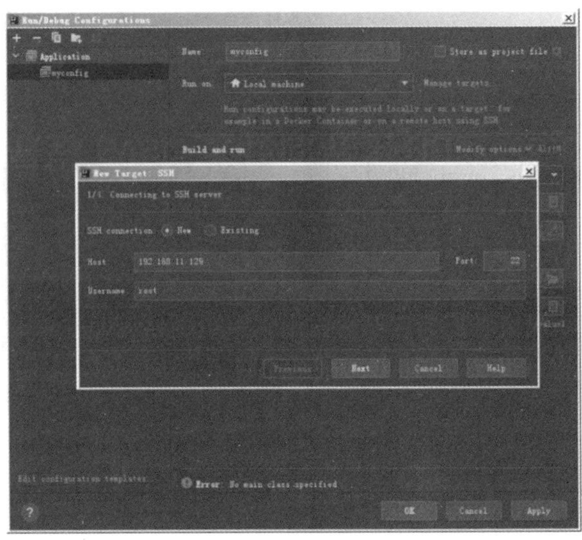

图 3-31

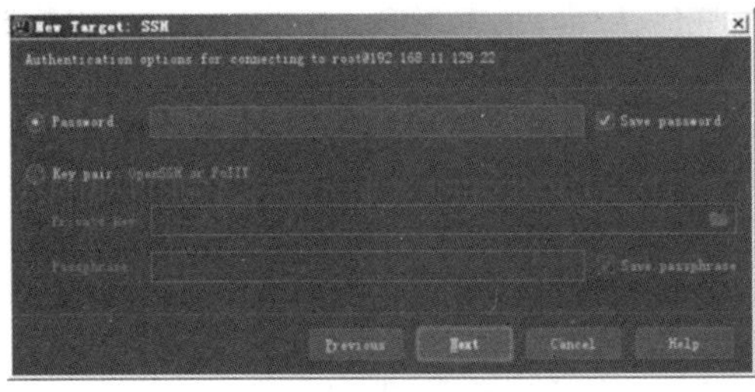

图 3-32

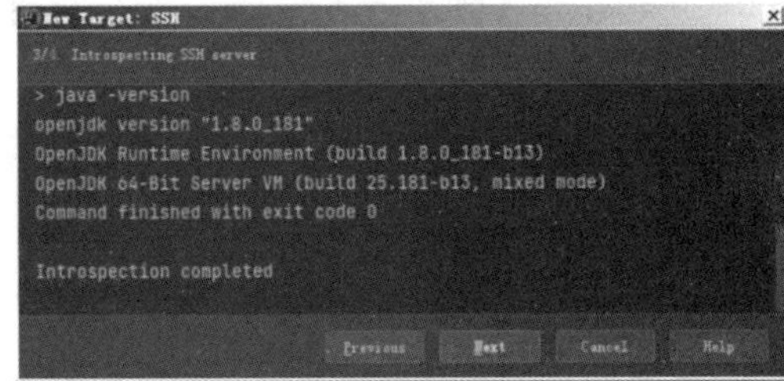

图 3-33

单击Next按钮，出现工程目录在Linux上的配置对话框，这里保持默认设置，如图3-34所示。

默认的/root/test/路径就是在Linux上的工程目录的路径。单击Finish按钮，再次回到Run/Debug Configurations对话框，可以发现对话框的下方出现了一句错误提示信息Error：No main class specified，如图3-35所示。

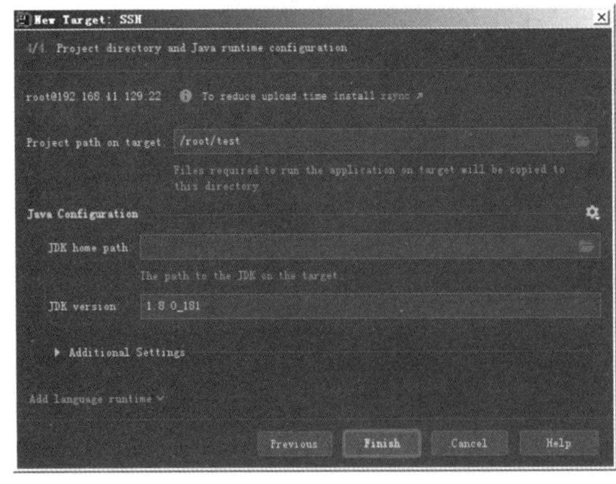

图 3-34

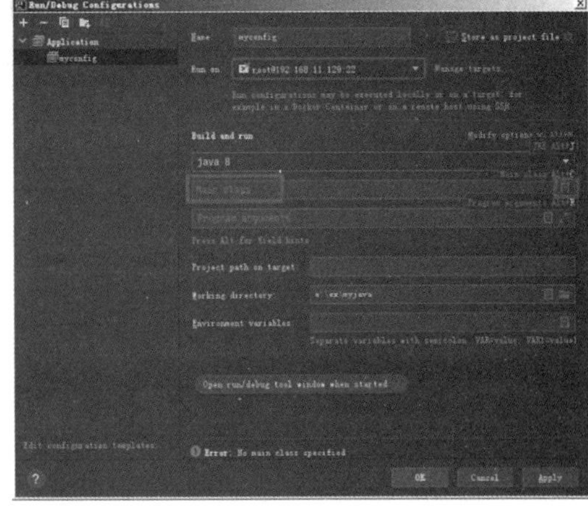

图 3-35

这是经常令初学者头疼的问题，也是IDEA有点“弱智”的地方。在对话框中找到Main class编辑框，在该编辑框的右边末端单击一个矩形图标，随后出现Choose Main Class对话框，如图3-36所示。

选中helloworld，并单击OK按钮，回到Run/Debug Configurations对话框，这是就会发现错误提示信息没有了，如图3-37所示。

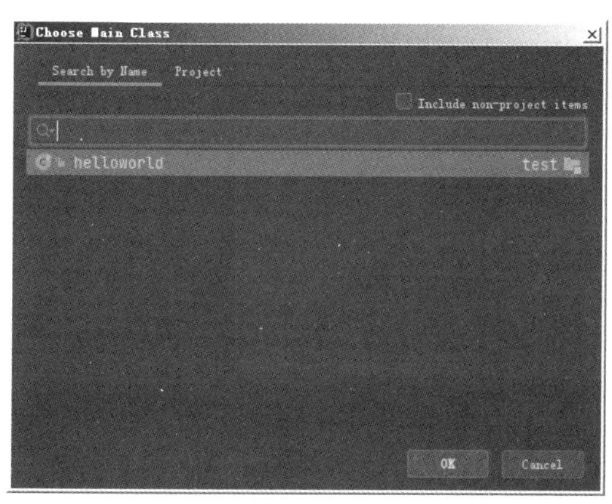

图 3-36

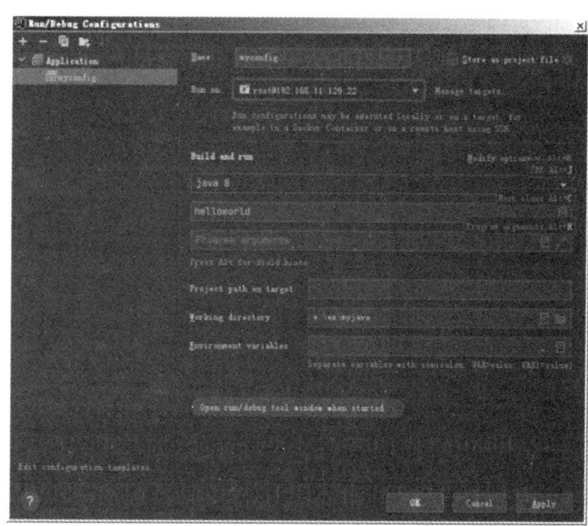

图 3-37

IDEA会自动识别主类并填好，单击OK按钮，配置结束。此时回到IDEA主界面上，单击右上方的绿色箭头就可以开始编译和运行了，而且是在虚拟机Linux上编译和运行，如图3-38所示。

稍等片刻，编译并运行成功，可以看到在IDEA下方显示出运行的结果，如图3-39所示。

图 3-38

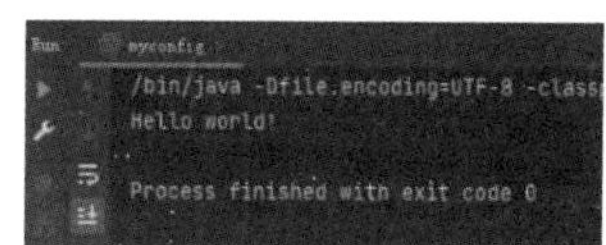

图 3-39

可以看到输出了“Hello world!”，说明运行成功。至此，第一个IDEA开发的远程Linux Java程序成功。

3.3.2　使用第三方 JAR 库

开发服务器程序免不了要与第三方库打交道，尤其是为了保障服务器程序的安全，肯定要在服务端程序中加入安全机制，比如加密、签名等措施。为了增加这些安全功能，通常会加入提供安全机制的算法库，所以我们要学会如何在工程中添加第三方库，并且使用库中的函数。

在Java领域，BouncyCastle可谓是大名鼎鼎的安全算法库，尤其是实现了JDK不曾支持的国密算法，比如SM2等。现在要设计安全的服务端程序，自主可控是基本要求，而自主可控的基本要求就是使用国家密码管理局认可的国密算法。下面我们在工程中使用BouncyCastle库，当然本书不专门介绍安全编程，只是让读者学会如何导入和使用第三方安全算法库。这是每个服务端程序开发者必须要学会的。

我们可以到BouncyCastle官网下载JAR文件，根据自己的JDK版本进行选择，笔者的JDK是1.8，所以找到这个链接进行下载，如图3-40所示。

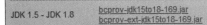

JDK 1.5 - JDK 1.8	bcprov-jdk15to18-169.jar bcprov-ext-jdk15to18-169.jar

图 3-40

单击bcprov-jdk15to18-169.jar，稍等片刻下载完成，下载下来的文件是bcprov-jdk15to18-169.jar。下面进入实战，导入bcprov-jdk15to18-169.jar并使用它。

【例3.3】 调用SM3算法计算摘要

1）打开IDEA，新建一个Java应用程序工程，工程名是test。路径笔者设为e:\ex\test。

2）在工程中新建一个文件夹，用来存放第三方库。在Project视图中，右击test，然后在快捷菜单上选择New→Directory，输入文件夹名为lib，此时Project视图中就多了一个lib文件夹。如果到磁盘上的工程目录（笔者的是e:\ex\test）去看，可以看到多了一个空的lib文件夹，我们把下载下来的bcprov-jdk15to18-169.jar文件复制到lib下。

3）导入库。在Project视图中，用鼠标右击lib，在快捷菜单上选择Add as Library，注意，如果有时不出现该菜单项，那么可以确认bcprov-jdk15to18-169.jar文件已经在lib文件夹中了，然后在出现的Create Library对话框的Name框中输入lib，接着单击OK按钮，如图3-41所示。

接着添加该项目的Library，也就是指定该lib文件夹作为项目的一个Library。然后检查是否添加成功，单击菜单File→Project Structure，在Project Structure对话框左侧的Project Settings下选中Libraries，可以看到中间有一个lib了，如图3-42所示。

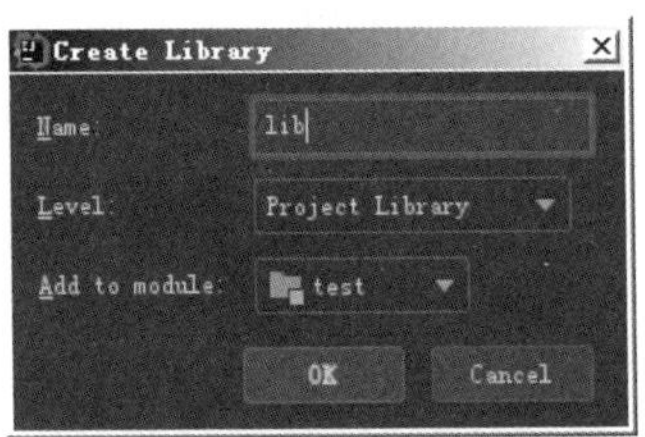

图 3-41

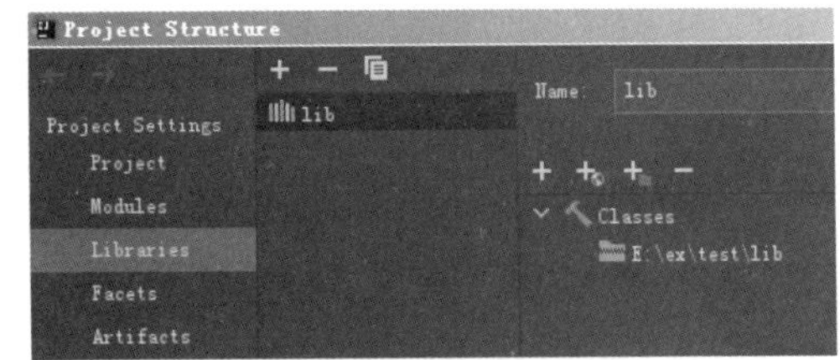

图 3-42

下面添加Dependence。在Project Settings下选中Modules，然后在右边的Dependencies下勾选lib，如图3-43所示。

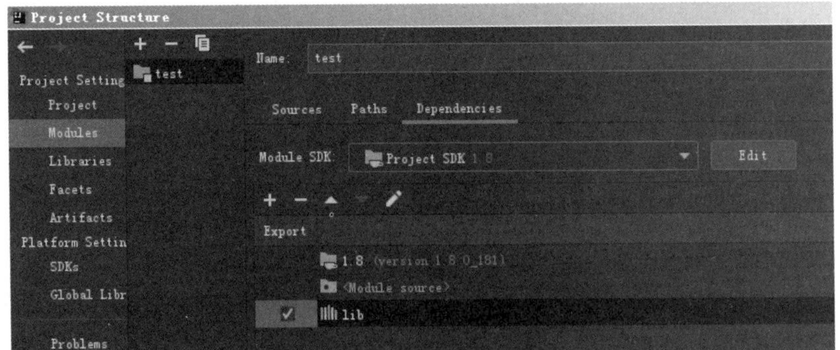

图 3-43

最后单击OK按钮。至此，第三方库添加成功。下面开始添加源码。

4）在IDES中的Project视图下右击src，然后选择菜单New→Java Class，输入类名test，然后在test.java中输入如下代码：

```
import org.bouncycastle.jcajce.provider.asymmetric.ec.BCECPrivateKey;
import org.bouncycastle.jce.provider.BouncyCastleProvider;
import sun.misc.BASE64Encoder;
import java.io.UnsupportedEncodingException;
import java.math.BigInteger;
import java.security.*;
import java.security.spec.ECGenParameterSpec;

public class test {
    public static void main(String[] args)
    {
        sm3();
       printProvider();
        sm2();

    }
    static int sm2()
    {
        System.out.println("----------生成密钥对start----------------");
        //引入BC库
        Security.addProvider(new BouncyCastleProvider());
        //获取SM2椭圆曲线的参数
        final ECGenParameterSpec sm2Spec = new ECGenParameterSpec("sm2p256v1");
        try {
            //获取一个椭圆曲线类型的密钥对生成器
            final KeyPairGenerator kpg = KeyPairGenerator.getInstance("EC", new
BouncyCastleProvider());
            //使用SM2参数初始化生成器
            kpg.initialize(sm2Spec);
            //使用SM2算法使用规范初始化密钥生成器
            kpg.initialize(sm2Spec, new SecureRandom());
            //获取密钥对
            KeyPair keyPair = kpg.generateKeyPair();
            PublicKey pk = keyPair.getPublic();
            PrivateKey privk = keyPair.getPrivate();
        System.out.println("公钥串："+new
BASE64Encoder().encode(keyPair.getPublic().getEncoded()));
        System.out.println("私钥串："+new
BASE64Encoder().encode(keyPair.getPrivate().getEncoded()));
        System.out.println("公钥对象："+pk);
        System.out.println("私钥对象："+privk);
        }
        catch (NoSuchAlgorithmException e)
        {
        }
        catch (InvalidAlgorithmParameterException e)
        {
```

```
        }
        System.out.println("----------生成密钥对end---------------");
        return 0;
    }

    static int sm3()
    {
        try {
            //注册BouncyCastle
            Security.addProvider(new BouncyCastleProvider());
            //按名称正常调用
            MessageDigest md = MessageDigest.getInstance("Sm3");
            md.update("abc".getBytes("UTF-8"));
            byte[] result = md.digest();
            System.out.println(new BigInteger(1, result).toString(16));

            System.out.println("Hello world!");
        }
        catch(NoSuchAlgorithmException e)
        {
        }
        catch(UnsupportedEncodingException e)
        {
        }
        return 0;
    }

    //打印支持的算法
    private static void printProvider()
    {
        Provider provider = new
org.bouncycastle.jce.provider.BouncyCastleProvider();
        for (Provider.Service service : provider.getServices()) {
            System.out.println(service.getType() + ": "
                    + service.getAlgorithm());
        }
    }

    /**
     * byte[] 转换为十六进制字符串
     */
    private final static char[] HEX_CHAR = "0123456789ABCDEF".toCharArray();
    public static String hex16(byte[] b) {
        StringBuilder sb = new StringBuilder();
        for (byte value : b) {
            sb.append(HEX_CHAR[value >> 4 & 0xf])
                    .append(HEX_CHAR[value & 0xf]);
        }
        return sb.toString();
    }
}
```

上面的程序主要实现了3个功能，对“abc”计算SM3摘要，生成SM2密钥对，打印BouncyCastle所支持的算法。至于SM2与SM3的原理这里就不介绍了，读者可以参考密码相关的图书。建议网络编程开发人员了解和掌握这些常用的国密安全算法。记住，服务器编程不单是编写一个网络程序，更要考虑应用过程的安全性。笔者一直认为，一个优秀的网络程序员肯定也是一个安全应用开发的高手。举一个简单的例子，如果要开发网络游戏的服务端程序，那样一定要考虑如何防止逆向和外挂，如何有效地认证真实的客户，不加密肯定不行。

5）保存工程并运行，运行结果如下：

```
66c7f0f462eeedd9d1f2d46bdc10e4e24167c4875cf2f7a2297da02b8f4ba8e0
Hello world!
MessageDigest: GOST3411
Mac: HMACGOST3411
KeyGenerator: HMACGOST3411
MessageDigest: GOST3411-2012-256
Mac: HMACGOST3411-2012-256
KeyGenerator: HMACGOST3411-2012-256
...
```

3.3.3　使用 Linux 中的 SO 库

在一线开发Java服务器程序的过程中，经常为了加入安全性机制，要跟主机上插着的各种安全硬件打交道，比如加密卡、USBKEY等，这些硬件通常都提供了Linux下的C语言版本的共享库（.so），然后我们的Java服务器程序需要和这些C语言版本的SO库联合编程，也就是在Java程序中要调用C语言库。这也是Java网络程序员必须要掌握的一项技能，而且工作中肯定会碰到。

在Java中使用C语言库的传统做法是使用JNI编程。现在有了更好的替代者，即JNA（Java Native Access）。下面我们来看一下IntelliJ IDEA平台的JNA编程。JNA是一个开源的Java框架，是Sun公司推出的一种调用本地方法的技术，是建立在经典的JNI基础之上的一个框架。之所以说它是JNI的替代者，是因为JNA大大简化了调用本地方法的过程，使用很方便，基本上不需要脱离Java环境就可以完成。使用JNI的朋友可以考虑升级了，但JNI编程依旧要掌握，因为很多需要维护的老系统依旧使用的是JNI。

JNA只需要我们编写Java代码，而不用编写JNI或本地代码（适配用的.dll/.so），只需要在Java中编写一个接口和一些代码，作为.dll/.so的代理，就可以在Java程序中调用DLL/SO。JNA的功能相当于Windows的Platform/Invoke和Python的ctypes。

首先要下载jna.jar包，到JNA官网下载新版本的jna.jar，链接为https://github.com/twall/jna。

下载的文件是jna-master.zip，解压后搜索出文件jna.jar，把它单独复制出来，先找一个临时目录保存好，以后要导入工程中。jna.jar准备好了，下面可以实战。首先开发一个Linux SO库出来。

【例3.4】　在Java中调用C语言共享库

1）准备一个Linux的SO库（共享库）。在Windows下编辑一个C语言源文件，代码如下：

```
void PrintBuf(unsigned char *buf, int  buflen)
```

```
{
    int i;
    printf("\n");
    printf("len = %d\n", buflen);
    for (i = 0; i < buflen; i++)
    {
        if (i % 32 != 31)
            printf("%02x", buf[i]);
        else
            printf("%02x\n", buf[i]);
    }
    printf("\n");
    return;
}

int dosth(unsigned char *in, int inlen, unsigned char *out, int * poutlen)
{
    printf("in:");
    PrintBuf(in, inlen);

    memset(out, '1', 32);
    *poutlen = 32;

    puts("-------bye------");

    return 0;
}
```

上述代码把传进来的参数in打印出来，然后用“1”填充out，并更新*poutlen。把该源文件上传到Linux，然后用命令编译：

```
[root@localhost ex]# gcc test.c -shared -fPIC -o libmy.so
[root@localhost ex]#
```

在同一个目录下将生成文件libmy.so，我们把这个libmy.so文件复制到/usr/lib64系统路径下，这样Java调用时就能找到该库文件了。

2）开发Java调用程序。在Windows下打开IDEA，新建一个Java工程并新建一个类，类名是test，然后在test.java中输入如下代码：

```
import java.io.IOException;
import com.sun.jna.Library;
import com.sun.jna.Native;
import com.sun.jna.Pointer;
import com.sun.jna.Memory;

public class test {
    CLibrary lib;

    public interface CLibrary extends Library
    {
        int dosth(byte[]in,int inlen,byte []out,Pointer poutlen);
    }
```

```
    test() //构造方法，加载库
    {
        lib = (CLibrary) Native.load("my", CLibrary.class);
    }

    public static void main(String[] args) throws IOException
    {
        test t1 = new test();
        t1.test_myfunc();
    }

    public void test_myfunc()  //测试功能函数
    {
        byte[] in= new byte[3];
        String strIn="abc";
        System.arraycopy(strIn.getBytes(), 0, in, 0 , 3);
        StringBuffer signValue = new StringBuffer("");
        myfunc(in,signValue);
        System.out.println(signValue);
    }
    //功能函数，indata是输入数据，signValue是返回参数，存放最终结果
    public int myfunc(byte[]indata,StringBuffer  signValue)
    {
        byte[] out=new byte[512];
        int size=Native.getNativeSize(Integer.class);
        Pointer poutlen = new Memory(size);
        int r = lib.dosth(indata,indata.length,out,poutlen);
        int outlen = poutlen.getInt(0); //得到最终结果的长度

        System.out.println("outlen="+outlen);
        System.out.println("r:"+Integer.toHexString(r));
         for(int i=0;i<outlen;i++)
            System.out.print(Integer.toHexString(out[i]&0xff)+",");
        System.out.println("");
        String str = new String(out,0,outlen); //把字节数组中的有效数据转为字符串
        signValue.delete(0,signValue.capacity()).append(str);

         return r;
    }
}
```

为了让Java认识SO库中的函数dosth，我们在代码中以Java的形式声明了dosth，4个参数分别是in（输入参数字节数组）、inlen（字节数组的长度）、out（输出参数，也是字节数组，存放函数的最终结果）以及poutlen（类似于指针，存放最终结果的长度）。以上4个参数的类型基本覆盖了实战环境中的常见情况。

3）在工程目录下新建一个lib文件夹，把jna.jar文件放到lib文件夹下。在IDEA中单击菜单File→Project Structure...，打开Project Structure对话框，在该对话框中选择左边的Modules，在右边单击加号，选择JARs or Directories...，随后选择lib文件夹下的jna.jar文件，此时jna.ja出现在列表框中，然后勾选该复选框，如图3-44所示。

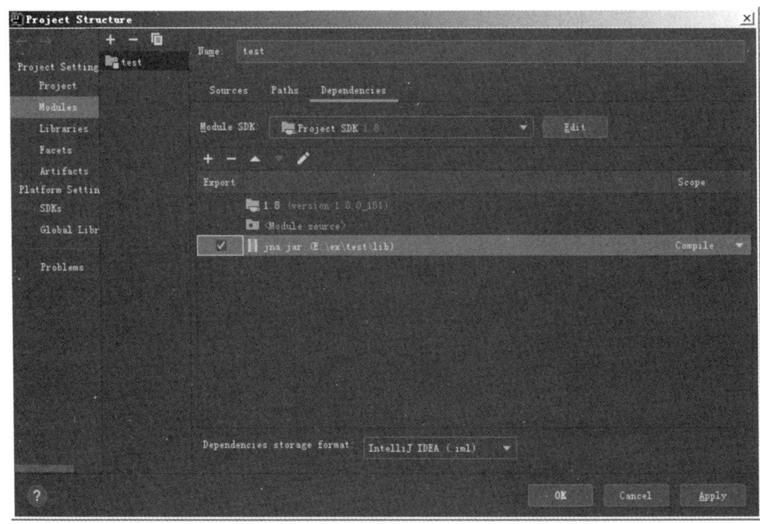

图 3-44

最后单击OK按钮。

4）保存工程并运行，运行结果如下：

```
in:
len = 3
616263
-------bye------
outlen=32
r:0
31,31,31,31,31,31,31,31,31,31,31,31,31,31,31,31,31,31,31,31,31,31,31,31,
31,31,31,31,31,31,31,31,
11111111111111111111111111111111
```

其中，“-------bye------”及其之前的内容都是dosth内部打印的，这是为了让我们知道，IDEA最终也能输出库函数中的打印，这样方便查找库中代码的问题。另外，31是字符“1”的ASCII码的十六进制形式，r旁边的0表示库函数的返回值。

至此，Java调用C语言共享库成功了。在以后的工作中，我们开发Java服务器程序时调用硬件厂家的共享库就不怕了。一个网络程序员必须是多面手。

第 4 章

本机网络信息编程

俗话说："千里之行，始于足下"。网络编程也要从认识自己的计算机网络信息开始。本章将对常见的本机网络信息进行阐述，同时介绍一些函数的使用。所有的本机网络信息都是通过调用JDK提供的类及其方法而获得的。

4.1 IP 地址类 InetAddress

InetAddress类表示互联网协议（IP）地址。IP地址是IP使用的32位（IPv4）或者128位（IPv6）无符号数字，它是传输层协议TCP、UDP的基础。InetAddress是Java对IP地址的封装，几乎所有的Java网络相关的类都和它有关系，例如serversocket、socket、URL、DatagramSocket、DatagramPacket等。首先我们温习一下几种常见类型的IPv4地址。

- 127.xxx.xxx.xxx属于本地环回地址（也被称为环回地址，或回送地址），只有自己的本机可见，就是本机地址，比较常见的有127.0.0.1。
- 192.168.xxx.xxx属于私有地址，用于本地组织内部访问，只能在本地局域网内可见。同样，10.xxx.xxx.xxx、172.16.xxx.xxx ~ 172.31.xxx.xxx都是私有地址，也是用于本地组织内部访问。
- 169.254.xxx.xxx属于链路本地地址，在单独网段可用。
- 224.xxx.xxx.xxx ~ 239.xxx.xxx.xxx 属于组播地址。
- 比较特殊的255.255.255.255属于广播地址。
- 除此之外的地址就是点对点的可用的公开IPv4地址。

InetAddress的实例对象包含以数字形式保存的IP地址，同时还可能包含主机名（使用主机名来获取InetAddress的实例，或者使用数字来构造，并且启用了反向主机名解析的功能）。InetAddress类提供了将主机名解析为IP地址（或将IP地址解析为主机名）的方法。

InetAddress对域名进行解析是使用本地机器配置或者网络命名服务（如域名系统（Domain Name System，DNS）和网络信息服务（Network Information Service，NIS））来实现的。对于DNS来说，本地需要向DNS服务器发送查询的请求，然后服务器根据一系列的操作返回对应的

IP地址。为了提高效率，通常本地会缓存一些主机名与IP地址的映射，这样访问相同的地址就不需要重复发送DNS请求了。java.net.InetAddress类同样采用了这种策略。在默认情况下，会缓存一段有限时间的映射，对于主机名解析不成功的结果，会缓存非常短的时间（10秒）来提高性能。

Java提供了InetAddress类来代表IP地址，InetAddress下还有两个子类：Inet4Address和Inet6Address，它们分别代表IPv4地址和IPv6地址，不过这两个子类不常用，这里不再赘述。

InetAddress类定义在Java.net包中，该类表示网络接口地址。对于IPv4地址，是指IP地址、子网掩码和广播地址。对于IPv6地址，是指IP地址和网络前缀长度。InetAddress类没有构造方法（即构造器），所以不能直接创建出一个对象，可以通过InetAddress类提供的一些静态方法返回InetAddress的对象（即实例），比如获得本地主机的地址：

```
InetAddress address = InetAddress.getLocalHost(); //返回InetAddress对象
System.out.println("本主机名:" + address.getHostName()); //打印主机名
```

InetAddress类提供的常用方法如下：

```
byte[] getAddress()
```

返回此 InetAddress对象的原始IP地址。

```
static InetAddress[] getAllByName(String host)
```

给定主机的名称，根据系统上配置的名称服务返回其IP地址数组。

```
static InetAddress getByAddress(byte[] addr)
```

根据原始IP地址得到InetAddress对象。

```
static InetAddress getByAddress(String host, byte[] addr)
```

根据提供的主机名和IP地址创建并返回InetAddress。

```
static InetAddress getByName(String host)
```

根据提供的主机名来创建并返回InetAddress。

```
String getCanonicalHostName()
```

获取此IP地址的完全限定域名。

```
String getHostAddress()
```

返回文本显示中的IP地址字符串。

```
String getHostName()
```

获取此IP地址的主机名。

```
static InetAddress  getLocalHost()
```

返回本地主机的地址。

```
static InetAddress  getLoopbackAddress()
```

返回本地环回地址。

```
int hashCode()
```

返回此IP地址的哈希码。

```
boolean isAnyLocalAddress()
```

检查通配符地址中的InetAddress的实用程序。

```
boolean isLinkLocalAddress()
```

检查InetAddress是不是链接本地地址的实用程序。

```
boolean isLoopbackAddress()
```

检查InetAddress是不是一个本地环回地址的实用程序。

```
boolean isMCGlobal()
```

检查多播地址是否具有全局范围的实用程序。

```
boolean isMCLinkLocal()
```

检查组播地址是否具有链路范围的实用程序。

```
boolean isMCNodeLocal()
```

检查多播地址是否具有节点范围的实用程序。

```
boolean isMCOrgLocal()
```

检查组播地址是否具有组织范围的实用程序。

```
boolean isMCSiteLocal()
```

检查多播地址是否具有站点范围的实用程序。

```
boolean isMulticastAddress()
```

检查InetAddress是不是IP组播地址的实用程序。

```
boolean isReachable(int timeout)
```

根据指定时间测试网络是否可达，是否可以建立连接。

```
boolean isReachable(NetworkInterface netif, int ttl, int timeout)
```

根据本机特定的网卡、生存时间和指定时间来测试网络是否可达。

```
boolean isSiteLocalAddress()
```

检查InetAddress是不是站点本地地址的实用程序。

```
String toString()
```

将此IP地址转换为String类型。

4.1.1　获取远程 Web 主机的 IP 地址

远程Web主机也就是互联网上的网站所在的服务器主机。我们可以通过getByName方法来获得Web主机的IP地址，只需要把域名（比如www.qq.com）作为参数传入getByName中，然后返回InetAddress对象，最后通过getHostAddress得到字符串形式的IP地址。getByName方法根据提供的主机名来创建并返回InetAddress，该方法的声明如下：

```
static InetAddress getByName(String host)
```

其中参数host表示指定的主机名或者null。主机名可以是机器名，例如java.sun.com，或其IP地址的文本表示。如果提供了文字IP地址，则只会检查地址格式的有效性。如果传入的是null，则返回一个环回接口地址的InetAddress。该方法返回一个InetAddress对象。

下面乘热打铁，开启我们的第一个实例，获取腾讯网的Web主机的IP地址。

【例4.1】 获取远程Web主机的IP地址

1）打开Eclipse，新建一个Java工程，工程名是myprj。在工程中新建一个类，类名是test。然后在test.java中输入如下代码：

```
package myprj;
import java.net.*;
public class test {
    public static void main(String[] args) {
        //TODO Auto-generated method stub
         try{ //以下代码通过域名创建InetAddress对象
              InetAddress addr = InetAddress.getByName("www.qq.com");
              String domainName = addr.getHostName();    //获得主机名
              String IPName = addr.getHostAddress();     //获得IP地址
              System.out.println(domainName);
              System.out.println(IPName);
            }catch(UnknownHostException e){
              e.printStackTrace();
            }
    }
}
```

在上述代码中，首先通过InetAddress类的静态方法getByName来获取域名为www.qq.com的InetAddress对象，然后通过getHostName方法获取此IP地址的主机名（因为是Web服务器主机，所以主机名通常就是域名，也就是www.qq.com），再通过getHostAddress方法获得IP地址，最后分别打印主机名和IP地址。

2）保存工程并运行，运行结果如下：

```
www.qq.com
101.91.42.232
```

至此，已成功获取远程主机的IP地址。现在我们回到本地来获取本地计算机的主机名和IP地址。

4.1.2 获取本地环回地址

为了标识和管理网络设备（如路由器、交换机、服务器或PC等），我们通常会在这些设备的接口（包括物理接口和逻辑接口，如VLAN）上设置IP地址。很多情况下，尽管该设备未脱离网络，由于其管理地址所处的接口状态为禁用（比如禁用某个网卡），该设备便无法管理。为了解决这个问题，于是就出现了环回接口。该接口是设备上的一个逻辑接口，该接口的状态不受物理端口启用/禁用的影响，只要设备的系统协议不出问题，该接口就不会禁用掉。顺便补充一下，尽管3层VLAN也是逻辑接口，但通常我们使用的VLAN都是基于端口的，而且核心层交换机VLAN一般只关联一个端口，当端口状态处于禁用时，VLAN接口是无法启用的。

由此可见，环回接口的地址无疑是标识网络设备本身的最佳选择，因为只要设备运行正常，它将永远处于up状态。

本地环回地址即环回接口上设置的地址，该地址用于标识设备本身。A类地址段127.0.0.0被用作本地环回地址，一般设备都默认采用127.0.0.1，当然也可以在环回接口上设置公网IP，作为全网的设备标识。A类网络127就是为环回接口预留的。根据惯例，大多数系统把IP地址127.0.0.1分配给这个接口，并命名为localhost。一个传给环回接口的IP数据报不能在任何网络上出现。实际上，访问127.x.x.x的所有IP都是访问环回接口。当设备给其自身发数据报时，是把该数据报送往其环回接口（其实是直接送给CPU处理）。

总之，127.0.0.1通常被称为本地环回地址，不是一个物理接口上的地址。它代表设备的本地虚拟接口，所以默认被看作永远不会宕掉的接口。虽然很多主机的默认本地环回地址都是127.0.0.1，但也不是完全绝对的，我们可以通过调用getByName函数来获得主机的环回接口的地址，只要传null给getByName即可，也可以通过调用getLoopbackAddress函数来获得。

【例4.2】 得到环回接口的名称和IP地址

1）打开Eclipse，新建一个Java工程，工程名是myprj。在工程中新建一个类，类名是test。然后在test.java中输入如下代码：

```
package myprj;
import java.net.InetAddress;
import java.io.IOException;

public class test {
    public static void main(String[] args)throws IOException {
        InetAddress address = InetAddress.getByName(null);
        System.out.println("方法一：环回接口名称和地址： " + address);
        InetAddress address2 = InetAddress.getLoopbackAddress();
        System.out.println("方法二：环回接口名称和地址：  " + address2);
    }
}
```

在上述代码中，我们直接调用InetAddress类的静态方法getByName来创建一个InetAddress对象，注意传入的参数是null，然后打印出环回接口的名称和地址，打印时address对象直接放在 println中。

2）保存工程并运行，运行结果如下：

```
方法一：环回接口名称和地址：localhost/127.0.0.1
方法二：环回接口名称和地址：localhost/127.0.0.1
```

4.1.3　单网卡下的本机地址

这里所说的本地主机地址就是上网的网卡的IP地址（通常是上网路由器分配的地址）。调用getLocalHost方法可以获得单网卡情况下本地主机的物理网卡的地址信息。要注意的是，在主机只有一个网卡的情况下，在多网卡下不一定准确，比如安装了VMware虚拟机软件，就会多两个虚拟网卡，此时getLocalHost得到的可能是虚拟网卡的地址信息。这是为什么呢？这是因为getLocalHost会枚举本地所有网卡，并返回第一个合法的IP地址作为本地地址，如果本机只有一个网卡，则返回的第一个合法IP地址肯定就是该网卡的地址，所以没有问题。另外，getLocalHost的原理是对本机的主机名进行解析，从而获取IP地址。那么问题来了，如果在本机的/etc/hosts文件（/etc/hosts是Linux系统下的文件，Windows系统也有类似的hosts文件）中对这个主机名指向了一个错误的IP地址，那么InetAddress.getLocalHost就会返回这个错误的IP地址。当然，如果你的主机名是到DNS去解析的，碰巧DNS上的信息也是错的，那么同样是悲惨结局，这些错误情况在多网卡情况下很有可能会发生，但通常单网卡情况下不大会出错。

InetAddress.getLocalHost尽量在单网卡情况下使用，不要因为在多网卡主机情况下能正确获得IP地址而骄傲，一旦换了一台主机或许情况就不同了，因为这个方法可能会被hosts文件和DNS误导，显然这两个地方都不是本机IP地址的权威获取处，权威获取处是网卡本身的配置信息。

【例4.3】 获取单网卡下本地主机的地址信息

1）打开Eclipse，新建一个Java工程，工程名是myprj。在工程中新建一个类，类名是test。然后在test.java中输入如下代码：

```
package myprj;
import java.net.*;
import java.util.Arrays;
//获取本机的InetAddress实例
public class test {
    public static void main(String[] args) {
        try{
        InetAddress address = InetAddress.getLocalHost();  //得到本机地址
        System.out.println("计算机名: " + address.getHostName());
        System.out.println("IP地址: " + address.getHostAddress());
        byte[] bytes = address.getAddress();   //获取字节数组形式的IP地址
        System.out.println("字节数组形式的IP" +Arrays.toString(bytes));
        System.out.println(address);           //直接输出InetAddress对象

         for (byte ipSegment : bytes)
             System.out.print(ipSegment + " ");
         System.out.println("");
         for (byte ipSegment : bytes)
         {
            int newIPSegment = (ipSegment < 0) ? 256 + ipSegment : ipSegment;
            System.out.print(newIPSegment + " ");
         }
         System.out.println("");
         for (byte ipSegment : bytes)
         {
            int newIPSegment = (ipSegment < 0) ? 256 + ipSegment : ipSegment;
            System.out.print(Integer.toHexString(newIPSegment) + " ");
         }
```

```
            }catch(UnknownHostException e){
                e.printStackTrace();
            }
        }
    }
```

getAddress这个方法返回的byte数组是有符号的。在Java中，byte类型的取值范围是–128～127。如果返回的IP地址的某个字节是大于127的整数，在byte数组中就是负数。由于Java中没有无符号byte类型，因此要想显示正常的IP地址，就必须使用int或long类型。这句代码演示了如何调用getAddress方法返回IP地址，以及如何将IP地址转换成正整数形式：

```
int newIPSegment = (ipSegment < 0) ? 256 + ipSegment : ipSegment;
```

在最后一个for循环中，我们通过Integer.toHexString()方法将整数转换为十六进制字符串的表示形式。

2）保存工程并运行，运行结果如下：

```
计算机名：WIN-K3T300RT59J
IP地址：192.168.1.2
字节数组形式的IP[-64, -88, 1, 2]
WIN-K3T300RT59J/192.168.1.2
-64 -88 1 2
192 168 1 2
c0 a8 1 2
```

从上面的运行结果可以看出，倒数第3行输出了未转换的IP地址，由于本机IP地址的第一个字节和第二字节均大于127，因此输出了一个负数。而倒数第二行由于将IP地址的每一个字节转换成了int类型，因此输出了正常的IP地址。最后一行将IP地址的每一个字节转换为十六进制形式，很多程序员喜欢以十六进制形式查看字节数组。

值得注意的是，本例虽然能得到本机的上网IP地址，但是仅仅针对简单网络的情况，如果是复杂网络的情况，则得到的IP地址不一定正确，此时需要用到网络接口类NetworkInterface。

4.2　网络接口类 NetworkInterface

在使用Java开发网络程序时，有时需要知道本机在局域网中的IP地址。常见的一种做法是调用本地命令（比如 Windows上的ipconfig命令和Linux上的ifconfig命令），接着解析本地命令的输出，最后得到本机在局域网内的IP地址。很明显，这种做法不够方便，也不够Java。于是JDK提供了一个类NetworkInterface，该类用于表示一个网络接口，这可以是一个物理的网络接口，也可以是一个虚拟的网络接口，而一个网络接口通常由一个 IP地址来表示。既然NetworkInterface用来表示一个网络接口，如果可以获得当前机器所有的网络接口（包括物理的和虚拟的），然后筛选出表示局域网的那个网络接口，就可以得到机器在局域网内的IP地址。NetworkInterface类提供的常用方法如下：

```
boolean equals(Object obj)
```

将此对象与指定对象进行比较。

`static NetworkInterface    getByIndex(int index)`

获取一个网络接口给它的索引。

`static NetworkInterface    getByInetAddress(InetAddress addr)`

搜索具有绑定到指定的互联网协议（IP）地址的网络接口的便利方法。

`static NetworkInterface    getByName(String name)`

搜索具有指定名称的网络接口。

`String  getDisplayName()`

获取此网络接口的显示名称。

`byte[]  getHardwareAddress()`

返回接口的硬件地址（通常为MAC）。

`int getIndex()`

返回此网络接口的索引。

`Enumeration<InetAddress>   getInetAddresses()`

返回绑定到该网卡的所有IP地址。

`List<InterfaceAddress> getInterfaceAddresses()`

获取此网络接口的InterfaceAddresses的全部或部分列表。

`int getMTU()`

返回此接口的最大传输单元（Maximum Transmission Unit，MTU）。

`String  getName()`

获取此网络接口的名称。

`static Enumeration<NetworkInterface>   getNetworkInterfaces()`

返回本机上的所有接口。

`NetworkInterface   getParent()`

返回此接口的父接口。一个虚拟的子网络接口必须依赖于父网络接口，可以调用此方法来取得虚拟子网络设备所属的父接口，也就是所属的硬件网卡。

`int hashCode()`

返回对象的哈希码值。

`boolean isLoopback()`

返回网络接口是不是环回接口。

`boolean isPointToPoint()`

返回网络接口是不是点对点接口。

```
boolean isUp()
```

返回网络接口是否启动并运行。

```
boolean isVirtual()
```

返回此接口是否为虚拟接口（也称为子接口）。

```
boolean supportsMulticast()
```

返回网络接口是否支持多播。

```
String toString()
```

返回对象的字符串表示形式。

4.2.1　得到所有网络接口

NetworkInterface类提供了getNetworkInterfaces方法来获取本机上所有的网络接口，方法声明如下：

```
static Enumeration<NetworkInterface>   getNetworkInterfaces();
```

其中，Enumeration是一个（枚举）接口，定义了从一个数据结构得到连续数据的手段。例如，Enumeration定义了一个名为nextElement的成员方法，可以用来从含有多个元素的数据结构中得到下一个元素。getNetworkInterfaces返回一系列NetworkInterface对象，这些对象表示本机所有网络接口。注意，网络接口中的“接口”二字和Enumeration是一个接口中的“接口”二字含义不同，前者表示网络设备（通常指网卡），后者表示Java语言中的一种抽象数据类型。

比如以下代码可以获取本机所有网络接口并保存在一个接口中：

```
Enumeration ifaces = NetworkInterface.getNetworkInterfaces();
```

其中，ifaces是接口Enumeration定义的引用变量。我们知道Java中不允许创建接口实例，但允许定义接口类型的引用变量，并且该变量可以指向实现接口的类的实例。获得所有网络接口集合后，我们就可以来遍历了，比如：

```
    //遍历所有的网络接口
    for(Enumeration ifaces = NetworkInterface.getNetworkInterfaces();
ifaces.hasMoreElements();)
      NetworkInterface iface = (NetworkInterface) ifaces.nextElement();
```

我们通过for循环来遍历变量所有的网络接口，其中hasMoreElements用来测试此枚举是否包含更多的元素。nextElement表示如果此枚举至少还有一个可提供的元素，则返回此枚举的下一个元素，这里返回后存储在对象iface中，然后可以通过getDisplayName方法得到网络接口的全名，比如String strInterface = iface.getDisplayName();。

【例4.4】　得到本机所有网络接口的名称

1）打开Eclipse，新建一个Java工程，工程名是myprj。在工程中新建一个类，类名是test。然后在test.java中输入如下代码：

```
package myprj;
import java.net.NetworkInterface;
import java.util.Enumeration;
public class test
{
    public static void main(String[] args) throws Exception
    {
        NetworkInterface iface;
        //枚举所有接口
        for(Enumeration ifaces = NetworkInterface.getNetworkInterfaces();
ifaces.hasMoreElements();)
        {
          iface = (NetworkInterface) ifaces.nextElement();
          final String strInterface = iface.getDisplayName();
          System.out.printf("网络接口名:"+strInterface);
          System.out.println("");
        }
    }
}
```

上述代码通过一个for循环不停地获取枚举的下一个元素nextElement，直到hasMoreElements返回false，循环就结束。

2）保存工程并运行，运行结果如下：

```
网络接口名: Software Loopback Interface 1
网络接口名: WAN Miniport (SSTP)
网络接口名: WAN Miniport (L2TP)
网络接口名: WAN Miniport (PPTP)
网络接口名: WAN Miniport (PPPOE)
网络接口名: WAN Miniport (IPv6)
网络接口名: WAN Miniport (Network Monitor)
网络接口名: WAN Miniport (IP)
网络接口名: RAS Async Adapter
网络接口名: WAN Miniport (IKEv2)
网络接口名: Realtek PCIe GBE Family Controller
网络接口名: Microsoft ISATAP Adapter
网络接口名: Microsoft 6to4 Adapter
网络接口名: Microsoft ISATAP Adapter #2
网络接口名: Microsoft ISATAP Adapter #3
网络接口名: Microsoft ISATAP Adapter #4
网络接口名: VMware Virtual Ethernet Adapter for VMnet1
网络接口名: VMware Virtual Ethernet Adapter for VMnet8
网络接口名: Realtek PCIe GBE Family Controller-QoS Packet Scheduler-0000
网络接口名: Realtek PCIe GBE Family Controller-WFP LightWeight Filter-0000
网络接口名: WAN Miniport (Network Monitor)-QoS Packet Scheduler-0000
网络接口名: WAN Miniport (IP)-QoS Packet Scheduler-0000
网络接口名: WAN Miniport (IPv6)-QoS Packet Scheduler-0000
```

这是笔者PC主机上的网络接口的情况，不同的PC网络接口可能不同。

4.2.2　得到本机所有网卡的 IP 地址

我们已经得到本机所有网络接口，也就是全部网卡。下面继续获取每个网卡的所有IP地址，注意一个网卡可能有多个IP地址。NetworkInterface类提供了getInetAddresses()方法用来获取绑定到某网络接口的所有IP地址，该方法的声明如下：

```
Enumeration<InetAddress>   getInetAddresses();
```

该方法返回InetAddress对象的枚举。比如以下代码返回绑定到网络接口ifaces上的IP地址：

```
NetworkInterface iface = (NetworkInterface)ifaces.nextElement();
Enumeration inetAddrs = iface.getInetAddresses();
```

接着我们再用一个for循环就可以遍历枚举inetAddrs，以获取所有IP地址。我们通过下例来获取全部网卡的IP地址。除了用枚举Enumeration来遍历所有网络接口及其所有IP地址外，还可以使用ArrayList来枚举所有网络接口及其所有IP地址，原理都类似，都是使用两个for循环，算法并无本质区别。

【例4.5】　两种遍历法获取本机所有网卡的IP地址

1）打开Eclipse，新建一个Java工程，工程名是myprj。在工程中新建一个类，类名是test。然后在test.java中输入如下代码：

```
package myprj;
import java.net.SocketException;
import java.net.Inet4Address;
import java.net.InetAddress;
import java.net.NetworkInterface;
import java.util.ArrayList;
import java.util.Collections;
import java.util.Enumeration;
import java.util.Iterator;

public class test
{
    public static void main(String[] args) throws Exception
    {
        getallip1();
    }
    public static void getallip1() throws Exception
    {
        try
        {
            NetworkInterface iface;
            //枚举所有接口
           for(Enumeration ifaces = NetworkInterface.getNetworkInterfaces();
ifaces.hasMoreElements();)
```

```
                {
                    iface = (NetworkInterface) ifaces.nextElement();//获得一个接口
                    final String strInterface = iface.getName();   //获得接口名称
                    for (Enumeration inetAddrs = iface.getInetAddresses();
inetAddrs.hasMoreElements();)
                {
                    InetAddress inet = (InetAddress) inetAddrs.nextElement();
                    if (inet instanceof Inet4Address)//判断是不是IPv4地址
                    {
                        //列出IPv4地址
                        String strIP = inet.getHostAddress();
                        System.out.printf("%-10s %-5s %-6s %-15s\n",
"InetfaceName:", strInterface, " IPv4:", strIP);
                    }
                    else
                    {
                        //列出IPv6地址
                        String strIP = inet.getHostAddress();
                        System.out.printf("%-10s %-5s %-6s %-20s\n",
"InetfaceName:", strInterface, " IPv6:", strIP);
                        byte ip[] = inet.getAddress();
                        for (byte ipSegment : ip)
                        {
                            int newIPSegment = (ipSegment < 0) ? 256 + ipSegment :
ipSegment;
                            System.out.print(Integer.toHexString((newIPSegment &
0x000000FF) | 0xFFFFFF00).substring(6) + " ");
                        }
                        System.out.println("\n");
                    }
                }
            }
        }
        catch (SocketException s)
        {
            s.printStackTrace();
        }
    }

    public static void getallip2() throws Exception
    {
        try
        {
            //枚举所有接口
            Enumeration<NetworkInterface> enuNetworkInterface = NetworkInterface.
getNetworkInterfaces();
            //所有接口信息存入ArrayList对象
```

```
            ArrayList<NetworkInterface> arryNetworkInterface = Collections.list
(enuNetworkInterface);
            //遍历存入接口的ArryList对象
            Iterator<NetworkInterface> iteratorInterface = arryNetworkInterface.
iterator();
            while (iteratorInterface.hasNext() == true)
            {
                NetworkInterface networkInterface = iteratorInterface.next();
                //获取每个接口中的所有IP网络接口集合，因为可能有子接口
                ArrayList<InetAddress> arryInetAddress = Collections.list
(networkInterface.getInetAddresses());
                final String strInterface = networkInterface.getName(); //获取接
口名
                //遍历某个网络接口下的所有IP地址
                Iterator<InetAddress> iteratorAddress =
arryInetAddress.iterator();
                while (iteratorAddress.hasNext() == true)
                {
                    InetAddress inet = iteratorAddress.next();
                    //筛选地址类型
                    if (inet instanceof Inet4Address)
                    {
                        //列出IPv4地址
                        String strIP = inet.getHostAddress();
                        System.out.printf("%-10s %-5s %-6s %-15s\n",
"InetfaceName:", strInterface, " IPv4:", strIP);
                    }
                    else
                    {
                        //列出IPv6地址
                        String strIP = inet.getHostAddress();
                        System.out.printf("%-10s %-5s %-6s %-20s\n",
"InetfaceName:", strInterface, " IPv6:", strIP);
                        byte ip[] = inet.getAddress();
                        for (byte ipSegment : ip)
                        {
                            int newIPSegment = (ipSegment < 0) ? 256 + ipSegment :
ipSegment;
                            System.out.print(Integer.toHexString((newIPSegment &
0x000000FF) | 0xFFFFFF00).substring(6) + " ");
                        }
                        System.out.println("\n");
                    }
                }
            }
        }
        catch (SocketException s)
```

```
        {
            s.printStackTrace();
        }
        }
    }
```

在上述代码中定义了两个函数getallip1和getallip2，它们的输出结果相同，都是枚举本机所有网络接口，然后对每个网络接口枚举出所有IPv4和IPv6地址并输出。两个函数的区别只是遍历的方式不同，getallip1借助Enumeration进行遍历，getallip2借助ArryList进行遍历，如果读者学过Java，相信对它们不会陌生。

在getallip1中，首先通过getNetworkInterfaces函数获得所有网络接口，然后通过for循环获得每一个网络接口，对于每一个网络接口，我们再次使用for循环遍历该网络接口所绑定的IP地址，对于每一个枚举到的IP地址，判断其是IPv4地址还是IPv6地址，然后分别打印出来。其中，getAddress方法返回此InetAddress对象的原始IP地址，结果是网络字节顺序，地址的最高位字节在getAddress()[0]中，对于IPv6地址，为了显示一个字节型的单字节十六进制（两位十六进制）的编码，我们使用：

```
Integer.toHexString((byteVar & 0x000000FF) | 0xFFFFFF00).substring(6)
```

byteVar & 0x000000FF的作用是，如果byteVar是负数，则会清除前面24个0；如果byteVar是正数，则不受影响。(...) | 0xFFFFFF00的作用是，如果byteVar是正数，则置前24位为1，这样toHexString输出一个小于等于15的byte整型的十六进制数时，倒数第二位为0且不会被丢弃，这样可以通过substring方法截取最后两位。

在getallip2函数中，区别主要是用ArrayList替换了Enumeration，即使用Collections.list方法将Enumeration类型转换为ArrayList集合的数据结构，然后使用Iterator遍历器遍历。ArrayList是一个数组队列，相当于动态数组。与Java中的数组相比，它的容量能动态增长。它继承自AbstractList，实现了List。它是一个数组队列，提供了相关的添加、删除、修改、遍历等功能。

2）保存工程并运行，运行结果如下：

```
InetfaceName: lo     IPv4: 127.0.0.1
InetfaceName: lo     IPv6: 0:0:0:0:0:0:0:1
00 00 00 00 00 00 00 00 00 00 00 00 00 00 00 01

InetfaceName: eth3   IPv4: 192.168.1.2
InetfaceName: eth3   IPv6: fe80:0:0:0:1cd:4aab:c875:f56c%eth3
fe 80 00 00 00 00 00 00 01 cd 4a ab c8 75 f5 6c

InetfaceName: net4   IPv6: fe80:0:0:0:0:5efe:c0a8:b01%net4
fe 80 00 00 00 00 00 00 00 00 5e fe c0 a8 0b 01

InetfaceName: eth4   IPv4: 192.168.182.1
InetfaceName: eth4   IPv6: fe80:0:0:0:6d72:3003:64ec:b79d%eth4
fe 80 00 00 00 00 00 00 6d 72 30 03 64 ec b7 9d

InetfaceName: eth5   IPv4: 192.168.11.1
InetfaceName: eth5   IPv6: fe80:0:0:0:4175:c4fa:7ade:25ca%eth5
fe 80 00 00 00 00 00 00 41 75 c4 fa 7a de 25 ca
```

以上结果是笔者的机器环境的IP地址，笔者安装了VMware虚拟机软件，所以有多个网卡接口，这些结果应该和命令行下的ipconfig命令的输出结果相同。其中，lo是local的简写，一般指本地环回接口；eth是ethernet的简写，一般用于以太网接口，如果用户的计算机中有无限网卡，则还有WiFi0这样类似的无线网络接口。另外，getHostAddress返回IPv6的字符串地址，最后会加一个%符号（除了本地环回接口），%后面会加上网络接口的名称，比如%eth3，%符号前面的内容才是“:”分割的IPv6地址，除了字符串形式的IPv6地址之外，我们还输出了字节数组形式的IPv6地址。

第 5 章 Java 多线程编程

在这个多核时代，如何充分利用每个CPU内核是绕不开的话题，从需要为成千上万的用户同时提供服务的服务端应用程序，到需要同时打开十几个页面，每个页面都有几十上百个链接的Web浏览器应用程序，从保持着几TB甚至几PB数据的数据库系统，到手机上一个有良好用户响应能力的App，为了充分利用每个CPU内核，都会想到是否可以使用多线程技术。这里所说的“充分利用”包含两个层面的意思，一个是使用到所有的内核，另一个是内核不空闲，不让某个内核长时间处于空闲状态。在Java问世前的时代，很多开发语言本身并没有包含多线程的支持，人们只能直接调用操作系统提供的SDK API来编写多线程程序，不同的操作系统提供的SDK API以及线程控制能力不尽相同。到了Java时代，终于在Java标准类库中有了与语言捆绑的多线程的支持，从而可以使用标准形式的类来创建与执行线程，也使得我们可以使用标准形式的锁、原子操作、线程本地存储等进行复杂的各种模式的多线程编程。另外，Java还提供了一些高级概念，比如promise/future、async异步框架等，以简化某些模式的多线程编程。Java是为数不多的真正支持多线程并发编程的开发语言。

多线程可以让我们的应用程序拥有更加出色的性能。如果没有用好多线程，就比较容易出错，且难以查找错误的具体位置，甚至会让开发人员觉得自己陷进了泥潭。作为一名Java网络程序开发人员，掌握多线程并发开发技术是重中之重，因为网络服务器的设计和多线程的使用是密不可分的。

5.1 使用多线程的好处

多线程编程技术作为现代软件开发的流行技术，恰当正确地使用它将会带来巨大的优势。

（1）让软件拥有灵敏的响应

在单线程软件中，如果软件中有多个任务，比如读写文件、更新用户界面、网络连接、打印文档等操作，按照先后顺序执行，即先执行前面的任务再执行后面的任务，当某个任务执行的时间较长时，比如读写一个大文件，那么用户界面将无法及时更新，这样软件看起来像是卡顿了一样，用户体验很不好。怎么解决这个问题呢？人们提出了多线程编程技术。在采用多线程编程技术的程序中，多个任务由不同的线程去执行，不同线程各自占用一段CPU时间，即使线程任务还没完成，也会让出CPU时间给其他线程有机会去执行。这样从用户角度来看，几个任务是同时进行的，至少界面上能得到及时更新，大大改善了用户在使用软件时的体验，提高了软件的响应速度和友好度。

（2）充分利用多核处理器

随着多核处理器日益普及，单线程程序愈发成为性能瓶颈。比如计算机有两个CPU内核，单线程软件同一时刻只能让一个线程在一个CPU内核上运行，另一个内核就可能空闲在那里，无法发挥性能。如果软件设计了两个线程，则同一时刻可以让这两个线程在不同的CPU内核上同时运行，运行效率增加一倍。

（3）更高效的通信

对于同一进程的线程来说，它们共享该进程的地址空间，可以访问相同的数据。通过数据共享方式可以使得线程之间的通信比进程之间的通信更高效和方便。

（4）开销比进程小

创建线程、线程切换等操作所带来的系统开销比进程的类似操作要小得多。由于线程共享进程资源，创建线程时不需要再为其分配内存空间等资源，因此创建时间也更短。比如在Solaris 2操作系统上，创建进程的时间大约是创建线程的30倍。线程作为基本执行单元，当从同一个进程的某个线程切换到另一个线程时，需要载入的信息比进程之间切换要少，所以切换速度快，比如Solaris 2操作系统中线程的切换比进程的切换快大约5倍。

5.2　多线程编程的基本概念

5.2.1　操作系统和多线程

要在应用程序中实现多线程，必须要有操作系统的支持。Linux 32位或64位操作系统对应用程序提供了多线程的支持，Windows NT/2000/XP/7/8/10也是多线程操作系统。根据进程与线程的支持情况，可以把操作系统大致分为如下几类：

1）单进程、单线程，MS-DOS是这种操作系统。

2）多进程、单线程，多数UNIX（及类UNIX的LINUX）是这种操作系统。

3）多进程、多线程，Win32（Windows NT/2000/XP/7/8/10等）、Solaris 2.x和OS/2都是这种操作系统。

4）单进程、多线程，VxWorks是这种操作系统。

多线程是这样一种机制，它允许在程序中并发执行多个指令流，每个指令流都称为一个线程，彼此间相互独立。线程又称为轻量级进程，它和进程一样拥有独立的执行控制，由操作系统负责调度，区别在于线程没有独立的存储空间，而是与所属进程中的其他线程共享同一个存储空间，这使得线程间的通信比进程简单很多。多个线程的执行是并发的，也就是在逻辑上的“同时”，而不管是不是物理上的“同时”。如果系统只有一个CPU，那么真正的“同时”是不可能的，但是由于CPU的速度非常快，用户感觉不到其中的区别，因此不用关心它，只需要设想各个线程是同时执行即可。多线程和传统的单线程在程序设计上最大的区别在于，由于各个线程的控制流彼此独立，使得各个线程之间的代码是乱序执行的，由此带来了线程调度、同步等问题，这些问题在多线程编程中要特别注意。

5.2.2 线程的基本概念

现代操作系统大多支持多线程，每个进程中至少有一个线程，所以即使没有使用多线程编程技术，进程也含有一个主线程。也可以说，CPU中执行的是线程，线程是程序的最小执行单位，是操作系统分配CPU时间的最小实体。一个进程的执行说到底是从主线程开始，如果需要，可以在程序任何地方开辟新的线程，其他线程都是由主线程创建的。一个进程正在运行，也可以说是一个进程中的某个线程正在运行。一个进程的所有线程共享该进程的公共资源，比如虚拟地址空间、全局变量等。每个线程也可以拥有自己私有的资源，如堆栈、在堆栈中定义的静态变量和动态变量、CPU寄存器的状态等。

线程总是在某个进程环境中创建的，并且会在这个进程内部销毁，真所谓“始于进程而终于进程”。线程和进程的关系是：线程是属于进程的，线程运行在进程空间内，同一进程所产生的线程共享同一内存空间，当进程退出时，该进程所产生的线程都会被强制退出并清除。线程可与属于同一进程的其他线程共享进程所拥有的全部资源，但是其本身基本上不拥有系统资源，只拥有一点在运行中必不可少的信息（如程序计数器、一组寄存器和线程栈，线程栈用于维护线程在执行代码时需要的所有函数参数和局部变量）。

相对于进程来说，线程所占用的资源更少，比如创建进程，系统要为它分配很大的私有空间，占用的资源较多。而对于多线程程序来说，由于多个线程共享一个进程地址空间，因此占用的资源较少。此外，进程间切换时，需要交换整个地址空间，而线程之间切换时只是切换线程的上下文环境，因此效率更高。在操作系统中引入线程带来的好处主要有：

1）在进程内创建、终止线程比创建、终止进程要快。

2）同一进程内的线程间切换比进程间的切换要快，尤其是用户级线程间的切换。

3）每个进程具有独立的地址空间，而该进程内的所有线程共享该地址空间，因此线程的出现可以解决父子进程模型中子进程必须复制父进程地址空间的问题。

4）线程对解决客户/服务器模型非常有效。

虽然多线程给应用开发带来了不少好处，但并不是所有情况下都要使用多线程，要具体问题具体分析，通常在以下情况下可以考虑使用多线程：

1）应用程序中的各任务相对独立。

2）某些任务耗时较多。

3）各任务有不同的优先级。

4）一些实时系统应用。

值得注意的是，一个进程中的所有线程共享它们父进程的变量，但同时每个线程可以拥有自己的变量。

5.2.3　操作系统中线程的状态

一个线程从创建到结束就是一个生命周期，它总是处于下面4个状态之一。

（1）就绪态

线程能够运行的条件已经满足，只是在等待处理器（处理器要根据调度策略来把就绪态的线程调度到处理器中运行）。处于就绪态的原因可能是线程刚刚被创建（刚创建的线程不一定马上运行，一般先处于就绪态），也可能是刚刚从阻塞状态中恢复，或者被其他线程抢占而处于就绪态。

（2）运行态

运行态表示线程正在处理器中运行，正占用着处理器。

（3）阻塞态

由于在等待处理器之外的其他条件而无法运行的状态叫作阻塞态。这里的其他条件包括IO操作、互斥锁的释放、条件变量的改变等。

（4）终止态

终止态就是线程的函数运行结束或被其他线程取消后处于的状态。处于终止态的线程虽然已经结束了，但其所占的资源还没有被回收，而且可以被重新复活。我们不应该长时间让线程处于这种状态。线程处于终止态后应该及时进行资源回收，如何回收接下来会讲到。

5.2.4　线程函数

线程函数也称线程启动的主方法。线程函数就是线程创建后进入运行态后要执行的函数。执行线程说到底就是执行线程函数。要实现这个函数，我们通常要覆写Thread类中的run方法，然后通过start方法启动run方法。run方法成为线程启动的主方法。

同理，中断线程的执行就是中断线程函数的执行，以后再恢复线程时就会从前面线程函数暂停的地方开始继续执行后续的代码。结束线程也就不再运行线程函数。线程函数可以是一个需要覆盖重写（简称为覆写）的函数，比如在基于Thread类的线程编程中，它通常这样声明：

```
class MyThread extends Thread
{
    private  String m_name;
    public MyThread(String name){  //构造方法，可以通过构造方法传入参数
        this.m_name =name;
    }
    @Override
    public void run()  //覆写run方法
     {
     for (int i =0; i<50;i++)
          System.out.println("【"+this. m_name+"- 线程】  运行, i="+i);
    }
}
```

run方法并没有参数，需要线程执行时使用用户传入的参数，通常可以把参数通过构造函

数传入，然后保存在成员变量中，以后执行run方法的时候就可以访问这个成员变量。就像上面代码中的构造函数MyThread有一个参数name，用户实例化MyThread的时候，可以把name的值保存在成员变量m_name中，以后run方法中就可以访问m_name了。要注意的是，run方法是没有返回值的。

5.2.5 线程标识

既然句柄是用来标识线程对象的，那么线程本身用什么来标识呢？在创建线程时，系统会为线程分配一个唯一的ID作为线程的标识，这个ID号从线程创建开始就存在，一直伴随着线程的结束才消失。线程结束后该ID就自动不存在，我们不需要去显式清除它。

通常线程创建成功后会返回一个线程ID。

5.3 Java 中的多线程概述

5.3.1 线程的创建

具体到Java的开发环境，我们知道所有的Java程序执行需要通过一个主方法来完成，主方法会作为程序的起点。若要进行多线程编程，则要有一个线程的起点结构。这个结构称为线程类，所有的线程类都是有继承要求的。

不妨设想，为了创建一个新的线程，需要做些什么？很显然，必须指明这个线程所要执行的代码，这就是在Java中实现多线程所需要做的一切。Java是如何做到这一点的？通过类。作为一个完全面向对象的语言，Java提供了java.lang.Thread类来方便多线程编程，这个类提供了大量的方法以方便控制各个线程，以后的讨论都将围绕这个类进行。

如何为Java提供相关线程执行的代码呢？现在来看一看Thread类。Thread类重要的方法是run，它为Thread类的start方法所调用，提供线程所要执行的代码。

方法一：继承Thread类，覆盖run方法在创建的Thread类的子类中重写run方法，加入线程所要执行的代码即可。下面是一个例子：

```
public class MyThread extends Thread
{
    int count= 1,number;
    public MyThread(int num)
    {
        number = num;
        System.out.println("创建线程"+number);
        public void run()
        {
            while(true) {
                System.out.println("线程"+ number+":计数"+ count);
                if(++count== 6)return;
            }// while
        }// run

        public static void main(String args[])
```

```
        {
            for(int i=0;i<5;i++) new MyThread(i+1).start();
        } // main
    }// MyThread
}
```

这种方法简单明了，符合大家的习惯，但是它有一个很大的缺点，就是如果类已经从一个类继承（如小程序必须继承自Applet类），则无法再继承Thread类，这时如果不想创建一个新的类，应该怎么办呢?

现在不妨来探索一种新的方法：不创建Thread类的子类，而是直接使用它，这就只能将相关的方法作为参数传递给Thread类的实例，有点类似回调函数。但是Java没有指针，所以只能传递一个包含这个方法的类的实例。如何限制这个类必须包含这个方法呢？当然是使用接口。虽然抽象类也可以满足，但是需要继承，之所以要采用这种方法，就是为了避免继承带来的限制。

Java提供了java.lang.Runnable接口来支持这种方法。

方法二：实现Runnable接口。Runnable接口只有一个方法run，我们要在自己的类中实现Runnable接口并提供run方法，将线程代码写入其中，就完成了这部分的任务。

但是Runnable接口并没有任何对线程的支持，还必须创建Thread类的实例，这一点通过Thread类的构造函数来实现。下面是一个例子：

```
public class MyThread implements Runnable
{
    int count= 1, number;
    public MyThread(int num)
    {
        number = num;
        System.out.println("创建线程"+ number);
    }
    public void run()
    {
        while(true)
        {
            System.out.println("线程"+ number+":计数"+count);
            if(++count==6) return;
        }// while
    }// run
    public static void main(String args[])
    {
        for(int i=0; i<5: i++) new Thread(new MyThread (i+1).start();
    } // main
}// MyThread
```

严格地说，创建Thread子类的实例也是可行的。需要注意的是，该子类必须没有覆写Thread类的run方法，否则该线程执行的将是子类的run方法，而不是用以实现 Runnable接口的类的run方法，对此读者不妨试验一下。

使用Runnable接口实现多线程使得在一个类中包容所有的代码，有利于实现封装，缺点在于现在只能使用一套代码，如果想创建多个线程并使各个线程执行不同的代码，则必须额外创建类，这样在大多数情况下还不如直接用多个类分别继承 Thread来得紧凑。

综上所述，两种方法各有千秋，在开发中可以灵活运用。其实，在Java开发环境中，有4种实现方式：

1）继承Thread类。

2）实现Runnable接口。

3）实现Callable接口，通过FutureTask包装器来创建Thread线程。

4）使用ExecutorService、Callable、Future实现有返回结果的多线程。

前两种方式在线程执行完之后都没有返回值，后两种是带有返回值的。作为一名Java网络开发者，这几种方式都应该会使用。总之，技多不压身。不过本节以网络讲解为主，所以这里只介绍常用的Thread类的使用。

5.3.2 线程的状态

Java的线程有4种状态：

1）新状态：线程已被创建但尚未执行（start函数尚未被调用）。

2）可执行状态：线程可以执行，虽然不一定正在执行。CPU时间随时可能被分配给该线程，从而使得它执行。

3）终止状态：正常情况下，run方法返回使得线程终止。调用stop或destroy方法也有同样的效果，但是不推荐使用，前者会产生异常，后者是强制终止，因而不会释放锁。

4）阻塞状态：线程不会被分配CPU时间，无法执行。

5.3.3 线程同步

由于同一个进程的多个线程共享同一片存储空间，在带来方便的同时也带来了访问冲突这个严重的问题。Java语言提供了专门的机制以解决这种冲突，有效避免了同一个数据对象被多个线程同时访问的问题。

由于可以通过private关键字来保证数据对象只能被方法访问，因此只需针对方法提出一套机制，这套机制就是synchronized关键字，它包括两种用法：synchronized方法（即同步方法）和synchronized块（即同步代码块）。

1）synchronized方法：通过在方法声明中加入synchronized关键字来声明synchronized方法，例如：

```
public synchronized void accessVal(int new Val);
```

synchronized方法控制对类成员变量的访问：每个类实例对应一把锁，每个synchronized方法都必须获得调用该方法的类实例的锁才能执行，否则所属线程阻塞，方法一旦执行，就独占该锁，直到从该方法返回时才将锁释放，此后被阻塞的线程才能获得该锁，重新进入可执行状态。这种机制确保了同一时刻对于每个类实例，其所有声明为synchronized的成员函数中至多只有一个处于可执行状态（因为至多只有一个能够获得该类实例对应的锁），从而有效避免类成员变量的访问冲突（只要所有可能访问类成员变量的方法均被声明为synchronized）。

在Java中，不仅是类实例，每个类也对应一把锁，这样可以将类的静态成员函数声明为synchronized，以控制其对类的静态成员变量的访问。

synchronized方法的缺陷：将一个大的方法声明为synchronized将会大大影响效率，比如将线程类的run方法声明为synchronized，由于在线程的整个生命期内它一直在运行，因此将导致它对本类任何synchronized方法的调用都永远不会成功。当然，可以通过将访问类成员变量的代码放到专门的方法中，将其声明为synchronized，并在主方法中调用来解决这个问题，但是Java提供了更好的解决办法，那就是synchronized块。

2）synchronized块：在Java中可通过synchronized关键字来声明synchronized块，语法如下：

```
synchronized(syncObject)
{
    //允许访问控制的代码
}
```

synchronized块是这样一个代码块，其中的代码必须获得对象syncobject（如前所述，可以是类实例或类）的锁才能执行，具体机制如前所述。由于可以针对任意代码块，并且可以任意指定上锁的对象，因此灵活性较高。

5.3.4　线程阻塞

Java引入了同步机制解决对共享存储区的访问冲突问题，现在考察多个线程对共享资源的访问，显然同步机制已经不够了，因为在任意时刻要求被共享的资源不一定已经准备好了，反过来，同一时刻准备好了的资源也可能不止一个。为了解决这种情况下的访问控制问题，Java引入了阻塞机制。

线程的阻塞是指暂停一个线程的执行来等待某个条件发生（如某资源就绪），Java提供了大量方法来支持阻塞，下面简单分析一下。

1）sleep方法：sleep允许指定以毫秒为单位的一段时间作为参数，它使得线程在指定的时间内进入阻塞状态，不能得到CPU时间，指定的时间一过，线程就重新进入可执行状态。典型的sleep被用在等待某个资源就绪的情形：测试发现条件不满足后，让线程阻塞一段时间后重新测试，直到条件满足为止。

2）suspend和resumed方法：两个方法配套使用，suspend方法使得线程进入阻塞状态，并且不会自动恢复，必须等其对应的resumed方法被调用，才能使得线程重新进入可执行状态。典型的suspend和resume方法被用在等待另一个线程产生结果的情形：测试发现结果还没有产生后，让线程阻塞，另一个线程产生了结果后，调用resumed方法使其恢复。

3）yield方法：yield方法使得线程放弃当前分得的CPU时间，但是不使线程阻塞，即线程仍处于可执行状态，随时可能再次分得CPU时间。调用yield方法的效果等价于调度器认为该线程已执行了足够的时间，从而转到另一个线程。

4）wait和notify方法：两个方法配套使用，wait方法使得线程进入阻塞状态，它有两种形式：一种是允许指定以毫秒为单位的一段时间作为参数，另一种是没有参数。前者当对应的notify方法被调用或者超出指定时间时，线程重新进入可执行状态，后者必须等对应的notify方法被调用。

可能有人会说wait、notify方法与suspend、resumed方法没有什么区别，其实它们是截然不同的。区别的核心在于，前面叙述的所有方法（sleep、suspend、resumed、yield方法）阻塞时都不会释放占用的锁（如果占用了的话），而wait和notify方法则相反。

关于wait和notify方法再说明两点：

1）调用notify方法导致解除阻塞的线程是从因为调用该对象的wait方法而阻塞的线程中随机选取的，无法预料哪一个线程将会被选择，所以编程时要特别小心，避免因这种不确定性而产生问题。

2）除了notify方法之外，notifyAll方法也可以起到类似的作用，唯一的区别在于，调用notifyAll方法将把因为调用该对象的wait方法而阻塞的所有线程一次性全部解除阻塞。当然，只有获得锁的那一个线程才能进入可执行状态。

谈到阻塞，就不能不谈一谈死锁，略一分析就能发现，suspend方法和不指定超时期限的wait方法的调用都可能产生死锁。遗憾的是，Java并未在语言级别上支持避免死锁，在编程时必须小心地避免死锁。

以上对Java中实现线程阻塞的各种方法做了一番分析，重点分析了wait和notify方法，因为它们的功能强大，使用也灵活，但是这也导致了它们的效率较低，较容易出错。实际使用中，读者应该灵活使用各种方法，以便更好地达到目的。

5.3.5 守护线程

守护线程是一类特殊的线程，它并不是应用程序的核心部分，当一个应用程序的所有非守护线程终止运行时，即使仍然有守护线程在运行，应用程序也将终止。反之，只要有一个非守护线程在运行，应用程序就不会终止。守护线程一般被用于在后台为其他线程提供服务。

可以通过调用isDaemon方法来判断一个线程是不是守护线程，也可以调用setDaemon()方法来将一个线程设为守护线程。

5.3.6 线程组

线程组是Java特有的概念，在Java中，线程组是ThreadGroup类的对象，每个线程都隶属于唯一一个线程组，这个线程组在线程创建时指定并在线程的整个生命期内都不能更改。我们可以通过调用包含ThreadGroup类型参数的Thread类构造函数来指定线程所隶属的线程组，若没有指定，则线程默认隶属于名为system的系统线程组。

在Java中，除了预建的系统线程组外，所有线程组都必须显式创建。除了系统线程组外的每个线程组又隶属于另一个线程组，可以在创建线程组时指定其所隶属的线程组，若没有指定，则默认隶属于系统线程组。这样，所有线程组组成了一棵以系统线程组为根的树。Java允许对一个线程组中的所有线程同时进行操作，比如可以通过调用线程组的相应方法来设置其中所有线程的优先级，也可以启动或阻塞其中的所有线程。

Java的线程组机制的另一个重要作用是线程安全。线程组机制允许通过分组来区分有不同安全特性的线程，对不同组的线程进行不同的处理，还可以通过线程组的分层结构来支持不对等安全措施的采用。Java的ThreadGroup类提供了大量的方法来方便对线程组树中的每一个线程组以及线程组中的每一个线程进行操作。

至此，我们已经对Java中的多线程编程进行了概述，后续章节会用一些实例来说明。由于本书不是一本专门讲述Java语言的图书，因此不会对Java多线程编程面面俱到地展开介绍，不过还是建议读者掌握多线程编程，因为Java网络编程中经常会用到多线程编程。

5.4　Thread 类

Thread类实现了Runnable接口，在Thread类中，有一些比较关键的属性，比如name表示Thread的名字，可以通过Thread类的构造器中的参数来指定线程名；priority表示线程的优先级（最大值为10，最小值为1，默认值为5）；daemon表示线程是不是守护线程；target表示要执行的任务。

通过Thread类创建线程时，首先要将一个类声明为Thread的子类，这个子类应该覆写Thread类的run方法，然后分配并启动子类的实例。例如，计算大于规定值的质数的线程可以编写为：

```
class PrimeThread extends Thread
{
    long minPrime;
    PrimeThread(long minPrime)
    {
        this.minPrime = minPrime;
    }
    public void run()
    {
        //compute primes larger than minPrime
        . . .
    }
}
```

然后，以下代码将创建一个线程并通过start方法来启动线程的运行：

```
PrimeThread t = new PrimeThread(143);  //实例化线程类
t.start();      //启动线程的执行
try {
   t.join();    //等待线程结束
} catch (InterruptedException e) {
   e.printStackTrace();
}
```

Thread类本质上是实现了Runnable接口的一个实例，代表一个线程的实例。启动线程的唯一方法就是通过Thread类的start实例方法。start方法是一个native方法，它将启动一个新线程，即启动执行run方法，注意仅仅是启动run方法，而不会等到run方法结束后再返回start方法，start是非阻塞方法，会立即返回并马上执行start方法后面的代码。如果要等待线程执行结束，可以在start方法后面调用join方法，join方法会等线程结束后再返回。这种方式实现多线程很简单，通过自己的类直接继承类Thread，并覆写run方法，就可以启动新线程并执行自己定义的run方法，例如：

```
public class MyThread extends Thread
{
    public void run() {   // run是覆写的线程方法，线程启动时就会执行
        System.out.println("MyThread.run()");
    }
}
MyThread myThread1 = new MyThread();  //实例化线程
MyThread myThread2 = new MyThread();  //实例化线程
myThread1.start();  //启动线程1，接着就会执行run方法
myThread2.start();  //启动线程2，接着就会执行run方法
```

5.4.1 构造方法

在用Thread类实战开发多线程程序之前，我们首先要熟悉该类的常用成员方法（或称成员函数）。Thread类常见的构造方法如下：

```
Thread()
Thread(Runnable target)
Thread(Runnable target, String name)
Thread(String name)
Thread(ThreadGroup group, Runnable target)
Thread(ThreadGroup group, Runnable target, String name)
Thread(ThreadGroup group, Runnable target, String name, long stackSize)
Thread(ThreadGroup group, String name)
```

这些构造方法都将分配一个新的Thread对象。其中，target表示启动此线程时调用其run方法的对象。如果target为null，则run方法什么都不做。name表示新线程的名称。group表示线程组，如果为null并且有一个安全管理员，那么该组由SecurityManager.getThreadGroup()决定；如果没有安全管理员或SecurityManager.getThreadGroup()返回null，那么该组将设置为当前线程的线程组。

5.4.2 成员方法

Thread类的成员方法如下：

```
static int  activeCount()
```

返回当前线程的线程组及其子组中活动线程数的估计。

```
void    checkAccess()
```

确定当前正在运行的线程是否有权限修改此线程。

```
protected Object    clone()
```

实现了对象中各个属性的复制。

```
static Thread   currentThread()
```

返回对当前正在执行的线程对象的引用。

```
static void     dumpStack()
```

将当前线程的堆栈跟踪打印到标准错误流。

```
static int  enumerate(Thread[] tarray)
```

将当前线程的线程组及其子组中的每个活动线程复制到指定的数组中。

```
static Map<Thread,StackTraceElement[]> getAllStackTraces()
```

返回所有活动线程的堆栈跟踪图。

```
ClassLoader     getContextClassLoader()
```

返回此线程的上下文ClassLoader。

```
static Thread.UncaughtExceptionHandler getDefaultUncaughtExceptionHandler()
```

返回当线程由于未捕获异常导致突然终止时调用的默认处理程序。

```
long    getId()
```

返回此线程的标识号（ID）。

```
String  getName()
```

返回此线程的名称。

```
int getPriority()
```

返回此线程的优先级。

```
StackTraceElement[]     getStackTrace()
```

返回此线程的堆栈转储的堆栈跟踪元素数组。

```
Thread.State    getState()
```

返回此线程的状态。

```
ThreadGroup     getThreadGroup()
```

返回此线程所属的线程组。

```
Thread.UncaughtExceptionHandler    getUncaughtExceptionHandler()
```

返回由于未捕获异常导致此线程突然终止时调用的处理程序。

```
static boolean  holdsLock(Object obj)
```

判断当前线程在指定对象上是否保存监视器锁，如果保存，则返回true。

```
void    interrupt()
```

中断这个线程。

```
static boolean  interrupted()
```

测试当前线程是否被中断。

```
boolean     isAlive()
```

测试这个线程是否活着。

```
boolean     isDaemon()
```

测试这个线程是否为守护线程。

```
boolean     isInterrupted()
```

测试这个线程是否被中断。

```
void    join()
```

等待线程执行结束。

```
void    join(long millis)
```

等待这个线程终止的时间最多为millis毫秒。

```
void    join(long millis, int nanos)
```

等待最多millis毫秒加上nanos纳秒这个线程结束。

```
void    run()
```

如果这个线程是使用单独的Runnable运行对象构造的，则调用该Runnable对象的run方法；否则，此方法不执行任何操作并返回。

```
void    setContextClassLoader(ClassLoader cl)
```

设置此线程的上下文ClassLoader。

```
void    setDaemon(boolean on)
```

将此线程标记为守护（Daemon）线程或用户线程。

```
static void     setDefaultUncaughtExceptionHandler
(Thread.UncaughtExceptionHandler eh)
```

设置当线程由于未捕获异常导致突然终止时调用的默认处理程序，并且没有为该线程定义其他处理程序。

```
void    setName(String name)
```

将此线程的名称更改为等于参数name。

```
void    setPriority(int newPriority)
```

更改此线程的优先级。

```
void    setUncaughtExceptionHandler(Thread.UncaughtExceptionHandler eh)
```

设置当该线程由于未捕获异常导致突然终止时调用的处理程序。

```
static void     sleep(long millis)
```

使当前正在执行的线程以指定的毫秒数暂停（暂时停止执行），具体取决于系统定时器和调度器的精度和准确性。

```
static void    sleep(long millis, int nanos)
```

导致正在执行的线程以指定的毫秒数加上指定的纳秒数来暂停（临时停止执行），这取决于系统定时器和调度器的精度和准确性。

```
void    start()
```

要让此线程开始执行，Java虚拟机调用此线程的run方法。

```
String  toString()
```

返回此线程的字符串信息，包括线程的名称、优先级和线程组。

```
static void    yield()
```

给调度器的一个“暗示”，即当前线程愿意让出当前使用的处理器。

理论已经讲了不少，下面就实践一下吧，来看几个简单的创建线程的例子。

5.4.3 创建线程

创建线程也就是实例化线程并启动线程的执行。第一步肯定是定义线程类，然后在其他类中实例化线程，并调用start方法来启动线程。在很多应用场合，创建线程的类通常要把参数传递到线程类中，比如传递字符串、传递对象和共享线程数据等。

【例5.1】 创建一个线程，并传递字符串和整数作为参数

1)打开Eclipse,新建一个Java工程,工程名为myprj。在工程中新建一个类,类名是MyThread,用该类来实现线程功能。然后在MyThread.java中输入如下代码:

```
package myprj;

class MyThread extends Thread
{
    private  String m_name;
    int m_max;
    public MyThread(String name,int max){  //构造方法，可以通过构造方法传入参数
        this.m_name =name;
        m_max = max;
        System.out.println("m_name="+m_name+",m_max="+m_max);
    }
    public void run()  //覆写run方法
    {
        for (int i =m_max;i>0;i--)
        System.out.println("["+this. m_name+"] is running, i="+i);//仅仅打印
    }
}
```

要实现线程类，我们的自定义类MyThread必须继承于Thread，MyThread中定义了两个私有变量m_name和m_max，分别用来保存从构造方法传进来的name和max两个变量值。然后覆写run方法，在run方法中进行简单的循环打印。

2）再在工程中添加一个test类，该类用于测试类MyThread，在test.java中输入如下代码：

```
package myprj;
import myprj.MyThread;
public class test
{
    public static void main(String[] args) {
        MyThread p = new MyThread("Thread1",10);
        System.out.println("----------");
        p.start();
    }
}
```

因为要用到MyThread类，所以要先导入该类。然后在main函数中实例化MyThread，并传入两个参数，一个参数是字符串Thread1，另一个参数是整数值10。实例化后线程还没启动，但构造方法已经执行了，只是run方法还没执行。我们必须要调用start成员方法才能启动线程，也就是执行run方法。

3）保存工程并按Ctrl+F11组合键来运行工程，运行结果如下：

```
m_name=Thread1,m_max=10
----------
[Thread1] is running, i=10
[Thread1] is running, i=9
[Thread1] is running, i=8
[Thread1] is running, i=7
[Thread1] is running, i=6
[Thread1] is running, i=5
[Thread1] is running, i=4
[Thread1] is running, i=3
[Thread1] is running, i=2
[Thread1] is running, i=1
```

【例5.2】 创建一个线程，并传递对象作为参数

1）打开Eclipse，新建一个Java工程，工程名为myprj。然后新建一个类，类名是classA，该类的对象将作为参数传给线程类。在classA.java中输入如下代码：

```
package myprj;
import java.util.*;

public class classA
{
    int m_n;
    byte [] byteArray;                         //声明字节数组
    classA(int n)
    {
        int i;
        m_n = n;
        byteArray = new byte [m_n];            //分配数组空间
        for(i=0;i<m_n;i++)
            byteArray[i]=(byte)(0x1+i);        //赋值
```

```
            System.out.println(Arrays.toString(byteArray)); //打印数组byteArray
        }
    }
```

上述程序中定义了一个classA类，在构造方法中为字节数组分配了空间，然后逐个进行赋值，并用println打印内容，这样可以与以后线程类中程序代码的打印结果进行比较。

2）再在工程中新建一个类，类名是MyThread，该类继承于Thread，在MyThread.java中输入如下代码：

```
    package myprj;
    import java.util.Arrays;
    import myprj.classA;
    public class MyThread extends Thread
    {
        byte [] bs;
        int m_n;
        public MyThread(classA a)   //构造方法，可以通过构造方法传入参数
        {
            bs = a.byteArray;
            m_n = a.m_n;
        }
        public void run()  //覆写run方法
        {
            System.out.println("In thread,get "+m_n+" items."+Arrays.
toString(bs));
        }
    }
```

构造方法的参数就是classA的对象，然后把a的成员变量的内容先保存到成员变量bs和m_n中，以便在run方法中进行打印。

3）最后添加一个类，类名是test，用于实例化线程类并进行测试，在test.java中输入如下代码：

```
    package myprj;
    import myprj.classA;
    import myprj.MyThread;
    public class test {
        public static void main(String[] args)
        {
            classA a = new classA(5);
            MyThread p = new MyThread(a);
            System.out.println("----------");
            p.start();
        }
    }
```

test类中只有一个main方法，其中实例化了classA，并传入参数5，表示分配5字节的数组，然后实例化线程类MyThread，接着调用start方法启动线程的执行。

4）保存工程并运行，运行结果如下：

```
[1, 2, 3, 4, 5]
----------
In thread,get 5 items.[1, 2, 3, 4, 5]
```

前两个实例都是通过传参数的方式来达到主线程和子线程“交互”的目的。除此之外，还可以通过静态变量的方式来实现，比如在主线程中定义一个静态变量，然后在子线程中访问和修改这个变量。Java中被static修饰的成员被称为静态成员，它属于整个类，而不是类的某个对象所有，也就是说静态成员被类的所有对象共享。静态成员可以使用类名直接访问，也可以使用对象名进行访问。当然，鉴于静态成员作用的特殊性，推荐用类名来访问静态成员。

【例5.3】 创建一个线程，共享线程数据

1）打开Eclipse，新建一个Java工程，工程名为myprj。然后新建一个继承于Thread的类，类名是myThread。在myThread.java中输入如下代码：

```
package myprj;
import myprj.test;

public class myThread extends Thread
{
    public void run()  //覆写run方法
    {
        test.m_n++;
        System.out.println("In thread,test.m_n= "+test.m_n);
    }
}
```

run方法中的test.m_n是稍后要添加的test类的静态成员变量。我们在子线程myThread中将其加1，然后输出。

2）在工程中新建一个类，类名是test。在test.java中输入如下代码：

```
package myprj;
import myprj.myThread;
public class test
{
    static int m_n=1;  //定义静态变量，该变量将在主线程和子线程中共享
    public static void main(String[] args)
    {
        myThread t = new myThread();    //实例化线程类myThread
        t.start();                      //启动线程
        try {
            t.join();                   //等待线程结束
        } catch (InterruptedException e) {
            e.printStackTrace();
        }
        m_n++;                          //在主线程中对静态变量加1
        System.out.println("In main,test.m_n= "+test.m_n);  //输出m_n的内容
    }
}
```

创建子线程后，m_n会在myThread.run中累加一次，变为2，子线程结束后，在主线程中再累加一次，就变为3，然后输出。

3）保存工程并运行，运行结果如下：

```
In thread,test.m_n= 2
In main,test.m_n= 3
```

正如我们分析的那样，在子线程中m_n累加后变为2，在主线程中累加后变为3。另外，如果把t.join();去掉，也就是不等子线程执行完就继续执行主线程后面的代码，这时主线程中输出的m_n是2，而子线程输出的是3，这是因为主线程中的代码先执行，有兴趣的读者可以试试。

以上3个例子是在一线开发中线程之间共享数据常见的3种情况。

5.4.4　线程的属性

Java标准规定线程具有多个属性，主要包括：线程id、线程名称、线程的优先级、线程的类别（用于判断是否为守护线程）等。

1. 线程id

系统赋予每个线程一个单独的编号即唯一的id，所以通过id的比较可以判断两个线程是否相同。获得线程属性的方法是getId，声明如下：

```
long    getId()
```

此方法返回线程的唯一标识号，它是一个long整数类型的正整数，在线程创建的时候生成并赋予线程。注意，Java中的long整数类型有64位，即8字节。总之，不同线程的id各不相同，另外线程id是系统分配的，只能获取而不能人工设置。

2. 线程名称

对于线程名称而言，不同的线程可以拥有相同的线程名称，设置线程名称有两种方式：

1）在创建新线程时赋值。

2）使用setName方法赋值，setName方法的声明如下：

```
void    setName(String name)
```

参数name是要设置的线程名称。当然，线程名可以不设置，默认值为Thread-线程编号。

如果要获取线程名称，可以调用getName方法，该方法的声明如下：

```
String  getName()
```

返回String类型的线程名称。

如果没有手动设置线程名称，就会自动分配一个线程名称，如线程对象thread1自动分配的线程名称为Thread-0。需要注意的是，由于设置线程名称是为了区分当前正在执行的线程是哪一个线程，因此在设置线程名称时应该避免重复。

3. 线程的优先级

线程的优先级属性是提供给线程调度器的，用于表示应用程序中的哪个线程要优先执行，但是这个优先级并不保证是线程的实际执行顺序。Java定义了1~10共10个优先级，默认值为5

（普通优先级）。对应一个具体的线程而言，其优先级默认为与父线程的优先级相同。

线程的优先级代表该线程的重要程度，当有多个线程同时处于可执行状态并等待获得CPU时间时，线程调度系统根据各个线程的优先级来决定给谁分配CPU时间，优先级高的线程有更大的机会获得CPU时间，优先级低的线程也不是没有机会，只是机会要小一些。通过调用Thread类的getPriority()和setPriority()方法来获取和设置线程的优先级，线程的优先级界于1（MIN_PRIORITY）和10（MAX_PRIORITY）之间，默认是5（NORM_PRIORITY）。

对于线程优先级，Thread类定义了3个优先级常量：

```
public final static int MIN_PRIORITY = 1;       //最小优先级
public final static int NORM_PRIORITY = 5;      //默认优先级
public final static int MAX_PRIORITY = 10;      //最高优先级
```

线程默认的优先级常量为NROM_PRIORITY，新建的线程优先级和当前线程的优先级相同。如前所述，setPriority方法用于设置优先级，getPriority方法用于获取优先级。默认优先级的范围为[1-10]，但是不同操作系统会有差别，推荐使用优先级常量进行设置。当有多个线程就绪时，优先级高的线程先获得CPU资源（CPU的时间），即可以优先执行。

JVM规范中规定每个线程都有优先级，且优先级越高越优先执行，但优先级高并不表示能独占CPU的时间片，只是优先级越高，得到的时间片越多而已，反之，优先级越低，得到的时间片越少，但不会分配不到CPU的时间片。

4. 线程的类别

线程的类别主要用于区分用户线程和守护线程，可以通过isDaemon方法来判断，该方法的声明如下：

```
boolean    isDaemon()
```

返回值为true表示该线程为守护线程，否则为用户线程。该属性的默认值与父线程相同，并且该属性必须在线程启动前设置，否则会报错。所谓用户线程，是指用户运行的线程，一个Java虚拟机必须等待所有的用户线程结束之后才可以停止运行。守护线程通常用于执行一些重要性不是很高的任务，比如监控资源等，守护线程不会影响Java虚拟机的正常停止。

【例5.4】 查看线程的默认id、名称、优先级和类别

1）打开Eclipse，新建一个Java工程，工程名为myprj。然后新建一个类，类名是myThread。在myThread.java中输入如下代码：

```
package myprj;
public class myThread extends Thread {
}
```

我们并没有给线程类myThread添加任何方法（或函数），因为本例不需要执行任务，仅需获得线程对象的几个属性而已。

2）新建一个类，类名是test，该类实现main方法。在test.java中输入如下代码：

```
package myprj;
import static java.lang.System.*;
public class test
{
    public static void main(String[] args)
    {
        myThread t = new myThread();    //实例化线程类myThread
        out.println("t id = "+t.getId()+",t name="+t.getName());
        out.println("t Priority = "+t.getPriority()+",t 
isDaemon="+t.isDaemon());
        myThread t2 = new myThread();   //实例化线程类myThread
        out.println("t2 id = "+t2.getId()+",t2 name="+t2.getName());
        out.println("t2 Priority = "+t2.getPriority()+",t2 
isDaemon="+t2.isDaemon());
        myThread t3 = new myThread();
        t3.setName("Thread-0");
        out.println("t3 id = "+t3.getId()+",t3 name="+t3.getName());
    }
}
```

上述程序首先实例化了两个myThread对象t和t2，然后分别调用成员方法获取了线程id、线程名称、线程的优先级和线程的类别（是否为守护线程）。默认情况下，不同线程的id和name应该是不同的，但是不同线程的名称可以人为设置相同的，所以我们实例化了第3个线程对象t3后，通过setName方法设置了一个和t线程对象的默认名称一样的名称Thread-0，运行后t和t3的名称相同。

3）保存工程并运行，运行结果如下：

```
t id = 9,t name=Thread-0
t Priority = 5,t isDaemon=false
t2 id = 10,t2 name=Thread-1
t2 Priority = 5,t2 isDaemon=false
t3 id = 11,t3 name=Thread-0
```

可以看到，3个线程对象的id都是不同的，而线程的名称属性name可以通过人为设置为相同的。

5.4.5　调度策略

线程执行的时机取决于采用的调度策略。管理进程中多个线程如何去占用CPU，就是线程调度。线程调度通常由操作系统来安排，不同的操作系统采用不同的调度策略，比如有的操作系统采用轮询法来调度。在理解线程调度之前，先要了解一下实时操作系统与非实时操作系统。实时是指操作系统对一些中断等响应时效性非常高，非实时则刚好相反。目前像VxWorks就是一种实时操作系统，而Windows和Linux则是非实时操作系统，也叫分时操作系统。实时的表现主要是采用抢占的方式，抢占通过优先级来控制，优先级高的任务最先占用CPU。

在仅有单个CPU的环境中，多个线程必须轮流执行以呈现出对外的并发性，但不同的操作系统在多线程执行顺序的机制上存在差别，目前广泛采用的策略主要有抢占式和时间片两种。

在时间片调度策略中，所有可能运行的线程都有机会运行。相同优先级的线程具有相同的机会，尽管优先级越高的线程运行的机会越多，但每个线程每一次最大允许的运行时间为一个时间片，这样就不存在线程长期占用CPU的问题。而在抢占式调度中，原先运行的低优先级的线程则可能要让出CPU并进入等待状态。Java采用的是多线程抢占式调度机制。

线程调度器选择优先级最高的线程运行。但是，如果发生以下情况，就会终止线程的运行：

1）线程内调用yield方法，让出了对CPU的占用权，这个方法实际上基本不用。

2）线程内调用了sleep方法，使线程进入睡眠状态。

3）线程由于IO操作而受阻塞。

4）出现另一个更高优先级的线程。

5）在支持时间片的系统中，该线程的时间片用完了。

Java规范规定，每个线程有一个优先级（从1级到10级），拥有较高优先级的线程比拥有较低优先级的线程先执行。程序员可以通过Thread.setPriority(int)来设置线程的优先级，默认的优先级是NORM_PRIORITY。

事实上，Java在不同的发展时期、不同的平台上，其线程调度的策略也是不同的。在早期的Java 1.1中，JVM自己实现线程调度，而不依赖于底层的平台。在Java 1.2之后的版本中放弃了该模型，而采用本地线程（Native Threads，是指使用操作系统本地的线程库建立和管理的线程），也即是将Java线程连接到本地线程上，主要由底层平台实现线程的调度。

1. Windows下的Java线程调度

在Windows下，Java线程一对一地绑定到Win32线程（相当于Solaris的Native线程）上。当然，Win32线程也是一对一地绑定到内核级线程上，所以Java线程的调度实际上是内核完成的。Java虚拟机可以通过将Java线程的优先级映射到Win32线程的优先级上，从而影响系统的线程调度决策。

Windows内核使用32级优先级模式来决定线程的调度顺序。优先级被分为两类：可变类优先级包含1~15级，不可变类优先级（实时类）包含16~31级。调度器为每一个优先级建一个调度队列，从高优先级到低优先级队列逐个查找，直到找到一个可运行的线程。当把Java 线程绑定到Win32线程时，需要将Java线程的优先级映射到Win32线程上，当JVM将线程的优先级映射到Win32线程的优先级上之后，线程调度的工作就是Win32和Windows内核的事了。Windows采用基于优先级的、抢占的线程调度算法。调度器保证总是让具有最高优先级的线程运行。一个线程仅在如下4种情况下才会放弃对CPU的占用：

1）被一个更高优先级的线程抢占。

2）线程执行结束。

3）线程时间片用完了。

4）执行了导致阻塞的系统调用。

当线程的时间片用完后，降低其优先级；当线程从阻塞变为就绪时，增加线程的优先级；当线程很长时间没有机会运行时，提升线程的优先级。Windows区分前台和后台进程，前台进程往往获得更长的时间片。以上这些措施体现了Windows基于动态优先级、分时和抢占的CPU调度策略。调度策略很复杂，考虑线程执行过程的各个方面，再加上系统运行环境的变化，我们很难通过对线程运行过程的观察来纵览调度算法的全貌。由于Java线程到Windows内核线程采用的是一对一的绑定方式，因此我们看到的Java线程的运行过程实际上反映的是Windows的调度策略。

注意，尽管Windows采用了基于优先级的调度策略，但不会出现饥饿现象。其采取的主要措施是：优先级再高的线程也会在运行一个时间片之后放弃对CPU的占用，并且降低其优先级，从而保证低优先级线程也有机会运行。

2. Linux下的Java线程调度

Linux虽然是非实时操作系统，但是其线程也有实时和分时之分，具体的调度策略可以分为3种：SCHED_OTHER（分时调度策略）、SCHED_FIFO（先来先服务调度策略）、SCHED_RR（实时的分时调度策略）。我们创建线程的时候可以指定其调度策略，默认的调度策略是SCHED_OTHER。SCHED_FIFO和SCHED_RR只用于实时线程调度。

（1）SCHED_OTHER

SCHED_OTHER表示分时调度策略（也被称为轮询策略），是一种非实时调度策略，系统会为每个线程分配一段运行时间，称为时间片。该调度策略是不支持优先级的，如果我们去获取该调度策略下的最高、最低优先级，可以发现都是0。该调度策略有点像人们在游乐场排队玩云霄飞车，前一趟的人占用了位置，且云霄飞车还在轨道上飞行，在排队的人是无法上去的，而且不能强行把前一趟的人从飞行的云霄飞车上赶下来（即不支持优先级，没有VIP特权之说）。

（2）SCHED_FIFO

SCHED_FIFO表示先来先服务调度策略，是一种实时线程调度策略，它支持优先级抢占方式。采用SCHED_FIFO策略时，在相同优先级下，先来的线程执行完再调度下一个线程，按照创建线程的先后顺序。线程一旦占用了CPU将一直运行，直到有更高优先级的线程到达或当前线程自己放弃对CPU的占用。在SCHED_FIFO策略下，可设置的优先级的范围是1~99。

（3）SHCED_RR

SHCED_RR表示时间片轮询调度策略，要支持优先级抢占方式，因此也是一种实时调度策略。采用SHCED_RR策略时，调度器会分配给每个线程一个特定的CPU时间片，当线程的时间片用完，系统将重新分配时间片，并将线程置于实时线程就绪队列的尾部，这样保证了所有具有相同优先级的线程能够被公平地调度。

对于SCHED_FIFO和SHCED_RR调度策略，由于支持优先级抢占方式，因此具有高优先级的处于就绪状态下的线程总是先运行，并且一个正在运行的线程在未完成其时间片时，如果出现一个更高优先级的线程，正在运行的这个线程可能在未使用完其CPU时间片之前CPU就被抢占了，甚至该线程会在尚未开始使用其CPU时间片之前CPU就被抢占了，只能等待下一次被调度运行的机会。当Linux系统切换线程时，将执行一个上下文切换的操作，也就是要先保存正在运行的线程的相关状态，接着加载另一个线程的状态，然后才开始新线程的运行。

需要说明的是，虽然Linux支持实时调度策略（比如SCHED_FIFO和SCHED_RR），但是它依旧属于非实时操作系统，这是因为实时操作系统对响应时间有着非常严格的要求，而Linux

作为一个通用操作系统达不到这个要求（通用操作系统要求能支持一些较差的硬件，从硬件角度就达不到实时要求），此外Linux的线程优先级是动态的，也就是说即使高优先级线程还没有完成，低优先级的线程还是会得到一定的时间片。美国的宇宙飞船常用的操作系统VxWorks就是一个实时操作系统（Real-Time Operating System，RTOS）。

与Windows一样，在Linux上Java线程一对一地映射到内核级线程上。不过Linux中是不区分进程和线程的，同一个进程中的线程可以看作共享程度较高的一组进程。Linux也是通过优先级来实现CPU分配的，应用程序可以通过调整nice值（谦让值）来设置进程的优先级。nice值反映了线程的谦让程度，该值越高，说明这个线程越有意愿把CPU让给别的线程，nice值可以由线程自己设定。所以JVM需要实现Java线程的优先级到nice的映射，即从区间[1, 10]到[19, –20]的映射。把自己线程的nice值设置得高了，说明你很“谦让”，当然使用CPU的机会就会少一点。

Linux调度器实现了一个抢占式的、基于优先级的调度算法，支持两种类型的进程的调度：实时进程的优先级范围为[0, 99]，普通进程的优先级范围为[100, 140]。进程的优先级越高，所获得的CPU时间片就越大。每个就绪进程都有一个时间片。CPU内核将就绪进程分为活动的（Active）和过期的（Expired）两类：只要进程的时间片没有耗尽，就一直有资格运行，就被称为活动的进程；当进程的时间片耗尽后，就没有资格运行了，就被称为过期的进程。调度器总是在活动的进程中选择优先级最高的进程来运行，直到所有活动的进程都耗尽了它们的时间片。当所有活动的进程都变成过期的进程之后，调度器再将所有过期的进程设置为活动的进程，并再次为它们分配相应的CPU时间片，重新进行新一轮的调度，所以Linux的线程调度不会出现饥饿现象。在Linux上，与Windows的情况类似，Java线程的调度最终转化为操作系统中的进程调度。

从以上Java在不同平台上的实现来看，只有在底层平台不支持线程时，JVM才会自己实现线程的管理和调度。因为目前流行的操作系统都支持线程，所以JVM没必要管线程调度的事情。应用程序通过setPriority方法设置的线程优先级将映射到内核级线程的优先级，影响内核的线程调度。目前Java的官方文档中几乎不再介绍有关Java线程的调度算法问题，因为这确实不是Java的事儿了。尽管程序中还可以调用setPriority，提醒JVM注意线程的优先级，但是用户千万不要把这事儿太当真。Java中所谓的线程调度，只是底层平台线程调度的一个影子而已。

由于Java是跨平台的，因此要求Java的程序设计不能对Java线程的调度方法有任何假设，即程序运行的正确性不能依赖于线程调度的方法。所以说程序员最好不要过分关心底层平台是如何实现线程调度的，只要知道它们是并发运行的就可以了，甚至不必在意线程的优先级，因为优先级也不靠谱。任何依赖线程调度器来达到正确性或性能要求的程序，很有可能都是不可移植的。当然，世界上没有绝对的事情。如果程序员一定要规范线程的执行顺序，应该使用线程的同步操作wait、notify等显式方法实现线程之间的同步关系，才能保证程序的正确性。

5.4.6 Java 中线程的状态

多线程的运行状态是不确定的，不知道下一个要执行的是哪个线程，这是因为CPU以不确定方式或随机的时间调用线程中的run方法。Java中线程的状态分为6种，具体如下：

1）初始（NEW）状态：新建了一个线程对象，但还没有调用start方法。实现Runnable接口和继承Thread可以得到一个线程类，新建一个实例出来，线程就进入初始状态。

2）可运行（RUNNABLE）状态：在Java线程中将就绪（READY）和运行中（RUNNING）两种状态笼统地称为“可运行”，细分的话，可以再分为就绪态和运行态。线程对象创建后，其他线程（比如main线程）调用了该对象的start方法。该状态的线程位于可运行线程池中，等待被线程调度选中，以获取CPU的使用权，此时处于就绪态。就绪态的线程在获得CPU时间片后变为运行态。

就绪态只是表示线程有资格运行，只要调度器没有挑选到，线程就永远是就绪态，调用线程的start方法，而后线程就进入就绪态。当前线程的sleep方法结束时，其他线程的join方法就结束了，等待用户输入完毕，某个线程拿到对象锁，这些线程也将进入就绪态。当前线程的CPU时间片用完了，调用当前线程的yield方法，当前线程进入就绪态。锁池中的线程拿到对象锁后，进入就绪态。

运行态中的线程获得CPU时间片，执行程序代码。线程调度器从可运行池中选择一个线程作为当前线程池线程所处的状态。这是线程进入运行态的唯一一种方式。

3）阻塞（BLOCKED）状态：阻塞状态是指线程因为某种原因放弃了CPU使用权，即让出了CPU时间片，暂时停止运行。直到线程进入可运行（RUNNABLE）状态，才有机会再次获得CPU时间片转到运行（RUNNING）态。阻塞的情况分为3种：

- 等待阻塞：运行的线程执行wait方法，JVM会把该线程放入等待队列中。
- 同步阻塞：运行的线程在获取对象的同步锁时，若该同步锁被别的线程占用，则JVM会把该线程放入锁池中。
- 其他阻塞：当调用sleep方法让线程睡眠，调用wait方法让线程等待，调用join方法、suspend方法（现已被弃用）或者发出了IO请求时，JVM会把该线程置为阻塞状态。当sleep方法等待时间到了、join等待线程终止或超时、IO处理完毕时，线程重新转入可运行（RUNNABLE）状态。

4）等待（WAITING）状态：进入该状态的线程需要等待其他线程做出一些特定动作（通知或中断）。处于这种状态的线程不会被分配CPU执行时间，它们要等待被显式地唤醒，否则会处于无限期等待的状态。

5）超时等待（TIMED_WAITING）状态：该状态不同于等待状态，可以在指定的时间后自行返回。处于这种状态的线程不会被分配CPU执行时间，不过无须无限期等待被其他线程显式地唤醒，在达到一定时间后它们会自动唤醒。

6）终止（TERMINATED）状态：表示该线程已经执行完毕。当线程的run方法完成时，或者主线程的main方法完成时，我们就认为它终止了。这个线程对象也许是活的，但是它已经不是一个单独执行的线程。线程一旦终止了，就不能复生。在一个终止的线程上调用start方法会抛出java.lang.IllegalThreadStateException异常。终止状态也可以说是死亡状态，该线程结束生命周期，死亡的线程不可再次复生。

我们可以用一张图来表示线程的状态，如图5-1所示。

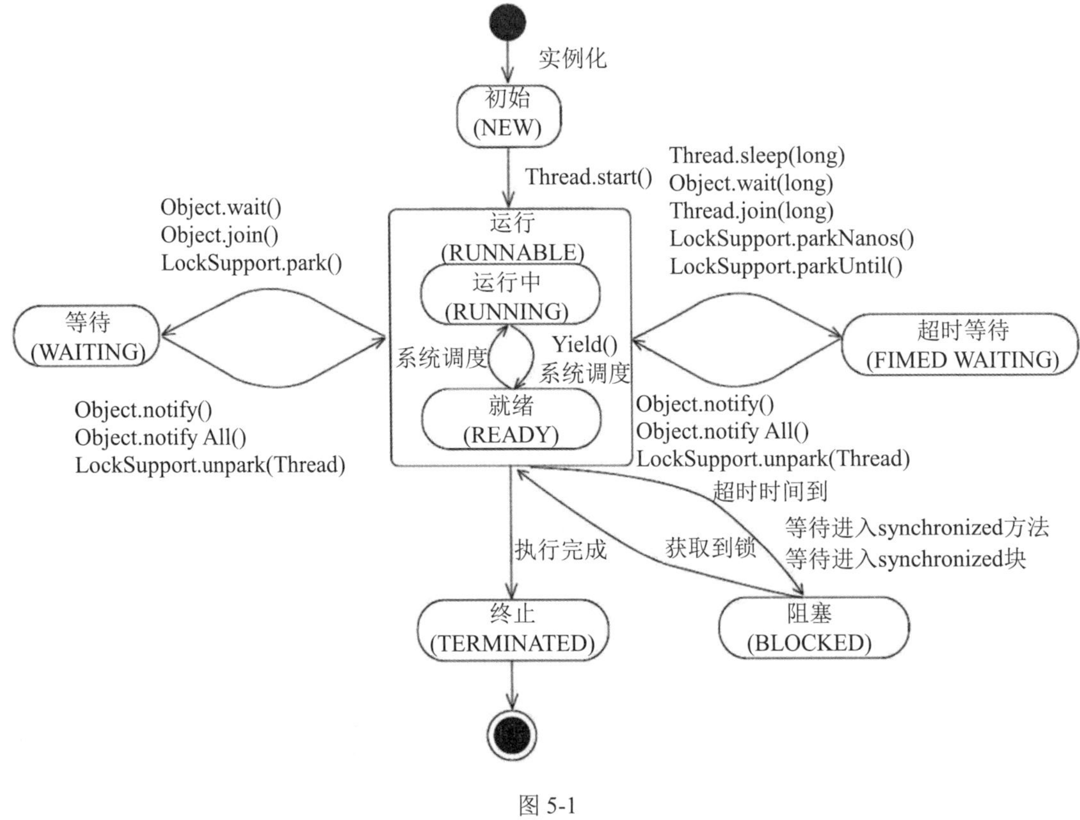

图 5-1

5.4.7 线程休眠

调用sleep方法让线程进入休眠，此时线程的状态由运行状态转换为阻塞状态。sleep方法调用结束后，线程从阻塞状态转换为可执行状态。sleep是Thread类的静态方法，有两种形式，声明如下：

```
static void    sleep(long millis)
```

使当前正在执行的线程以指定的毫秒数暂停（暂时停止执行），具体取决于系统定时器和调度器的精度和准确性。

```
static void    sleep(long millis, int nanos)
```

导致正在执行的线程以指定的毫秒数加上指定的纳秒数来暂停（临时停止执行），这取决于系统定时器和调度器的精度和准确性。

【例5.5】 让线程休眠

1）打开Eclipse，新建一个Java工程，工程名为myprj。然后新建一个类，类名是myThread。在myThread.java中输入如下代码：

```
package myprj;
import static java.lang.System.*;
public class myThread extends Thread
{
```

```
        public void run() {
            for(int i=0;i<5;i++)
            {
                try { //调用Thread类的sleep()方法，让线程处于休眠状态
                    Thread.sleep(1000); //休眠1秒
                } catch (InterruptedException e) {
                    e.printStackTrace();
                }
                out.println("Current thread: "+Thread.currentThread().
getName()+"-----i="+i);
            }
        }
    }
```

在run方法中调用了Thread类的静态方法sleep来休眠一秒钟，当前线程让出CPU，使得其他线程可以执行。其他线程执行时，也会休眠一秒，而3个线程中第一个线程总是先结束休眠，开始下一次for循环。

2）在工程中添加一个类，类名是test，然后添加3个myThread类对象，并且调用start方法来启动线程。

3）保存工程并运行，运行结果如下：

```
Current thread: Thread-0-----i=0
Current thread: Thread-2-----i=0
Current thread: Thread-1-----i=0
Current thread: Thread-0-----i=1
Current thread: Thread-2-----i=1
Current thread: Thread-1-----i=1
Current thread: Thread-0-----i=2
Current thread: Thread-2-----i=2
Current thread: Thread-1-----i=2
Current thread: Thread-2-----i=3
Current thread: Thread-0-----i=3
Current thread: Thread-1-----i=3
Current thread: Thread-0-----i=4
Current thread: Thread-2-----i=4
Current thread: Thread-1-----i=4
```

对运行结果进行观察，发现在运行结过程中会等待一段时间，这就是sleep方法让原本处于运行状态的线程进入休眠，从而进程的状态从运行状态转换为阻塞状态。观察以上代码创建的3个线程，发现它们好像同时进入休眠状态，但其实并不是同时休眠的。

5.4.8　线程让步

线程让步就是暂停当前正在执行的线程，让出CPU并执行其他线程。可以调用静态方法yield让当前线程交出CPU权限，让CPU去执行其他线程。yield方法和sleep方法类似，不会释放锁，但是yield方法不能控制具体交出CPU的时间。yield方法只能让拥有相同优先级的线程获取CPU执行的机会。调用yield方法不会让线程进入阻塞状态，而是让线程从运行状态转换为就绪状态，如果要再次执行，则只需等待重新获取CPU执行的机会。

yield方法的声明如下：

```
public static void yield();
```

【例5.6】 一个简单的线程让步例子

1）打开Eclipse，新建一个Java工程，工程名是myprj。然后新建一个类，类名是myThread。在myThread.java中输入如下代码：

```
package myprj;
import static java.lang.System.*;
public class myThread extends Thread
{
    public void run()
    {
        for(int i=0;i<5;i++)
        {
            Thread.yield(); //让出CPU
            out.println("Current thread: "+Thread.currentThread().getName()+
"-----i="+i);
        }
    }
}
```

依旧是一个run方法中实现了一个for循环，每轮循环先让当前线程让出CPU，使其处于就绪态，然后CPU从所有就绪态线程中选一个来执行，因此下一次执行的线程或许依旧是当前线程，我们可以在稍后的运行结果中看到这一点。

2）在工程中添加一个类，类名是test，然后添加3个myThread类对象，并且调用start方法来启动线程。

3）保存工程并运行，运行结果如下：

```
Current thread: Thread-1-----i=0
Current thread: Thread-2-----i=0
Current thread: Thread-0-----i=0
Current thread: Thread-0-----i=1
Current thread: Thread-2-----i=1
Current thread: Thread-0-----i=2
Current thread: Thread-2-----i=2
Current thread: Thread-0-----i=3
Current thread: Thread-2-----i=3
Current thread: Thread-0-----i=4
Current thread: Thread-2-----i=4
Current thread: Thread-1-----i=1
Current thread: Thread-1-----i=2
Current thread: Thread-1-----i=3
Current thread: Thread-1-----i=4
```

从运行结果可以看到，在第3行和第4行中Thread-0让出了CPU，下一次又是Thread-0得到执行。当然，这种情况也不是每次都如此，要看线程就绪队列中的线程数和新出现的新线程的优先级。

【例5.7】 线程赛跑排名次

1）打开Eclipse，新建一个Java工程，工程名为myprj。然后新建一个继承于Thread的类，类名是myThread。在myThread.java中输入如下代码：

```
package myprj;
import static java.lang.System.*;
public class myThread extends Thread
{
    static boolean ready=false;     //定义全局变量
    int m_id;
    public myThread(int id)         //构造方法
    {
        m_id=id;
    }
    public void run()
    {
        int i;
        while (!ready)          //一直等待，直到main线程中重置静态变量ready
            Thread.yield();     //让出自己的CPU时间片

        for ( i = 0; i < 1000000; ++i) //累加到100万
        {}
       //累加完毕后，打印本线程的标识号，这样最终输出的是线程的排名，先完成先打印
        out.print("id:"+m_id+",");
    }
}
```

上述代码在构造方法中把id保存到m_id中，id表示当前线程的标识号。然后在run函数中用一个while循环不停地让出CPU，当main线程中把静态变量ready重置为true时，跳出while，开始for循环，累加到100万后打印id。

2）在工程中添加一个类，类名是test，在test.java中添加如下代码：

```
package myprj;
import static java.lang.System.out;
public class test {
    public static void main(String[] args)
    {
        int i;
        myThread []threads = new myThread[10];//定义10个线程对象
        out.println("race of 10 threads that count to 1 million:");
        for (i = 0; i < 10; ++i)
        {
            threads[i] = new myThread(i);  //实例化
            threads[i].start();
        }
        myThread.ready = true;                //重置静态变量
        try {
             for(i=0;i<10;i++)
```

```
                threads[i].join();          //等待各个线程结束
        } catch (InterruptedException e) {
            e.printStackTrace();
        }
    }
}
```

上述代码实例化了10个线程对象并启动线程，然后把静态变量ready设置为true。最后调用join方法来等待各个线程结束。

3）保存工程并运行，运行结果如下：

```
race of 10 threads that count to 1 million:
id:5,id:2,id:3,id:0,id:7,id:9,id:1,id:4,id:6,id:8,
```

如果多次运行此示例程序，可以发现每次结果都是不同的。线程刚刚启动时，一直在while循环中让出自己的CPU时间片，这是yield方法的作用。一旦跳出while循环，就执行一个for循环进行累加，累加到100万，最后输出线程的标识号。

关键字atomic用来定义在全局变量ready上的操作都是原子操作，原子操作（后面章节会讲到）表示在多个线程访问同一个全局资源时，能够确保所有其他的线程不在同一时间内访问相同的资源。也就是确保在同一时刻只有唯一一个线程对这个资源进行访问。这有点类似于互斥对象对共享资源访问的保护，不过原子操作更加接近底层操作，因而执行效率更高。

5.4.9 线程结束

线程属于一次性消耗品，在执行完run方法之后线程便会正常结束，即会被销毁，不能再次调用start方法来启动线程，但有时run方法是永远不会结束的，例如在程序中使用线程监听Socket请求，或其他需要循环处理的任务。在这种情况下，一般是将这些任务放在一个循环中，如while循环。当需要结束线程时，该如何退出线程呢？有3种方法可以结束线程：

1）设置退出标志，使线程正常退出，也就是当run方法完成后线程终止。

2）使用interrupt方法中断线程。

3）调用stop方法强行中止线程（不推荐使用，Thread.stop、Thread.suspend、Thread.resume和Runtime.runFinalizersOnExit这些中止线程运行的方法已经被废弃，调用它们是极不安全的）。

前两种方法都可以实现线程的正常退出，第3种方法相当于以断电方式关闭计算机一样，是不安全的强制停止线程的方法。

1. 使用退出标志终止线程

一般run方法执行完，线程就会正常结束，然而有些线程是服务线程，它们需要长时间的运行，只有在满足某些外部条件的情况下，才能关闭这些线程。使用一个变量来控制循环，例如最直接的方法就是设置一个布尔类型的标志，并通过把这个标志设置为true或false来控制while循环是否退出，示例代码如下：

```
public class ThreadSafe extends Thread
{
```

```
        public volatile boolean exit = false;
        public void run() {
            while (!exit){
                //do something
            }
        }
    }
```

定义了一个退出标志exit，当exit为true时，退出while循环，exit的默认值为false。在定义exit时，使用了一个Java关键字volatile，这个关键字的目的是使exit同步，也就是说在同一时刻只能由一个线程来修改exit的值。

2. 调用interrupt()方法中断当前线程

需要明确的一点是，interrupt方法并不像在for循环语句中使用break语句那样干脆——马上就停止循环，调用interrupt方法仅仅是在当前线程中打一个停止的标记，并不是真的停止线程。也就是说，线程中断并不会立即终止线程，而是通知目标线程：有人希望你终止。至于目标线程收到通知后会如何处理，则完全由目标线程自行决定。这一点很重要，如果中断后，线程立即无条件退出，那么我们又会遇到stop方法的老问题。事实上，如果一个线程不能被中断，那么stop方法也不会起作用。

我们来看一个调用interrupt方法的例子：

```
public class InterruptThread1 extends Thread
{
    public static void main(String[] args)
    {
        try {
            InterruptThread1 t = new InterruptThread1();
            t.start();
            Thread.sleep(200);
            t.interrupt();
        } catch (InterruptedException e) {
            e.printStackTrace();
        }
    }

    @Override
    public void run()
    {
        super.run();
        for(int i = 0; i <= 200000; i++)
        {
            System.out.println("i=" + i);
        }
    }
}
```

执行结果如图5-2所示。

从输出的结果会发现interrupt方法并没有停止线程t中的处理逻辑，也就是说即使t线程被设置为中断状态，这个中断也不会起作用。那么应该如何停止线程呢？

这就需要使用另外两个与线程中断有关的方法：

```
public boolean Thread.isInterrupted()       //判断是否被中断
public static boolean Thread.interrupted() //判断是否被中断，并清除当前中断状态
```

这两种方法使得当前线程能够感知到是否被中断了（通过检查标志位），所以如果希望线程t在中断后停止，就必须先判断是否被中断了，并为它增加相应的中断处理代码：

```
@Override
public void run()
{
    super.run();
    for(int i = 0; i <= 200000; i++)
    {
        //判断是否被中断了
        if(Thread.currentThread().isInterrupted())
        {
            //处理中断逻辑
            break;
        }
        System.out.println("i=" + i);
    }
}
```

输出结果，如图5-3所示。

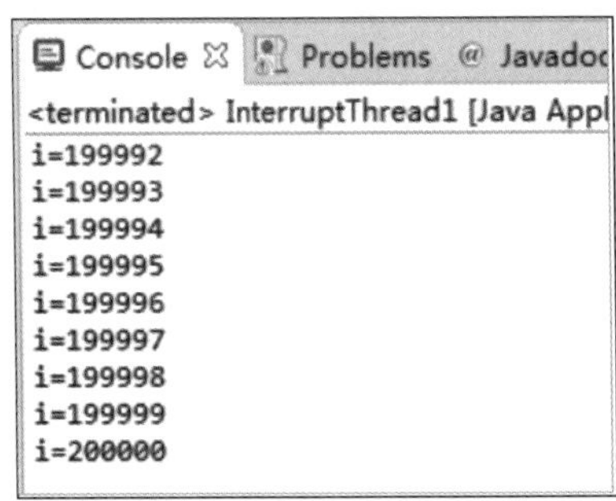

图 5-2

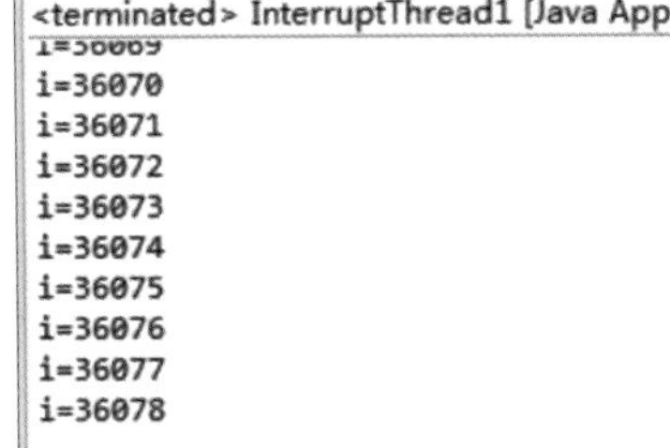

图 5-3

在上面这段代码中，我们增加了Thread.isInterrupted()来判断当前线程是否被中断，如果是，则退出for循环并结束线程。这种方式看起来与之前介绍的“使用标志位中止线程”非常类似，但是在遇到sleep()或者wait()这样的操作时，只能通过中断来处理。

```
public static native void sleep(long millis) throws InterruptedException
```

Thread.sleep()方法会抛出一个InterruptedException异常，当线程被sleep()休眠时，如果被中断，就会抛出这个异常。注意，Thread.sleep()方法由于被中断而抛出的异常是会清除中断标记的。

具体来讲，调用interrupt()方法来中断线程有两种情况：

1）线程处于阻塞状态，如调用了sleep方法，同步锁的wait方法，以及socket中的receiver、accept等方法时，就会使线程处于阻塞状态。当调用线程的interrupt方法时，会抛出InterruptException异常，然后执行break跳出循环状态，从而结束这个线程。很多人认为只要调用interrupt方法线程就会结束，其实是错的，一定要先捕获InterruptedException异常之后通过break语句来跳出循环，才能正常结束run方法。示例代码如下：

```
public class ThreadSafe extends Thread
{
    public void run()
    {
        while (true)
        {
            try{
                Thread.sleep(5*1000); //阻塞5秒
            }catch(InterruptedException e){
                e.printStackTrace();
                break;  //捕获到异常之后，执行break语句跳出循环
            }
        }
    }
}
```

2）线程未处于阻塞状态，则调用isInterrupted来检查线程的中断标志以决定是否退出循环。当使用interrupt()方法时，中断标志就会设置为true，与使用自定义的标志来控制循环是一样的道理。示例代码如下：

```
public class ThreadSafe extends Thread
{
    public void run()
    {
        while (!isInterrupted())
        {
            //执行程序语句，但不抛出InterruptedException异常
        }
    }
}
```

为什么要区分进入阻塞状态和非阻塞状态这两种情况？这是因为当处于阻塞状态时，如果发生中断，系统除了会抛出InterruptedException异常外，还会调用interrupted方法，调用时能获取到中断状态是true。调用完之后会把中断状态重置为false，所以异常抛出之后通过调用isInterrupted()无法获取中断状态为true的状态，因而不能退出循环，因此在线程未进入阻塞的代码段时，可以通过调用isInterrupted方法来判断中断是否发生，以便根据中断状态来控制循环。总之，在进入阻塞状态后，要通过捕获异常来退出循环。因此，调用interrupt来退出线程最好的方式是两种情况都考虑：

```
public class ThreadSafe extends Thread
{
    public void run()
```

```
        {
            while (!isInterrupted())    //在非阻塞状态时通过判断中断标志来退出
            {
                try{
                    Thread.sleep(5*1000);  //在阻塞状态时通过捕获中断异常来退出
                }catch(InterruptedException e)
                {
                    e.printStackTrace();
                    break;              //捕获到异常之后，执行break语句跳出循环
                }
            }
        }
    }
```

3. 调用stop方法中止线程

在程序中可以直接调用thread.stop来强行中止线程，但是随意调用stop方法是很危险的，如前文所述，这就像突然关闭计算机的电源，与非正常程序关机一样，因而可能会产生不可预料的结果。导致不安全的原因是：调用thread.stop之后，创建子线程的线程就会抛出ThreadDeatherror的错误，并且会释放子线程持有的所有锁。一般任何进行加锁的代码块都是为了保护数据的一致性，如果在调用thread.stop后导致该线程持有的所有锁突然释放（不可控制），那么被保护数据就有可能呈现不一致性，其他线程在使用这些被破坏的数据时，就有可能导致一些很奇怪的应用程序错误。因此，不推荐调用stop方法来中止线程。

5.4.10 等待线程结束

Thread类提供了join方法来等待这个线程结束。也就是说，t.join()方法用于阻塞调用它的线程进入阻塞状态，直到线程t完成，此线程再继续。join方法通常用于主线程，等待其他线程完成再结束主线程。join方法的声明如下：

```
void  join()                  //等待线程执行结束
void  join(long millis)       //等待这个线程中止的时间最多为millis毫秒
void  join(long millis, int nanos)//最多等待millis毫秒又nanos纳秒就结束这个线程
```

比如：

```
t.join();                     //调用join方法，等待线程t执行完毕
t.join(1000);                 //等待t线程，等待时间是1000毫秒
```

【例5.8】 等待线程结束

1）打开Eclipse，新建一个Java工程，工程名为myprj。然后新建一个继承于Thread的类，类名是myThread。在myThread.java中输入如下代码：

```
package myprj;
import java.util.Date;
import java.util.concurrent.TimeUnit;

public class myThread extends Thread
```

```
{
     private String name;

    public myThread(String name)
    {
        this.name = name;
    }

    public void run()
    {
        System.out.printf("%s begins: %s\n", name, new Date());
        try {
            TimeUnit.SECONDS.sleep(4);
        } catch (InterruptedException e) {
            e.printStackTrace();
        }
        System.out.printf("%s has finished: %s\n", name, new Date());
    }
}
```

2）在工程中添加一个test类，该类用于测试类MyThread，在test.java中输入如下代码：

```
package myprj;
public class test {
    public static void main(String[] args)
    {
        Thread thread1 = new myThread("One");
        Thread thread2 = new myThread("Two");
        thread1.start();             //启动线程1
        thread2.start();             //启动线程2
        try {
            thread1.join();          //等待线程1结束
            thread2.join();          //等待线程2结束
        } catch (InterruptedException e) {
            e.printStackTrace();
        }
        System.out.println("Main thread is finished");
    }
}
```

3）保存工程并运行，运行结果如下：

```
One begins: Tue Feb 23 21:44:33 CST 2021
Two begins: Tue Feb 23 21:44:33 CST 2021
One has finished: Tue Feb 23 21:44:37 CST 2021
Two has finished: Tue Feb 23 21:44:37 CST 2021
Main thread is finished
```

从结果可以看到两个线程分别睡眠了4秒才结束。

第 6 章 TCP套接字编程

本章将讲述具体的网络套接字编程。Java网络编程常见的应用主要基于套接字API，套接字API是JDK提供的一组网络编程接口。通过它，开发人员既可以在传输层上进行网络编程，又可以跨越传输层直接对网络层进行开发。套接字API是Java网络编程人员必须要掌握的内容。套接字编程可以分为流套接字编程和数据报套接字编程，我们将在后面的章节分别讲述。

用Java开发网络软件非常方便和强大，Java的这种力量源于它独有的一套强大的、用于网络编程的API，这些API是一系列的类和接口，均位于java.net和javax.net包中。

6.1 网络程序的架构

网络程序通常有两种架构，一种是B/S架构（Browser/Server，浏览器/服务器），比如我们使用火狐浏览器浏览Web网站，火狐浏览器对应这个架构中的浏览器，网站上运行的Web服务器就对应这个架构中的服务器。这种架构的优点是用户只需要在自己的计算机上安装网页浏览器，主要的程序逻辑都是在服务器上执行的，从而减轻了用户端的升级和维护的工作量。另一种架构是C/S架构（Client/Server，客户机/服务器），这种架构要在服务器和客户机分别安装不同的软件，对于不同的应用，客户机也要安装不同的客户机软件，有时候客户机的软件安装或升级比较复杂，因此维护起来成本较大。但这种架构的优点是可以较充分地利用客户机和服务器这两端的硬件能力，可以较为合理地分配任务。值得注意的是，客户机和服务器实际是指两个不同的进程，服务器上运行提供服务的进程，客户机上运行请求服务和接受服务的进程，它们通常位于不同的硬件设备上，这些硬件设备之间通过网络相连接，服务器提供服务并对来自客户机进程的请求做出响应。比如我们常用的QQ应用，我们计算机上的QQ程序就是客户端程序，而腾讯公司服务器上运行的就是服务端程序。

基于套接字的网络编程通常使用C/S架构。一个简单的客户机和服务器之间的通信过程如下：

1）客户机向服务器提出请求。

2）服务器收到客户机的请求，进行分析处理。

3）服务器将处理的结果返回给客户机。

通常，一台服务器可以向多个客户机提供服务。因此，对于服务器来说，还需要考虑如何有效地处理来自多个客户机的服务请求。

6.2　套接字的基本概念

套接字（Socket）是TCP/IP网络编程中的基本操作单元，可以看作不同主机的进程之间相互通信的端点。套接字是应用层与TCP/IP协议族通信的中间软件抽象层，相当于一组接口，它把复杂的TCP/IP协议族隐藏在套接字接口后面。某个主机上的某个进程通过该进程中定义的套接字可以与其他主机上同样定义了套接字的进程建立通信，以传输数据。

套接字为两台计算机之间的通信提供了一种机制，在James Gosling（Java之父）推出Java语言之前，套接字就赫赫有名。该机制让用户不必了解底层操作系统的细节就能有效地使用套接字。多数着重讨论Java编码的书可能未涵盖这个主题，给读者留下了很大的想象空间。

套接字起源于UNIX，在UNIX一切皆文件的设计思想下，套接字是一种“打开–读/写–关闭”模式的实现，服务器和客户机各自维护一个“文件”，在打开建立的连接后，可以向自己的文件写入内容供对方读取，在通信结束时关闭文件。当然，这只是一个大体流程，实际编程中还有不少细节需要考虑。

无论在Windows平台还是Linux平台，都针对套接字实现了一套自己的编程接口。Windows下的套接字实现叫Windows Socket。Linux下的实现有两套：一套是伯克利套接字（Berkeley Socket），起源于Berkeley UNIX，这套接口比较简单，得到了广泛的应用，已经成为Linux网络编程事实上的标准；另一套是传输层接口（Transport Layer Interface，TLI），它是System V系统上的网络编程API，所以这套编程接口更多的是在UNIX上使用。

简单地讲一下System V和BSD（Berkeley Software Distribution，伯克利软件套件）。System V的鼻祖正是1969年AT&T开发的UNIX，随着1993年Novell收购AT&T后开放了UNIX的商标，System V的风格也逐渐成为UNIX厂商的标准。BSD的鼻祖是加州大学伯克利分校在1975年开发的BSD UNIX，后被开源组织发展为现在众多的*BSD操作系统。这里需要说明的是，Linux不能称为“标准的UNIX”，而只被称为UNIX Like的原因有一部分就来自它的操作风格介于两者之间（System V和BSD），而且不同的厂商为了照顾不同的用户，各Linux发行版本的操作风格之间也有不小的出入。本书讲述的Linux网络编程都是基于Berkeley Sockets API的。

套接字是在应用层和传输层之间的一个抽象层，它把TCP/IP层复杂的操作抽象为几个简单的接口供应用层调用，以实现进程在网络中的通信。它在TCP/IP中的位置如图6-1所示。

由图6-1可以看出，套接字编程接口其实就是用户进程（应用层）和传输层之间的编程接口。

套接字可以看成两个程序进行通信连接的一个端点，一个程序将一段信息写入套接字中，该套接字将这段信息发送给另一个套接字，使这段信息能够传送到其他程序中，如图6-2所示。

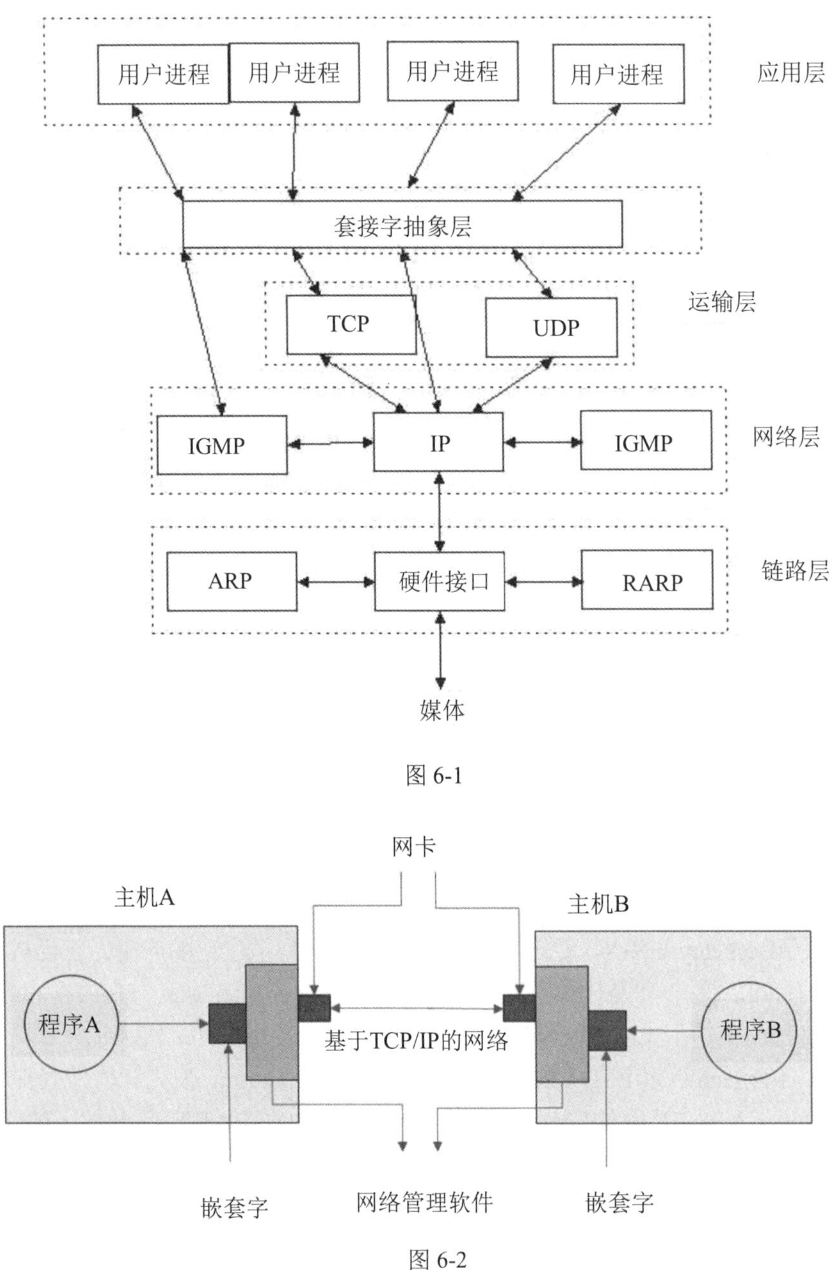

图 6-1

图 6-2

下面来分析一下图6-2，主机A上的程序A将一段信息写入套接字中，套接字的内容被主机A的网络管理软件访问，并将这段信息通过主机A的网卡发送到主机B，主机B的网卡接收到这段信息后，传送给主机B的网络管理软件，网络管理软件将这段信息保存在主机B的套接字中，然后程序B才能在套接字中阅读这段信息。假设在图6-2的网络中添加第3个主机C，那么主机A怎么知道信息被正确地传送到主机B而不是被传送到主机C中呢？基于TCP/IP网络的每一台主机均被赋予了一个唯一的IP地址，IP地址是一个32位的无符号整数，通常以小数点分隔，如198.163.0.2。IP地址由4部分组成，每部分的范围都是0~255。值得注意的是，IP地址都是32位地址，这是IPv4规定的，目前由于IPv4地址已接近耗尽，所以IPv6地址正逐渐代替lPv4地址，IPv6地址则是一个128位的无符号整数。

假设第二个程序被加入图6-2中的网络的主机B中，那么由主机A传来的信息如何能被正确地传给程序B而不是传给新加入的程序呢？这是因为每一个基于TCP/IP网络通信的程序都被赋予了唯一的端口（有对应的端口号）。端口是一个信息缓冲区，用于保留套接字中的输入/输出信息，端口号是一个16位的无符号整数，范围是0~65 535，以区别主机上的每一个程序（端口号就像房屋中的房间号），低于256的端口号保留给系统应用程序，比如POP3的端口号就是110，每个套接字都组合进了IP地址、端口号，这样形成的整体就可以区分每个套接字。

6.3　套接字地址

一个套接字代表通信的一端，每端都有一个套接字地址，这个套接字地址包含IP地址和端口信息。有了IP地址就能从网络中识别对方主机，有了端口号就能识别对方主机上的进程。

Java提供了抽象类SocketAddress来表示套接字地址，这个类代表一个没有附带协议的套接字地址。作为一个抽象类，它的作用是派生出具有特定协议实现的子类。InetSocketAddress类是SocketAddress的子类。

InetSocketAddress类是实现IP套接字地址（IP地址+端口号）的子类，它也可以是主机名（主机名+端口号）的实现，在这种情况下将用于解析主机名。

在Java中，InetAddress和InetSocketAddress看起来很相似，用来描述IP地址和主机名。当然，它们也支持调用常规方法来检查地址：环回地址、本地地址、组播地址。

由于套接字地址类InetSocketAddress是包括IP地址的，因此InetSocketAddress包含InetAddress。这意味着，如果我们想对InetSocketAddress中的InetAddress进行任何操作，只需调用getInetAddress()方法。表6-1是这两个类的区别。

表 6-1　InetAddress 与 InetSocketAddress 的区别

属　　性	InetAddress	InetSocketAddress
描述对象	IP地址	套接字地址（IP地址+端口号）
描述	IP地址和主机对象名	IP地址和主机对象名，并且包括端口号
解决问题	IP地址到主机名，主机名到IP地址	IP地址到主机名，主机名到IP地址，可以包含端口号
获取对象	InetAddress.getLocalhost(); InetAddress.getByName(String); InetAddress.getByAddress(String);	InetSocketAddress.createUnresolved(String, port);

6.3.1　构造方法

InetSocketAddress类的构造方法有3个：

```
InetSocketAddress(InetAddress addr, int port)
```

上面的方法从IP地址和端口号创建套接字地址。

```
InetSocketAddress(int port)
```

上面的方法用于创建一个套接字地址，其中IP地址为通配符地址，端口号为指定值。通配符地址是一个特殊的本地IP地址，通常意味着“任何”，只能用于bind操作。

```
InetSocketAddress(String hostname, int port)
```

上面的方法用于从主机名和端口号创建套接字地址。

6.3.2 getAddress 方法

通过调用InetAddress方法可以返回InetAddress对象，该方法的声明如下：

```
public final InetAddress getAddress()
```

如果解析IP成功，则返回InetAddress对象；如果没有解析成功，则返回null。

比如以下代码返回InetAddress对象：

```
    InetSocketAddress socketAddress = new InetSocketAddress(InetAddress.
getLocalHost(), 3306);
    System.out.println(socketAddress);
    InetAddress inetAddress = socketAddress.getAddress();
```

6.3.3 getPort 方法

getPort方法可用于获取套接字地址中的端口号，该方法的声明如下：

```
public final int getPort()
```

该方法返回端口号。

6.3.4 getHostName 方法

getHostName方法用于获取套接字地址中IP地址对应的主机名，该方法的声明如下：

```
public final String getHostName()
```

该方法返回IP地址对应的主机名称。注意，如果地址是使用文字IP地址创建的，则此方法可能会触发名称服务反向查找。

比如文件C:\Windows\System32\drivers\etc\hosts中有一行：

```
192.168.1.2 windows10.microdone.cn
```

那么，以下代码将输出windows10.microdone.cn：

```
InetSocketAddress add=new InetSocketAddress("192.168.1.2",9999);
System.out.println(add.getHostName());
```

另外要注意的是，在大多数Linux操作系统中，都是从/etc/hosts中的配置去查找主机名的。

6.3.5 createUnresolved 方法

createUnresolved方法根据主机名和端口号创建未解析的套接字地址，该方法的声明如下：

```
public static InetSocketAddress createUnresolved(String host, int port)
```

该方法返回创建后的InetSocketAddress对象。

【例6.1】 本地主机名和IP地址对应的主机名不一定相同

1）打开Eclipse，新建一个Java工程，工程名为myprj。在工程中新建一个类，类名是test。然后在test.java中输入如下代码：

```
package myprj;
import java.net.*;
import java.net.InetAddress;
import java.net.InetSocketAddress;
public class test
{
    public static void main(String[] args) throws UnknownHostException
    {
        InetAddress address = InetAddress.getLocalHost();
        System.out.println("计算机名：" + address.getHostName());
        System.out.println("IP地址：" + address.getHostAddress());
        //该IP地址是本机站点的IP地址
        InetSocketAddress add=new InetSocketAddress("192.168.1.2",9999);
        System.out.println("套接字地址中的IP地址对应的主机名：
"+add.getHostName());
        System.out.println("套接字地址中的端口号："+add.getPort());
        InetAddress addr=add.getAddress();//获得端口的IP
        System.out.println("套接字地址中的IP地址："+addr.getHostAddress());//返
回IP地址
        System.out.println("IP地址对应的主机名："+addr.getHostName());//输出端口名
    }
}
```

在上述程序代码中，我们通过调用getLocalHost方法得到单网卡情况下本地主机的站点IP地址，然后打印出IP地址和主机名。接下来通过本机站点IP地址（192.168.1.2）来得到套接字地址，并打印出现在套接字地址中的IP地址和端口号。我们会发现，InetSocketAddress其实是到文件C:\Windows\ System32\drivers\etc\hosts中去获取主机名的。

2）保存工程并运行，运行结果如下：

```
计算机名：WIN-K3T300RT59J
IP地址：192.168.1.2
套接字地址中的IP地址对应的主机名：windows10.microdone.cn
套接字地址中的端口号：9999
套接字地址中的IP地址：192.168.1.2
IP地址对应的主机名：windows10.microdone.cn
```

6.4　套接字的类型

在Java中，套接字可划分为两种类型：流套接字和数据报套接字。

1. 流套接字（SOCK_STREAM）

流套接字用于提供面向连接、可靠的数据传输服务。该服务将保证数据能够实现无差错、无重复发送，并按顺序接收。流套接字之所以能够实现可靠的数据服务，原因在于其使用了传输控制协议，即TCP协议。

流套接字依靠TCP协议来保证信息正确到达目的地。实际上，IP包有可能在网络中丢失或者在传送过程中发生错误，任何一种情况的发生，作为接收方都将联系发送方重新发送这个IP包。这就是所谓的在两个流套接字之间建立可靠的连接。

流套接字在C/S程序中扮演一个必需的角色，客户端程序（需要访问某些服务的网络应用程序）创建一个流套接字对象，用于包含服务器的IP地址和服务端程序（为客户端应用程序提供服务的网络应用程序）的端口号。

客户端流套接字的初始化代码将IP地址和端口号传递给客户机的网络管理软件，管理软件将IP地址和端口号通过网卡传递给服务器；服务器读取通过网卡传递来的数据，然后查看服务端程序是否处于监听状态，这种监听依然是通过套接字和端口来进行的。如果服务端程序处于监听状态，那么服务器的网络管理软件就向客户机的网络管理软件发出一个积极的响应信号，接收到响应信号后，客户机的流套接字初始化代码就给客户端程序建立一个端口号，并将这个端口号传递给服务端程序的套接字（服务端程序将使用这个端口号识别传来的信息是否属于客户端程序），同时完成流套接字的初始化。

如果服务端程序没有处于监听状态，那么服务器的网络管理软件将给客户机传递一个消极信号，收到这个消极信号后，客户端程序的流套接字初始化代码将抛出一个异常对象并且不建立通信连接，也不创建流套接字对象。这种情形就像打电话一样，当有人的时候通信建立，否则电话将被挂断。

流接字编程通常也称为TCP套接字编程。

2. 数据报套接字（SOCK_DGRAM）

因为使用流套接字的每个连接均要花费一定的时间，为了减少这种开销，Java提供了第二种套接字：数据报套接字。数据报套接字使用UDP协议发送寻址信息（从客户端程序到服务端程序或从服务端程序到客户端程序）。数据报套接字所不同的是可以发送多IP信息包，自寻址信息包在自寻址包中，自寻址包又包含在IP包中，这就使得寻址信息的长度被限制在60000字节。

与TCP保证信息到达信息目的地的方式不同，UDP提供了另一种方法，如果自寻址信息包没有到达目的地，那么UDP不会请求发送者重新发送自寻址包，这是因为UDP在每一个自寻址包中包含了错误检测信息，在每个自寻址包到达目的地之后，UDP只进行简单的错误检测，如果检测失败，UDP将抛弃这个自寻址包，也不会从发送者那里重新请求替代者。这与通过邮局发送信件相似，发信人在发信之前不需要与收信人建立连接，同样也不能保证信件能到达收信人那里。

数据报套接字提供了一种无连接的服务。该服务并不能保证数据传输的可靠性，数据有可能在传输过程中丢失或出现数据重复，并且无法保证顺序地接收到数据。由于数据报套接字不能保证数据传输的可靠性，对于有可能出现的数据丢失情况，需要在程序中进行相应的处理。

数据报套接字编程通常也称为UDP套接字编程。

6.5　TCP 套接字编程的基本步骤

流式套接字编程针对的是TCP协议通信，即面向连接的通信，它分为服务器和客户机两部分，分别代表两个通信端点。

基于TCP的通信过程：首先，服务器（Server）监听指定的某个端口（建议使用端口号大于1024的端口）是否有连接请求；其次，客户机（Client）向服务器发出连接（Connect）请求；最后，服务器向客户机发回接受（Accept）消息。一旦连接建立起来，会话随即就产生了。服务器和客户机都可以通过send、write等方法与对方通信。

套接字的生命周期可以分为3个阶段：打开套接字、使用套接字收发数据和关闭套接字。在Java语言中，可以使用ServerSocket类的对象作为服务器的流套接字，Socket类的对象作为客户机的流套接字来实现网络通信。

这部分的工作包括相关联的3个类：InetAddress、Socket和ServerSocket。InetAddress对象描绘了32位或128位的IP地址，Socket类的对象代表客户端程序的流套接字，ServerSocket类的对象代表服务端程序的流套接字，所有这3个类均位于java.net包中。InetAddress类在第3章已经介绍过了，这里不再赘述。

我们可以用一张图来表示基于TCP协议的套接字服务器和客户机的通信模型，如图6-3所示。

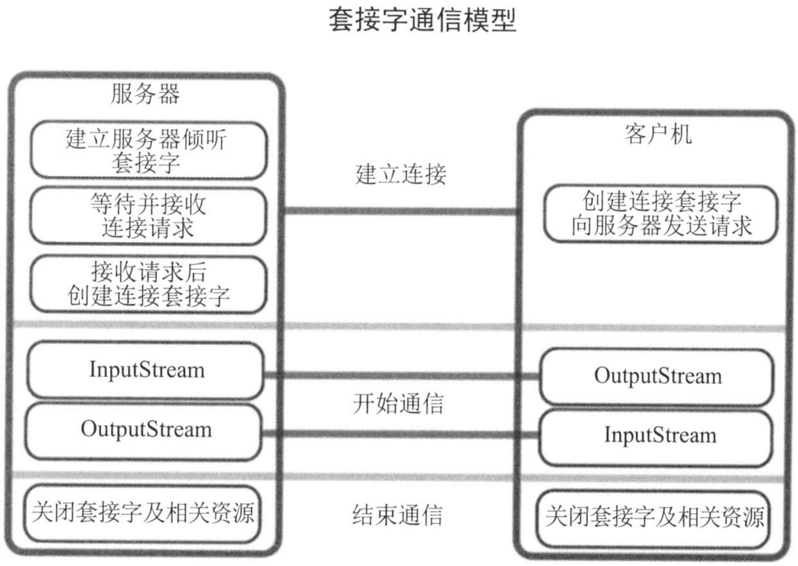

图 6-3

6.6　服务器的 ServerSocket 类

ServerSocket类用于创建一个服务器的套接字对象，并具体实现了服务器套接字。服务器套接字等待从网络进入的请求，它根据该请求执行一些操作，然后将结果返回给请求者。ServerSocket有几个构造方法，最简单的是ServerSocket(int por)，当调用ServerSocket(int port)创建一个ServerSocket对象时，port参数传递端口号，该端口就是服务器监听连接请求的端口。如果此时出现错误，将抛出IOException异常，否则将创建ServerSocket对象并开始准备接受连接请求。

接下来服务端程序进入无限循环中（当然也可以不用循环），无限循环从调用ServerSocket类的accept方法开始，在调用开始后，accept方法使调用线程阻塞直到连接建立。在建立连接后，accept方法返回一个最近创建的Socket对象，该Socket对象绑定了客户机程序的IP地址或端口号。

由于存在单个服务端程序与多个客户端程序通信的可能，因此服务端程序响应客户端程序不应该花很多时间，否则客户端程序在得到服务前有可能花很多时间来等待通信连接的建立，然而服务端程序和客户端程序的会话有可能很长（这与电话类似），因此为了加快对客户端程序连接请求的响应，典型的方法是服务器运行一个后台线程，由这个后台线程来处理服务端程序和客户端程序之间的通信。服务端程序的基本流程如下：

1）创建ServerSocket类的对象，绑定监听端口；

2）调用accept方法监听客户端请求；

3）连接建立后，通过输入流读取客户端程序发送来的请求信息。

4）通过输出流向客户端程序发送响应信息。

5）关闭响应的资源。

6.6.1 构造方法

ServerSocket类的构造方法有以下几种重载形式：

```
ServerSocket()              //创建未绑定的服务器套接字
ServerSocket(int port)      //创建绑定到指定端口的服务器套接字
//创建服务器套接字并将其绑定到指定的本地端口，并指定客户机连接请求队列的长度
ServerSocket(int port, int backlog)
//创建一个具有指定端口的服务器，并指定客户机连接请求队列的长度和绑定地址
ServerSocket(int port, int backlog, InetAddress bindAddr)
```

其中，参数port是指定的端口号，backlog表示客户机连接请求队列的长度，backlog用来显式设置连接请求队列的长度，它将覆盖操作系统限定的队列的最大长度。值得注意的是，在以下几种情况中，仍然会采用操作系统限定的队列的最大长度。

- backlog参数的值大于操作系统限定的队列的最大长度。
- backlog参数的值小于或等于0。
- 在ServerSocket构造方法中没有设置backlog参数。

管理客户机连接请求的任务是由操作系统来完成的。操作系统把这些连接请求存储在一个先进先出的队列中。许多操作系统限定了队列的最大长度，一般为50。当队列中的连接请求达到了队列的最大容量时，服务端进程就会拒绝新的连接请求。只有当服务端进程通过ServerSocket类的accept方法从队列中取出连接请求，使队列腾出空位时，随后队列才能继续加

入新的连接请求。对于客户端进程，如果它发出的连接请求被加入服务器的队列中，就意味着客户机与服务器的连接建立成功了，客户端进程从Socket构造方法中正常返回。如果客户进程发出的连接请求被服务器拒绝，Socket构造方法就会抛出ConnectionException异常。

bindAddr是绑定的地址。

比如以下代码创建了一个服务器套接字对象，并指定了地址、端口和请求队列的长度：

```
InetAddress address =  getLocalHostLANAddress();    //得到本机站点的IP地址
//实例化一个ServerSocket对象，端口号是8080，指定客户机连接请求队列的长度是50
ServerSocket server = new ServerSocket(8080,50,address);
```

6.6.2　accept 方法

服务端程序调用accept方法从处于监听状态的流套接字的客户端连接请求队列中取出排在最前的一个客户端连接请求，并且创建一个新的服务器套接字来与客户机套接字建立连接，如果成功建立连接，就返回新创建的服务器套接字的描述符，以后用新创建的服务器套接字与客户机套接字相互传输数据。该方法是一个阻塞方法，直到成功建立连接才返回。该方法的声明如下：

```
public Socket accept() throws IOException
```

该方法返回一个新的Socket对象来表示客户端，以后和客户端通信就用该Socket对象。如果在等待连接时发生IO错误，则抛出IOException异常。

6.6.3　close 方法

close方法用于关闭服务器套接字。该方法的声明如下：

```
public void close() throws IOException
```

6.6.4　ServerSocket 类的其他方法

ServerSocket类的其他常用方法如下：

```
void bind(SocketAddress endpoint)
```

将ServerSocket绑定到特定地址（IP地址和端口号）。

```
void bind(SocketAddress endpoint, int backlog)
```

将ServerSocket和IP地址、端口号、请求连接队列的最大长度backlog进行绑定。

```
ServerSocketChannel getChannel()
```

返回与此套接字相关联的唯一的ServerSocketChannel对象（如果有）。

```
InetAddress getInetAddress()
```

返回此服务器套接字的本地地址。

```
int getLocalPort()
```

返回此套接字正在监听的端口号。

```
SocketAddress getLocalSocketAddress()
```

返回此套接字绑定到的端点的地址。

```
int getReceiveBufferSize()
```

获取此ServerSocket的SO_RCVBUF选项的值，即获取该ServerSocket接收的套接字的缓冲区大小。

```
boolean  getReuseAddress()
```

测试是否启用了SO_REUSEADDR。

```
int getSoTimeout()
```

得到SO_TIMEOUT的设置。

```
protected void implAccept(Socket s)
```

ServerSocket的子类调用此方法来覆盖accept方法以返回自己的套接字子类。

```
boolean  isBound()
```

返回ServerSocket的绑定状态。

```
boolean  isClosed()
```

返回ServerSocket的关闭状态。

```
void  setPerformancePreferences(int connectionTime, int latency, int
bandwidth)
```

设置此ServerSocket的性能首选项。

```
void  setReceiveBufferSize(int size)
```

设置从ServerSocket接收的套接字的SO_RCVBUF选项的默认建议值。

```
void  setReuseAddress(boolean on)
```

启用/禁用SO_REUSEADDR套接字选项。

```
static void  setSocketFactory(SocketImplFactory fac)
```

设置应用程序的服务器套接字实现工厂。

```
void  setSoTimeout(int timeout)
```

启用/禁用SO_TIMEOUT带有指定超时，以毫秒为单位。

```
String  toString()
```

将该套接字的实现地址和实现端口返回为String。

比如我们要在本机站点IP地址上监听来自客户机的连接请求，可以这样编写代码：

```
Socket socket = server.accept();  //阻塞在这里，直到有客户机发来连接请求
```

6.7　客户机的 Socket 类

该类实现客户机套接字。客户端程序的基本流程如下：

1）创建Socket对象，指明需要连接的服务器的地址和端口号。
2）建立连接后，通过输出流向服务器发送请求信息。
3）通过输入流获取服务器响应的信息。
4）关闭相应资源。

6.7.1　构造方法

Socket类的常用构造方法有以下几种重载形式：

```
Socket()
```

创建一个未连接的套接字。

```
public Socket(String host, int port)
```

创建流套接字并将其连接到指定主机上的指定端口。如果指定的主机是null，则相当于指定地址为InetAddress.getByName (null)。换句话说，它相当于指定到环回地址。

```
Socket(InetAddress address, int port)
```

创建流套接字并将其连接到指定IP地址的指定端口号。

```
Socket(InetAddress address, int port, InetAddress localAddr, int localPort)
```

创建套接字并将其连接到指定的远程地址上的指定端口。Socket还将绑定到本地提供的地址和端口，其中参数host表示主机名或null的环回地址，address表示远程服务器的地址，port表示远程端口，localAddr表示本地地址，localPort表示客户机套接字绑定的本地端口。如果指定的本地地址是null，则相当于将地址指定为AnyLocal地址。

注意后3种构造方法创建套接字会向服务器发起连接。如果服务器已经在监听了，且执行了下面的代码，那么服务器就会收到连接请求，如果没有问题，就会连接成功：

```
Socket socket = new Socket("192.168.1.2",7777);
```

6.7.2　得到输入流 getInputStream

用于从该套接字读取字节的输入流。如果此套接字具有相关联的通道，则所得到的输入流将其所有操作委派给通道。该方法的声明如下：

```
public InputStream getInputStream() throws IOException
```

返回此套接字的输入流。如果通道处于非阻塞模式，则输入流的read操作将抛出IllegalBlockingModeException异常。

在抛出异常的情况下，远程主机或网络软件可能会破坏底层连接（例如TCP连接情况下的连接重置）。当网络软件检测到连接被断开时，以下内容返回到输入流：

1）网络软件可以丢弃由套接字缓冲的字节。不能被网络软件丢弃的字节可以调用read来读取。

2）如果在套接字上没有字节缓冲，或者所有缓冲字节已被read读取掉，则所有后续调用read方法都将抛出IOException异常。

3）如果套接字上没有字节缓冲，并且套接字尚未调用close方法关闭，则available方法将返回0。

其中InputStream类是一个抽象类，是所有字节输入流类的超类，该类提供了一个read方法，用于从输入流中读取数据。read方法有3种形式：

1）read()方法，这个方法从输入流中读取数据的下一字节，返回的是读取到的字节值，即0~255范围内的int数据类型的字节值（Java的byte数据类型的数值范围为–128~127，如果用byte数据类型来接收，就会有一些数字被表示为负数，所以就用int数据类型来接收）。如果已经到达流末尾而没有可用的字节，则返回值为–1。

2）read(byte[] b,int off,int len)方法，从输入流读取len字节的数据到字节数组b中。尝试读取多达len字节，所读取的内容长度可以少于len，实际读取的字节数作为整数返回。该方法是一个阻塞方法，直到输入数据可用、检测到文件结束或抛出异常。如果len为零，则不会读取字节并返回0；否则，尝试读取至少一字节。如果没有字节可用，则返回值为–1。

3）read(byte[] b)方法，从输入流中读取一定数量的字节，并将其存储在缓冲区数组b中，以整数形式返回实际读取的字节数。

第一个方法处理效率低，除了在一些特殊情况下，很少调用它。第3个方法的本质是第2个方法的特殊情况，效果等同于read(b, 0, b.length)。

InputStream既可以用于读取文件，又可以用于读取网络套接字流。也就是说，数据源既可以是文件，又可以是套接字。要注意的是，套接字流与文件流不太一样，文件流很容易知道文件末尾，到了文件末尾，直接把流关掉即可。但是套接字流不一样，我们无法知道它什么时候到末尾，所以连接一直保持着，流也一直保持阻塞状态。即使调用了带参数的read方法，返回了有效数据，但其实流仍然没有关闭，依然处于阻塞状态。

比如以下代码可以得到套接字s收到的内容：

```
InputStream is;                  //准备一个输入流的对象
is = s.getInputStream();         //子类实例化，s是已经定义的Socket对象
byte[] b = new byte[1024];
int n = is.read(b);              //此时b中含有内容
```

注意，InputStream是抽象类，抽象类不能直接实例化，但是抽象类可以被子类化，Java会在内部实现子类实例化。

因为inputStream.read(byte)是尽可能地读byte[]大小的数据，当服务端程序发送数据的速度大于客户端程序读取数据的速度时，就会出现客户端读到多帧连在一起的数据报。

inputStream.read()方法是接收数据的常用方法，它是一个阻塞方法，当没有数据过来时，方法就阻塞在那里。当有数据发送过来时就读取数据，并返回实际读取到的数据长度。当对端关闭套接字（Socket.close）、对端Socket调用shutdownOutput关闭输出流或者直接关闭OutputStream（out.close）时，read就返回–1。另外，如果设置了超时时间（Socket.setSoTimeout(n)），一旦超时时间到了，读取超时就会抛出异常。

Java网络编程一定会接触到Socket和ServerSocket这两个类，使用非常简单，但如果想更好地控制，还是得非常小心。因为套接字中InputStream类的read方法在通道无数据时便会阻塞，等待数据的填充，而OutputStream可以继续写入数据。

6.7.3　得到输出流 getOutputStream

该方法用于将字节写入此套接字的输出流。该方法的声明如下：

```
public OutputStream getOutputStream()  throws IOException
```

该方法返回此套接字的输出流。如果此套接字具有相关联的通道，则生成的输出流将其所有操作委派给通道。如果通道处于非阻塞模式，则输出流的write方法将抛出IllegalBlockingModeException异常。

其中，OutputStream类也可以用于文件输出或者套接字输出。比如以下代码实现把一行字符串通过输出流通道发送出去：

```
OutputStream os = s.getOutputStream();      //得到输出流
os.write("Hello,client,Bye.".getBytes());  //“Hello,client,Bye.”将发送出去
os.flush();  //不要忘记刷新
```

OutputStream类的flush方法会将用户缓存中的数据立即强制刷新，而这些被强制刷新的数据会交给操作系统，至于操作系统什么时候将这些输入写到通道中，这并不是我们能控制的。

注意，OutputStream类是抽象类，抽象类是不能直接实例化的，但是抽象类可以被子类化，Java会在内部实现子类实例化。

6.7.4　禁用输出流 shutdownOutput

在Java文件的读写中，把读取到–1作为结束符是没有问题的，很显然文件有结束符。但在套接字通信中是有问题的，socket.getInputStream().read(buffer)方法会处于阻塞状态，继续等待对方把数据发过来。显然不可能中断，即使发送一个–1，read也会把–1当作一个值读出来，循环仍将继续。

解决方法是在发送数据端调用socket.shutdownOutput()方法，该方法可以很好地解决这个问题。此方法可以禁用此套接字的输出流。对于TCP套接字，任何以前写入的数据都将被发送。如果在套接字上调用shutdownOutput()后写入套接字输出流，则该流将抛出IOException异常。

shutdownOutput方法禁用当前套接字的输出流，声明如下：

```
void    shutdownOutput()
```

6.7.5　连接服务器的 connect 函数

如果创建的是未连接的套接字，则实例化成功后，可以通过调用connect函数来向服务器发出连接请求。该函数的声明如下：

```
void    connect(SocketAddress endpoint)
```

其中，endpoint是服务器地址。connect函数会一直阻塞直到连接建立或发生错误。

如果要建立连接，则可以调用带超时时间的connect函数，声明如下：

```
void    connect(SocketAddress endpoint, int timeout)
```

其中，endpoint是服务器地址；timeout是超时时间，单位为毫秒。如果timeout>0，且连接在timeout毫秒内没有建立，就会抛出SocketTimeoutException异常。如果timeout=0，则一直阻塞直到连接建立或发生错误。

6.7.6 获取和设置读取数据的超时时间

```
int getSoTimeout()
```

得到读取数据的超时时间。

```
void  setSoTimeout(int timeout)
```

启用/禁用指定超时的SO_TIMEOUT（以毫秒为单位）。

6.7.7 Socket 类的其他方法

Socket类的其他方法如下：

```
void  bind(SocketAddress bindpoint)
```

将套接字绑定到本地地址。

```
void  close()
```

关闭此套接字。

```
SocketChannel  getChannel()
```

返回与此套接字相关联的唯一的SocketChannel对象（如果有）。

```
InetAddress  getInetAddress()
```

返回套接字所连接的地址。

```
boolean  getKeepAlive()
```

测试是否启用了SO_KEEPALIVE 。

```
InetAddress  getLocalAddress()
```

获取套接字所绑定的本地地址。

```
int getLocalPort()
```

返回此套接字绑定的本地端口号。

```
SocketAddress  getLocalSocketAddress()
```

返回此套接字绑定的端点的地址。

```
boolean  getOOBInline()
```

测试是否启用了SO_OOBINLINE。

```
int getPort()
```

返回此套接字连接的远程端口号。

```
int getReceiveBufferSize()
```

获取此套接字的SO_RCVBUF选项的值，即平台在此套接字上输入的缓冲区大小。

```
SocketAddress  getRemoteSocketAddress()
```

返回此套接字连接的端点的地址，如果未连接，则返回null。

```
boolean  getReuseAddress()
```

测试是否启用了SO_REUSEADDR。

```
int getSendBufferSize()
```

获取此Socket的SO_SNDBUF选项的值，即该平台在此套接字上输出使用的缓冲区大小。

```
int getSoLinger()
```

获取SO_LINGER的设置。

```
boolean     getTcpNoDelay()
```

测试是否启用了TCP_NODELAY。

```
int getTrafficClass()
```

从此嵌套字发送的数据报的IP报头中获取流量或服务类型。

```
boolean  isBound()
```

返回套接字的绑定状态。

```
boolean  isClosed()
```

返回套接字的关闭状态。

```
boolean  isConnected()
```

返回套接字的连接状态。

```
boolean isInputShutdown()
```

返回当前套接字的连接是否关闭。

```
boolean  isOutputShutdown( )
```

判断当前套接字的发送是否关闭。

```
void  sendUrgentData(int data)
```

在套接字上发送一字节的紧急数据。

```
void  setKeepAlive(boolean on)
```

启用/禁用SO_KEEPALIVE。

```
void  setOOBInline(boolean on)
```

启用/禁用SO_OOBINLINE（接收TCP紧急数据），默认情况下该选项被禁用，并且在套接字上接收的TCP紧急数据被丢弃。

```
    void  setPerformancePreferences(int connectionTime, int latency, int
bandwidth)
```

设置此套接字的性能首选项。

```
void  setReceiveBufferSize(int size)
```

设置SO_RCVBUF选项，即设置套接字的接收缓冲区。

```
void  setReuseAddress(boolean on)
```

启用/禁用SO_REUSEADDR套接字选项。

```
void  setSendBufferSize(int size)
```

设置SO_SNDBUF选项，即设置套接字的发送缓冲区。

```
static void  setSocketImplFactory(SocketImplFactory fac)
```

设置应用程序的客户机套接字实现工厂。

```
void  setSoLinger(boolean on, int linger)
```

启用/禁用SO_LINGER，具有指定的逗留时间（以秒为单位）。

```
void  setTcpNoDelay(boolean on)
```

启用/禁用TCP_NODELAY（启用/禁用Nagle的算法）。

```
void  setTrafficClass(int tc)
```

在此嵌套字发送的数据报的IP报头中设置流量类或服务类型字节。

```
void  shutdownInput()
```

将此套接字的输入流放置在“流的末尾”。

```
String  toString()
```

将此套接字转换为String对象（字符串对象）。

6.8 实战 TCP 通信

要实现TCP通信，肯定会有服务器和客户机，其中服务端程序的基本实现步骤如下：

步骤01 创建一个 ServerSocket 对象，指定端口号。

步骤02 调用 ServerSocket 对象中的 accept 方法获取请求的客户机嵌套字。

步骤03 调用 Socket 对象中的 getInputStream 方法获取网络字节输入流 InputStream 对象。

步骤04 调用 InputStream 对象中的 read 方法读取客户端程序发送的数据。

步骤05 调用 Socket 对象中的 getOutputStream 方法获取网络字节输出流 OutputStream 对象。

步骤06 调用 OutputStream 对象中的 write 方法给客户端程序发送数据。

步骤07 释放资源（关闭 Socket 和 SocketServer）。

客户端程序的基本实现步骤如下：

步骤01 创建一个客户端程序的 Socket 对象，在构造方法中绑定服务器的 IP 地址和端口号。
使用 Socket 对象中的 getOutputStream 方法获取网络字节输出流 OutputStream 对象。
调用 OutputStream 对象中的 write 方法给服务端程序发送数据。

步骤02 调用 Socket 对象中的 getInputStream 方法获取网络字节输入流 InputStream 对象。
调用 InputStream 对象中的 read 方法读取服务端程序反馈的数据。
释放资源（关闭 Socket）。

值得注意的是，当使用类ServerSocket构造套接字时，默认都是阻塞模式的。阻塞模式是指套接字在执行操作时，调用方法在没有完成操作之前不会立即返回的工作模式。这意味着当调用Java套接字方法不能立即完成时，线程将处于等待状态，直到操作完成。

常见的阻塞情况如下：

（1）接受连接方法

accept方法从请求连接队列中接受一个客户机的连接请求。当以阻塞套接字为参数调用这些方法时，若请求队列为空，则方法被阻塞，线程进入睡眠状态。

（2）发送方法

OutputStream::write方法是发送数据的方法。当用阻塞套接字作为参数调用这些方法时，如果套接字缓冲区没有可用空间，方法会阻塞，线程进入睡眠状态，直到缓冲区有空间。

（3）接收方法

InputStream::read方法用来接收数据。当用阻塞套接字为参数调用这些方法时，如果此时套接字缓冲区没有数据可读，则方法会阻塞，线程在数据到来前处于睡眠状态。

（4）连接方法

connect方法用于客户机向服务器发出连接请求。客户端程序以阻塞套接字为参数调用这些方法向服务端程序发出连接请求时，直到收到服务端程序的应答或超时才会返回。当然，如果客户端程序实例化的时候就开始连接服务端程序，那么客户端程序不需要再调用connect方法来连接。

使用阻塞模式的套接字开发网络程序比较简单，容易实现。当希望能够立即发送和接收数据，且处理的套接字数量较少的情况下，使用阻塞套接字模式来开发网络程序比较合适。它的不足之处表现为：在大量建立好的套接字线程之间进行通信比较困难。当希望同时处理大量套接字时将无从下手，扩展性差。

前面分别介绍了服务器的类和客户机的类，下面我们通过一个例子来演示这两个类的使用。我们将实现一个服务器和客户机的通信程序，首先服务端程序启动并监听客户端程序的连接，然后客户端程序启动连接到服务端程序，并发送用户输入的一段信息，服务端程序收到客户端程序发来的信息后，也发送一段信息给客户端程序，然后两端分别结束。

【例6.2】 无循环的服务器-客户机通信程序

1）首先实现服务端程序，打开Eclipse，新建一个Java工程，工程名是myprj。

2）在工程中新建一个类，类名是mysrv，然后实现main方法，代码如下：

```
public static void main(String[] args) throws IOException
{
    InetAddress address = getLocalHostLANAddress();
    ServerSocket server = new ServerSocket(7777,50,address);
    System.out.println("服务器启动, IP: " +
server.getInetAddress().getHostAddress()+",正在等待客户机的连接请求...");
    try {
    Socket s = server.accept(); //阻塞以等待客户端程序的连接请求
    System.out.println("客户机:"+s.getInetAddress().getHostAddress()+"已连接
到服务器");
    //连接之后接收客户机发来的消息
    InputStream is = s.getInputStream();  //这里用了匿名子类进行实例化
    byte[] b = new byte[1024];
    int n = is.read(b);
    System.out.println("收到客户机的消息: "+new String(b,0,n));
    //返回消息给客户机
    OutputStream os = s.getOutputStream();      //创建输出流，准备发送数据
    os.write("Hello,client,Bye.".getBytes());  //发送数据，这句话将发送给客户机
    s.close();
    server.close();
}
    finally {
      server.close();
    }
}// main
```

在上述代码中，首先通过自定义方法getLocalHostLANAddress来获取本机的站点地址，该地址能和虚拟机Linux相互ping通，getLocalHostLANAddress方法也是mysrv类的成员方法，前面已经实现过了，为了节省篇幅，这里不再列出。

得到本地站点的IP地址后，就用这个IP地址和端口7777实例化一个ServerSocket对象，然后调用accept方法接受客户端程序的连接请求，该方法是阻塞方法，直到收到客户端程序的连接请求才会返回。当收到客户端程序的连接请求后，accept方法返回并实例化Socket对象s，以后这个s就可以用来与客户端程序收发消息。调用getInputStream创建输入流，随后调用输入流InputStream的read方法从输入流中读取客户端程序发来的数据，并存储在字节数组b中。最后，调用getOutputStream方法创建输出流，然后调用输出流OutputStream的write方法发送数据，发送完毕后，调用close方法关闭这两个套接字。注意，InputStream和OutputStream都是抽象类，抽象类是不能实例化的，getInputStream和getOutputStream都用了匿名子类进行实例化。

至此，简单的服务端程序编制完成了。下面开始编制客户端程序。

3）在虚拟机Linux下打开Eclipse，新建一个Java工程作为客户端程序，工作区的名称为myws2，工程名是myprj2。然后在工程中新建一个类，类名是mycli，并在mycli.java中输入如下代码：

```
package myprj2;
import java.io.InputStream;
```

```
import java.io.OutputStream;
import java.net.Socket;
import java.util.Scanner;
public class mycli
{
    public static void main(String[] args)
    {
        try {
            //建立连接
            Socket socket = new Socket("192.168.1.2",7777);
            //发送数据
            OutputStream os = socket.getOutputStream();
            Scanner in = new Scanner(System.in);
            System.out.println("输入想发给服务器的消息:");
            String msg = in.nextLine();
            os.write(msg.getBytes());
            //接收数据
            InputStream is = socket.getInputStream();
            byte[] b = new byte[1024];
            int n = is.read(b);
            //输出服务器回复的数据
            System.out.println("服务器回复: " + new String(b,0,n));
            is.close();
            in.close();
            os.close();
            socket.close();
        } catch (Exception e) {
            e.printStackTrace();
        }
    }
}
```

客户端程序首先实例化Socket对象，实例化的同时开始发送连接请求，然后创建输出流OutputStream，接着把用户输入的字符串通过write方法写入输出流，这样数据就发送出去了。随后，创建输入流InputStream，并通过read方法从输入流中读取数据，最后打印收到的数据，并关闭所有套接字。

4）保存两个工程，先运行服务端程序myprj，此时服务端程序启动并等待客户端程序的连接请求，然后运行客户端程序myprj2，客户端程序启动成功并成功连接到服务端程序，此时可以输入一些字符后按回车键，服务端程序就可以收到数据了，最后客户端程序也能收到服务端程序发来的数据。服务端程序最终运行的结果如下：

```
服务器启动，IP: 192.168.1.2，正在等待客户机的连接请求…
客户机:192.168.1.4已连接到服务器
收到客户机的消息：abc
```

客户端程序最终运行的结果如下：

```
输入想发给服务器的消息:
```

```
abc
服务器回复：Hello,client,Bye.
```

这个例子非常简单，服务端程序和客户端程序交互一次后，两端的程序就结束了，通常服务端程序在进行完一次服务后还要继续等待新的客户端程序的连接请求，所以服务端程序要用一个循环结构来不停地等待处理下一个客户端程序的连接。

【例6.3】 带循环的服务器-客户机通信程序

1）打开Eclipse，新建一个Java程序，工程名为myprj，我们把test工程作为服务端程序。然后在工程中添加一个类，类名是mysrv。

2）打开mysrv.java，在其中输入如下代码：

```
import java.io.BufferedReader;
import java.io.BufferedWriter;
import java.io.IOException;
import java.io.PrintWriter;
import java.net.ServerSocket;
import java.net.Socket;
import java.net.InetAddress;
import java.net.NetworkInterface;
import java.net.UnknownHostException;
import java.util.Enumeration;
import java.io.InputStream;
import java.io.OutputStream;
import java.util.Scanner;
public class mysrv
{
    public static void main(String[] args) throws IOException
    {
        InetAddress address =  InetAddress.getByName("192.168.1.2");
        ServerSocket server = new ServerSocket(7777,50,address);
        System.out.println("服务器启动，IP: " +
server.getInetAddress().getHostAddress());
        while (true)
        {
            System.out.println("---------等待客户机的连接请求-----------\n");
            Socket s = server.accept(); //阻塞并等待客户端程序的连接请求
            System.out.println("客户机:"+s.getInetAddress().
getHostAddress()+"已连接到服务器");
            //连接之后接收客户端程序发来的消息
            InputStream is = s.getInputStream();  //这里用了匿名子类进行实例化

            //把消息返回给客户端程序
            OutputStream os = s.getOutputStream(); //创建输出流，准备发送数据
            os.write("Hello,client,Bye.".getBytes());//发送数据，这句话将发送给
客户端程序
```

```
                byte[] b = new byte[1024];
                int n = is.read(b);
                System.out.println("收到客户机的消息："+new String(b,0,n));
                s.close();
                System.out.println("是否继续监听？(y/n)");
                Scanner in = new Scanner(System.in);
                String msg = in.nextLine();
                if (msg=="y") //如果不是y就退出循环
                    break;
            }
            server.close();
        }
    }
```

这段程序很简单。先新建一个监听套接字，然后等待客户端的连接请求，同时阻塞在accept方法处，一旦有客户端连接请求到来，就返回一个新的套接字，这个套接字用于与客户端进行通信，通信完毕就关闭这个套接字。而监听套接字根据用户的输入判断是否继续监听或退出。

3）再打开一个Eclipse，新建一个Java工程，工程名为mycli，我们把myclient工程作为服务端程序。在工程中新建一个类，类名是test，然后在test.java中输入代码，由于代码和上例一样，限于篇幅，这里不再列出了。

4）保存工程并运行，运行时先启动服务端程序，再启动客户端程序，并输入一些字符串，此时服务器就可以收到信息了。服务器运行的结果如下：

```
服务器启动，IP: 192.168.1.2
--------等待客户机的连接请求-----------

客户机:192.168.1.2已连接到服务器
收到客户机的消息：abc
是否继续监听？(y/n)
y
--------等待客户机的连接请求-----------
```

客户端程序运行的结果如下：

```
输入想发给服务器的消息：
abc
服务器回复：Hello,client,Bye.
```

6.9　深入理解 TCP 编程

6.9.1　数据发送和接收涉及的缓冲区

在发送端，从调用OutputStream.write（简称为write）方法直到数据被发送出去，主要涉及两个缓冲区：一个是调用write方法时，程序员开辟的缓冲区，把这个缓冲区地址传给write方法，这个缓冲区通常称为应用程序发送缓冲区（简称为应用缓冲区）；另一个是协议栈自己的缓冲区，用于保存write方法传给协议栈的待发送数据和已经发送出去但还没得到确认的数据，这个缓冲区通常称为TCP套接字发送缓冲区（因为处于内核协议栈，所以有时也简称内核缓冲区）。从调用write方法开始到把数据发送出去，涉及两个主要的写操作，一个是把数据从应用程序缓冲区中复制到协议栈的套接字缓冲区，另一个是从套接字缓冲区发送到网络上去。

数据在接收过程中也涉及两个缓冲区，首先数据到达的是TCP套接字的接收缓冲区（也就是内核缓冲区），在这个缓冲区中保存TCP协议从网络上接收到的与该套接字相关的数据。接着，数据写到应用缓冲区，也就是调用InputStream.read（简称为read）方法时由用户分配的缓冲区（简称为应用缓冲区，这个缓冲区在调用read方法时作为该方法的参数），这个缓冲区用于保存从TCP套接字的接收缓冲区收到并提交给应用程序的网络数据。和发送端一样，两个缓冲区也涉及两个层次的写操作：从网络上接收数据保存到内核缓冲区（TCP套接字的接收缓冲区），然后再从内核缓冲区复制数据到应用缓冲区。

6.9.2 TCP 数据传输的特点

TCP数据传输的特点如下：

1）TCP是流协议，接收者收到的数据是一个个字节流，没有“消息边界”。

2）应用层调用发送方法只是告诉内核己方需要发送多少数据，并不表明调用了发送方法，数据马上就发送出去了。此外，发送者并不知道发送数据的真实情况。

3）真正可以发送多少数据由内核协议栈根据当前的网络状态而定。

4）真正发送数据的时间点由内核协议栈根据当前的网络状态而定。

5）接收端在调用接收方法时，并不知道该接收方法实际会返回多少数据。

6.9.3 数据发送的 6 种情形

知道了TCP数据传输的特点之后，我们要进一步结合实际来了解发送数据时可能会产生的6种情形。假设现在发送者调用了两次write方法，先后发送了数据A和数据B。从应用层看，先调用write (A)，再调用write (B)，就想当然地以为A先发送出去了，B随后才发送出去。其实不一定如此。

1）在网络情况良好的情况下，A和B的长度没有受到发送窗口、拥塞窗口和TCP最大传输单元的影响，此时协议栈将A和B变成两个数据段发送到网络中，如图6-4所示。

2）发送A时网络状况不好，导致A被延迟发送了，此时协议栈会将数据A和B合为一个数据段后再发送，并且合并后的长度并未超过窗口大小和最大传输单元，如图6-5所示。

3）发送A被延迟了，协议栈把A和B合为一个数据，但合并后数据长度超过了窗口大小或最大传输单元，此时协议栈会把合并后的数据进行切分，假如B的长度比A大得多，则切分的地方将发生在B处，即协议栈把B的部分数据进行切分，切分后的数据进行第二次发送，如图6-6所示。

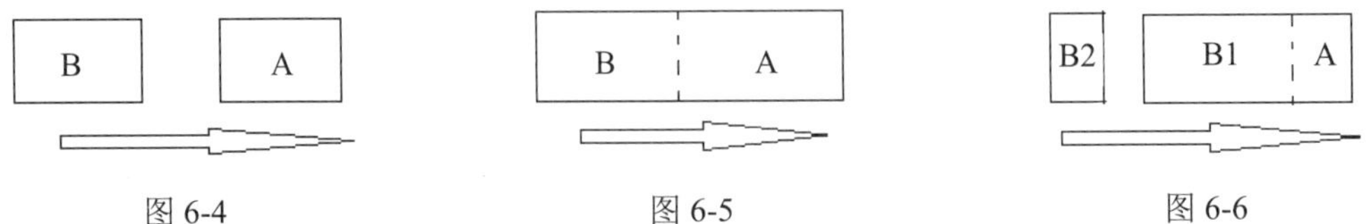

图 6-4　图 6-5　图 6-6

4）发送A被延迟了，协议栈把A和B合为一个数据，但合并后的数据长度超过了窗口大小或最大传输单元。此时协议栈会把合并后的数据进行切分，如果A的长度比B大得多，则切分的地方将发生在A处，即协议栈把A的部分数据进行切分，切分后的部分A先发送，剩下的部分A和B一起合并发送，如图6-7所示。

5）接收方的接收窗口很小，内核协议栈会将发送缓冲区的数据按照接收方的接收窗口大小进行切分后再依次发送，如图6-8所示。

6）发送过程中发生了错误，数据发送失败。

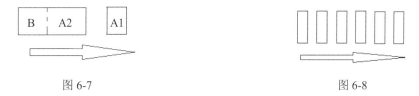

图 6-7　　　　　　　　　　图 6-8

6.9.4　数据接收时碰到的情形

前面讲了发送数据时，内核协议栈在发送数据时可能会出现的6种情形。现在我们来看接收数据时会碰到哪些情况。如果本次用于接收read方法的应用缓冲区足够大，通常有以下这几种情况：

第一，接收本次到达接收端的全部数据。注意，这里的全部数据是已经到达接收端的全部数据，而不是发送端发送的全部数据，即本地到达多少数据，接收端就接收本次到达的全部数据。我们根据发送端的几种发送情况来推导到达接收端的可能情况：

- 对于发送端1）的情况，如果到达接收端的全部数据是A，则接收端应用程序就全部收到A。
- 对于发送端2）的情况，如果到达接收端的全部数据是A和B，则接收端应用程序就全部收到A和B。
- 对于发送端3）的情况，如果到达接收端的全部数据是A和B1，则接收端应用程序就全部收到A和B1。
- 对于发送端4）和5）的情况，如果到达接收端的全部数据是部分A，比如4）中A1是部分A，5）中开始的一段数据也是部分A，则接收端应用程序收到的是部分A。

第二，接收到达接收端的部分数据。如果接收端的应用程序的接收缓冲区较小，就有可能只收到已达到接收端的全部数据中的部分数据。

综上所述，TCP网络内核如何发送数据与应用层调用write方法提交给TCP网络内核没有直接关系，我们也没法对接收数据的返回时机和接收到的数量进行预测，为此需要在编程中进行正确处理。另外，在使用TCP开发网络程序的时候，不要有“数据边界”的概念，TCP是一个流协议，没有数据边界的概念。这几点值得我们在开发TCP网络程序时多加注意。

第三，没有接收到数据。表明接收端接收的时候，数据还没有准备好。此时，应用程序将阻塞或recv返回一个“数据不可得”的错误码。通常这种情况发生在发送端出现6）的情况时，即发送过程中发生了错误，数据发送失败。

通过上面TCP发送和接收的分析，我们可以得出两个“无关”结论，这个“无关”也可以理解为独立。

1）应用程序调用write方法的次数和内核封装数据的个数是无关的。

2）对于要发送一定长度的数据而言，发送端调用write方法的次数和接收端调用read方法的次数是无关的，两者完全独立。比如，发送端调用一次write方法，可能接收端会调用多次read方法来接收。同样，接收端调用一次read方法，也可能收到发送端多次调用write方法后发来的数据。

了解了接收会碰到的情况后，我们编写程序时就要合理地处理各种情况。首先，我们要能正确地处理接收方法read的返回值。下面来看read方法的调用形式。

```
InputStream is;               //准备好一个输入流的对象
is = s.getInputStream();      //子类实例化，s是已经定义的Socket对象
byte[] b = new byte[1024];
int n = is.read(b);           //此时b中含有内容，read返回实际读取的字节数，并保存于n
```

如果没有出现错误，read返回接收的字节数，b参数指向的缓冲区将包含接收的数据。如果b的长度为0，则不读取任何字节并返回0；否则，尝试读取至少一字节。如果因为流位于文件末尾而没有可用的字节，则返回值为–1；否则，至少读取一字节并将其存储在b中。将读取的第一个字节存储在元素 b[0]中，下一个存储在b[1]中，以此类推。读取的字节数最多等于b的长度。假设k为实际读取的字节数，这些字节将存储在b[0]～b[k–1]的元素中，不影响b[k]～b[b.length–1]的元素。如果连接已正常关闭，则返回值为零，即n为0。

6.9.5 简单情况的数据接收

对于单次数据接收（即调用一次read方法）来讲，read方法返回的数据量是不可预测的，也就无法估计接收端在应用层开设的缓冲区是否大于发来的数据容量，因此可以用一个循环的方式来接收。我们可以认为当read返回–1时，就是发送方数据发送完毕了，然后正常关闭发送通道。如何让read方法返回–1呢？可以在发送端调用禁用套接字输出流的方法，即shutdownOutput。

我们来看一个例子。当客户端程序连接到服务端程序成功后，服务端程序先向客户端程序发送信息，客户端程序接收后，向服务端程序发送一行文本信息（起到确认接收的作用），最后客户端程序关闭连接。这样一来一回相当于一次聊天。其实，以后开发更完善的点对点聊天程序可以基于这个例子。

【例6.4】 发送端通知接收端结束

1）打开Eclipse，工作区文件夹的名称为mysw。然后新建一个Java工程，工程名是mysrv，我们把mysrv工程作为服务端程序。然后在工程中添加一个类，类名为mysrv。

2）打开mysrv.java，在其中输入如下代码：

```
package mysrv;

import java.io.BufferedReader;
import java.io.BufferedWriter;
import java.io.IOException;
import java.io.PrintWriter;
```

```
import java.net.ServerSocket;
import java.net.Socket;
import java.net.InetAddress;
import java.net.NetworkInterface;
import java.net.UnknownHostException;
import java.util.Enumeration;
import java.io.InputStream;
import java.io.OutputStream;
import java.util.Scanner;

public class mysrv
{
    public static void main(String[] args) throws IOException
    {
        int i;
        //该IP地址必须是本机上已存在的IP地址，读者可以换成自己计算机的IP地址
        InetAddress address =  InetAddress.getByName("192.168.1.2");
        ServerSocket server = new ServerSocket(7777,50,address);
        System.out.println("服务器启动，IP: " +
server.getInetAddress().getHostAddress());
        while (true)
        {
            System.out.println("--------等待客户机的连接请求-----------\n");
            Socket s = server.accept(); //阻塞并等待客户端程序的连接请求
            System.out.println("客户机:"+s.getInetAddress().
getHostAddress()+"已连接到服务器");
            OutputStream os = s.getOutputStream(); //创建输出流，准备发送数据
            for (i = 0; i < 10; i++)
            {
                String format = String.format("NO.%d欢迎登录服务器，请问1+1等于
几？（客户机IP：%s\n", i + 1,s.getInetAddress().getHostAddress());
                os.write(format.getBytes());//发送数据，这句话将发送给客户端程序
                os.flush();
            }
            s.shutdownOutput();  //禁用套接字输出流，通知对方数据发送结束
            //开始接收客户端程序的消息
            byte[] b = new byte[1024];
            //连接之后接收客户端程序发来的消息
            InputStream is = s.getInputStream();  //这里用了匿名子类实例化
            int n = is.read(b);
            System.out.println("收到客户机的消息："+new String(b,0,n));
            s.close();
            System.out.println("是否继续监听？(y/n)");
            Scanner in = new Scanner(System.in);
            String msg = in.nextLine();
            if (msg=="y") //如果不是y就退出循环
                break;
        }
```

```
            server.close();
        }
    }
```

客户端程序与服务端程序在接收和发送数据时，read和write方法不一定要对应，比如通信的一方可以一次发送多字节的数据，而另一方可以一字节一字节地接收，也可以一字节一字节地发送，而对方则多字节多字节地接收。因为TCP协议会将数据分成多个数据包进行发送，然后在另一端分成多个数据包进行接收，再组合在一起，即TCP协议并不能确定read和write方法中所接收和发送的信息的界限。read方法会在没有数据可读时发生阻塞，直到有新的数据可读。

客户端从Socket套接字中读取数据，直到收到的数据的字节长度和原来发送的数据的字节长度相同为止，前提是已经知道了要从服务端接收的数据量，如果现在不知道要接收的数据量，那么只能用read方法不断读取，直到read返回–1，说明接收到了所有的数据。

这里的重点是read方法何时返回–1，在一般的文件读取中，这代表流的结束，即读取到了文件的末尾，但是在Socket套接字中，这样的概念很模糊，因为套接字中数据的末尾并没有所谓的结束标记，无法通过其自身来表示传输的数据已经结束。那么究竟什么时候read方法会返回–1呢？答案是：发送方关闭发送通道时，即调用shutdownOutput方法时。

在上述代码中有详细的注释。我们可以看到，服务端程序给客户端程序发送数据的时候用了循环结构，这是为了模拟多次发送。从后面的客户端程序代码可以看到，发送的次数和客户端程序接收的次数是没有关系的。需要注意的是，发送完毕后，调用shutdownOutput方法来关闭发送通道，这样客户端程序就不会阻塞在recv那里死等了。下面建立客户端工程。

3）另外打开一个Eclipse，把工作区文件夹命名为myswcli。然后新建一个Java工程，工程名为mycli，并添加一个类，类名是mycli。打开mycli.java，输入如下代码：

```
package mycli;
import java.io.InputStream;
import java.io.OutputStream;
import java.net.Socket;
import java.util.Scanner;
import java.io.PrintWriter;
import java.util.Arrays;
import java.util.Base64;

public class mycli
{
    public static void main(String[] args)
    {
        try {
            Scanner in = new Scanner(System.in);
            System.out.println("输入想发给服务器的消息:");//比如recv all ok
            String msg = in.nextLine();
            in.close();

            //建立到服务器的连接
            Socket socket = new Socket("192.168.1.2",7777);

            int i, cn = 1, iRes;
```

```
                System.out.println("Get data from server:");
                InputStream is = socket.getInputStream();
                byte[] recvBuf = new byte[1024];
                do
                {
                    iRes = is.read(recvBuf); //接收来自服务器的信息
                    if (iRes > 0)
                    {
                        System.out.println("\nRecv "+iRes+" bytes:");
                        String encoded = Base64.getEncoder().encodeToString
(recvBuf);//Base64 Encoded
                        byte[] decoded = Base64.getDecoder().decode(encoded);
//Base64 Decoded
                        System.out.println( new String(decoded) );  //Verify
original content
                    }
                    else if (iRes == -1)//对方关闭连接
                    {
                        System.out.println("服务器关闭发送通道。");
                        break;
                    }
                } while (iRes > 0);
                //发送数据
                OutputStream os = socket.getOutputStream();
                os.write(msg.getBytes());
                os.flush();
                os.close();
                is.close();
                System.out.println("向服务器发送数据完毕.");
                socket.close();
            } catch (Exception e) {
                e.printStackTrace();
            }
        }
    }
```

客户端程序接收也用了循环结构，这样能正确处理接收时的情况（根据read方法的返回值）。数据接收完毕后，多次调用write方法向服务端发送数据，发送完毕后调用close方法来关闭套接字，这样服务端程序就不会阻塞在read方法那里死等了。

4）保存工程，先运行服务端程序，再运行客户端程序，服务端程序运行的结果如下：

```
服务器启动，IP: 192.168.1.2
--------等待客户机的连接请求-----------

客户机:192.168.1.2已连接到服务器
收到客户机的消息：abc
是否继续监听？(y/n)
```

客户端程序运行的结果如图6-9所示。

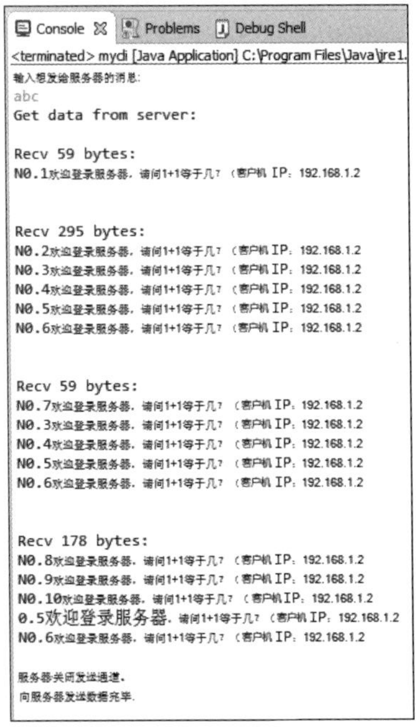

图 6-9

客户端程序一共接收了4次数据，第一次收到了59字节数据，第二次收到了295字节数据，第三次收到了59字节数据，第四次收到了178字节数据。服务端程序发来的数据全部都接收下来了。如果再次运行客户端程序，或许就不是4次了。

6.9.6 定长数据的接收

所谓定长数据的接收，就是通信双方约定好发送数据的长度，比如发送方告诉接收方要发送n字节的数据，发送完不会立刻断开连接，可能还要进行交互确认，比如接收发来的信息。客户端如何知道n字节数据全部都接收完毕了呢？因此需要时刻记录已经收到了多少字节数据，还有多少字节数据没有收到，只有等到未收到的数据量为0时，才表示接收完毕。

下面看一个例子。服务端已经发送给客户端约好的固定长度（比如一共有5550字节）的数据后，并不会立刻断开连接，而是等待客户端接收成功的确认信息。此时，客户端不能根据连接是否断开来判断数据接收是否结束（当然，连接是否断开也要进行判断，因为可能会发生连接意外断开的情况），而是要根据是否接收完5550字节的数据来判断，接收完毕后，客户端最后向服务端发送确认消息。这个过程相当于一个简单的相互约好的交互协议。

【例6.5】 接收定长数据

1）打开Eclipse，工作区文件夹名称是mysw。然后新建一个Java工程，工程名为mysrv，我们把mysrv工程作为服务端程序。在工程中添加一个类，类名是mysrv。

2）打开mysrv.java，在其中输入如下代码（为了节省篇幅，import语句部分忽略）：

```
package mysrv;
```

```
public class mysrv {
    public static void main(String[] args)  throws IOException
    {
        //TODO Auto-generated method stub
        int i,cn;
        InetAddress address =  InetAddress.getByName("192.168.1.2");
        ServerSocket server = new ServerSocket(7777,50,address);
        System.out.println("服务器启动，IP: " +  server.getInetAddress().
getHostAddress());
        while (true)
        {
            System.out.println("--------等待客户机的连接请求-----------\n");
            Socket s = server.accept(); //阻塞并等待客户端程序的连接请求
            System.out.println("客户机:"+s.getInetAddress().
getHostAddress()+"已连接到服务器");
            OutputStream os = s.getOutputStream(); //创建输出流，准备发送数据
            char [] sendBuf = new char[111];
            for (cn = 0; cn < 50; cn++)
            {
                Arrays.fill(sendBuf, 'a');
                if (cn == 49)
                    sendBuf[110] = 'b'; //让最后一个字符为'b'，这样看起来清楚一点
                String format  = new String(sendBuf);
                os.write(format.getBytes());//发送数据，这句话将发送给客户端程序
                os.flush();
            }
            //发送结束，开始接收客户端程序发来的确认信息
            byte[] b = new byte[1024];
            //连接之后接收客户端程序发来的消息
            InputStream is = s.getInputStream();  //内部这里用了匿名子类实例化
            int n = is.read(b);
            System.out.println("收到客户端消息："+new String(b,0,n));
            s.close();
            System.out.println("是否继续监听？(y/n)");
            Scanner in = new Scanner(System.in);
            String msg = in.nextLine();
            if (msg=="y") //如果不是y就退出循环
                break;
        }// while
    }
}
```

在上面的代码中，我们向客户端程序一共发送了5550字节数据，每次发送111个，一共发送了50次。这个长度是和服务端程序约好的，发完固定的5550字节后，并不会立刻关闭连接，而是继续等待客户端程序的消息。下面来查看客户端程序的情况。

3）另外打开一个Eclipse，把工作区文件夹命名为myswcli。然后新建一个Java工程，工程名为mycli，并添加一个类，类名是mycli。打开mycli.java，输入如下代码：

```
package mycli;
```

```
import java.io.InputStream;
import java.io.OutputStream;
import java.net.Socket;
import java.io.PrintWriter;
import java.util.Arrays;
import java.util.Base64;

public class mycli
{
    public static void main(String[] args)
    {
        try {
            String msg = "recv all ok";

            //建立到服务器的连接
            Socket socket = new Socket("192.168.1.2",7777);

            int i, cn = 1, iRes;
            System.out.println("Get data from server:");
            InputStream is = socket.getInputStream();
            byte[] recvBuf = new byte[111];
            int leftlen = 50*111;   //这个5550是通信双方约好的
            i=1;
            while (leftlen>0)
            {
                iRes = is.read(recvBuf); //接收来自服务器的信息
                if (iRes > 0)
                {
                    System.out.println("\nNo."+i+",Recv "+iRes+" bytes:");
                    i++;
                    String encoded = Base64.getEncoder().encodeToString
(recvBuf);//Base64 Encoded
                   byte[] decoded = Base64.getDecoder().decode(encoded);
                   System.out.println( new String(decoded) );//打印收到的内容
                }
                else if (iRes == -1)//对方关闭连接
                {
                    System.out.println("服务器关闭发送通道。");
                    break;
                }
                leftlen = leftlen - iRes;
            }

            //发送数据
            OutputStream os = socket.getOutputStream();
            os.write(msg.getBytes());
            os.flush();
            os.close();
            is.close();
            System.out.println("向服务器发送数据完毕.");
```

```
                socket.close();
            } catch (Exception e) {
                e.printStackTrace();
            }
        }
    }
```

在上述代码中，我们定义了一个变量leftlen，它用来表示还有多少数据尚未接收，开始时是5550字节（和服务端程序约好的数字），以后每次接收一部分数据，就减去已接收到数据的量。直到等于0，表示全部接收完毕。

4）保存工程。先运行服务端程序，再运行客户端程序。服务端程序运行的结果如下：

```
服务器启动，IP: 192.168.1.2
--------等待客户机的连接请求-----------

客户机:192.168.1.2已连接到服务器
收到客户机的消息：recv all ok
是否继续监听？(y/n)
y
--------等待客户机的连接请求-----------
```

客户端程序运行的结果如图6-10所示。

```
Problems  @ Javadoc  Declaration  Console
<terminated> mydi [Java Application] C:\Program Files\Java\jre1.8.0_181\bin\javaw.exe (2021年3月25日 下午9:40:08)
No.47,Recv 111 bytes:
aaaaaaaaaaaaaaaaaaaaaaaaaaaaaaaaaaaaaaaaaaaaaaaaaaaaaaaaaaaaaaaaaaaaaaaaaaaaaaaaaaaaaaaaaaaaaaaaaaaaaaaaaaaaaaa

No.48,Recv 111 bytes:
aaaaaaaaaaaaaaaaaaaaaaaaaaaaaaaaaaaaaaaaaaaaaaaaaaaaaaaaaaaaaaaaaaaaaaaaaaaaaaaaaaaaaaaaaaaaaaaaaaaaaaaaaaaaaaa

No.49,Recv 111 bytes:
aaaaaaaaaaaaaaaaaaaaaaaaaaaaaaaaaaaaaaaaaaaaaaaaaaaaaaaaaaaaaaaaaaaaaaaaaaaaaaaaaaaaaaaaaaaaaaaaaaaaaaaaaaaaaaa

No.50,Recv 111 bytes:
aaaaaaaaaaaaaaaaaaaaaaaaaaaaaaaaaaaaaaaaaaaaaaaaaaaaaaaaaaaaaaaaaaaaaaaaaaaaaaaaaaaaaaaaaaaaaaaaaaaaaaaaaaaaaab
向服务器发送数据完毕.
```

图 6-10

6.9.7　ObjectInputStream 和 ObjectOutputStream

序列化是指把Java对象保存为二进制字节码的过程，反序列化是指把二进制码重新转换成Java对象的过程。序列化是一种轻量级的持久化，对象都是存活在内存中的，在JVM运行结束后，对象就不存在了，如果想要对象还能够存在，或者要在网络中进行对象数据的传输，就需要进行序列化。ObjectInputStream和ObjectOutputStream是Java原生的用于处理序列化的类，这两个类被称为IO对象操作流。ObjectInputStream用于反序列化流，将之前使用ObjectOutputStream序列化的原始数据恢复为对象，以流的方式读取对象。ObjectOutputStream用来向文件或网络套接字中写入字节流。在网络上传输的数据就是字节流，那么一个对象怎么变成字节流呢？就是通过序列化。

通过ObjectInputStream和ObjectOutputStream类，我们可以让Java网络程序发送二进制流给使用其他语言（比如VC++、Linux C等）开发的网络接收程序，反之亦然。对象序列化机制允许把内存中的Java对象转换成平台无关的二进制流，从而允许把这种二进制流持久地保存在磁盘上，或者通过网络将这种二进制流传输到另一个网络节点。当其他程序获取了这种二进制流，就可以恢复成原来的Java对象。值得注意的是，需要被序列化和反序列化的类必须实现Serializable接口，比如：

```
package demo;
import java.io.Serializable;
public class Student implements Serializable
{
    private String name;
    private Integer age;
    public Student(String name, Integer age)
    {
        this.name = name;
        this.age = age;
    }
}
```

ObjectInputStream类的构造方法声明如下：

```
ObjectInputStream(InputStream in)
```

该方法通过指定的InputStream创建ObjectInputStream，其中参数in表示字节输入流。

ObjectInputStream类重要的成员方法是readObject，该方法用于读取字节流并根据Java基本数据类型进行重构，可以将读取结果转换为基本数据类型、对象、数组和String等，该方法的声明如下：

```
Object readObject()
```

比如读取字节流并将其转为String：

```
Socket client = serverSocket.accept(); //接受一个客户端程序的连接请求
//实例化
ObjectInputStream ois = new ObjectInputStream(client.getInputStream());
String str = (String) ois.readObject();   //读取字节流并转为String
```

ObjectOutputStream类的构造方法声明如下：

```
ObjectOutputStream(OutputStream out)
```

该方法通过指定的OutputStream创建ObjectOutputStream，其中参数out表示字节输出流。

ObjectOutputStream类的重要方法是writeObject，该方法用于将对象（不是仅仅指Java对象，还包括String、数组等其他类型的数据）写入流中。所有对象（包括String和数组）都可以通过writeObject方法写入，可以将多个对象或基元（primitive）写入流中。注意，必须使用与写入对象时相同的类型和顺序从相应的ObjectInputstream中读回对象。方法声明如下：

```
void writeObject(Object obj)
```

比如我们将一个字符串写入网络字节流中，代码如下：

```
Socket socket = new Socket(serverIp, serverPort);
```

```
ObjectOutputStream oos = new ObjectOutputStream(socket.getOutputStream());
oos.writeObject(new String("中国必胜！")); //将字符串写入网络字节流
```

下面我们通过一个实例将一个类序列化到文件，然后再反序列化。

【例6.6】　将类序列化到文件

1）打开Eclipse，工作区路径是D:\eclipse-workspace\mysw，然后新建一个Java工程，工程名是myprj。

2）在工程中添加一个类，类名是Student。该类很简单，实现了设置名字、获取名字、设置年龄和获取年龄等方法。限于篇幅，我们不再列出源码，源码详见Student.java。

再在工程中添加一个test类，在test.java中输入如下代码：

```
package myprj;

import java.io.FileOutputStream;
import java.io.IOException;
import java.io.ObjectOutputStream;
import java.io.FileInputStream;
import java.io.ObjectInputStream;

public class test
{
    public static void main(String[] args) throws
IOException,ClassNotFoundException
    {
        Student s1=new Student("张三",23);
        Student s2=new Student("李四",24);
        //序列化
        ObjectOutputStream oos=new ObjectOutputStream(new FileOutputStream
("record.txt"));
        oos.writeObject(s1);
        oos.writeObject(s2);
        oos.close();

        //再读取，即反序列化
    ObjectInputStream ois=new ObjectInputStream(new FileInputStream
("record.txt"));
        Student s11=(Student) ois.readObject();
        Student s22=(Student) ois.readObject();
        System.out.println(s11);
        System.out.println(s22);
        ois.close();
    }
}
```

其中Student是我们自定义的一个学生类，首先实例化了两个对象s1和s2，接着实例化了ObjectOutputStream对象oos，并关联到文件record.txt（这个文件会自动新建）。最后调用writeObject方法将对象以字节流的方式写入文件。该段代码执行后，项目根路径下生成了对应的文件，序列化操作成功了。反序列化过程与此类似，无非就是读取对象的过程，即调用readObject方法，并强制转换为Student类型。

3）保存工程并运行，运行结果如下：

```
Student [name=张三, age=23]
Student [name=李四, age=24]
```

这是从文件record.txt中读到的内容，与我们定义的学生类对象一致，序列化和反序列化成功了。

如果对多个对象进行序列化操作后保存到硬盘中，在读取到内存的过程中，一个一个对象地读取，过程会显得很烦琐。如果读取次数超过实际存储的对象数目，还会抛出异常。为了提升效率和避免抛出异常，可以将多个对象存储到集合中，从磁盘中把集合对象读到内存中，再从集合中取出对象。

【例6.7】 通过集合将类序列化到文件

1）打开Eclipse，工作区路径是D:\eclipse-workspace\mysw，然后新建一个Java工程，工程名是myprj。

2）在工程中添加一个类，类名是Student。该类很简单，实现了设置名字、获取名字、设置年龄和获取年龄等方法。限于篇幅，我们不再列出源码，源码详见Student.java。

再在工程中添加一个test类，在test.java中输入如下代码：

```
public class test
{
    public static void main(String[] args) throws IOException,
ClassNotFoundException
    {
        ArrayList<Student> list1=new ArrayList<Student>();
        list1.add(new Student("张三",23));
        list1.add(new Student("李四",24));
        list1.add(new Student("王五",25));
        list1.add(new Student("赵六",26));
        ObjectOutputStream os=new ObjectOutputStream(new
FileOutputStream("record.txt"));
        os.writeObject(list1);
        System.out.println("集合对象写入到文件成功！");
        os.close();
        ObjectInputStream osi=new ObjectInputStream(new
FileInputStream("record.txt"));
        ArrayList<Student> list2=(ArrayList<Student>) osi.readObject();
        osi.close();
        System.out.println("从磁盘读取到的集合，结果如下：");
        for (Student student : list2)
        {
            System.out.println(student);
        }
    }
}
```

我们首先定义了一个列表list1，然后把4个学生加入列表，接着把集合序列化到文件record.txt中，随后再读取出来。

3）保存工程并运行，运行结果如下：

```
集合对象写入到文件成功！
```

从磁盘读取到的集合，结果如下：

```
Student [name=张三, age=23]
Student [name=李四, age=24]
Student [name=王五, age=25]
Student [name=赵六, age=26]
```

通过以上两个实例，我们知道不但可以把类对象序列化，也可以把列表等数据结构进行序列化。我们使用ObjectOutputStream和ObjectInputStream两个类的目的不仅仅是和文件打交道，而是要序列化和反序列化到网络套接字。

【例6.8】 将字符串序列化到网络套接字

1）打开Eclipse，工作区路径是D:\eclipse-workspace\mysw，然后新建一个Java工程，工程名是myprj，该工程作为服务端程序。

在工程中添加一个类，类名是mysrv，该类实现服务端程序的功能，代码如下：

```
package myprj;

import java.io.IOException;
import java.io.ObjectInputStream;
import java.io.ObjectOutputStream;
import java.net.ServerSocket;
import java.net.Socket;

public class mysrv implements Runnable
{
    private ServerSocket serverSocket;
    private int port;
    private boolean goon;
    private ObjectInputStream ois;
    private ObjectOutputStream oos;

    public mysrv() {   //无参构造方法
        goon = false;
    }

    public mysrv(int port) {  //有参数的构造方法，参数是端口号
        this();
        this.port = port;
    }

    public void setPort(int port) {   //设置端口
        this.port = port;
    }
```

```
    public void stopServer() {     //停止服务器
        this.goon = false;
        try {
            this.serverSocket.close();
        } catch (IOException e) {
            e.printStackTrace();
        }
    }

    public void startServer() throws Exception {  //启动服务器
        if (this.port == 0) {
            //TODO抛出异常
            return;
        }
        this.serverSocket = new ServerSocket(port);
        this.goon = true;
        new Thread(this, "SERVER").start();
    }

    @Override
    public void run() {
        while(goon) {
            try {
                Socket client = serverSocket.accept();  //等待接受客户端程序的连
接请求
                ois = new ObjectInputStream(client.getInputStream());
                oos = new ObjectOutputStream(client.getOutputStream());
                oos.writeObject(new String("你好，客户端！"));
                String str = (String) ois.readObject();
                System.out.println("服务器收到客户端[" +
client.getInetAddress().getHostAddress() + "]消息：" + str);
            } catch (IOException e) {
                goon = false;
                e.printStackTrace();
            } catch (ClassNotFoundException e) {
                e.printStackTrace();
            }
        }
        stopServer();
    }
}
```

mysrv类实现了Runnable接口，可以把自定义线程的任务定义在run方法中，这也是Java多线程的实现方式之一。需要注意的是，Runnable实现类的对象并不是一个线程对象，只不过是实现了Runnable接口的对象而已，只有Thread或者Thread的子类才是线程对象。在该类中，重要的方法是run，我们通过一个while循环等待客户端程序的连接请求，一旦接受了一个客户端程序的连接请求，就分别创建一个ObjectInputStream和ObjectOutputStream对象，然后写入字符串“你好，客户端！”，并调用readObject方法读取客户端程序发来的数据，再转换为字符串后打印出来。注意，服务端程序这边先创建ObjectInputStream对象，再创建ObjectOutputStream

对象。客户端程序那边要反过来，先创建ObjectOutputStream对象，再创建ObjectInputStream对象。也就是说，ObjectInputStream与ObjectOutputStream建立通信，一定要注意两个流的顺序，否则会发生两方互相等待而导致死锁。原因是建立ObjectInputStream对象需要先接收一定的header数据，接收到这些数据之前会处于阻塞状态。

在工程中添加一个类，类名是test，该类实现测试mysrv的功能，代码如下：

```
package myprj;

public class test {
    public static void main(String[] args) {
        mysrv rpcServer = new mysrv(); //实例化mysrv
        rpcServer.setPort(8888);        //设置服务端的端口号
        try {
            rpcServer.startServer();   //启动服务器
        } catch (Exception e) {
            e.printStackTrace();
        }
    }
}
```

至此，服务端程序实现完毕。下面开始实现客户端程序。

2）打开一个新的Eclipse，工作区路径是D:\eclipse-workspace\myswcli，然后新建一个Java工程，工程名为myprj，该工程作为客户端程序。在工程中添加一个类，类名是mycli，该类实现客户端程序的功能，代码如下：

```
package myprj;

import java.io.IOException;
import java.io.ObjectInputStream;
import java.io.ObjectOutputStream;
import java.net.Socket;

public class mycli {
    private String serverIp;  //服务器的IP地址
    private int serverPort;   //服务器的端口
    public mycli(String serverIp, int serverPort) {   //带参数的构造方法
        this.serverIp = serverIp;
        this.serverPort = serverPort;
    }
    //关闭套接字等
    private void closeSocket(ObjectInputStream ois, ObjectOutputStream oos,
Socket socket) {
        try {
            if (ois != null) {
                ois.close();
            }
        } catch (IOException e) {
            e.printStackTrace();
        } finally {
```

```
                ois = null;
            }
            try {
                if (oos != null) {
                    oos.close();
                }
            } catch (IOException e) {
                e.printStackTrace();
            } finally {
                oos = null;
            }
            try {
                if (socket != null && !socket.isClosed()) {
                    socket.close();
                }
            } catch (IOException e) {
                e.printStackTrace();
            } finally {
                socket = null;
            }
        }
        //连接到服务端程序，并发送数据化（序列化）和读取数据（反序列化）
        public void start() throws Exception {
            Socket socket = new Socket(serverIp, serverPort);
            ObjectOutputStream oos = new ObjectOutputStream
(socket.getOutputStream());
            ObjectInputStream ois = new ObjectInputStream
(socket.getInputStream());
            oos.writeObject(new String("你好，服务端！"));

            Object result = ois.readObject();
            System.out.println("client收到：" + result);
            closeSocket(ois, oos, socket);
        }
    }
```

客户端程序重要的方法是start，首先实例化Socket，向服务端程序发起连接请求，然后实例化ObjectOutputStream，再实例化ObjectInputStream。这个次序正好和服务端程序相反，这一点应该好理解，本端的输出流当然应该和对端的输入流通信。字节流通道建立起来以后，就先写入字符串“你好，服务端！”，然后读取服务端程序发来的字符串并打印出来。

再在工程中添加一个类，类名是test，该类实现测试mycli的功能，代码如下：

```
package myprj;

public class test {
    public static void main(String[] args) {
        mycli client = new mycli("192.168.1.2", 8888); //服务器IP和端口
        try {
            client.start();  //发起连接请求以便发送和接收数据
```

```
            } catch (Exception e) {
                e.printStackTrace();
            }
        }
    }
```

3）保存工程并运行，先运行服务端程序，再运行客户端程序，其中服务端程序运行的结果如下：

```
服务器已经启动
服务器收到客户端[192.168.1.2]消息：你好，服务端！
```

客户端程序运行的结果如下：

```
client收到：你好，客户端！
```

6.9.8　发送和接收类对象

前面我们通过ObjectInputStream和ObjectOutputStream类实现了字符串的网络序列化，但是在真正一线的开发中，是不会仅仅发送像字符串这样简单的数据结构的，最起码也是类对象，毕竟Java是用类来描述一个事物的。序列化类对象到网络套接字和序列化字符串的过程类似，writeObject方法的参数由字符串改为类对象即可。读取时也只要把readObject方法的参数转为类对象即可。除此之外，还要注意其他几点：

1）实体类要实现Serializable类，添加serialVersionUID标识。

2）发送对象之后要flush()方法。

3）服务端和客户端两边的实体类要一模一样，类名一样，包名也要一样。当年笔者就是因为包名不一样白费了很多时间查找问题。

【例6.9】　实现发送和接收类对象

1）打开Eclipse，工作区路径是D:\eclipse-workspace\mysw，然后新建一个Java工程，工程名为myprj，该工程作为服务端程序。

在工程中添加一个类，类名是Packets，该类的对象就是要发送的数据，代码如下：

```
package myprj;
import java.io.Serializable;

public class Packets implements Serializable{
    public int id;
    public String value;
    public int ballot_pid;
    public int ballot_num;
    public int position;
    public Packets(int id, String value, int ballot_pid, int ballot_num, int 
position)
    {
        this.id= id;
        this.value= value;
        this.ballot_pid= ballot_pid;
```

```
            this.ballot_num= ballot_num;
            this.position= position;
        }
    }
```

这段程序的逻辑很简单，但一定要注意实现Serializable接口。

再在工程中添加一个类，类名是mysrv，该类实现服务端程序的功能，大部分代码和前面实例类似，主要是run方法不同，该方法的代码如下：

```
    public void run() {
        while(goon) {
            try {
                Socket client = serverSocket.accept();
                ObjectInputStream ois = new
ObjectInputStream(client.getInputStream());
                ObjectOutputStream oos = new
ObjectOutputStream(client.getOutputStream());
                Packets packets=(Packets)ois.readObject();
                System.out.println("id : "+packets.id);
                System.out.println("val: "+packets.value);
                System.out.println("pid: "+packets.ballot_pid);
                System.out.println("num: "+packets.ballot_num);
                System.out.println("pos: "+packets.position);
                client.close();
            } catch (IOException e) {
                goon = false;
                e.printStackTrace();
            } catch (ClassNotFoundException e) {
                e.printStackTrace();
            }
        }
        stopServer();
    }
```

通过readObject方法接收字节流后强制转换为Packets类数据结构，然后就可以解析出类字段的内容。

再在工程中添加一个类，类名为test，该类实现测试mysrv的功能，内容和上例一样，这里不再赘述。至此，服务端程序实现完毕。下面实现客户端程序。

2）另外打开一个Eclipse，工作区路径是D:\eclipse-workspace\myswcli，然后新建一个Java工程，工程名为myprj（注意工程名要和服务端程序一样，这样会导致包名一样，两端包名必须一样），该工程作为客户端程序。在工程中添加一个类，类名是Packets，该类的代码和服务端程序的类Packets的代码完全一样。

再添加一个类，类名是mycli，该类实现客户端程序的网络功能，主要的方法是run，代码如下：

```
public void start() throws Exception {
    Socket socket = new Socket(serverIp, serverPort);
```

```
        ObjectOutputStream oos = new
ObjectOutputStream(socket.getOutputStream());
        ObjectInputStream ois = new ObjectInputStream(socket.getInputStream());
        oos.writeObject(new Packets(1,"abc",2,3,4));
        oos.flush();
        oos.close();
        socket.close();
        closeSocket(ois, oos, socket);
    }
```

我们可以看到，要发送类对象，直接把类对象作为参数传给writeObject方法即可。writeObject调用完毕后，注意要调用flush方法刷新一下。

3）保存工程并运行，先运行服务端程序，再运行客户端程序，其中服务端程序运行的结果如下：

```
服务器启动
id : 1
val: abc
pid: 2
num: 3
pos: 4
```

可以看到，服务端程序收到了客户端程序发送的数据，并解析出了Packets的各个字段。

6.9.9　变长数据的接收

变长数据的接收通常有两种方法来知道要接收多少数据。第一种方法是每个不同长度的数据报末尾跟一个结束标识符，接收端在接收时一旦碰到结束标识符，就知道当前的数据报结束了。这种方法必须保证结束符的唯一性，而且效率比较低，所以不常用，在笔者的开发生涯中，结束符的判断方式在实际项目中貌似不受欢迎，因为需要扫描每个字符才行。

第二种方法是在变长的消息体之前加一个固定长度的包头，包头里放一个字段，用来表示消息体的长度。接收的时候先接收包头，然后解析得到的消息体长度，再根据这个长度来接收后面的消息体。

具体开发时，我们可以定义这样的类：

```
class MyData
{
   public int nLen;
   String data;
};
```

其中，nLen用来标识消息体的长度，data用来存放消息体的内容。实际使用时，要把类对象转换成字节数组后再发送出去。在接收端即使不用Java，用其他开发语言，比如VC++，得到的将是字节数组流，也可以解析出内容。限于篇幅，发送MyData的类对象这里就不演示了。

6.10 带图形界面的登录程序

在企业一线实战中，编写登录（Login）程序可谓是大多数网络程序开发必有的工作。通常客户端程序拥有一个图形界面，在一个对话框中有一个用于输入服务器的IP地址和服务程序所用端口号的编辑框以及一个“登录”按钮，当用户输入IP地址和端口号后，单击“登录”按钮，此时客户端程序将和服务端程序建立TCP连接，也就是客户端程序发送连接请求，如果连接成功，则客户端的连接函数返回成功，此时将提示用户登录服务器成功。这样一个简单的功能要做得完善也不容易，比如如果此时连接不上服务器，客户端程序也不进行处理，就会出现一段时间的卡死，这样对用户而言非常不友好。所以通常要在较短的时间（比如小于3秒）内向用户反馈连接是否成功的提示。现在我们来实现这个登录程序。

【例6.10】 带图形界面的登录程序

1）打开Eclipse，新建一个Java程序，工作区名称是wsSrv，工程名为prjSrv，并在Use an execution environment JRE旁边选择JavaSE-1.8。把prjSrv工程作为服务端程序，然后在工程中添加一个类，类名是mysrv。

2）打开mysrv.java，然后输入服务端程序代码：

```
package prjSrv;

import java.io.IOException;
import java.io.PrintWriter;
import java.net.ServerSocket;
import java.net.Socket;
import java.net.InetAddress;
import java.net.NetworkInterface;
import java.net.UnknownHostException;

public class mysrv {
    public static void main(String[] args) throws IOException
    {
        int i;
        InetAddress address = InetAddress.getByName("192.168.1.2"); //该IP
地址必须是本机上已存在的IP地址
        ServerSocket server = new ServerSocket(7777,50,address);
        System.out.println("服务器启动，IP: " + server.getInetAddress().
getHostAddress());
        while (true)
        {
            System.out.println("--------等待客户机的连接请求-----------\n");
            Socket s = server.accept(); //阻塞并等待客户机的连接请求
            System.out.println("客户机:"+s.getInetAddress().
getHostAddress()+"已连接到服务器");
        }

    }
}
```

3）实现客户端程序。客户端程序是一个具有图形界面的程序，关于Java图形界面的基本编程知识，我们在第2章介绍过了，这里不再详述，只粗略地带过。打开一个Eclipse，工作区名称是wsSrv，单击File→New→Project或直接按Ctrl+N组合键来打开新建工程对话框，在该对话框的底部可以看到WindowBuilder，展开它，再展开SWT Designer。

接着选中SWT/JFace Java Project，单击Next按钮，在下一个对话框中输入工程名，这里是prjCli，并在Use an execution environment JRE旁边选择JavaSE-1.8（因为本书用的是JDK1.8），然后单击Finish按钮。

此时工程新建完毕，如果工程视图没有出现，可以单击Eclipse的菜单Windows→Show View→Project Explorer。新建工程完成之后，选中并右击Project Explorer下的src，然后选择New→Other，此时会出现向导对话框，在该对话框上选择JFrame，单击Next按钮，在下一个对话框中输入JFrame的名称，这里是myfrm，该名称也是要新建的Java文件的文件名前缀。最后单击Finish按钮。这样一个名为myfrm.java的Java文件就创建成功了，其代码编辑窗口也同时打开了。

切换到Design界面，然后在窗口上放置一个Absolute Layout，再放置一个按钮，设置按钮的Text属性为“登录”，再放置两个标签和两个文本编辑框控件，标签的Text属性设置为“服务器IP：”和“端口号：”。双击“登录”按钮，此时自动跳转到按钮事件处理函数处，我们为其添加如下代码：

```
public void actionPerformed(ActionEvent e) {
    int res=0;
    String strIP=textField.getText().trim();
    if(strIP.isEmpty())  //判断IP字符串是否为空
    {
        JOptionPane.showMessageDialog(null, "请输入IP地址");
        return;
    }
    if(!isIP(strIP))  //判断IP地址的格式是否合法
    {
        JOptionPane.showMessageDialog(null, "IP格式非法");
        return;
    }

    String strPort=textField_1.getText().trim();
    if(strPort.isEmpty())    //判断端口号是否为空
    {
        JOptionPane.showMessageDialog(null, "请输入端口号");
        return;
    }
    //通过正则表达式判断是否为数字
    Pattern pattern = Pattern.compile("[0-9]*");
    Matcher isNum = pattern.matcher(strPort);
    if( !isNum.matches() ){
        JOptionPane.showMessageDialog(null, "端口号必须是一个数字");
        return;
    }
    //实例化客户机类，连接服务器
```

```
        mycli cl=new mycli(); //实例化客户机类
        res = cl.connSrv(strIP, Integer.parseInt(strPort)); //连接服务器
        if(0==res)
            JOptionPane.showMessageDialog(null, "连接服务器成功");

    }
```

在上述代码中，首先判断IP字符串是否为空，以及IP地址格式是否合法，然后判断端口号是否为空，以及是否为数字。然后实例化客户机类，连接服务器。

在本文件开头添加导入相关程序包的语句，代码如下：

```
import javax.swing.JOptionPane;
import java.util.regex.Pattern;
```

至此，界面相关的程序代码基本实现完毕。下面实现客户机类mycli。

4）在工程中添加一个类，类名是mycli，然后在mycli.java中输入如下代码：

```
package prjCli;

import java.net.Socket;
import java.io.PrintWriter;
import java.io.IOException;
import java.net.InetSocketAddress;
import javax.swing.JOptionPane;

public class mycli {
    public int connSrv(String ip,int port)
    {
        Socket socket = new Socket();
        long startTime = System.currentTimeMillis();
        try {
            socket.connect(new InetSocketAddress(ip, port), 1000);
            return 0;
        } catch (IOException e) {
            long timeout = System.currentTimeMillis() - startTime;
           JOptionPane.showMessageDialog(null, "连接超时", "注意",JOptionPane.
WARNING_MESSAGE);
            e.printStackTrace();
            return -1;
        }
    }
}
```

其中，Socket是用于客户端程序的Java类，我们线实例化它，然后调用其成员方法connect向服务端程序发起连接请求，并把超时时间设置为1秒（1000毫秒）。也就是说，如果连接不上，1秒后connect方法会返回，并且执行异常处理代码块（catch后面的代码），如果需要，也可以打印实际的超时时间timeout，然后显示一个对话框，向用户提示超时。至此，客户端程序实现完毕。

5）保存工程。先运行服务端程序，服务端程序在等待监听，然后运行客户端程序，在对话框中输入服务器的IP地址和服务端程序的端口号，这里是192.168.1.2和7777，注意这个IP地址必须是服务器真实存在的IP地址。若连接成功，则服务端程序运行的结果如图6-11所示。客户端程序运行的结果如图6-12所示。

图 6-11

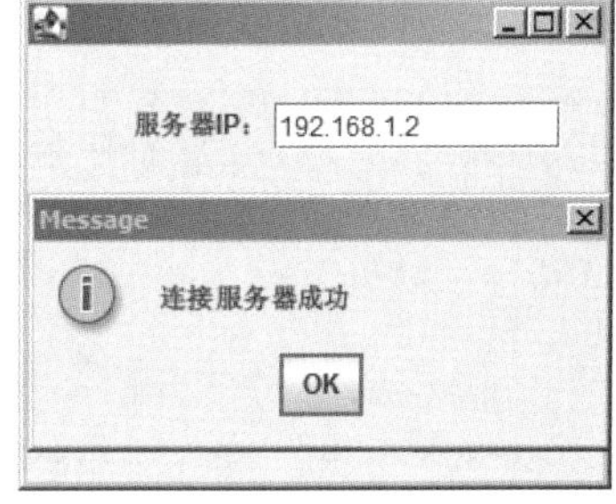

图 6-12

由于我们在connect方法中设置了超时时间，因此即使连接服务器没有成功，客户端程序也会很快响应而不会卡死。读者可以尝试不运行服务端程序，只运行客户端程序，然后发起连接，客户端程序很快就会提示连接超时。

希望读者在学习Java网络编程的时候也能掌握一些图形界面编程的知识，除了客户端程序（比如网络登录程序）需要和图形界面打交道外，服务端程序通常也会用到图形界面，比如服务端的配置工具程序通常也是一个具有图形界面的程序，用于设置服务端程序运行的各种参数（比如IP地址、端口号、设备序列号等）。因此，一个网络开发者也需要具有一些图形界面编程的能力。这是笔者在企业一线开发中的经验之谈。

6.11　处理多种接收意外情况

前面我们学习的网络编程都比较简单，都是假设在网络连通、对端正常的情况下进行数据收发，这主要是照顾初学者。实际上，在一线企业开发中，远不是如此简单，还必须考虑各种网络情况，然后对各种情况进行处理，比如对端程序突然关闭套接字，对端程序突然挂了，网线突然拔了，对端主机突然断电了，等等。总之，在实际开发的时候，必须要尽可能多考虑各种意外情况。

我们来看一下接收（读取）数据的inputStream.read方法（inputStream类的方法）。前面提到，inputStream.read方法是接收数据的常用方法，它是一个阻塞方法，当没有数据过来时，方法就阻塞在那里。当有数据过来时，就读取数据，并返回实际读取到的数据长度。当对端关闭套接字（Socket.close）、对端Socket调用shutdownOutput关闭输出流或者直接关闭OutputStream（out.close）时，read返回–1，另外，如果设置了超时时间（Socket.setSoTimeout），超时时间到了，读取超时会抛出异常。我们通过一些案例来加深这段话的理解。

【例6.11】　服务端程序关闭套接字

1）打开Eclipse，工作区文件夹名称是mysw。然后新建一个Java工程，工程名为mysrv，我们把mysrv工程作为服务端程序。在工程中添加一个类，类名是mysrv。

2）打开mysrv.java，在其中输入main函数，代码如下（为了节省篇幅，只演示核心代码）：

```
public static void main(String[] args) throws IOException
{
    int n=0;
    InetAddress address =  InetAddress.getByName("192.168.1.2");//主机存在的
IP地址
    ServerSocket server = new ServerSocket(7777,50,address);
    System.out.println("服务器启动，IP: " +
server.getInetAddress().getHostAddress());
     while (true)
     {
        System.out.println("--------等待客户机的连接请求-----------\n");
        Socket s = server.accept(); //阻塞并等待客户机的连接请求
        System.out.println("客户机:"+s.getInetAddress().getHostAddress()+"已
连接到服务器");
        //把消息返回给客户端程序
        OutputStream os = s.getOutputStream(); //创建输出流，准备发送数据
        os.write("Hello,client,Bye.".getBytes());//发送数据，这句话将发送给客户
端程序
        s.close();  //关闭客户机套接字
        System.out.println("是否继续监听？(y/n)");
        Scanner in = new Scanner(System.in);
        String msg = in.nextLine();
        if (msg=="y") //如果不是y就退出循环
            break;
     }
     server.close();
}
```

这段程序代码非常简单，就是先实例化服务器套接字（ServerSocket），然后监听客户端程序的连接请求。当客户端程序的连接请求发送过来时，就发送一段数据（"Hello,client,Bye."）给客户端程序，然后关闭客户机套接字。

3）再打开一个Eclipse，新建一个Java工程，工程名为mycli，我们把mycli工程作为客户端程序。在本工程中新建一个类，类名是test，然后在test.java中输入如下代码（这里只演示核心代码）：

```
public static void main(String[] args) {
    int n=0;
    try {
        Socket socket = new Socket("192.168.1.2",7777);//实例化并建立连接
        InputStream is = socket.getInputStream();  //这里用了匿名子类实例化
        byte[] b = new byte[1024];
        do
        {
            System.out.println("waiting data...");
            n = is.read(b);//阻塞
            if(n>0) out.print("收到服务端消息: "+new String(b,0,n));
            else
```

```
                if(n==0) System.out.println("rcv 0 data");
                else System.out.println("对端关闭了: "+n);
            } while(n>0);
            socket.close();
        } catch (Exception e) {
            e.printStackTrace();
        }
```

实例化客户机套接字并发送连接请求，其中192.168.1.2是笔者服务器的IP地址。接着，通过InputStream.read方法开始阻塞并等待数据。当收到服务端程序发来的数据后，再次等待接收，由于服务端程序关闭了客户机套接字，第二次read将返回–1。

4）保存工程并运行，先运行服务端程序，再运行客户端程序。服务端程序运行的结果如下：

```
服务器启动，IP: 192.168.1.2
--------等待客户机的连接请求-----------

客户机:192.168.1.2已连接到服务器
是否继续监听? (y/n)
y
--------等待客户机的连接请求-----------
```

客户端程序运行的结果如下：

```
waiting data...
收到服务端消息: Hello,client,Bye.waiting data...
对端关闭了: -1
```

这样，我们就可以确认了，当一方关闭套接字，另一方的read方法就会返回–1。有兴趣的读者可以自己修改程序，让客户端程序关闭套接字，服务端程序调用read方法，效果应该是一样的。

在这个例子中，服务端程序友好地关闭了套接字，让客户端程序可以知道服务端的情况。如果服务端程序比较粗暴，不关闭套接字，而是直接退出程序呢？有朋友可能会问，这样编写代码不好吧，应该让服务端程序的开发人员去修改。笔者经过几十年的一线企业开发的工作，真实的体会是，如果是一个项目组内（脾气较好）的同事，或许还会修改一下，但不少情况是服务端产品的提供者是另一个公司的，而且没有源码，想自己修改也不行。对方公司的开发人员不见得会为你单独升级代码。所以我们也要了解清楚在对端不关闭套接字而直接退出程序这种情况，我们自己应该如何应对。

【例6.12】 服务端程序不关闭套接字而突然退出

1）打开Eclipse，工作区文件夹名称是myswSrv，然后新建一个Java工程，工程名为mysrv，我们把mysrv工程作为服务端程序。在工程中添加一个类，类名是mysrv。

2）打开mysrv.java，在其中输入main函数，代码如下（为了节省篇幅，只列出核心代码）：

```
public static void main(String[] args) throws IOException
{
    int n=0;
```

```
        InetAddress address =  InetAddress.getByName("192.168.1.2"); //这个IP地址
必须是服务器存在的IP地址
        ServerSocket server = new ServerSocket(8888,50,address);
        System.out.println("服务器启动，IP: " +
server.getInetAddress().getHostAddress());
        while (true)
        {
            System.out.println("---------等待客户机的连接请求-----------\n");
            Socket s = server.accept(); //阻塞并等待客户端程序的连接请求
            System.out.println("客户机:"+s.getInetAddress().getHostAddress()+"已
连接到服务器");
            //把消息返回给客户端程序
            OutputStream os = s.getOutputStream(); //创建输出流，准备发送数据
            os.write("Hello,client,Bye.".getBytes());//发送数据，这句话将发送给客户端
程序
            //  s.close();   //此行注释掉了，即不关闭客户机接字
            System.out.println("是否退出程序？(y/n)");
            Scanner in = new Scanner(System.in);
            String msg = in.nextLine();
            if (msg.equals("y")) //比较字符串
            {
                server.close();
                System.exit(0);
                break;
            }
        }
    }
```

在上述程序代码中，我们实现了服务端程序，监听8888端口，当客户端程序的连接请求发过来后，就发送一段文本“Hello,client,Bye.”，然后不关闭客户机接字，并询问用户是否退出程序，如果输入y则退出程序，以此来模拟服务端程序不关闭客户机套接字而直接退出程序的情况。下面实现客户端程序。

3）再打开一个Eclipse，新建一个Java工程，工程名是mycli，我们把mycli工程作为客户端程序。在本工程中新建一个类，类名是test，然后在test.java中输入如下代码（这里只演示核心代码）：

```
    public static void main(String[] args) {
        int n=0,i=1;
        SocketAddress address = new InetSocketAddress("192.168.1.2", 8888);
        Socket socket=new Socket();
        while(true)
        {
            try {
            Thread.currentThread().sleep(1000); //等待1秒
            out.println(i+":try to connect server.");
            socket.connect(address); //向服务器发起连接请求
            InputStream is = socket.getInputStream();  //这里用了匿名子类实例化
            byte[] b = new byte[1024];
            do
            {
```

```
                out.println("\nwaiting data...");
                n = is.read(b);//阻塞并等待接收数据
                if(n>0) out.print("收到服务端消息: "+new String(b,0,n));
                else if(n==0) System.out.println("rcv 0 data");
                else System.out.println("对端关闭了: "+n);
            }while(n>0);
            socket.close();
        }
        catch(Exception  e){
             e.printStackTrace();
             i++;
            }
        }
    }
```

在上述程序代码中，我们设置了两层循环，外层循环是每隔一秒（1000毫秒）就向服务端程序发送一次连接请求，内层循环用阻塞以接收数据。由于服务端程序不关闭客户机套接字而直接退出了，因此这里read方法不会返回值，而是直接抛出异常，连接重置(Connection Reset)。然后打印了异常信息（printStackTrace）并把i加1，开始下一次外层循环，重新等待一秒后发起连接请求，由于上一次服务端不关闭客户套接字而直接退出了，导致这里客户机套接字的连接状态依然是true，也就是说，客户端程序依然认为连接是保持着的，所以第二次连接必然失败，会抛出已经连接（Already Connected）异常。

4）保存工程并运行，先运行服务端程序，再运行客户端程序，可以发现客户端程序收到数据并继续等待接收数据，在服务端程序上输入y来退出服务端程序，此时客户端程序将抛出连接重置异常，然后进入第二次连接请求，将再抛出已经连接异常。客户端程序运行的结果如图6-13所示。

如果调试中用单步运行（按F11键可以启动调试到某个断点，再按F6键可以单步运行），到了第二次抛出异常时，就可以看到客户机套接字的Connected是true，所以之后再次发起连接时，将一直失败（因为Java认为已经连接着），如图6-14所示。

```
Console ⊠  Debug Shell
test [Java Application] C:\Program Files\Java\jre1.8.0_181\bin\javaw.exe (20:
1:try to connect server.

waiting data...
收到服务端消息: Hello,client,Bye.
waiting data...
java.net.SocketException: Connection reset
        at java.net.SocketInputStream.read(Unknown Sou
        at java.net.SocketInputStream.read(Unknown Sou
        at java.net.SocketInputStream.read(Unknown Sou
        at mycli.test.main(test.java:32)
2:try to connect server.
java.net.SocketException: already connected
        at java.net.Socket.connect(Unknown Source)
        at java.net.Socket.connect(Unknown Source)
        at mycli.test.main(test.java:26)
3:try to connect server.
java.net.SocketException: already connected
        at java.net.Socket.connect(Unknown Source)
        at java.net.Socket.connect(Unknown Source)
        at mycli.test.main(test.java:26)
4:try to connect server.
java.net.SocketException: already connected
        at java.net.Socket.connect(Unknown Source)
        at java.net.Socket.connect(Unknown Source)
        at mycli.test.main(test.java:26)
```

图 6-13

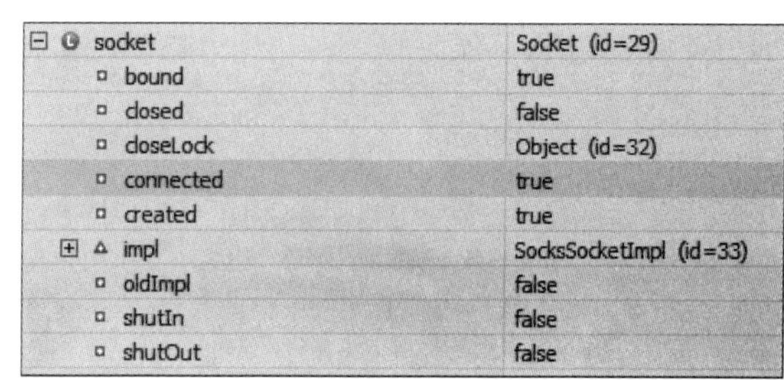

图 6-14

服务端程序运行的结果如下：

```
客户机：192.168.1.2已连接到服务器
是否退出程序？(y/n)
y
```

从这个案例可以看到，当服务端程序不关闭客户机套接字而直接退出程序时，处于阻塞以等待接收数据的客户端程序就会抛出连接重置异常。这是一个好事情，至少客户端程序能感知到服务端程序的状况了。我们要做的是在客户端程序中加以处理，即一旦连接重置，就关闭套接字，然后进入下一次循环，重新实例化再连接，因为关闭套接字了，所以要重新实例化。最终把客户端程序的代码修改如下：

```
public static void main(String[] args) {
    int n=0,i=1;
    SocketAddress address = new InetSocketAddress("192.168.1.2", 8888);
    Socket socket=null;
    while(true)
    {
        try {
            socket=new Socket();
            Thread.currentThread().sleep(1000);
            out.println(i+":try to connect server.");
            socket.connect(address);
            InputStream is = socket.getInputStream();  //这里用了匿名子类实例化
            byte[] b = new byte[1024];
            do
            {
                out.println("\nwaiting data...");
                n = is.read(b);//阻塞
                if(n>0) out.print("收到服务端消息: "+new String(b,0,n));
                else
                    if(n==0) System.out.println("rcv 0 data");
                    else System.out.println("对端关闭了: "+n);
            } while(n>0);
            socket.close();

        }
        catch(Exception  e){
             //e.printStackTrace();
             i++;
        }
        finally{
            try{
            if(socket!=null) socket.close();
            }
            catch(IOException e){e.printStackTrace();}
        }
     }
 }
```

finally模块肯定会执行到，我们把套接字关闭，然后下一次重新实例化并连接。现在如果要运行客户端程序，无论服务端程序先于客户端程序执行还是后于客户端程序执行，客户端程序都能正确连接上，然后收到数据，此时服务端程序即使不关闭套接字就退出，客户端程序也能在finally中关闭套接字，然后重新实例化并继续发起连接。新版客户端程序运行的结果如下：

```
1:try to connect server.
2:try to connect server.
3:try to connect server.
4:try to connect server.
5:try to connect server.

waiting data...
收到服务端消息：Hello,client,Bye.
waiting data...
6:try to connect server.
7:try to connect server.
8:try to connect server.
```

这个案例演示了服务端程序不关闭套接字而让自己直接退出的情况。如果是外面暴力“杀死”了服务端程序，比如通过任务管理器结束了服务端程序，在这种情况下，客户端程序会收到通知吗？请看下一个案例。

【例6.13】 服务端程序被暴力“杀死”了

1）打开Eclipse，工作区文件夹名称是myswSrv。然后新建一个Java工程，工程名为mysrv，我们把mysrv工程作为服务端程序。在工程中添加一个类，类名是mysrv。

2）打开mysrv.java，在其中输入代码，代码同上例mysrv.java。

3）再打开一个Eclipse，新建一个Java工程，工程名为mycli，我们把mycli工程作为客户端程序。在本工程中新建一个类，类名是test，然后从上例的test.java中复制一份代码过来，然后把//e.printStackTrace();语句中的注释去掉，这样可以查看到底会抛出什么异常。

4）保存工程并运行，先运行服务端程序，再运行客户端程序，此时客户端程序会收到数据并继续等待接收后续数据。然后打开Windows的任务管理器，找到内存占用大的javaw.exe，这里内存占用的是12 456KB，如图6-15所示。此时客户端出现连接重置了，如图6-16所示。

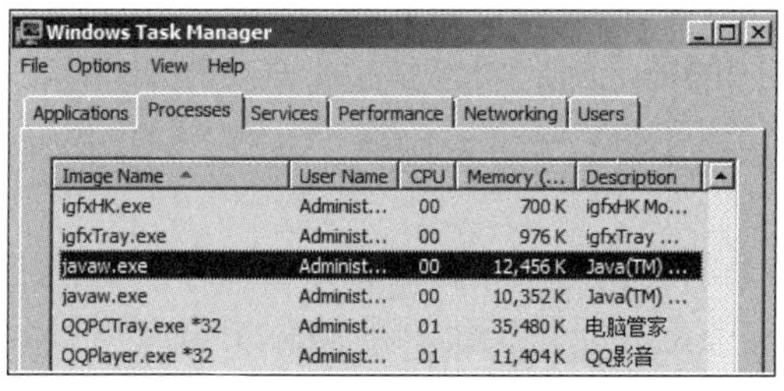

图 6-15

```
1:try to connect server.

waiting data...
收到服务端消息：Hello,client,Bye.
waiting data...
java.net.SocketException: Connection reset
	at java.net.SocketInputStream.read(Unknown Source)
	at java.net.SocketInputStream.read(Unknown Source)
	at java.net.SocketInputStream.read(Unknown Source)
	at mycli.test.main(test.java:29)
2:try to connect server.
```

图 6-16

第 7 章 FTP 网络编程

FTP是互联网上使用广泛的文件传输协议，它是TCP/IP协议族中的协议之一，其目标是提高文件的共享性，提供可靠高效的数据传输服务。FTP由RFC959定义，是基于TCP服务的应用层协议。FTP服务器一般运行在TCP的20、21号两个端口，端口20用于在客户机和服务器之间进行数据传输；端口21用于传输控制流，并且是控制命令通向FTP服务器的入口。

FTP编程是学习网络编程的一个绝佳案例，因为其简单、容易理解，但涉及的知识面不少，所以通过FTP编程的学习可以加深对网络编程的理解。

7.1 FTP 概述

1971年，第一个FTP的RFC（Request For Comments，一系列以编号排定的文件，包含关于互联网几乎所有重要的文字资料）由A.K.Bhushan提出，同一时期由MIT和Harvard实现，即RFC114。在随后的十几年中，FTP协议的官方文档历经数次修订，直到1985年，一个影响至今的FTP官方文档RFC959问世了。如今所有关于FTP的研究与应用都是基于该文档的内容。FTP服务有一个重要的特点就是其实现并不局限于某个平台，在Windows、DOS、UNIX平台上均可搭建FTP客户端及服务器并实现互联互通。

互联网技术的飞速发展推动了全世界范围内信息的传输与共享，深刻地改变了人们的工作和生活方式。在信息时代，海量数据的共享成为人与人之间沟通的迫切需要，在实现文件共享的过程中，FTP发挥了巨大的作用。

FTP技术作为文件传输的重要手段，已经得到了广泛的使用。通常人们可以使用电子邮箱、即时通信客户端（例如QQ）和FTP客户端来进行数据的传输。在这几种常用的方式中，电子邮箱必须以附件的形式来传输文件，并且对文件大小有限制；即时通信客户端中的文件传输一般要求用户双方必须在线，如今虽然增加了离线传输的功能，但该功能在本质上是通过服务器暂时保存用户文件来实现的，与FTP的原理类似。此外，通过这两种方式传输文件有一个共同的缺陷：需要传输的文件无法以目录系统的形式呈现给用户。尽管如此，FTP文件传输系统有其无可替代的优势，在文件传输领域始终占据重要地位，因此对其进行研究颇有现实意义。

FTP之所以在全世界流行，很大程度归功于匿名FTP的使用及推广。用户不需要注册就可以通过匿名FTP登录远程主机来获取所需的文件。所以，每一位用户都可以在匿名FTP主机上获取所需的文件，匿名FTP为世界各个角落的人们提供了一条通往巨大资源库的道路，人们可以在资源库中自由下载所需要的资源，并且这个资源库还在不断地扩充中。另外，在互联网上，匿名FTP是软件分发的主要方式，许多程序通过匿名FTP进行发布，每一个程序开发者都可以搭建FTP服务器来发布软件。

早期的FTP文件传输系统以命令行的形式呈现，发展至今涌现出了很多图形界面的FTP应用软件，比较常见的有Flash FXP、Cute FTP、Serv-U。这些FTP软件都采用C/S架构，即包含客户机和服务器两部分，基于FTP协议实现信息交互。用户通过客户机端进行基本的上传、下载操作，实现资源文件的共享。而服务器端通过对文件的存储和发布来即时更新资源，方便用户选择和使用。随着FTP技术的发展，如今大多数浏览器都集成了FTP下载工具，用户通过匿名登录网站的FTP服务器选择下载网络上FTP资源的内容。然而，绝大部分网络浏览器提供的文件下载器并不具备文件资源管理功能或管理起来很不方便。

自FTP协议的第一个RFC版本发布以来，历经数十年的发展，海内外涌现出了众多优秀的支持FTP协议的软件。国外的软件有Serv-U、Flash FXP、Cute FTP等，国内的软件有迅雷、网络蚂蚁、China FTP等。其中国外的软件大部分需要付费使用，而国内几乎没有FTP开源软件，软件质量也参差不齐，难以保证安全性。

FTP作为网络软件大集体中的老兵，虽然年纪略大，但作为教学案例依旧非常经典。本章的学习是对前面几章知识的综合运用。本章是在Visual Studio 2015开发环境下开发FTP客户端程序以及服务端程序（简称为FTP客户端和FTP服务器）。FTP客户端与FTP服务器均是基于Windows 平台和标准FTP协议开发的，主要涉及Windows多线程网络编程的诸多技术，比如网络IO、线程同步等技术。本章设计的FTP客户端有其特色功能：支持目录传输以及断点续传，同时具备良好的人机交互界面；设计的FTP服务器采用了多线程技术，使得FTP服务器能够从容应对高并发访问。此外，本章设计的FTP服务器提供了日志显示、账户管理、权限控制等诸多功能，可以极大地方便用户管理自己的FTP服务器。

7.2　FTP 的工作原理

FTP是一个应用层协议，用于实现网络上的客户机和服务器之间的文件传输。FTP是一个客户机/服务器系统。用户通过一个支持FTP协议的客户端程序连接到在远程服务器上的FTP服务端程序。用户通过客户端程序向服务端程序发出命令，服务端程序执行用户所发出的命令，并将执行的结果返回到FTP客户端。比如，用户发出一条命令，要求FTP服务器向用户传送某一个文件的一份复制，服务器会响应这条命令，将指定文件传送至用户的机器上。客户端程序帮助用户接收到这个文件，将其存放在用户目录中。

当用户启动与远程主机间的一个FTP会话时，FTP客户端首先向FTP服务器发起一个TCP连接（这个连接被称为控制连接），然后经由该控制连接把用户名和登录密码发送给FTP服务器。客户端程序还经由该控制连接把本地临时分配的数据端口告知服务端程序，以便服务端程序建立一个从服务器端口号20到客户机指定端口之间的数据TCP连接；用户执行的一些命令也由客户端程序经由控制连接发送给服务端程序，例如改变远程目录的命令。当用户每次请求传送文件时（不论哪个方向），FTP将在服务器端口号20上打开一个数据TCP连接（其发起端既可能是服务器，又可能是客户端）。在数据连接上传送完本次请求需传送的文件之后，有可能关闭数据连接，到再次有文件传送请求时重新打开。因此在FTP中，控制连接在整个用户会话期间一直打开着，而数据连接有可能为每次文件传送请求重新打开一次（即数据连接是非持久的）。

在整个会话期间，FTP服务器必须维护关于用户的状态。具体地说，FTP服务器必须把控制连接与特定的用户关联起来，必须随用户在远程目录树中的"游动"来跟踪其当前目录。为每个活跃用户的会话保持这些状态信息极大地限制了FTP能够同时维护的会话数。

用户通过FTP客户端连接到在某个远程主机上的FTP服务器。用户通过FTP客户端向服务器发送指令，服务器根据指令的内容执行相关操作，最后将结果返回给FTP客户端。例如，用户向FTP服务器发送文件下载命令，服务器收到该命令后将指定文件传送给客户端，并将执行结果返回给客户端。

FTP系统和其他C/S系统的不同之处在于：它在FTP客户端和服务器之间同时建立了两条连接来实现文件的传输，分别是控制连接和数据连接。控制连接用于客户端和服务器之间的命令和响应的传递，数据连接则用于传送数据信息。

当用户通过FTP客户端向FTP服务器发起一个会话时，客户端会和FTP服务器的端口21建立一个TCP 连接，即控制连接。客户端使用此连接向FTP服务器发送所有FTP命令并读取所有FTP命令的应答。对于大批量的数据而言，如数据文件或详细目录列表，FTP系统会建立一个独立的数据连接去传送相关的数据。

7.3 FTP 的传输方式

FTP的传输有两种方式：ASCII传输方式和二进制传输方式。

（1）ASCII传输方式

假定用户正在复制的文件包含简单的ASCII码文本，在远程机器上运行的不是UNIX，当文件传输时，FTP通常会自动调整文件的内容以便于把文件解释成另外那台计算机存储文本文件的格式。

但是常常有这样的情况，用户正在传输的文件包含的不是文本文件，可能是程序、数据库、字处理文件或者压缩文件。在复制任何非文本文件之前，用binary命令告诉FTP逐字复制。

（2）二进制传输方式

在二进制传输中，保存文件的位序，以便让原始文件和复制的文件逐位一一对应，如Macintosh以二进制方式传送可执行文件到Windows系统，虽然在对方的系统上此文件无法执行（操作系统不同）。

以ASCII方式传输二进制文件时，即使不需要也会被转译，这会损坏数据（因为以ASCII方式传输时，一般假设每一个字符对应字节的第一有效位无意义，因为ASCII字符组合不使用它。如果传输二进制文件，则所有的二进制位都是重要的）。

7.3.1　FTP 的工作方式

FTP有两种不同的工作方式：PORT（主动）方式和PASV（被动）方式。

在主动方式下，FTP客户端先开启一个大于1024的随机端口，用来与FTP服务器的21号端口建立控制连接，当用户需要传输数据时，在控制通道中通过使用PORT命令向服务器发送本地IP地址以及端口号，服务器会主动连接客户端发送过来的指定端口，以实现数据传输，然后在这条连接上面进行文件的上传或下载。

在被动方式下，建立控制连接的过程与主动方式基本一致，但在建立数据连接的时候，FTP客户端通过控制连接发送 PASV命令，随后FTP服务器开启一个大于1024的随机端口，将IP地址和此端口号发送给客户端，然后客户端去连接服务器的该端口，从而建立数据传输链路。

总体来说，主动和被动是相对于服务器而言的，在建立数据连接的过程中，在主动方式下，FTP服务器会主动请求连接到FTP客户端的指定端口；在被动方式下，服务器在发送端口号给客户端后会被动地等待客户端连接到该端口。

当需要传送数据时，客户端开始监听端口N+1，并在命令链路上用PORT命令发送N+1端口到FTP服务器，于是服务器会从自己的数据端口（20）向客户端指定的数据端口（N+1）发送连接请求，建立一条数据链路来传送数据。

FTP客户端与FTP服务器之间仅使用3条命令发起数据连接的创建：STOR（上传文件）、RETR（下载文件）和LIST（接收一个扩展的文件目录），客户端在发送这3条命令后会发送PORT或PASV命令来选择传输方式。当数据连接建立之后，FTP客户端可以和服务器互相传送文件。当数据传送完毕后，发送数据方发起的数据连接关闭，例如处理完STOR命令后，客户端发起关闭，处理完RETR命令后，服务器发起关闭。

FTP主动传输方式的具体步骤如下：

步骤01 客户端与服务器的 21 号端口建立 TCP 连接，即控制连接。

步骤02 当用户需要获取目录列表或传输文件的时候，客户端通过使用 PORT 命令向服务器发送本地 IP 地址以及端口号，期望服务器与该端口建立数据连接。

步骤03 服务器与客户端在该端口建立第二条 TCP 连接，即数据连接。

步骤04 客户端和服务器通过该数据连接进行文件的发送和接收。

FTP被动传输方式的具体步骤如下：

步骤01 客户端与服务器的 21 号端口建立 TCP 连接，即控制连接。

步骤02 当用户需要获取目录列表或传输文件的时候，客户端通过控制连接向服务器发送 PASV 命令，通知服务器采用被动传输方式。服务器收到 PASV 命令后，随即开启一个大于 1024 的端口，然后将该端口号和 IP 地址通过控制连接发送给客户端。

步骤03 客户端与服务器在该端口建立第二条 TCP 连接，即数据连接。

步骤04 客户端和服务器通过该数据连接进行文件的发送和接收。

总之，FTP主动传输方式和被动传输方式各有特点，使用主动方式可以避免服务器上防火墙软件的干扰，而使用被动方式可以避免客户机上防火墙软件的干扰。

7.3.2 FTP 命令

FTP命令主要用于控制连接，根据命令功能的不同可分为访问控制命令、传输参数命令、FTP服务命令。所有FTP命令都是在网络虚拟终端（NVT）以ASCII文本的形式发送的，它们都是以ASCII回车或换行符来结束的。

完整的标准FTP指令限于篇幅不可能一一实现，我们只实现了一些基本的指令，并在下面的内容中对这些指令做出详细说明。

实现的指令有USER、PASS、TYPE、LIST、CWD、PWD、PORT、DELE、MKD、RMD、SIZE、RETR、STOR、REST、QUIT。

常用的FTP访问控制命令如表7-1所示。

表 7-1 FTP 访问控制命令

命令名称	功　能
USER username	登录用户的名称，参数username是登录用户名。USER命令的参数是用来指定用户的Telnet字串。它用来验证用户身份。该指令通常是建立数据连接后（有些服务器需要）用户发出的第一个指令。有些服务器还需要通过password或account指令获取额外的身份验证信息。服务器允许用户为了改变访问控制或账户信息而发送新的USER指令。这会导致已经提供的用户、密码、账户信息被清空，要求重新开始登录，所有的传输参数均不改变，任何正在执行的传输进程都在旧的访问控制参数下完成
PASS password	发出登录密码，参数password是登录该用户所需的密码。PASS命令的参数是用来指定用户密码的Telnet字符串。此指令紧跟用户名指令，在某些站点它是完成访问控制不可缺少的一步。因为登录密码信息非常敏感，所以它通常被“掩盖”起来或什么也不显示。FTP服务器没有十分安全的方法达到这样的显示效果，因此FTP客户端进程有责任去隐藏敏感的密码信息
CWD pathname	改变工作路径，参数pathname是指定目录的路径名称。该指令允许用户在不改变它的登录和账户信息的状态下，为存储或下载文件而改变工作目录或数据集。传输参数不会改变，它的参数是指定目录的路径名或其他系统的文件集标志符
QUIT	退出登录，终止连接。该指令终止一个账户的登录，如果没有正在执行的文件传输，FTP服务器将关闭控制连接。如果有数据传输，在得到传输响应后服务器关闭控制连接。如果用户进程正在向不同的用户传输数据，不希望对每个用户关闭后再打开，可以使用REIN指令代替QUIT。对控制连接的意外关闭可能导致服务器运行中止（ABOR）和退出登录（QUIT）

所有的数据传输参数都有默认值，仅当要改变默认的参数值时才使用此指令指定数据传输的参数。默认值是最后一次指定的值，如果没有指定任何值，就使用标准的默认值。这意味着服务器必须“记住”合适的默认值。在FTP服务请求之后，指令的次序可以任意。常用的传输参数命令如表7-2所示。

表 7-2　FTP 常用的传输参数命令

<table>
<tr><th>命令名称</th><th>功　　能</th></tr>
<tr><td>PORT h1,h2,h3,h4,p1,p2</td><td>主动传输方式，参数为IP（h1,h2,h3,h4）和端口号（p1×256+p2）。该指令的参数是用来进行数据连接的数据端口。FTP客户端和服务器均有默认的数据端口，并且在一般情况下，此指令和它的回应不是必需的。如果使用该指令，则参数由32位的互联网主机地址和16位的TCP端口地址串联组成。地址信息被分隔成8位一组，各组的值以十进制数（用字符串表示）来传输。各组之间用逗号分隔。一个端口指令：
PORT h1,h2,h3,h4,p1,p2
这里h1是互联网主机地址的高8位</td></tr>
<tr><td>TYPE type</td><td>确定传输数据类型（A=ASCII，I=Image，E=EBCDIC）。数据表示是由用户指定的表示类型，类型可以隐含地（比如ASCII或EBCDIC）或明确地（比如本地字节）定义一字节的长度，提供像“逻辑字节长度”这样的表示。注意，在数据连接上，传输时使用的字节长度称为“传输字节长度”，和前面说的“逻辑字节长度”不要弄混。例如，NVT-ASCII的逻辑字节长度是8位。如果该类型是本地类型，那么TYPE指令必须在第二个参数中指定逻辑字节长度。传输字节长度通常是8位的。

ASCII类型
这是所有FTP执行必须承认的默认类型。它主要用于传输文本文件。
发送方把内部字符表示的数据转换成标准的8位NVT-ASCII表示。接收方把数据从标准的格式转换成自己内部的表示形式。与NVT标准保持一致，要在行结束处使用<CRLF>序列。使用标准的NVT-ASCII表示的意思是数据必须转换为8位的字节。

IMAGE类型
数据以连续的位传输，并打包成8位的传输字节。接收站点必须以连续的位存储数据。存储系统的文件结构（或者对于记录结构文件的每个记录）必须填充适当的分隔符，分隔符必须全部为零，填充在文件末尾（或每个记录的末尾），而且必须有识别填充位的办法，以便接收方把它们分离出去。填充的传输方法应该明示，使得用户可以在存储站点处理文件。IMAGE格式用于有效地传送和存储文件以及传送二进制数据。推荐所有的FTP在执行时支持此类型。EBCDIC是IBM提出的字符编码方式</td></tr>
</table>

FTP服务指令用于表示用户要求的文件传输或文件系统的功能。FTP服务指令的参数通常是一个路径名。路径名的语法必须符合服务器站点的规定和控制连接的语言规定。隐含的默认值是使用最后一次指定的设备、目录或文件名，或者本地用户定义的标准默认值。指令顺序通常没有限制，只有rename from指令后面必须是rename to，重新启动指令后面必须是中断服务指令（比如STOR或RETR）。除了确定的报告回应外，FTP服务指令的响应总是在数据连接上传输。常用的服务命令如表7-3所示。

表 7-3　FTP 常用的服务命令

命令名称	功　能
LIST pathname	请求服务器发送列表信息。如果路径名指定了一个文件，那么服务器将传送文件的当前信息。不使用参数意味着使用用户当前的工作目录或默认目录。数据传输在数据连接上进行，使用ASCII类型或EBCDIC类型（用户必须保证表示类型是ASCII或EBCDIC）。因为一个文件的信息从一个系统到另一个系统的差别很大，所以此信息很难被程序自动识别，但对人类用户却很有用
RETR pathname	请求服务器向客户端发送指定文件。该指令让 server-DTP 用指定的路径名传送一个文件的副本到数据连接另一端的server-DTP或 user-DTP。该服务器站点上的文件状态和内容不受影响
STOR pathname	客户端向服务器上传指定文件。如果指定路径名的文件在服务器站点已存在，那么它的内容将被传输的数据替换；如果指定路径名的文件不存在，那么将在服务器站点新建一个文件
ABOR	终止上一次FTP服务命令以及所有相关的数据传输
APPE pathname	客户端向服务器上传指定文件，若该文件已存在于服务器的指定路径下，则数据会以追加的方式写入该文件；若不存在，则在该位置新建一个同名文件
DELE pathname	删除服务器上的指定文件。该指令从服务器站点删除指定路径名的文件
REST marker	移动文件指针到指定的数据检验点。该指令的参数代表服务器要重新开始的文件传输的一个标记。该指令并不传送文件，而是跳到文件的指定数据检查点。该指令后应该紧跟合适的使数据重传的FTP服务指令
RMD pathname	该指令删除路径名中指定的目录（如果是绝对路径）或者删除当前目录的子目录（如果是相对路径）
MKD pathname	该指令创建指定路径名的目录（如果是绝对路径）或在当前工作目录创建子目录（如果是相对路径）
PWD	该指令在回应中返回当前工作目录名
CDUP	将当前目录改为服务端根目录，不需要更改账号信息以及传输参数
RNFR filename	指定要重命名的文件的旧路径和文件名
RNTO filename	指定要重命名的文件的新路径和文件名

7.3.3　FTP 应答码

FTP命令的回应是为了确保数据传输请求和过程同步，也是为了保证用户进程总能知道服务器的状态。每条指令最少产生一个回应，尽管可能会产生多于一个的回应。对后一种情况，多个回应必须容易分辨。另外，有些指令是连续产生的，比如USER、PASS和ACCT，或者RNFR和RNTO。如果此前的指令已经成功，则回应显示一个中间状态。其中任何一个指令的失败都会导致全部指令序列重新开始。

FTP应答信息指的是服务器在执行相关命令后返回给客户端的执行结果信息，客户端通过应答码能够及时了解服务器当前的工作状态。FTP应答码是由三个数字外加一些文本组成的。不同数字组合代表不同的含义，客户端不用分析文本内容就可以知晓命令的执行情况。文本内容取决于服务器，不同情况下客户端会获得不一样的文本内容。

三个数字每一位都有一定的含义，第一位表示服务器的响应是成功的、失败的还是不完全的；第二位表示该响应是针对哪一部分的，用户可以据此了解哪一部分出了问题；第三位表示在第二位的基础上添加的一些附加信息。例如，第一条发送的命令是USER外加用户名，随后客户端收到应答码331，应答码的第一位的3表示需要提供更多信息；第二位的3表示该应答是与认证相关的，与第三位的1一起，该应答码的含义是：用户名正常，但是需要一个密码。若使用xyz来表示三位数字的FTP应答码，表7-4给出了根据前两位来区分不同应答码的含义。

表 7-4　不同应答码的含义

应　答　码	含　　义
1yz	确定预备应答。目前为止操作正常，但尚未完成
2yz	确定完成应答。操作完成并成功
3yz	确定中间应答。目前为止操作正常，但仍需后续操作
4yz	暂时拒绝完成应答。未接受命令，操作执行失败，但错误是暂时的，可以稍后继续发送命令
5yz	永久拒绝完成应答。命令不被接受，并且不再重试
x0z	格式错误
x1z	请求信息
x2z	控制或数据连接
x3z	认证和账户登录过程
x4z	未使用
x5z	文件系统状态

根据表7-4对应答码含义的规定，表7-5按照功能划分列举常用的FTP应答码并介绍其具体含义。

表 7-5　常用的 FTP 应答码及其含义

具体应答码	含　　义
200	指令成功
500	语法错误，未被承认的指令
501	因参数或变量导致的语法错误
502	指令未执行
110	重新开始标记应答
220	服务为新用户准备好
221	服务关闭控制连接，适当时退出
421	服务无效，关闭控制连接
125	数据连接已打开，开始传送数据
225	数据连接已打开，无传输正在进行
425	不能建立数据连接
226	关闭数据连接，请求文件操作成功
426	连接关闭，传输终止
227	进入被动模式（h1,h2,h3,h4,p1,p2）
331	用户名正确，需要密码
150	文件状态良好，打开数据连接
350	请求的文件操作需要进一步的指令
451	终止请求的操作，出现本地错误
452	未执行请求的操作，系统存储空间不足

（续表）

具体应答码	含　　义
552	请求的文件操作终止，存储分配溢出
553	请求的操作没有执行

7.4　开发 FTP 客户端程序

本节主要介绍FTP客户端程序（简称客户端）的设计过程和具体实现方法。首先进行需求分析，确定客户端的界面设计方案和工作流程设计方案；然后描述客户端程序框架，分为界面控制模块、命令处理模块和线程模块3部分；最后介绍客户端主要功能的详细实现方法。

7.4.1　客户端需求分析

一款优秀的FTP客户端应该具备以下特点：

1）易于操作的图形界面，方便用户进行登录、上传和下载等各项操作。

2）完善的功能，应该包括登录、退出、列出服务端的目录、文件的下载和上传、目录的下载和上传、文件或目录的删除、断点续传以及文件传输状态即时反馈等功能。

3）稳定性高，保证文件的可靠传输，遇到突发情况程序不至于崩溃。

7.4.2　概要设计

在FTP客户端设计中主要使用JDK提供的sun.net.ftp.FtpClient类进行编程，基本无须考虑通信协议和底层的数据传输工作，JDK提供的FtpClient类为用户提供了更加方便的编程接口，避免了重复编写程序代码，可以说是站在巨人的肩膀上。通过FtpClient类可以实现以下常用的FTP客户端功能：

1）登录FTP服务器。

2）检索FTP服务器上的目录和文件。

3）根据FTP服务器给的权限相应地提供文件的上传、下载、重命名、删除等功能。

7.4.3　详细设计

为了照顾初学者，我们实现的FTP客户端并没有做到面面俱到，也没有用到图形界面，而是把注意力放在基本功能的设计上，比如登录服务器、下载文件、上传文件，这3大功能是任何FTP客户端都要实现的主要功能。没有了图形界面代码，读者可以更直接地读到核心功能代码，这也是我们学习的目标所在。

FTP客户端的工作流程设计如下：

1）用户输入用户名和密码（也称为口令）进行登录操作。

2）连接FTP服务器成功后发送PORT或PASV命令选择传输模式。

3）启动下载和上传文件。

4）文件传输结束，断开与FTP服务器的连接。

【例7.1】　实现FTP客户端

1）打开Eclipse，新建一个Java工程，工程名是myftpclient。

2）在Eclipse中打开Package Explorer视图，在视图中用鼠标右击myftpclient，然后在弹出的快捷菜单中选择Properties，打开Properties for myftpclient对话框，随后在对话框左边选中Java Build Path，在右边选中Libraries，并展开JRE System Libraries，接着选中Access rules:No rules defined，如图7-1所示。

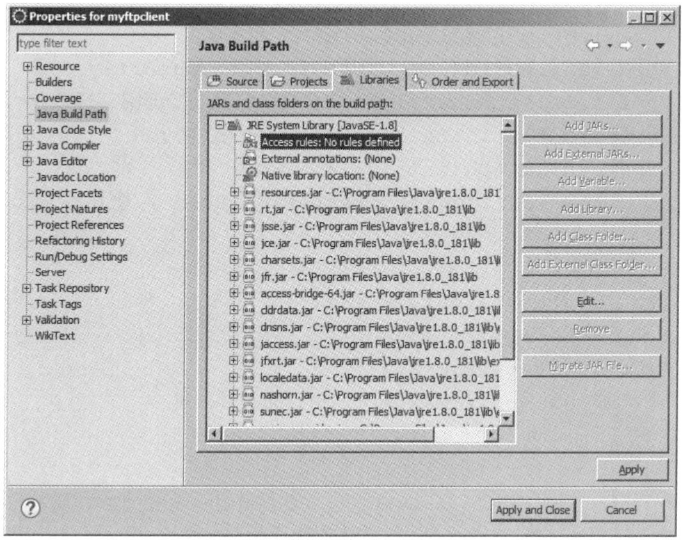

图 7-1

随后在对话框中单击Edit按钮，出现Type Access Rules对话框，单击Add按钮，出现Add Access Rule对话框，在该对话框中的Resolution右边选中Accessible，然后在Rule Pattern右边编辑框中输入“sun/**”，如图7-2所示。

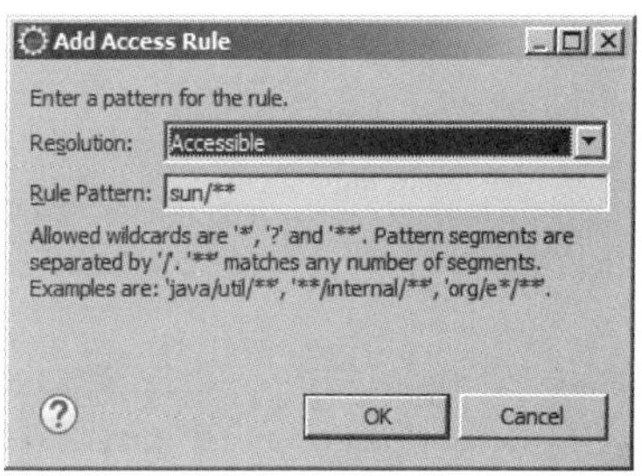

图 7-2

单击OK按钮，再单击Type Access Rules对话框中的OK按钮，最后单击Properties for myftpclient对话框中的Apply and Close按钮。

3）在工程中添加一个类，类名是Ftp，并在Ftp.java中输入如下代码：

```
package myftpclient;
import java.io.File;
import java.io.FileInputStream;
import java.io.FileOutputStream;
import java.io.IOException;
import java.io.OutputStream;
import java.io.InputStream;
import sun.net.ftp.FtpClient;
import sun.net.ftp.FtpProtocolException;
```

```
public class Ftp {
    private String localfilename;       //本地文件名
    private String remotefilename;      //远程文件名
    private FtpClient ftpClient;        //FTP客户端
    //path是当前登录用户在服务器上的工作目录
    public void connectServer(String ip, int port, String user,String password,
String path) throws FtpProtocolException
    {
        try {
            ftpClient = FtpClient.create(ip);
            ftpClient.login(user, password.toCharArray());
            ftpClient.setBinaryType();  //设置成二进制方式传输
            System.out.println("login success!");
            if (path.length() != 0) {
                ftpClient.changeDirectory(path); //把远程系统上的目录切换到参数
path所指定的目录
            }
            ftpClient.setBinaryType();
        } catch (IOException ex) {
            ex.printStackTrace();
            throw new RuntimeException(ex);
        }
    }

    public void closeConnect() {  //关闭连接
        try {
            ftpClient.close();
            System.out.println("disconnect success");
        } catch (IOException ex) {
            System.out.println("not disconnect");
            ex.printStackTrace();
            throw new RuntimeException(ex);
        }
    }
    public void upload(String localFile, String remoteFile)  throws
FtpProtocolException
    {
        this.localfilename = localFile;
        this.remotefilename = remoteFile;
        OutputStream os = null;
        FileInputStream is = null;
        try {
            os = ftpClient.putFileStream(remotefilename);  //将远程文件加入输出
流中
            File file_in = new File(this.localfilename); //获取本地文件的输入流
            is = new FileInputStream(file_in);
            byte[] bytes = new byte[1024]; //创建一个缓冲区
            int c;
            while ((c = is.read(bytes)) != -1) {
```

```
                os.write(bytes, 0, c);
            }
            System.out.println("upload success");
        } catch (IOException ex) {
            System.out.println("not upload");
            ex.printStackTrace();
            throw new RuntimeException(ex);
        } finally {
            try {
                if (is != null) {
                    is.close();
                }
            } catch (IOException e) {
                e.printStackTrace();
            } finally {
                try {
                    if (os != null) {
                        os.close();
                    }
                } catch (IOException e) {
                    e.printStackTrace();
                }
            }
        }
    }
    //下载文件
    public void download(String remoteFile, String localFile) throws
FtpProtocolException
    {
        InputStream is = null;
        FileOutputStream os = null;
        try {
            //获取远程机器上的filename文件，借助TelnetInputStream把该文件传送到本地
            is = ftpClient.getFileStream(remoteFile);
            File file_in = new File(localFile);
            os = new FileOutputStream(file_in);
            byte[] bytes = new byte[1024];
            int c;
            while ((c = is.read(bytes)) != -1) {
                os.write(bytes, 0, c);
            }
            System.out.println("download success");
        } catch (IOException ex) {
            System.out.println("not download");
            ex.printStackTrace();
            throw new RuntimeException(ex);
        } finally {
            try {
                if (is != null) {
```

```
                        is.close();
                    }
                } catch (IOException e) {
                    e.printStackTrace();
                } finally {
                    try {
                        if (os != null) {
                            os.close();
                        }
                    } catch (IOException e) {
                        e.printStackTrace();
                    }
                }
            }
        }
        public static void main(String agrs[]) throws  FtpProtocolException
        {
            String filepath[] = { "d:\\ex\\aa.txt", "d:\\ex\\dl.jpg" };
            String localfilepath[] = { "C:\\tmp\\1.txt", "C:\\tmp\\2.jpg" };
            Ftp fu = new Ftp();
            //使用默认的端口号、匿名用户、密码以及根目录连接FTP服务器
            //d:为远程FTP服务器上的当前目录
            fu.connectServer("127.0.0.1", 22, "anonymous", "IEUser@",
"d:\\ex\\");
            for (int i = 0; i < filepath.length; i++) {    //下载
                fu.download(filepath[i], localfilepath[i]);
            }
            String localfile = "c:\\tmp\\滚滚红尘.mp3";
            String remotefile = "滚滚红尘.mp3";
            fu.upload(localfile, remotefile);  //上传
            fu.closeConnect();
        }
    }
```

在上述程序代码中，我们以简洁明了的方式实现了FTP客户端的基本功能，包括连接服务器的方法connectServer、上传方法upload、下载方法download和关闭连接的方法closeConnect，在这4个方法中主要调用了FTP客户端封装类FtpClient。

4）为了验证客户端的正确性，我们不能一上来就以编程方式实现服务端程序，否则一旦出现问题不好定位和排查。比较可行的方法是下载一个相对成熟的现成FTP服务端软件来和客户端通信，以检验客户端是否可靠。这里我们下载的是FtpMan，该软件是FTP个人服务器的老牌劲旅，简单安装后即可使用。这个软件可以在本书提供的源码目录的6.1文件夹下找到。安装后，启动软件就会自动启动FTP服务，如图7-3所示。

为了方便起见，我们的服务端程序和客户端程序可以放在同一台计算机上运行，如果要放置在不同的计算机上，则只需要修改IP地址即可，同时记得关闭服务器的防火墙。下面准备运行客户端程序，在运行前先准备好文件和文件夹。我们先在C盘下创建一个文件夹tmp，并在C:\tmp下放置一个MP3文件“滚滚红尘.mp3”，这个文件将会上传到服务器（对于本例，也

就是同一台计算机）的D:\ex下。并在D盘创建一个文件夹ex，里面放置一个文本文件aa.txt和一个图片文件dl.jpg，这两个文件将会下载到客户端本地的C:\tmp下。

然后运行客户端程序，可以发现成功了，运行的结果如下：

```
login success!
download success
download success
upload success
disconnect success
```

我们可以在对应的目录下查看到下载和上传的文件。服务端程序也显示了整个过程，如图6-4所示。

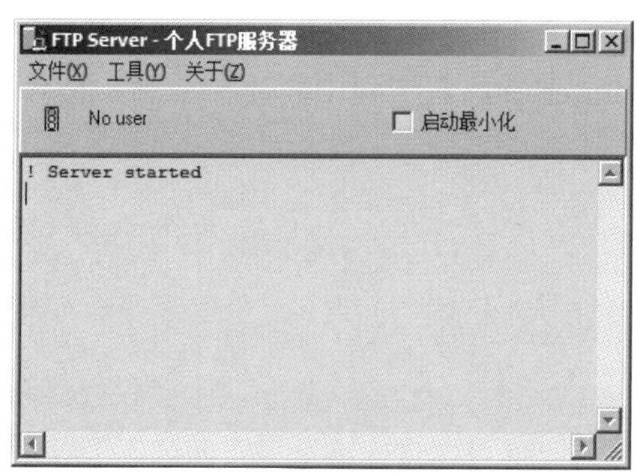

图 6-3

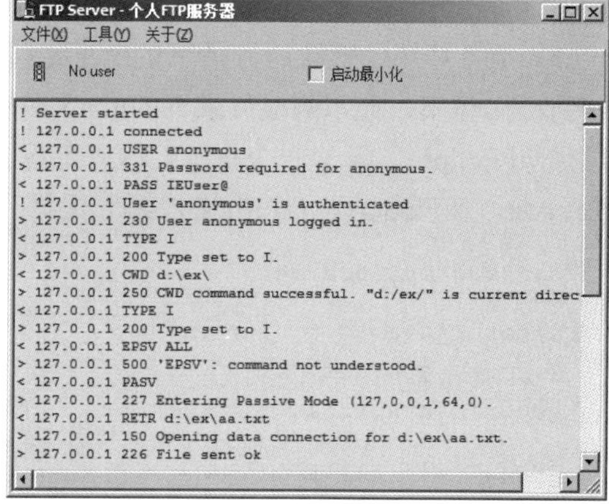

图 6-4

7.4.4　开发 FTP 服务端程序

FTP的任务是从一台计算机将文件传送到另一台计算机，与这两台计算机所处的位置、联系的方式以及使用的操作系统无关。FTP采用“客户机/服务器”的方式，作为在客户机，就是要在自己的本地计算机上安装FTP客户端程序，而服务端程序（即FTP服务器）提供远程的访问和文件传输。对FTP的服务器来说，主要为用户和管理员提供访问权限，并通过监听端口随时响应客户端的请求。通过控制通道和数据通道分别控制和响应相关的请求以及进行所需的数据文件传输。基本指令要遵循标准的FTP规范以兼容现行的FTP客户端软件（如Flashxp等），同时主要保证同本组对应的FTP客户端程序兼容，确保其正确性和可扩展性。

服务端程序需要保证能够对端口进行实时监听，及时响应客户端发送的命令，并由此打开控制通道，等待客户端用户的命令再进行相应的处理，进而开放数据通道进行信息和文件等的传输。服务端程序需要能够对用户进行认证并对命令做出及时准确的回应，满足文件传输等需求。因此，在设计和实现服务端程序时，要能够建立一定的客户访问机制，设置权限，针对不同的用户确定相应的处理机制以实现“合法”的访问和传输。更重要的一点是正确地解析来自客户端发出的请求命令，并给予实时无误的响应。要在客户端完成登录、退出、列目录、下载/上传文件、下载/上传目录、删除文件/目录、新建目录、断点续传等操作的基础上，对每个操作命令做出回复，以完成合法用户所需的功能。

前面我们实现了FTP客户端，并用一个成熟的FTP服务端来验证该客户端，确保客户端基本功能无误，现在我们可以向服务端进军了。根据FTP的工作原理和Java的TCP编程知识，我们将在服务端程序的主函数中建立一个服务器套接字端口，等待客户端请求，一旦客户端请求被接受，服务端程序就建立一个服务器分线程来处理客户端的命令。如果客户机需要和服务器进行文件的传输，则创立一个新的套接字连接来完成文件的操作。

FTP服务端程序的实现比FTP客户端程序的实现稍微复杂一些，因为JDK没有提供现成的类供我们使用，所以我们必须自己处理网络通信的细节。其实这个过程也不难，无非就是TCP网络编程，然后对收到的数据进行解析，识别出命令号，再进行相应的命令处理，然后返回给客户端，这个过程其实也是常见的服务端网络处理过程。

【例7.2】 实现FTP服务端程序

1）准备环境。把源码目录下的user.cfg文件复制到D盘下。把本例根目录下的incoming文件夹放到D盘下，把本例根目录下的tmp文件夹放在C盘下。

打开Eclipse，新建一个Java工程，工程名为myftpserver。在工程中新建一个类，类名是FtpServer，在FtpServer.java中输入如下代码：

```
package myftpserver;

import java.io.*;
import java.net.*;
import java.util.*;

public class FtpServer
{
    private int counter;                //记录当前登录服务器的用户个数
    public static String initDir;
    public static ArrayList users = new ArrayList();       //当前的用户数组
    public static ArrayList usersInfo = new ArrayList();   //用户详细信息数组

    public FtpServer()
    {
        FtpConsole fc = new FtpConsole();
        fc.start();  //启动一个线程，专门用于接收服务器的指令
        loadUsersInfo();  //把从本地文件中的所有用户信息到加载到UserInfo数组中
        //显示欢迎词，您是第 counter 个新用户
        int counter = 1;
        int i = 0;
        try
        {
            ServerSocket s = new ServerSocket(21);  //监听21号端口
            for(;;)
            {
                Socket incoming = s.accept();  //接受客户端程序的请求
                BufferedReader in = new BufferedReader(new InputStreamReader
(incoming.getInputStream()));
                PrintWriter out = new PrintWriter(incoming.getOutputStream(),
true);
```

```
                    out.println("220 Service ready for new user,已登录用户数:
"+counter);

                    //为新登录的用户创建服务线程
                    FtpHandler h = new FtpHandler(incoming,i);
                    h.start();

                    //在当前用户的数组users中增加一项
                    //注意：users中保存的是线程对象，而非UserInfo对象
                    users.add(h);
                    counter++;
                    i++;
                }
            }
            catch(Exception e)
            {
                e.printStackTrace();
            }

        } //FtpServer() end
        public void loadUsersInfo()   //从本地user.cfg文件中读取用户的信息
        {
            String s =  "d:\\user.cfg"; //服务端的配置文件，用于存放用户信息、用户名、
密码和用户文件夹
            int p1 = 0;
            int p2 = 0;

            //打开文件，将文件中的用户信息读至UserInfo数组中
            if(new File(s).exists())
            {
                try
                {
                    BufferedReader fin = new BufferedReader(new InputStreamReader
(new FileInputStream(s)));
                    String line;
                    String field;

                    int i = 0;
                    while((line = fin.readLine())!=null)  //从user.cfg逐行读入用户
信息

                    {
                        UserInfo tempUserInfo = new UserInfo();
                        p1 = 0;
                        p2 = 0;
                        i = 0;
                        while((p2 = line.indexOf("|",p1))!=-1)
                        {
                            field = line.substring(p1,p2);
                            p2 = p2 +1;
                            p1 = p2;
                            switch(i)       //截取字符串中的不同值放到新建的用户信息中
                            {
```

```
                            case 0:
                                tempUserInfo.user = field;
                                //System.out.println(tempUserInfo.user);
                                break;
                            case 1:
                                tempUserInfo.password = field;
                                //System.out.println(tempUserInfo. password);
                                break;
                            case 2:
                                tempUserInfo.workDir = field;
                                //System.out.println(tempUserInfo.workDir);
                                break;
                        }
                        i++;
                    } // while((p2 = line.indexOf("|",p1))!=-1) end
                    usersInfo.add(tempUserInfo);
                }// while((line = fin.readLine())!=null) end
                fin.close();
            }
            catch(Exception e)
            {
                e.printStackTrace();
            }
        }//if(new File(s).exists()) end
    }//loadUsersInfo() end

    public static void main(String[] args)  // main函数，程序入口
    {
        if(args.length != 0)
        {
            initDir = args[0];
        }
        else
        {
            initDir = "c:/";
        }
        FtpServer ftpServer = new FtpServer();  //实例化FtpServer
    } // main end
}
```

在主函数中，完成服务器端口的监听和服务线程的创建。我们利用一个静态字符串变量initDir来保存服务器线程运行时所在的工作目录。服务器的初始工作目录是由程序运行时用户输入的，默认为C盘的根目录。其中FtpHandler类为新登录的用户进行服务的线程，也就是处理具体的FTP命令。我们可以在工程中添加一个名为FtpHandler的类，然后在FtpHandler.java中输入如下代码：

```
package myftpserver;

import java.io.*;
import java.net.*;
```

```
import java.util.*;

class FtpState
{
    final static int FS_WAIT_LOGIN = 0;
    final static int FS_WAIT_PASS = 1;
    final static int FS_LOGIN = 2;
    final static int FTYPE_ASCII = 0;
    final static int FTYPE_IMAGE  = 1;
    final static int FMODE_STREAM = 0;
    final static int FMODE_COMPRESSED = 1;
    final static int FSTRU_FILE = 0;
    final static int FSTRU_PAGE = 1;
}

class UserInfo                //用户信息类
{
    String user;              //用户名
    String password;          //用户登录密码
    String workDir;           //FTP服务器上的用户文件夹，该文件夹只能由该用户使用

}
class FtpHandler extends Thread    //FTP服务器管理（监听客户端输入的指令）
{
    Socket csocket;
    Socket dsocket;
    int id;
    String cmd = "";
    String param = "";
    String user;
    String remoteHost = " ";
    int remotePort = 0;
    String dir = FtpServer.initDir;
    String rootdir = "c:/";
    int state = 0;
    String reply;
    PrintWriter out;
    int type = FtpState.FTYPE_IMAGE;
    String requestfile = "";
    boolean isrest = false;

    int parseInput(String s) //根据输入的指令返回一个整数（用于调用具体方法时的识别）
    {
        int p = 0;
        int i = -1;

        //判断是否有参数，如果有，则将参数放置在Param变量中，将命令放置在cmd变量中
        p = s.indexOf(" ");
        if(p == -1)
            cmd = s;
        else
            cmd = s.substring(0,p);
```

```
if(p >= s.length() || p ==-1)
    param = "";
else
    param = s.substring(p+1,s.length());
cmd = cmd.toUpperCase();
//将命令放置在cmd变量中，参数放置在Param变量中
if(cmd.equals("USER"))
        i = 1;
if(cmd.equals("PASS"))
        i = 2;
if(cmd.equals("ACCT"))
        i = 3;
if(cmd.equals("CDUP"))
        i = 4;
if(cmd.equals("SMNT"))
        i = 5;
if(cmd.equals("CWD"))
        i = 6;
if(cmd.equals("QUIT"))  //退出系统
        i = 7;
if(cmd.equals("REIN"))
        i = 8;
if(cmd.equals("PORT"))
        i = 9;
if(cmd.equals("PASV"))  //进入被动传输方式
        i = 10;
if(cmd.equals("TYPE"))  //查看状态模式
        i = 11;
if(cmd.equals("STRU"))
        i = 12;
if(cmd.equals("MODE"))
        i = 13;
if(cmd.equals("RETR"))
        i = 14;
if(cmd.equals("STOR"))
        i = 15;
if(cmd.equals("STOU"))
        i = 16;
if(cmd.equals("APPE"))
        i = 17;
if(cmd.equals("ALLO"))
        i = 18;
if(cmd.equals("REST"))
        i = 19;
if(cmd.equals("RNFR"))
        i = 20;
if(cmd.equals("RNTO"))
        i = 21;
```

```
        if(cmd.equals("ABOR"))
                i = 22;
        if(cmd.equals("DELE"))  //删除文件
                i = 23;
        if(cmd.equals("RMD"))   //删除目录
                i = 24;
        if(cmd.equals("XMKD"))
                i = 25;
        if(cmd.equals("MKD"))  //创建目录
                i = 25;
        if(cmd.equals("PWD"))  //显示远程主机的当前工作目录
                i = 26;
        if(cmd.equals("LIST"))
                i = 27;
        if(cmd.equals("NLST"))
                i = 28;
        if(cmd.equals("SITE"))
                i = 29;
        if(cmd.equals("SYST"))
                i = 30;
        if(cmd.equals("HELP"))  //显示FTP内部命令cmd的帮助信息
                i = 31;
        if(cmd.equals("NOOP"))
                i = 32;
        if(cmd.equals("XPWD"))
                i = 33;
    return i;
    }//parseInput() end

    int validatePath(String s)
    {
        File f = new File(s);
        if(f.exists() && !f.isDirectory())
        {
            String s1 = s.toLowerCase();
            String s2 = rootdir.toLowerCase();
            if(s1.startsWith(s2))
                return 1;
            else
                return 0;
        }
        f = new File(addTail(dir)+s);
        if(f.exists() && !f.isDirectory())
        {
            String s1 = (addTail(dir)+s).toLowerCase();
            String s2 = rootdir.toLowerCase();
            if(s1.startsWith(s2))
                return 2;
            else
```

```
                return 0;
            }
            return 0;
        }//validatePath() end

        boolean checkPASS(String s)
        {
            for(int i = 0; i<FtpServer.usersInfo.size();i++)
            {
                if(((UserInfo)FtpServer.usersInfo.get(i)).user.equals(user) &&
                    ((UserInfo)FtpServer.usersInfo.get(i)).password.equals(s))
//判断该用户是否存在
                {
                    rootdir = ((UserInfo)FtpServer.usersInfo.get(i)).workDir;
                    dir = ((UserInfo)FtpServer.usersInfo.get(i)).workDir;
                    return true;
                }
            }
            return false;
        }//checkPASS() end

        boolean commandUSER()    //实现User指令
        {
            if(cmd.equals("USER"))
            {
                reply = "331 User name okay, need password";
                user = param;
                state = FtpState.FS_WAIT_PASS;
                return false;
            }
            else
            {
                reply = "501 Syntax error in parameters or arguments";
                return true;
            }

        }//commandUser() end

        boolean commandPASS()
        {
            if(cmd.equals("PASS"))
            {
                if(checkPASS(param))
                {
                    reply = "230 User logged in, proceed";
                    state = FtpState.FS_LOGIN;
                    System.out.println("Message: user "+user+" Form "+remoteHost+
"Login");

                    System.out.print("->");
                    return false;
                }
```

```
            else
            {
                reply = "530 Not logged in";
                return true;
            }
        }
        else
        {
            reply = "501 Syntax error in parameters or arguments";
            return true;
        }
    }//commandPass() end

    void errCMD()
    {
        reply = "500 Syntax error, command unrecognized";
    }

    boolean commandCDUP()
    {
        dir = FtpServer.initDir;
        File f = new File(dir);
        if(f.getParent()!=null &&(!dir.equals(rootdir)))
        {
            dir = f.getParent();
            reply = "200 Command okay";
        }
        else
        {
            reply = "550 Current directory has no parent";
        }

        return false;
    }//commandCDUP() end

    boolean commandCWD()  //处理CWD命令
    {
        File f = new File(param);
        String s = "";
        String s1 = "";
        if(dir.endsWith("\\"))
            s = dir;
        else
            s = dir + "\\";
        File f1 = new File(s+param);

        if(f.isDirectory() && f.exists())
        {
            if(param.equals("..") || param.equals("..\\"))
            {
```

```
                if(dir.compareToIgnoreCase(rootdir)==0)
                {
                    reply = "550 The directory does not exists";
                    //return false;
                }
                else
                {
                    s1 = new File(dir).getParent();
                    if(s1!=null)
                    {
                        dir = s1;
                        reply = "250 Requested file action okay, directory
change to "+dir;
                    }
                    else
                        reply = "550 The directory does not exists";
                }
            }
            else if(param.equals(".") || param.equals(".\\"))
            {
            }
            else
            {
                dir = param;
                reply = "250 Requested file action okay, directory change to
"+dir;
            }
        }
        else if(f1.isDirectory() && f1.exists())
        {
            dir = s+param;
            reply = "250 Requested file action okay, directory change to "+dir;
        }
        else
            reply = "501 Syntax error in parameters or arguments";

        return false;
    } //commandCDW() end

    boolean commandQUIT() //实现QUIT指令，退出FTP
    {
        reply = "221 Service closing control connection";
        return true;
    }//commandQuit() end

    boolean commandPORT()  //处理PORT命令
    {
        int p1 = 0;
        int p2 = 0;
        int[] a = new int[6];
```

```
        int i = 0;
        try
        {
            while((p2 = param.indexOf(",",p1))!=-1)
            {
                a[i] = Integer.parseInt(param.substring(p1,p2));
                p2 = p2+1;
                p1 = p2;
                i++;
            }
            a[i] = Integer.parseInt(param.substring(p1,param.length()));
        }
        catch(NumberFormatException e)
        {
            reply = "501 Syntax error in parameters or arguments";
            return false;
        }

        remoteHost = a[0]+"."+a[1]+"."+a[2]+"."+a[3];
        remotePort = a[4] * 256+a[5];
        reply = "200 Command okay";
        return false;
    }//commandPort() end

    boolean commandLIST()   //处理list命令
    {
        try
        {
            dsocket = new Socket(remoteHost,remotePort,InetAddress.
getLocalHost(),20);
            PrintWriter dout = new PrintWriter(dsocket.getOutputStream(),
true);
            if(param.equals("") || param.equals("LIST"))
            {
                out.println("150 Opening ASCII mode data connection for
/bin/ls.");
                File f = new File(dir);
                String[] dirStructure = f.list();
                String fileType;
                for(int i =0; i<dirStructure.length;i++)
                {
                    if(dirStructure[i].indexOf(".")!=-1)
                    {
                        fileType = "- ";
                    }
                    else
                    {
                        fileType = "d ";
                    }
```

```
                    dout.println(fileType+dirStructure[i]);
                }
            }
            dout.close();
            dsocket.close();
            reply = "226 Transfer complete !";
        }
        catch(Exception e)
        {
            e.printStackTrace();
            reply = "451 Requested action aborted: local error in processing";
            return false;
        }

        return false;
    }//commandLIST() end
```

//响应客户端TYPE指令，切换文件传输的方式，当输入“A”时为ASCII文本方式传输，当输入“I”时为二进制编码传输

```
    boolean commandTYPE()
    {
        if(param.equals("A"))
        {
            type = FtpState.FTYPE_ASCII;
            reply = "200 Command okay Change to ASCII mode";
        }
        else if(param.equals("I"))
        {
            type = FtpState.FTYPE_IMAGE;
            reply = "200 Command okay Change to BINARY mode";
        }
        else
            reply = "504 Command not implemented for that parameter";

        return false;
    }//commandTYPE() end

    boolean commandRETR() //处理RETR命令
    {
        requestfile = param;
        File f =  new File(requestfile);
        if(!f.exists())
        {
            f = new File(addTail(dir)+param);
            if(!f.exists())
            {
                reply = "550 File not found";
                return  false;
            }
            requestfile = addTail(dir)+param;
```

```
            }
            if(isrest)
            {
            }
            else
            {
                if(type==FtpState.FTYPE_IMAGE)
                {
                    try
                    {
                        out.println("150 Opening Binary mode data connection for
"+ requestfile);
                        //dsocket = new Socket(remoteHost,remotePort,InetAddress.
getLocalHost(),20);
                        dsocket = new Socket(remoteHost,remotePort); //zww add
                        BufferedInputStream  fin = new BufferedInputStream(new
FileInputStream(requestfile));
                        PrintStream dout = new PrintStream(dsocket.
getOutputStream(),true);
                        byte[] buf = new byte[1024];
                        int l = 0;
                        while((l=fin.read(buf,0,1024))!=-1)
                        {
                            dout.write(buf,0,l);
                        }
                        fin.close();
                        dout.close();
                        dsocket.close();
                        reply ="226 Transfer complete !";

                    }
                    catch(Exception e)
                    {
                        e.printStackTrace();
                        reply = "451 Requested action aborted: local error in
processing";
                        return false;
                    }

                }
                if(type==FtpState.FTYPE_ASCII)
                {
                    try
                    {
                        out.println("150 Opening ASCII mode data connection for "+
requestfile);
                        dsocket = new Socket(remoteHost,remotePort,InetAddress.
getLocalHost(),20);
                    BufferedReader  fin = new BufferedReader(new FileReader
(requestfile));
```

```
                        PrintWriter dout = new PrintWriter(dsocket.
getOutputStream(),true);
                        String s;
                        while((s=fin.readLine())!=null)
                        {
                            dout.println(s);
                        }
                        fin.close();
                        dout.close();
                        dsocket.close();
                        reply ="226 Transfer complete !";
                    }
                    catch(Exception e)
                    {
                        e.printStackTrace();
                        reply = "451 Requested action aborted: local error in
processing";
                        return false;
                    }
                }
            }
            return false;
        }//commandRETR() end
        boolean commandSTOR()  //处理STOR命令
        {
            if(param.equals(""))
            {
                reply = "501 Syntax error in parameters or arguments";
                return false;
            }
            requestfile = addTail(dir)+param;
            if(type == FtpState.FTYPE_IMAGE)
            {
                try
                {
                    out.println("150 Opening Binary mode data connection for "+
requestfile);
                    //  dsocket = new Socket(remoteHost,remotePort,
InetAddress.getLocalHost(),20);
                    dsocket = new Socket(remoteHost,remotePort);
                    BufferedOutputStream fout = new BufferedOutputStream(new
FileOutputStream(requestfile));
                    BufferedInputStream din = new BufferedInputStream(dsocket.
getInputStream());
                    byte[] buf = new byte[1024];
                    int l = 0;
                    while((l = din.read(buf,0,1024))!=-1)
                    {
```

```
                    fout.write(buf,0,l);
                }// while()
                din.close();
                fout.close();
                dsocket.close();
                reply = "226 Transfer complete !";
            }
            catch(Exception e)
            {
                e.printStackTrace();
                reply = "451 Requested action aborted: local error in
processing";
                return false;
            }
        }
        if(type == FtpState.FTYPE_ASCII)
        {
            try
            {
                out.println("150 Opening ASCII mode data connection for "+
requestfile);
                dsocket = new Socket(remoteHost,remotePort, InetAddress.
getLocalHost(),20);
                PrintWriter fout = new PrintWriter(new FileOutputStream
(requestfile));
                BufferedReader din = new BufferedReader(new InputStreamReader
(dsocket.getInputStream()));
                String line;
                while((line = din.readLine())!=null)
                {
                    fout.println(line);
                }
                din.close();
                fout.close();
                dsocket.close();
                reply = " 226 Transfer complete !";
            }
            catch(Exception e)
            {
                e.printStackTrace();
                reply = "451 Requested action aborted: local error in
processing";
                return false;
            }
        }
        return false;
    }//commandSTOR() end

    boolean commandPWD()    //响应客户端的pwd指令，即显示服务器上的当前目录
```

```
{
    reply = "257 " + dir + " is current directory.";
    return false;
}//commandPWD() end

boolean commandNOOP()
{
    reply = "200 OK.";
    return false;
}//commandNOOP() end

boolean commandABOR()
{
    try
    {
        dsocket.close();
    }
    catch(Exception e)
    {
        e.printStackTrace();
        reply = "451 Requested action aborted: local error in processing";
        return false;
    }
    reply = "421 Service not available, closing control connection";
    return false;
}//commandABOR() end

boolean commandDELE()  //响应DELE删除文件指令
{
    int i = validatePath(param);
    if(i == 0)
    {
        reply = "550 Request action not taken";
    return false;
    }
    if(i == 1)
{
    File f = new File(param);
        f.delete();
}
    if(i == 2)
    {
        File f= new File(addTail(dir)+param);
        f.delete();
    }

    reply = "250 Request file action ok,complete";
    return false;

}//commandDELE() end
```

```
boolean commandMKD() //响应客户端MKD指令，即创建目录
{
    String s1 = param.toLowerCase();
    String s2 = rootdir.toLowerCase();
    if(s1.startsWith(s2))
    {
        File f = new File(param);
        if(f.exists())
        {
            reply = "550 Request action not taken";
            return false;
        }
        else
        {
            f.mkdirs();
            reply = "250 Request file action ok,complete";
        }
    }
    else
    {
        File f = new File(addTail(dir)+param);
        if(f.exists())
        {
            reply = "550 Request action not taken";
            return false;
        }
        else
        {
            f.mkdirs();
            reply = "250 Request file action ok,complete";
        }
    }

    return false;
}//commandMKD() end

String addTail(String s)
{
    if(!s.endsWith("\\"))
        s = s + "\\";
    return s;
}

public FtpHandler(Socket s,int i)
{
    csocket = s;
    id = i;
}

public void run()   //监听客户端输入的指令
```

```
        {
            String str = "";
            int parseResult;

            System.out.print("abc");

            try
            {
                BufferedReader in = new BufferedReader(new InputStreamReader
(csocket.getInputStream()));
                out = new PrintWriter(csocket.getOutputStream(),true);
                state  = FtpState.FS_WAIT_LOGIN;
                boolean finished = false;
                while(!finished)
                {
                    str = in.readLine();
                    if(str == null) finished = true;
                    else
                    {
                        parseResult = parseInput(str);
                        System.out.println("Command:"+cmd+" Parameter:"+param);
                        System.out.print("->");
                        switch(state)
                        {
                            case FtpState.FS_WAIT_LOGIN:
                                    finished = commandUSER();
                                    break;
                            case FtpState.FS_WAIT_PASS:
                                    finished = commandPASS();
                                    break;
                            case FtpState.FS_LOGIN:
                            {
                                switch(parseResult)
                                {
                                    case -1:
                                        errCMD();
                                        break;
                                    case 4:
                                        finished = commandCDUP();
                                        break;
                                    case 6:
                                        finished = commandCWD();
                                        break;
                                    case 7:
                                        finished = commandQUIT();
                                        break;
                                    case 9:
                                        finished = commandPORT();
                                        break;
```

```
                            case 27:
                                finished = commandLIST();
                                break;
                            case 11:
                                finished = commandTYPE();
                                break;
                            case 14:
                                finished = commandRETR();
                                break;
                            case 15:
                                finished = commandSTOR();
                                break;
                            case 26:
                            case 33:
                                finished = commandPWD();
                                break;
                            case 32:
                                finished = commandNOOP();
                                break;
                            case 22:
                                finished = commandABOR();
                                break;
                            case 23:
                                finished = commandDELE();
                                break;
                            case 25:
                                finished = commandMKD();
                                break;
                        }//switch(parseResult) end
                    }//case FtpState.FS_LOGIN: end
                    break;
                }//switch(state) end
            } //else
            out.println(reply);
        } // while
        csocket.close();
    } //try
    catch(Exception e)
    {
        e.printStackTrace();
    }
  }
}
```

2）下面实现客户端程序，客户端工程在上例的基础上稍微修改main函数即可，代码如下：

```
public static void main(String agrs[]) throws  FtpProtocolException
{
    String filepath[] = { "aa.txt", "dl.jpg" };//服务器上两个要下载的文件
    String localfilepath[] = { "C:\\tmp\\1.txt", "C:\\tmp\\2.jpg" };
```

```
        Ftp fu = new Ftp();
        //使用默认的端口号、匿名用户、密码以及根目录来连接到FTP服务器
        fu.connectServer("127.0.0.1", 22, "zww", "111", ""); //zww是用户名,
111是登录密码
        for (int i = 0; i < filepath.length; i++) {
            fu.download(filepath[i], localfilepath[i]);    //下载
        }
        String localfile = "c:\\tmp\\滚滚红尘.mp3";
        String remotefile = "滚滚红尘.mp3";
        fu.upload(localfile, remotefile); //上传
        fu.closeConnect();
        System.exit(0);
    }
```

3）保存工程并运行，先运行服务端程序，再运行客户端程序，服务端运行结果如下：

```
ftp server started!
->abcCommand:USER Parameter:zww
->Command:PASS Parameter:111
->Message: user zww Form  Login
->Command:TYPE Parameter:I
->Command:TYPE Parameter:I
->Command:EPSV Parameter:ALL
->Command:PASV Parameter:
->Command:EPRT Parameter:|1|127.0.0.1|59312|
->Command:PORT Parameter:127,0,0,1,231,176
->Command:RETR Parameter:aa.txt
->Command:EPSV Parameter:ALL
->Command:PASV Parameter:
->Command:EPRT Parameter:|1|127.0.0.1|59314|
->Command:PORT Parameter:127,0,0,1,231,178
->Command:RETR Parameter:dl.jpg
->Command:EPSV Parameter:ALL
->Command:PASV Parameter:
->Command:EPRT Parameter:|1|127.0.0.1|59316|
->Command:PORT Parameter:127,0,0,1,231,180
->Command:STOR Parameter:滚滚红尘.mp3
->Command:QUIT Parameter:
->
```

客户端程序运行的结果如下：

```
login success!
download success
download success
upload success
disconnect success
```

至此，我们的FTP服务器就完成了。

第 8 章

UDP编程和即时通信系统的设计

互联网协议集支持一个无连接的传输协议，该协议称为用户数据报协议（User Datagram Protocol，UDP）。UDP为应用程序提供了一种无须建立连接就可以发送封装的IP数据报的方法。在一些通信数据量小的场合，UDP比TCP更加适用。因此，掌握UDP编程也是非常重要的，相对来讲，UDP编程要比TCP编程更简单。另外，几乎所有大型通信软件中都会同时涉及TCP编程和UDP编程。本章先介绍UDP编程，然后实现一个较为综合的案例，该案例包括TCP编程和UDP编程。

8.1 UDP概述

UDP套接字就是数据报套接字（Socket），一种无连接的套接字，对应无连接的UDP应用。使用TCP编写的应用程序和使用UDP编写的应用程序存在一些本质差异，其原因在于两个传输层之间的差别：UDP是无连接不可靠的数据报协议，不同于TCP提供的面向连接的可靠字节流。从资源的角度来看，相对来说UDP套接字开销较小，因为不需要维持网络连接，而且无须花费时间来连接，所以UDP套接字的速度也较快。

因为UDP提供的是不可靠服务，所以数据可能会丢失。如果数据对于我们来说非常重要，就需要小心编写UDP客户端程序，以检查错误并在必要时重传。实际上，UDP套接字在局域网中是非常可靠的，但如果在可靠性较低的网络中使用UDP通信，只能靠程序设计者来解决可靠性问题。虽然UDP传输不可靠，但是效率确实很高，因为它不用像TCP那样建立连接和撤销连接，所以特别适合一些交易性的应用程序，交易性的应用程序通常是一来一往的两次数据报的交换，若采用TCP，则每次传送一个短消息都要建立连接和撤销连接，开销巨大。像常见的TFTP、DNS和SNMP等应用程序都是采用UDP通信。

UDP是TCP/IP网络参考模型中的一种无连接的传输层协议，提供面向事务的简单不可靠信息传送服务。UDP基本上是IP与上层协议的接口。UDP适用于运行在同一台设备上的多个应用程序（通过端口号来对应不同应用程序）。

由于大多数网络应用程序都在同一台计算机上运行，计算机上必须能够确保目的地计算机上的软件程序能从源地址计算机处获得数据报，且源计算机能收到正确的回复。这个过程是通过使用UDP的“端口”来完成的。例如，如果一个工作站希望在工作站128.1.123.1上使用域名服务系统，它就会给数据报一个目的地址128.1.123.1，并在UDP报头插入目标端口号53。源端口号标识了请求域名服务的本机应用程序，同时需要将所有由目的站生成的响应包都指定到源主机的这个端口上。

与TCP不同，UDP并不提供对IP协议的可靠机制、流控制以及错误恢复功能等。UDP比较简单，UDP报头包含很少的字节，比TCP开销少（即负载消耗少）。

UDP适用于不需要TCP可靠机制的情形，比如当高层协议或应用程序提供了错误和流控制功能情况。UDP是传输层协议，服务于很多知名应用层，包括网络文件系统、简单网络管理协议、域名系统以及简单文件传输系统。

通常，两个用户通信期间使用的协议是UDP，UDP为应用程序提供了一种无须建立连接就可以发送封装的网络数据的方法。该协议默认网络协议是下层协议。它提供了向另一个用户程序发送信息的最简便的协议机制。UDP是面向操作的，未提供提交和复制保护。如果应用程序要求可靠的数据传送，就应该使用传输控制协议。因为聊天期间一般对数据的可靠性要求不高，所以一般使用UDP。

8.2 TCP 和 UDP 的比较

由分析可知，TCP比UDP复杂得多，现在从协议的应用范围来说明它们的使用范围。

1. TCP与UDP的比较

1）TCP是一种面向连接的协议，而UDP是面向无连接的协议。这其中的区别在于：第一，TCP以连接作为协议数据的最终目标，UDP则以目标端口作为协议数据的最终目标。因此，TCP的端口是可以复用的，UDP的端口在同一时间，只能为一个应用程序所用。第二，一个连接是由两个端点构成的，要使用TCP进行通信，必须先在通信双方之间建立连接，连接的两端必须就连接的一些问题进行协商（如最大数据段长度、窗口大小、初始序列号等），并为该连接分配一定的资源（缓冲区），UDP则不需要这个过程，可以直接发送和接收数据。

2）TCP提供的是可靠的传输服务，而UDP提供的是不可靠的传输服务。使用不可靠的传输服务进行数据传输时，数据可能会丢失、失序、重复等；而可靠的传输服务能保证发送方发送的数据以原样方式可靠到达接收方。

3）TCP提供的是面向字节流的服务，应用程序只需要将要传输的数据以字节流的形式提交给TCP，在连接的另一端，数据就以同样的字节流顺序出现在接收程序中；而UDP的传输单位是数据块，一个数据块只能封装在一个UDP数据报中。

2. TCP与UDP应用的比较

根据上面的分析，现在来看两种协议适用于哪些场合。因为TCP提供了可靠的面向字节流的服务，而且有一套高效的机制来保证数据的高效传输，所以对于有大量数据需要进行可靠传输的应用是很适合的，因为应用程序不需要关心如何保证数据传输的可靠性，如何进行超时重发等。这种应用的典型例子就是FTP。

由于TCP要在建立连接之后才能进行通信，而连接的建立过程需要一定的时间，因此如果应用程序只有少量数据需要传输，则不适合使用TCP，因为连接建立的开销大于其方便性的优点。但对于数据量少但需要时间较长且可靠性要求高的应用，TCP是比较适合的。Telnet就是这种应用的一个例子。实时应用不管数据量大小，不管对可靠性要求高低，都不适合使用TCP，因为TCP对数据的传输有相应的顺序要求，只有前面的数据传输成功才会开始后面的数据传送。

另外，由于TCP是面向连接的，一个连接必须且只能有两个端点，所以对于多个实体间的多播式应用无法采用TCP进行通信，因为对于n个实体间的通信需要n×(n–1)/2个连接。

对于不适合使用TCP的应用就只能使用UDP，使用UDP进行通信时应用程序必须自己处理以下问题：

1）应用程序必须自己提供机制来保证可靠性。应用程序必须有自己的超时重发机制、数据失序的处理、流量控制等。当然，对于一些可靠性要求不高的应用可以不用这些机制，但通常需要区分数据的先后关系。

2）应用程序必须自己处理大块数据的切分，以让其能封装在一个UDP数据报中。接收方则必须将切分过的数据进行重组（恢复原状）。

综上所述，在设计基于网络的即时通信系统时，比较适合使用UDP。

8.3　UDP 在 Java 中的实现

在Java中使用JDK中java.net包下的DatagramSocket和DatagramPacket类，可以方便地控制用户数据报。DatagramPacket类将数据字节填充到UDP包中，即UDP数据报。DatagramSocket类用来发送UPD数据报。如果接收数据，可以从DatagramSocket中接收一个DatagramPack对象，然后从该数据报中读取数据的内容。UDP是面向无连接的单工通信，因而速度很快。

现在主要介绍一下Datagram Packet类与Datagram Socket类。

（1）DatagramPacket类

DatagramPacket类用于处理数据报，将字节数组、目标地址、目标端口等封装成数据报或者将数据报拆卸成字节数组。DatagramPacket类的构造方法（也称为构造函数）有如下几个：

```
DatagramPacket(byte[] buf, int length)
//该构造方法创建DatagramPacket对象，并指定了数据报的内存空间和大小
DatagramPacket(byte[] buf, int length, InetAddress address, int port)
//该构造方法不仅指定了数据报的内存空间和大小，而且指定了数据报的目标地址和端口
DatagramPacket(byte[] buf, int offset, int length)
//该构造方法不仅指定了数据报的内存空间和大小，而且在缓冲区中指定了偏移量
DatagramPacket(byte[] buf, int offset, int length, InetAddress address, int
port)
//该构造方法不仅指定了数据报的内存空间、数据偏移量和大小，还指定了数据报的目标地址和端口
DatagramPacket(byte[] buf, int offset, int length, SocketAddress address)
//该构造方法不仅指定了数据报的内存空间、数据偏移量和大小，还指定了数据报的目标地址
DatagramPacket(byte[] buf, int length, SocketAddress address)
//该构造方法不仅指定了数据报的内存空间和大小，还指定了数据报的目标地址
```

参数buf是存放欲发送的编码后的、数据报的字节数组；参数length指明字节数组的长度，即数据报的大小；参数address指定所发送的数据报的目的地，即接收者的IP地址；参数port指定本数据报发送到目标主机的哪个端口。

该类常用的成员方法有：

```
InetAddress  getAddress()
```

返回该数据报发送或接收数据报的计算机的IP地址。

```
byte[]  getData()
```

返回数据缓冲区。

```
int  getLength()
```

返回要发送的数据的长度或接收到的数据的长度。

```
int  getOffset()
```

返回要发送的数据的偏移量或接收到的数据的偏移量。

```
int  getPort()
```

返回发送的数据报的远程主机上的端口号，或从中接收的数据报的端口号。

```
SocketAddress  getSocketAddress()
```

获取该数据报发送到或正在从其发送的远程主机的SocketAddress(通常为IP地址+端口号)。

```
void  setAddress(InetAddress iaddr)
```

设置该数据报发送到的主机的IP地址。

```
void  setData(byte[] buf)
```

设置此数据报的数据缓冲区。

```
void  setData(byte[] buf, int offset, int length)
```

设置此数据报的数据缓冲区，但指定了数据的偏移量和长度。

```
void  setLength(int length)
```

设置此数据报的长度。

```
void  setPort(int port)
```

设置发送此数据报的远程主机上的端口号。

```
void  setSocketAddress(SocketAddress address)
```

设置该数据报发送到的远程主机的SocketAddress（通常是IP地址+端口号）。

（2）DatagramSocket类

DatagramSocket类用于发送和接收数据报的套接字。数据报套接字是数据报传送服务的发送或接收点。在数据报套接字上发送或接收的每个数据报都被单独寻址和路由。从一台主机发送到另一台主机的多个数据报可以经过不同的路由，并且可以以不同的顺序到达目的主机。

在可能的情况下，新构建的DatagramSocket启用了SO_BROADCAST套接字选项，以允许广播数据报的传输。为了接收广播数据报，DatagramSocket应该绑定到通配符匹配的地址。在一些实现中，当DatagramSocket绑定到具体的地址时，也可以接收广播数据报。DatagramSocket类的构造方法如下：

`DatagramSocket()`

构造数据报套接字并将其绑定到本地主机上的任何可用端口。

`DatagramSocket(DatagramSocketImpl impl)`

使用指定的DatagramSocketImpl创建一个未绑定的数据报套接字。

`DatagramSocket(int port)`

构造数据报套接字并将其绑定到本地主机上的指定端口。

`DatagramSocket(int port, InetAddress laddr)`

创建一个数据报套接字，绑定到指定的本地地址。

`DatagramSocket(SocketAddress bindaddr)`

创建一个数据报套接字，绑定到指定的本地套接字地址。

DatagramSocket类常用的成员方法如下：

`void bind(SocketAddress addr)`

将此DatagramSocket绑定到特定的地址和端口。

`void close()`

关闭此数据报套接字。

`void connect(InetAddress address, int port)`

将套接字连接到此套接字的远程地址。

`void connect(SocketAddress addr)`

将此套接字连接到远程套接字地址（IP地址+端口号）。

`void disconnect()`

断开插座。

`boolean getBroadcast()`

测试是否启用了SO_BROADCAST。

`DatagramChannel getChannel()`

返回与该数据报套接字相关联的唯一的DatagramChannel对象（如果有的话）。

`InetAddress getInetAddress()`

返回此套接字连接到的地址。

`InetAddress getLocalAddress()`

获取套接字所绑定的本地地址。

```
int getLocalPort()
```

返回此套接字绑定到的本地主机上的端口号。

```
SocketAddress  getLocalSocketAddress()
```

返回此套接字绑定到的端点的地址。

```
int  getPort()
```

返回此套接字连接到的端口号。

```
int  getReceiveBufferSize()
```

获取此DatagramSocket的SO_RCVBUF选项的值，即该平台用于此DatagramSocket的接收缓冲区大小。

```
SocketAddress  getRemoteSocketAddress()
```

返回此套接字连接的对端的端点地址，如果未连接，则返回null。

```
boolean  getReuseAddress()
```

测试是否启用了SO_REUSEADDR。

```
int getSendBufferSize()
```

获取DatagramSocket的SO_SNDBUF选项的值，即该平台用于此DatagramSocket的发送缓冲区大小。

```
int getSoTimeout()
```

检索SO_TIMEOUT的设置。

```
int getTrafficClass()
```

从DatagramSocket发送的数据报的IP报头中获取流量类别或服务类型。

```
boolean  isBound()
```

返回套接字的绑定状态。

```
boolean  isClosed()
```

返回套接字是否关闭。

```
boolean  isConnected()
```

返回套接字的连接状态。

```
void  receive(DatagramPacket p)
```

用此套接字接收数据报。

```
void  send(DatagramPacket p)
```

用此套接字发送数据报。

```
void  setBroadcast(boolean on)
```

启用/禁用SO_BROADCAST。

```
static void  setDatagramSocketImplFactory(DatagramSocketImplFactory fac)
```

设置应用程序的数据报套接字实现工厂。

```
void setReceiveBufferSize(int size)
```

将DatagramSocket中的SO_RCVBUF选项设置为指定的值。

```
void  setReuseAddress(boolean on)
```

启用/禁用SO_REUSEADDR套接字选项。

```
void setSendBufferSize(int size)
```

将DatagramSocket中的SO_SNDBUF选项设置为指定的值。

```
void setSoTimeout(int timeout)
```

给SO_TIMEOUT设置指定的超时时间（以毫秒为单位）。

```
void setTrafficClass(int tc)
```

从DatagramSocket发送的数据报的IP报头中设置流量类别或服务类型的8位字节。

下面创建一个DatagramSocket对象并进行绑定：

```
DatagramSocket s = new DatagramSocket(null);
 s.bind(new InetSocketAddress(8888));
```

相当于：

```
DatagramSocket s = new DatagramSocket(8888);
```

这两种情况都将创建一个DatagramSocket对象，可以在UDP端口8888上接收广播数据报。

8.4　UDP 通信的流程

UDP发送端的通信过程如下：

1）建立updsocket服务。
2）提供数据，并将数据封装到数据报中。
3）调用Socket服务的发送方法将数据报发出去。
4）关闭资源。

UDP接收端的通信过程如下：

1）定义udpsocket服务，通常会监听一个端口。
2）定义一个数据报，存储接收到的字节数据。
3）通过Socket服务的receive方法将收到的数据存入已定义好的数据报中。
4）调用数据报对象的特有方法将这些不同的数据取出，并打印在控制台上。
5）关闭资源。

8.5　第一个 UDP 程序

下面我们将编写两个Java UDP应用程序，完成以下功能：一个程序为发送端，另一个程序为接收端，这两个程序可以互联，完成一个基于UDP的网络文本聊天程序。

【例8.1】 基于UDP的发送和接收程序

1）首先实现发送端。打开Eclipse，新建一个Java工程，工程名为send。然后在工程中新建一个类，类名是send，并在send.java中输入如下代码：

```
package send;
import java.net.*;
import java.io.*;
class  send
{
    public static void main(String[] args) throws Exception
    {
        System.out.print("Please input text:");
        DatagramSocket ds = new DatagramSocket();//通过DatagramSocket对象创建
UDP服务
        BufferedReader bufr = new BufferedReader(new
InputStreamReader(System.in)); //通过键盘输入文本
        String line = null;
        while((line=bufr.readLine())!=null)     //当输入不为空时
        {
            if("bye".equals(line))  //当输入为bye时退出程序
                break;
            //确定好数据后，把数据封装成数据报
            byte[] buf = line.getBytes();
            //发送到指定IP地址和端口号
            DatagramPacket dp = new DatagramPacket(buf,buf.length,
InetAddress.getByName ("127.0.0.1"),8888);
            ds.send(dp);//通过send方法将数据报发送出去
        }
        ds.close();//关闭资源
    }
}
```

上述代码很简单，首先创建一个DatagramSocket实例，该实例用于实现UDP通信，然后让用户输入文本。当用户输入bye时就表示输入结束，此时把用户输入的文本、目的IP地址和目的端口号一起作为参数构造一个DatagramPacket对象dp，最后把dp作为参数传给send方法就可以发送了。

2）下面实现接收端。再打开另一个Eclipse，新建一个Java工程，工程名为rcv。然后在工程中新建一个类，类名是rcv，并在rcv.java中输入如下代码：

```
package rcv;
import java.net.*;
class  rcv
{
    public static void main(String[] args) throws Exception
    {
        @SuppressWarnings("resource")
        DatagramSocket ds = new DatagramSocket(8888);//接收端监听指定的端口
        while(true)
```

```
            {
                //定义数据报，用于存储数据
                byte[] buf = new byte[1024];
                DatagramPacket dp = new DatagramPacket(buf,buf.length);
                ds.receive(dp);//调用receive方法将收到的数据存入数据报中，receive也是
阻塞式的方法
                //调用数据报的方法获取其中的数据
                String ip = dp.getAddress().getHostAddress();
                String data = new String(dp.getData(),0,dp.getLength());
                System.out.println(ip+"::"+data);
            }
        }
    }
```

接收端的程序代码也很简单，首先依旧是构造DatagramSocket对象，然后构造DatagramPacket对象，接着调用receive方法开始接收数据。当receive方法返回后，还可以调用getAddress方法获得发送方的IP地址，并调用getData方法获取接收下来的数据，最后把数据显示出来。

3）保存工程并运行。先运行接收端程序，再运行发送端程序，然后在发送端输入一些文本，并以bye结束。此时就可以在接收端看到发送的内容了。发送端程序运行的结果如下：

```
Please input text:乌龙茶
几块钱?
bye
```

接收端程序运行的结果如下：

```
127.0.0.1::乌龙茶
127.0.0.1::几块钱?
```

从这个小例子可以看出，UDP编程比TCP编程简单一些。这不是说UDP不重要，恰恰相反，UDP在某些场合是非常适用的，比如即时通信领域、单向传输领域等。另外，要设计好UDP程序比TCP程序更加艰难，因为TCP编程很多网络通信的细节（比如可靠性、丢包问题等）底层都帮我们实现好了，而UDP很多时候都要自己考虑和实现。

至此，我们学习了TCP和UDP编程。下面来看一个综合TCP和UDP知识的实例，该实例模仿QQ聊天工具，实现即时通信功能。

8.6　即时通信概述

即时通信软件即所谓的聊天工具，其主要用于文字信息的传递与文件传输。使用Eclipse作为即时通信软件的开发工具，使用Socket建立通信渠道，多线程实现多台计算机同时进行信息的传递。通过一些轻松的注册、登录后，在局域网中即时聊天即可成功进行。

即时通信是一种可以让用户在网络上建立某种私人聊天室（Chatroom）的实时通信服务。大部分即时通信服务提供了状态信息的特性：显示联络人名单、联络人是否在线以及能否与联络人交谈。

目前，在互联网上受欢迎的即时通信软件包括QQ、MSN Messenger、AOL Instant Messenger、

Yahoo! Messenger、NET Messenger Service、Jabber、ICQ等。通常即时通信服务会在用户通话清单（类似电话簿）上的某人即时通信时发出信息通知用户，用户可据此与此人通过互联网开始实时的文字通信。除了文字外，在带宽充足的前提下，大部分即时通信服务也提供视频通信的能力。即时通信与电子邮件最大的不同在于不用等候，不需要每隔两分钟就按一次“传送与接收”，只要两个人都在线，就能像多媒体电话一样传送文字、文件、声音、图像给对方，只要有网络，无论对方在天涯海角或双方隔得多远都没有关系。

8.7　系统平台的选择

8.7.1　应用系统平台模式的选择

所谓平台模式或计算结构，是指应用系统的体系结构，简单地说就是系统的层次、模块结构。平台模式就是要描述清楚它不仅与软件有关，还与硬件有关。按其发展过程将其划分为以下4种模式：

1）主机—终端模式。

2）单机模式。

3）客户机/服务器模式（C/S模式）。

4）浏览器/N层服务器模式（B/nS模式）。

在这里，考虑到要在公司或某单位内部建立起服务器，而且要在每台计算机中安装相关的通信系统（客户端），我们选择研究的系统模式为上面所列的第3种，也就是目前常用的C/S模式。

8.7.2　C/S 模式介绍

C/S模式是20世纪90年代出现并迅速占据主导地位的一种计算模式，它实际上就是把主机/终端模式中原来全部集中在主机部分的任务一分为二，在主机上保留负责集中处理和汇总的运算，这样的主机成为服务器，下放到终端的部分则负责为用户提供友好的交互界面，终端就成为客户机。相对于以前的模式，C/S模式最大的改进之处是不再把所有软件都安装到一台计算机中，而是把应用系统分成两个不同的角色和两个不同的地位：一般在运算能力较强的计算机上安装服务端程序（即服务器端的程序），在一般的计算机上安装客户端程序。正是由于计算机的出现使C/S模式成为可能，因为计算机具备一定的运算能力，用它代替上面第一种模式的哑终端后，就可以把主机的一部分工作放在终端来完成，从而减轻主机的负担，也增加了系统对用户的响应能力和提高了响应速度。

客户机和服务器之间通过相应的网络协议进行通信。客户机向服务器发出数据请求，服务器将数据传送给客户机进行计算，计算完毕后，计算结果可返回给服务器。这种模式的优点充分利用了客户机的性能，使整体应用系统的计算能力大大提高。另外，由于客户机和服务器之间的通信是通过网络协议进行的，是一种逻辑的联系，因此物理上在客户机和服务器两端是易于扩充的。

C/S模式是目前主流的网络计算模式。该模式的建立基于以下两点：

1）非对等作用。

2）通信完全是异步的。

该模式在操作过程中采取的是主动请示方式：服务器方要先启动，并根据请示提供相应服务（过程如下）：

1）打开一个通信通道同时通知客户端，服务器愿意在某一个公认地址和端口接收客户端的请求。

2）等待某个客户端的请求到达该端口。

3）接收到重复的服务请求，处理该请求并发送应答信号。

4）返回第二步，等待另一个客户端的请求。

5）关闭该服务器。

客户机方要根据提示接收相应的服务：

1）打开一个通信通道，并连接到服务器所在主机的特定端口。

2）向服务器发送服务请求报文，等待并接收应答，继续提出服务请求。

3）服务请求结束后关闭通信通道并终止。

分布式运算和分布式管理是C/S模式的特点。除了上面介绍的优点之外，还有就是客户机能够提供丰富友好的图形界面，缺点是分布管理较为烦琐。由于每台客户机上都要安装软件，当软件需要升级或维护时，工作量大，还有作为分散在不同位置的独立客户机，它们容易染上计算机病毒进而传播到网络上。尽管有这些缺点，但是经综合考虑，因为利大于弊，所以还是选择了C/S模式。

8.7.3　数据库系统的选择

现在可以使用的数据库有很多种，包括MySQL、DB2、Informix、Oracle和SQL Server等。基于需求、价格和技术三方面的考虑，本系统在分析研究过程中采用MySQL作为数据库系统。

8.8　系统需求分析

8.8.1　即时消息的一般需求

即时消息的一般需求包括格式需求、可靠性需求和性能需求。

1. 格式需求

1）所有实体必须至少使用一种消息格式。

2）一般即时消息格式必须定义发信者和即时收件箱的标识。

3）一般即时消息格式必须包含一个让接收者可以回复消息的地址。

4）一般即时消息格式应该包含其他通信方法和联系地址，例如电话号码、邮件地址等。

5）一般即时信息格式必须允许对信息有效负载的编码和鉴别（非ASCII内容）。

6）一般即时信息格式必须反映当前最好的国际化实践。

7）一般即时信息格式必须反映当前最好的可用性实践。

8）必须存在方法，在扩展一般即时消息格式时，不影响原有的域。

9）必须提供扩展和注册即时消息格式的机制。

2. 可靠性需求

协议必须存在机制，保证即时消息成功投递或者投递失败时，发信者获得足够的信息。

3. 性能需求

1）即时消息的传输必须足够迅速。

2）即时消息的内容必须足够丰富。

3）即时消息的长度尽量足够长。

8.8.2 即时消息的协议需求

协议是一系列的步骤，包括双方或者多方，设计它的目的是要完成一项任务。即时通信协议参与的双方或者多方是即时通信的实体。协议必须是双方或者多方参与的，一方单独完成的就不算协议。在协议互动的过程中，双方必须交换信息，包括控制信息、状态信息等。这些信息的格式必须是协议参与方同意并且遵循的。好的协议要求清楚、完整，每一步都必须有明确的定义，并且不会引起误解，同时对每种可能的情况必须规定具体的操作。

8.8.3 即时消息的安全需求

A发送即时消息M给B，有以下几种情况和相关需求：

1）如果无法发送，A必须接到确认。

2）如果M被投递了，B只能接收M一次。

3）协议必须为B提供方法检查A发送了这条信息。

4）协议必须允许B使用另一条即时信息回复信息。

5）协议不能暴露A的IP地址。

6）协议必须为A提供方法保证没有其他个体C可以看到内容M。

7）协议必须为A提供方法保证没有其他个体C可以篡改M。

8）协议必须为B提供方法鉴别没有发生篡改。

9）B必须能够阅读M，B可以防止A发送信息给他。

10）协议必须允许A使用现在的数字签名标准对信息进行签名。

8.8.4 即时信息的加密和鉴别

1）协议必须提供方法保证通知和即时消息的置信度，保证信息未被监听或者破坏。

2）协议必须提供方法保证通知和即时消息的置信度，保证信息未被重排序或者回放。

3）协议必须提供方法保证通知和即时消息被正确的实体阅读。

4）协议必须允许客户自己使用方法确保信息不被截获、重放和解密。

8.8.5　注册需求

1）即时通信系统拥有多个账户，允许多个用户注册。
2）一个用户可以注册多个ID。
3）注册所使用的账号类型为字母ID。

8.8.6　通信需求

1）用户可以传输文本消息。
2）用户可以传输RTF格式的消息。
3）用户可以传输多个文件和文件夹。
4）用户可以加密和解密消息等。

8.9　系统总体设计

在这里我们将该即时通信系统命名为MyICQ，现在对该系统进行总体设计。我们采用C/S模式来设计，是一个3层的C/S结构：数据库服务器→应用程序服务器→应用程序客户端（运行于客户机上），其分层结构如图8-1所示。

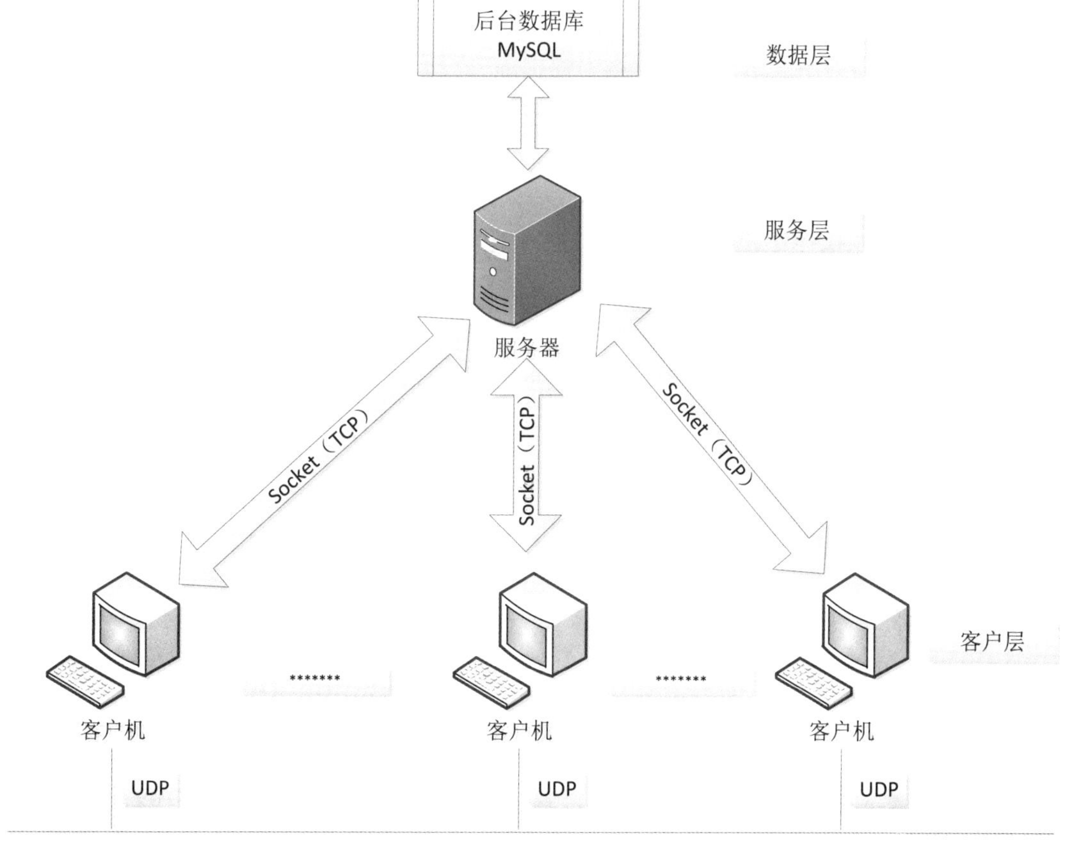

图 8-1

客户层也叫作应用表示层，也就是我们说的客户端，这是应用程序的用户接口部分。给即时通信工具设计一个客户层具有很多优点，这是因为客户层担负着用户与应用之间的对话功能。它用于检查用户的输入数据，显示应用的输出数据。为了使用户能直接进行操作，客户层需要使用图形用户界面。如果通信用户变更，系统只需要改写显示控制和数据检查程序即可，而不会影响其他两层。数据检查的内容限于数据的形式和值的范围，不包括相关业务本身的处理逻辑。

服务层又叫作功能层，相当于应用的本体，它是将具体的业务处理逻辑编入程序中。例如，用户需要检查数据，系统设法将有关检索要求的信息一次性地传送给功能层；而用户登录后，聊天登录信息是由功能层处理过的检索结果数据，也是一次性传送给表示层的。在应用设计中，必须避免在表示层和功能层之间进行多次的数据交换，这就需要尽可能进行一次性的业务处理，达到优化整体设计的目的。

数据层就是DBMS，本系统使用了Oracle（甲骨文）公司的MySQL数据库服务器来管理数据。 MySQL能迅速执行大量数据的更新和检索，因此MySQL在中小型信息系统中应用得比较广泛。

8.10 即时通信系统的实施原理

前面讲过，即时通信是一种使人们能在网上识别在线用户并与他们实时交换消息的技术，是电子邮件发明以来迅速崛起的在线通信方式。即时通信的出现和互联网有着密不可分的关系。即时通信完全基于TCP/IP网络协议族实现，TCP/IP协议族是整个互联网得以实现的技术基础。最早出现的即时通信协议是IRC（Internet Relay Chat），但是可惜它仅能单纯地使用文字、符号的方式通过互联网进行交谈和沟通。随着互联网变得高度发达，即时通信也变得远不止聊天这么简单。自1996年第一个即时通信产品ICQ发明后，即时通信技术和功能开始基本成型，语音、视频、文件共享、短信发送等高级信息交换功能都可以在即时通信工具上实现，于是功能强大的即时通信软件便足以搭建一个完整的通信交流平台。目前最具代表性的几款即时通信软件有QQ、MSN、Google Talk、Yahoo Messenger等。

8.10.1 即时通信的工作方式

即时通信的工作方式是：登录即时通信服务器，获取一个交流对象列表（类似于QQ中的好友列表），然后自身标志为在线状态，当好友列表中的某人在任意时候登录上线并试图通过计算机联系你时，即时通信系统会发一个消息提醒你，然后你能与他或她建立一个聊天会话通道，进行各种消息（如输入文字、通过语音等）的交流。

8.10.2 即时通信的基本技术原理

从技术上来说，即时通信的基本技术原理如下：

1）用户A输入自己的用户名和密码来登录即时通信服务器，服务器通过读取用户数据库来验证用户身份。如果验证通过，登记用户A的P地址、即时通信客户端软件的版本号及使用的TCP/UDP端口号，然后返回用户A登录成功的标志，此时用户A在M系统中的状态为在线。

2）根据用户A存储在即时通信服务器上的好友列表，服务器将用户A在线的相关信息发送给同时在线的即时通信好友的客户端（计算机或者智能设备），这些信息包括在线状态、IP地址、即时通信客户端使用的TCP端口号等，即时通信好友的客户端收到此信息后将予以提示。

3）即时通信服务器把用户A存储在服务器上的好友列表及相关信息回送到他的客户端，这些信息包括在线状态、IP地址、即时通信客户端使用的TCP端口号等，用户A的M客户端收到后将显示这些好友列表及其在线状态。

8.10.3　即时通信方式

1. 在线直接通信

如果用户A想与他的在线好友用户B聊天，他将直接通过服务器发送过来的用户B的IP地址、TCP端口号等信息向用户B的客户端发出聊天信息，用户B的即时通信客户端软件收到后显示在屏幕上，然后用户B再直接回复到用户A的客户端，这样双方的即时文字消息就不再即时通信服务器中转，而是直接通过网络进行点对点的通信，即对等通信方式（Peer to Peer，P2P）。

2. 在线代理通信

用户A与用户B的点对点通信由于防火墙、网络速度等原因难以建立或者速度很慢，即时通信服务器将会主动提供消息中转服务，即用户A和用户B的即时消息全部先发送到即时通信服务器，再由服务器转发给对方。

3. 离线代理通信

用户A与用户B由于各种原因不能同时在线的时候，如果此时A向B发送消息，即时通信服务器可以主动寄存A用户的消息，到B用户下一次登录的时候，自动将消息转发给B。

4. 扩展方式通信

用户A可以通过即时通信服务器将信息以扩展的方式传递给B，如以短信发送方式发送到B的手机，以传真发送方式发送到B的传真机，以E-Mail方式发送给B的电子邮箱，等等。

早期的即时通信系统，即时通信客户端和即时通信服务器之间的通信采用的协议是UDP，UDP是不可靠的传输协议，而在即时通信客户端之间的直接通信中，采用具备可靠传输能力的TCP。随着用户需求和技术环境的发展，目前主流的即时通信系统倾向于在即时通信客户端之间采用UDP，在即时通信客户端和即时通信服务器之间采用TCP。

该即时通信方式相对于其他通信方式（如电话、传真、E-Mail等），最大的优势是消息传送的即时性和精确性，只要消息传递双方在网络上可以互通，使用即时通信软件传递消息，传递延时仅为1秒钟。

8.11　功能模块划分

8.11.1　模块划分

即时通信工具也就是服务端程序和客户端程序——分别对应服务器和客户机，只要分析清楚两方面所要完成的任务，对于设计来说，工作就等于完成了一半，如图8-2所示。

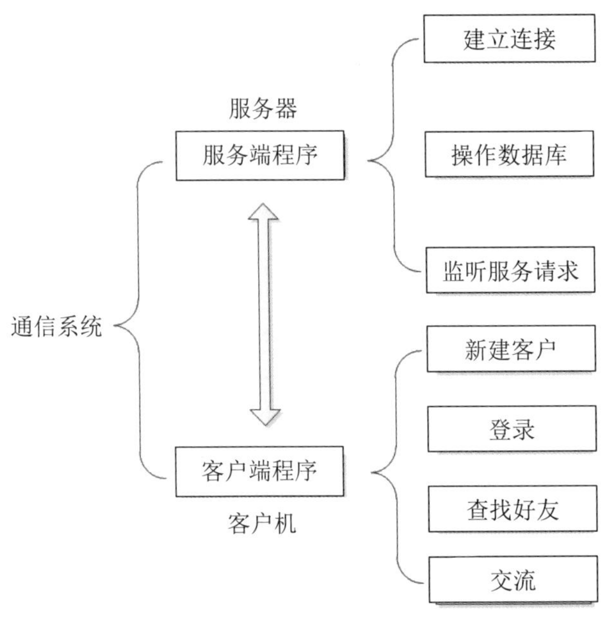

图 8-2

8.11.2 服务端程序的功能

由图8-2可知，服务端程序完成至少3大基本功能：建立连接、操作数据库和监听客户端的服务请求。这3大功能的具体含义如下：

1）建立一个服务器套接字（Server Socket）连接，不断监听是否有来自客户端的服务连接请求或者服务连接断开。

2）服务器是一个信息发送中心，所有客户机的信息都传送到服务器，再由服务器根据要求分发出去。

3）数据库的数据操作包括录入用户信息、修改用户信息、查找通信人员（同事）数据库的数据以及把同事数据添加到数据库中等。

8.11.3 客户端程序的功能

客户端程序要完成4大功能：新建用户、登录、查找（添加）好友、交流。这些功能的含义如下：

1）新建用户：客户机与服务器建立通信信道，客户端程序向服务端程序发送新建用户的信息进行新建用户的注册。

2）登录：客户机与服务器建立通信信道，客户端程序向服务端程序发送信息，以完成用户登录。

3）查找好友：当然也包括添加好友功能，这是客户端程序必须实现的功能。此外，用户通过客户端程序可以查找自己和好友的信息。

4）通信交流：客户端程序可完成信息的编辑、发送和接收等功能。

上面的功能划分是比较粗线条的，我们还可以进一步细化，如图8-3所示。

其实我们设计其他软件也是这样，都是由粗到细，逐步细化和优化。

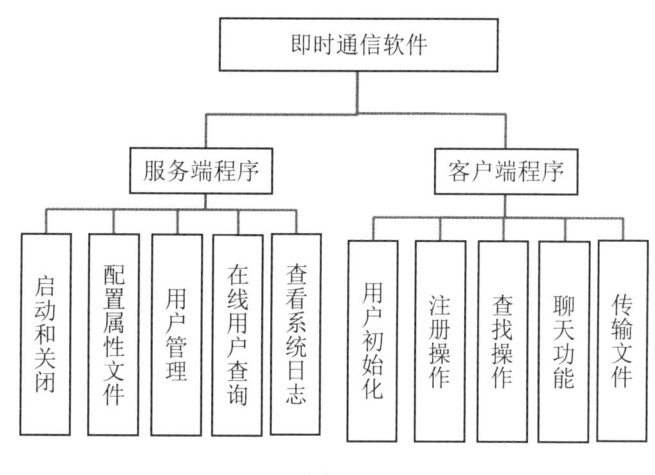

图 8-3

8.11.4　服务端程序的多线程

服务端程序需要和多个客户端程序同时进行通信，简单来说这就是服务端程序的多线程。如果服务端程序发现一个新的客户端程序与之建立了连接，就会马上新建一个线程与该客户端程序进行通信。采用多线程的好处在于可以同时处理多个通信连接，不会出现由于数据排队等待而发生延迟或者丢失的情况，可以很好地利用系统的性能。

服务端程序为每一个连接着的客户端程序建立一个线程，为了同时响应多个客户端程序，需要设计一个主线程来启动服务端程序的多线程。主线程与进程的结构类似，它在获得新连接时生成一个线程来处理这个连接。线程调度的速度快，占用的资源少，可共享进程空间中的数据，因此服务端程序的响应速度较快，且IO吞吐量较大。至于多线程编程的具体细节，在前面章节已经阐述过了，这里不再赘述。

8.11.5　客户端程序的多线程

客户端程序能够完成信息的接收和发送操作，与服务端程序的多线程概念不同，可以采用循环等待的方法来实现客户端程序。利用循环等待的方式，客户端程序首先接收用户输入的内容并发送给服务端程序，然后接收来自服务端程序的信息，将其返回给客户端的用户。

8.12　数据库设计

在完成系统的总体设计后，现在介绍实现该即时通信系统的相关数据库。这里将介绍数据库的选择、设计与实现。数据库就是一个存储数据的仓库。为了方便数据的存储和管理，它将数据按照特定的规律存储在磁盘上。通过数据库管理系统，可以有效地组织和管理存储在数据库中的数据。MySQL数据库可以称得上是目前运行速度最快的SQL数据库之一。

MySQL是一款免费软件，任何人都可以从MySQL的官方网站下载该软件。MySQL是一个真正的多用户、多线程SQL数据库系统软件。它是以C/S结构实现的，由一个服务器守护程序

mysqld以及很多不同的客户端程序和库组成。它能够快捷、有效和安全地处理大量数据。相对于Oracle等其他数据库来说，MySQL的使用非常简单。MySQL的主要目标就是快速、便捷和易用。

8.12.1 数据库的选择

现在可以使用的数据库有很多种，如DB2、Informix、Oracle和MySQL等。基于需求、价格和技术三方面的考虑，本系统在分析研究过程中采用MySQL作为数据库系统。理由如下：

1）MySQL是一款免费软件，开放源代码，无版本制约，自主性及使用成本低；同时性能卓越，服务稳定，很少出现异常宕机；软件体积小，安装和使用简单且易于维护，维护成本低。

2）使用C和C++ 编写而成，并使用多种编译器进行测试，保证了源代码的可移植性。

3）支持 AIX、FreeBSD、HP-UX、Linux、Mac OS、NovellNetware、OpenBSD、OS/2 Wrap、Solaris、Windows等多种操作系统。

4）为多种编程语言提供了API。这些编程语言包括C、C++、Python、Java、Perl、PHP、Eiffel、Ruby和TCL等。

5）支持多线程以充分利用CPU资源。

6）优化的SQL查询算法，有效地提高了查询速度。

7）既能作为一个单独的应用程序应用在C/S网络环境中，又能作为一个库而嵌入其他的软件中。

8）提供多语言支持，常见的编码如中文的GB2312、BIG5，日文的Shift_JIS等都可以用作数据表名和数据列名。

9）提供TCP/IP、ODBC和JDBC等多种数据库连接的途径。

10）提供用于管理、检查、优化数据库操作的管理工具。

11）支持大型的数据库，可以处理拥有上千万条记录的大型数据库。

12）支持多种存储引擎。

13）历史悠久，社区和用户非常活跃，遇到问题可及时寻求帮助。品牌口碑效应好。

MySQL提供了值得信赖的技术和功能，它在企业数据管理、开发者效率和商业智能等主要领域取得了显著进步，由此表明向其升级或迁移具有显而易见的好处。

8.12.2 准备 MySQL

我们可以到官网（https://dev.mysql.com/downloads/windows/installer/8.0.html）下载新版的MySQL安装包，本书安装的是8.0版本，如图8-4所示。

这里下载下来的安装包文件是mysql-installer-community-8.0.25.0.msi，直接双击它即可开始安装。安装很简单，一直单击Next按钮即可，另外笔者设置的密码是123456。

安装完毕后，单击“开始”→MySQL→MySQL Server 8.0→MySQL 8.0 Command Line Client，即命令行客户端，打开该客户端，输入密码123456（习惯也称为口令），然后就会出现MySQL提示符。注意：如果我们输错密码，则窗口会闪退。或者，也可以在Windows下使用cmd命令打开命令行窗口，然后进入MySQL程序所在的路径，这里是C:\Program Files\MySQL\MySQL Server 8.0\bin，然后执行带账号和密码的命令：

```
mysql -uroot -p123456
```

其中密码是123456，此时将出现MySQL命令提示符，如图8-5所示。

MySQL Community Downloads
MySQL Installer
General Availability (GA) Releases　Archives
MySQL Installer 8.0.25
Select Operating System:
Microsoft Windows
Looking for previous GA versions?
Windows (x86, 32-bit), MSI Installer　8.0.25　2.4M　Download
(mysql-installer-web-community-8.0.25.0.msi)　MD5: 7f64b7ca2c526c359919d9db1bc8d669 | Signature
Windows (x86, 32-bit), MSI Installer　8.0.25　435.7M　Download
(mysql-installer-community-8.0.25.0.msi)　MD5: 0c64075a9cc4ec00cce3580676laafc9 | Signature

图 8-4

```
C:\Windows\system32\cmd.exe - mysql -uroot -p123456
C:\Program Files\MySQL\MySQL Server 8.0\bin>mysql -uroot -p123456
mysql: [Warning] Using a password on the command line interface can

Welcome to the MySQL monitor.  Commands end with ; or \g.
Your MySQL connection id is 12
Server version: 8.0.25 MySQL Community Server - GPL

Copyright (c) 2000, 2021, Oracle and/or its affiliates.

Oracle is a registered trademark of Oracle Corporation and/or its
affiliates. Other names may be trademarks of their respective
owners.

Type 'help;' or '\h' for help. Type '\c' to clear the current input

mysql> _
```

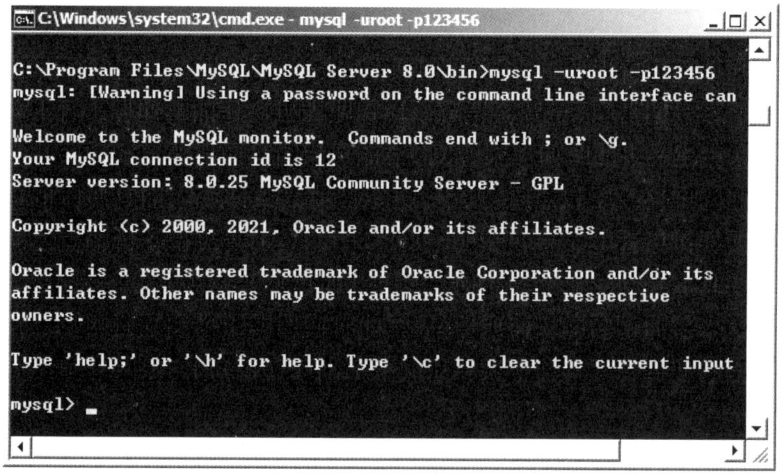

图 8-5

上述两种方式都可以使用，但更为方便的是直接用MySQL 8.0 Command Line Client，即MySQL的命令行客户端。打开该窗口，然后输入一些MySQL命令，比如show databases;，如图8-6所示。

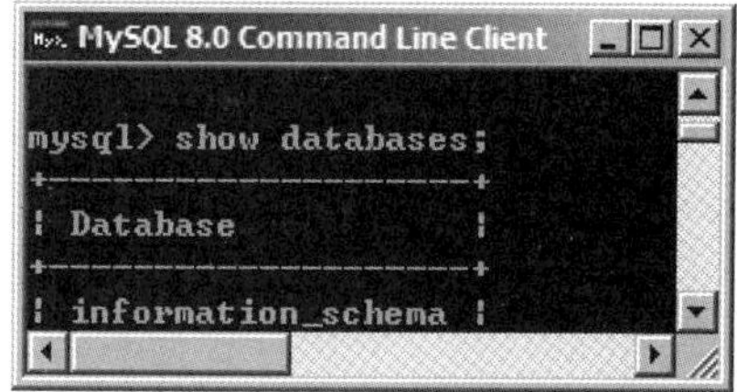

图 8-6

下面再用命令来创建一个数据库，数据库名是test，输入create database test;，命令如下：

```
mysql> create database test;
Query OK, 1 row affected (0.14 sec)
```

出现OK则说明创建成功，此时如果用命令show databases;来显示数据库，可以发现新增了一个名为test的数据库。在一线开发中，经常用一个SQL脚本文件来创建数据库和数据库中的数据表。SQL脚本文件其实是一个文本文件，里面包含由一条到多条SQL命令组成的SQL语句集合，然后通过相关的命令执行这个SQL脚本文件。接下来我们打开记事本，然后在其中输入以下内容：

```
/*
 Source Server Type    : MySQL
 Date: 31/7/2022
*/

DROP DATABASE IF EXISTS test;
create database test default character set utf8 collate utf8_bin;

flush privileges;

use test;
SET NAMES utf8mb4;
SET FOREIGN_KEY_CHECKS = 0;

-- ----------------------------
-- Table structure for student
-- ----------------------------
DROP TABLE IF EXISTS `student`;
CREATE TABLE `student` (
  `id` tinyint  NOT NULL AUTO_INCREMENT COMMENT '学生id',
  `name` varchar(32) DEFAULT NULL COMMENT '学生名称',
  `age` smallint DEFAULT NULL COMMENT '年龄',
  `SETTIME` datetime NOT NULL COMMENT '入学时间',
  PRIMARY KEY (`id`)
) ENGINE=InnoDB DEFAULT CHARSET=utf8;

-- ----------------------------
-- Records of student
-- ----------------------------
BEGIN;
INSERT INTO `student` VALUES (1,'张三',23,'2020-09-30 14:18:32');
INSERT INTO `student` VALUES (2,'李四',22,'2020-09-30 15:18:32');
COMMIT;

SET FOREIGN_KEY_CHECKS = 1;
```

上述内容不过多解释了，无非就是SQL语句的组合。相信学过数据库的读者会很熟悉。保存该文件，文件名是mydb.sql，路径是d:\test\，编码要选择UTF-8，否则后面执行时会出现Incorrect string value之类的错误，这是因为在Windows系统中，默认使用的是GBK编码，称为“国标”，而MySQL数据库中是使用UTF-8编码来存储数据的。当然，我们也可以找到安装MySQL的目录，然后打开其中的my.ini文件，找到default-character=utf-8，把UTF-8改为GBK，然后重新启动MySQL服务即可解决问题，这样就不需要每次都保存为UTF-8编码了。

保存SQL脚本文件后，就可以执行它了。打开MySQL的命令行客户端，用source命令执行mydb.sql：

```
source d:\test\mydb.sql
```

运行结果如图8-7所示。

```
MySQL 8.0 Command Line Client - Unicode
mysql> source d:\test\mydb.sql
Query OK, 1 row affected (0.34 sec)

Query OK, 1 row affected, 2 warnings (0.16 sec)

Query OK, 0 rows affected (0.10 sec)

Database changed
Query OK, 0 rows affected (0.00 sec)

Query OK, 0 rows affected (0.00 sec)

Query OK, 0 rows affected, 1 warning (0.06 sec)

Query OK, 0 rows affected, 1 warning (1.45 sec)

Query OK, 0 rows affected (0.00 sec)

Query OK, 1 row affected (0.09 sec)

Query OK, 1 row affected (0.00 sec)

Query OK, 0 rows affected (0.07 sec)

Query OK, 0 rows affected (0.00 sec)

mysql>
```

图 8-7

看到没报错提示，说明执行成功了。此时我们可以用命令来查看新建的数据库及数据表。

（1）查看数据库

```
show databases;
```

（2）选择名为test的数据库

```
use test;
```

（3）查看数据库中的数据表

```
show tables;
```

（4）查看student表的结构

```
desc student;
```

（5）查看student表的所有记录

```
select * from student;
```

最终运行结果如图8-8所示。

至此，我们的MySQL数据库运行正常。下面可以开始编程了。顺便提一句，如果觉得某个表中的数据乱了，可以用SQL语句删除表中的全部数据，比如delete from student;。

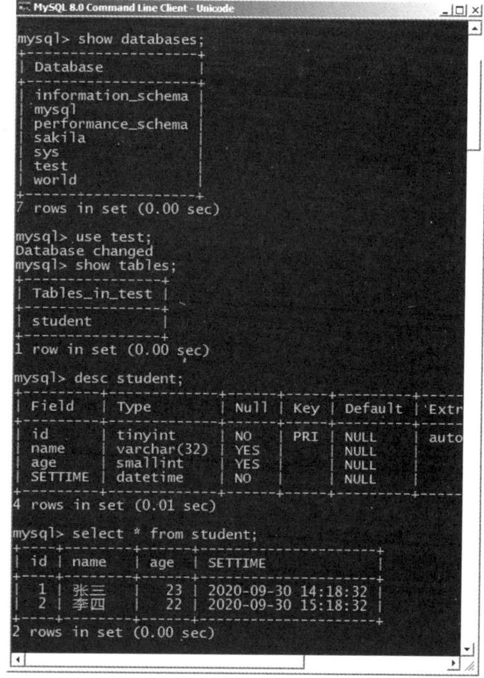

```
MySQL 8.0 Command Line Client - Unicode
mysql> show databases;
+--------------------+
| Database           |
+--------------------+
| information_schema |
| mysql              |
| performance_schema |
| sakila             |
| sys                |
| test               |
| world              |
+--------------------+
7 rows in set (0.00 sec)

mysql> use test;
Database changed
mysql> show tables;
+----------------+
| Tables_in_test |
+----------------+
| student        |
+----------------+
1 row in set (0.00 sec)

mysql> desc student;
+---------+-------------+------+-----+---------+-----
| Field   | Type        | Null | Key | Default | Extr
+---------+-------------+------+-----+---------+-----
| id      | tinyint     | NO   | PRI | NULL    | auto
| name    | varchar(32) | YES  |     | NULL    |
| age     | smallint    | YES  |     | NULL    |
| SETTIME | datetime    | NO   |     | NULL    |
+---------+-------------+------+-----+---------+-----
4 rows in set (0.01 sec)

mysql> select * from student;
+----+------+-----+---------------------+
| id | name | age | SETTIME             |
+----+------+-----+---------------------+
|  1 | 张三 |  23 | 2020-09-30 14:18:32 |
|  2 | 李四 |  22 | 2020-09-30 15:18:32 |
+----+------+-----+---------------------+
2 rows in set (0.00 sec)
```

图 8-8

8.12.3　下载 JDBC 驱动

要在Java程序中访问MySQL数据库，需要安装它们之间的桥梁，这个桥梁就是JDBC驱动。我们可以到官网下载，网址为http://dev.mysql.com/downloads/connector/j/。打开该网页，在Select Operating System:下选择Platform Independent，然后单击Platform Independent (Architecture Independent), ZIP Archive右边的Download按钮以下载，如图8-9所示。

这里下载下来的文件是mysql-connector-java-8.0.25.zip，解压后就可以看到mysql-connector-java-8.0.25.jar，这个JAR文件就是要导入Eclipse中的JDBC驱动包。下面通过一个例子来演示导入JAR包的过程。

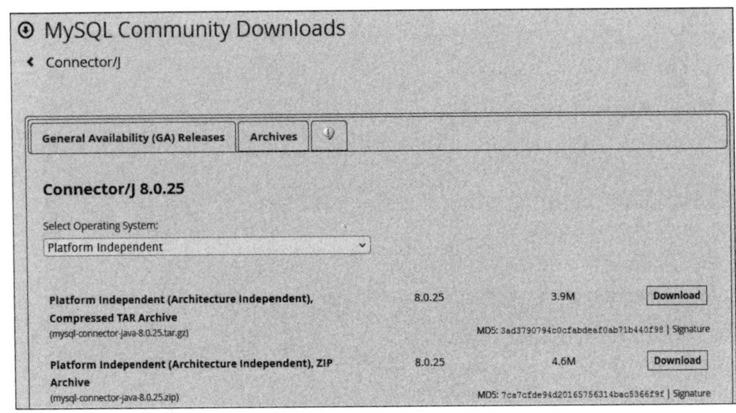

图 8-9

【例8.2】 第一个Java数据库程序

1）打开Eclipse，新建一个Java工程，工程名为myprj，然后在工程中新建一个类，类名是test。

2）准备导入mysql-connector-java-8.0.25.jar。在Eclipse中，单击菜单Window→Show View→Package Explorer来打开Package Explorer视图，在Package Explorer中右击工程myprj，在弹出的快捷菜单中选择Build Path→Add External Archives...，此时出现文件选择对话框，我们选择源码根目录下的mysql-connector-java-8.0.25.jar。选择后，Package Explorer中的myprj下的Referenced Libraries下多了一个mysql-connector-java-8.0.25.jar，如图8-10所示。

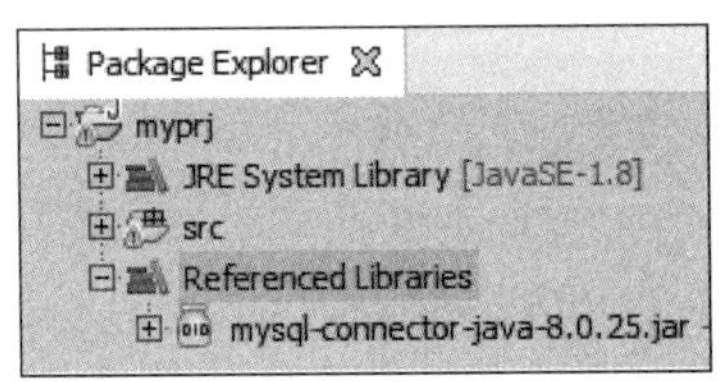

图 8-10

这样JAR包就算添加进工程中了。除此之外，也可以打开Project Explorer视图，在其中右击工程myprj，在弹出的快捷菜单中选择Build Path→Configure Build Path...，此时出现Properties for myprj对话框，切换到Libraries页，然后单击Add External JARs...按钮，就可以选择mysql-connector-java-8.0.25.jar了，最后单击Apply and Close按钮，如图8-11所示。

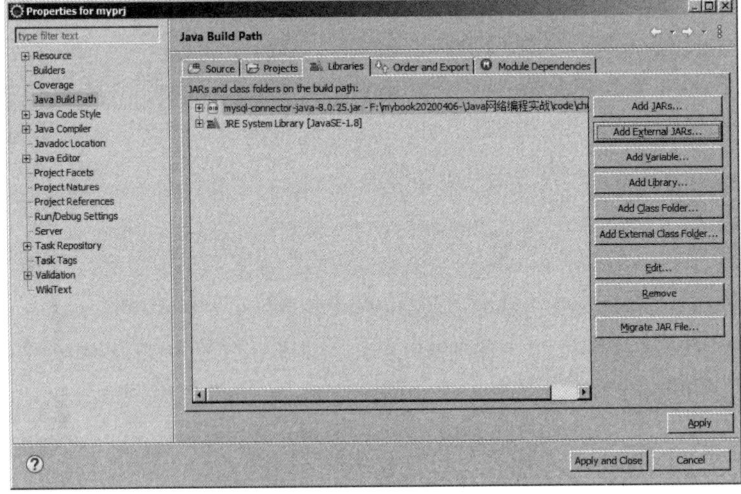

图 8-11

3）在Eclipse中打开test.java，输入如下代码：

```
package myprj;
import java.sql.Connection;
import java.sql.DriverManager;
import java.sql.PreparedStatement;
import java.sql.ResultSet;
import java.sql.SQLException;
import java.sql.Statement;

public class test {
    public static void main(String []args) {
        Connection conn = null;
        PreparedStatement ps = null;
        ResultSet rs = null;

        String driveName = "com.mysql.cj.jdbc.Driver";
        String url = "jdbc:mysql://127.0.0.1:3306/test";  //test是要连接的数据
库名称
        String user = "root";
        String pass = "123456";

        try {
            Class.forName(driveName);  //加载JDBC驱动
            //连接方法一
            Connection con = DriverManager.getConnection(url, user, pass);
            //连接方法二
            /*
            String URL = "jdbc:mysql://127.0.0.1:3306/student?user=
root&password=123456&serverTimezone=GMT%2B8";
            Connection con = DriverManager.getConnection(URL);
             */

            Statement state = con.createStatement(); //创建一个 Statement对象
            String querySql = "select * from student"; //构造SQL语句
            ResultSet result = state.executeQuery(querySql); //执行SQL语句
            //遍历记录，逐条打印
            while(result.next()) {
                System.out.print("学号: " + result.getInt("Id"));
                System.out.print(",姓名: " + result.getString("name"));
                System.out.println(",年龄: " + result.getInt("age"));
            }
            con.close(); //关闭连接
        } catch (ClassNotFoundException e) {
            e.printStackTrace();
        } catch (SQLException e) {
            e.printStackTrace();
        }
    }
}
```

在上述程序代码中，首先加载JDBC驱动，然后开始连接和查询。Java中通过驱动管理器DriverManager的方法getConnection来连接MySQL数据库，该方法有两种调用方式：一种是把连接数据库所需要的信息通过各个参数的方式传给getConnection方法（见代码中的连接方法一）；另一种是直接构造一个连接字符串，然后把这个字符串传给getConnection方法（见代码中的连接方法二）。这里我们用连接方法一，其中URL包含MySQL数据库所在的主机IP地址（这里因为安装在本机上，所以IP是127.0.0.1）和MySQL服务端口号（这里是默认端口号3306），以及要连接的数据库名称，这里是test数据库。user和pass分别存放数据库账号的名称和密码，这些都是安装MySQL时设置的。

连接数据库成功后，就可以调用createStatement方法来创建一个Statement对象，封装SQL语句并发送给数据库（通常用来执行不带参数的SQL语句）。然后构造SQL语句，并调用executeQuery方法执行SQL语句，执行完毕后，用一个while循环来遍历表的记录。

（4）保存工程并运行，运行的结果如下：

```
学号：1,姓名：张三,年龄：23
学号：2,姓名：李四,年龄：22
```

8.12.4 聊天系统数据库设计

首先准备好数据库。把数据库设计的脚本代码放在SQL脚本文件中，读者可以在本例源码目录的sql子目录下找到该脚本，其文件名是test.sql，部分代码如下：

```
...
DROP DATABASE IF EXISTS test;
...
DROP TABLE IF EXISTS `qqnum`;
CREATE TABLE `qqnum` (
  `id` int(11) NOT NULL AUTO_INCREMENT,
  `usernum` varchar(50) DEFAULT NULL,
  `mark` varchar(11) DEFAULT NULL,
  PRIMARY KEY (`id`)
) ENGINE=InnoDB DEFAULT CHARSET=utf8;
...
DROP TABLE IF EXISTS `userfriend`;
...
DROP TABLE IF EXISTS `userinformation`;
CREATE TABLE `userinformation` (
  `id` int(11) NOT NULL AUTO_INCREMENT,
  `username` varchar(50) DEFAULT NULL,
  `usernum` varchar(50) DEFAULT NULL,
  `sex` varchar(5) DEFAULT NULL,
  `password` varchar(50) DEFAULT NULL,
  `address` varchar(50) DEFAULT NULL,
  `birth` varchar(50) DEFAULT NULL,
  `sign` varchar(50) DEFAULT NULL,
  `status` int(11) DEFAULT NULL,
  `portrait` varchar(500) DEFAULT NULL,
  `port` varchar(11) DEFAULT NULL,
```

```
  `ip` varchar(50) DEFAULT NULL,
  PRIMARY KEY (`id`)
) ENGINE=InnoDB AUTO_INCREMENT=3 DEFAULT CHARSET=utf8;
```

其中，数据库名称是test。表qqnum存放用户的QQ号，该表中的字段usernum用于存储QQ号，我们将以当前时间加1的方式作为产生QQ号的手段；字段mark用来标记该QQ号是否已经被占用，值为1表示还未用，值为0表示已经占用。

表userinformation用来存放向服务器注册的用户信息，比如昵称、用户密码、性别、生日、出生地等。这些数据的来源大都是客户端程序注册界面上由用户输入的，如图8-12所示。

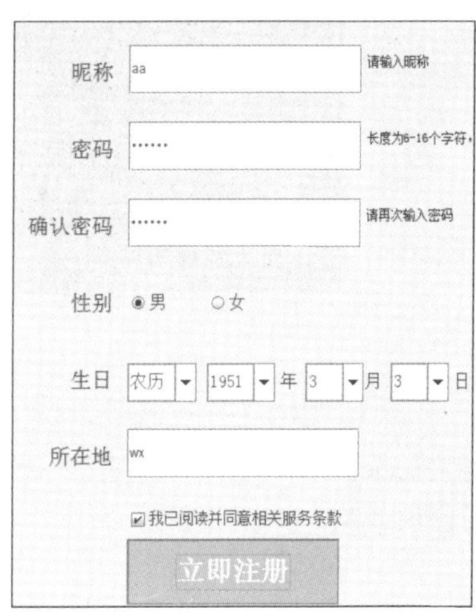

图 8-12

当用户在客户端程序中单击“立即注册”按钮时，就会把界面上输入的数据传送到服务端程序，服务端程序把这些数据存入表userinformation中。另外，字段usernum用于存储QQ号；字段sign对应个性化签名；字段status用于表示用户是否在线：0表示不在线，1表示在线；字段portrait用于存储用户头像实际存放的路径，比如默认头像存储的路径为src/head/head.png。

我们把sql目录下的test.sql放到某个路径，比如D:\test，然后打开MySQL的命令行客户端窗口，运行命令：source d:\test\test.sql，这样数据库和表就创建好了，可以用命令查看，如图8-13所示。

有3个数据表被创建了。表qqnum用于存放所有的账号信息，如图8-14所示。

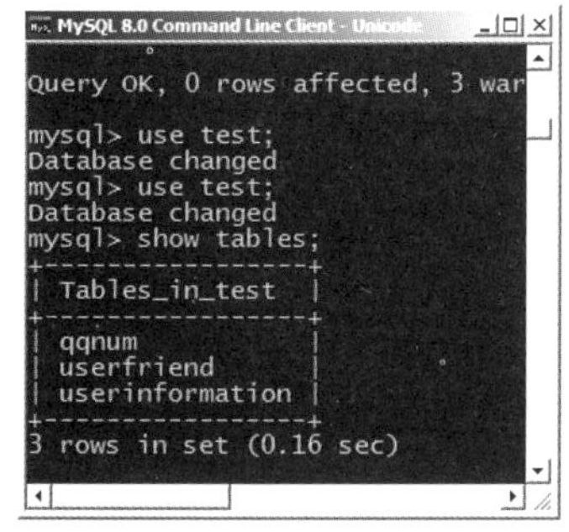

```
MySQL 8.0 Command Line Client - Unicode
Query OK, 0 rows affected, 3 war

mysql> use test;
Database changed
mysql> use test;
Database changed
mysql> show tables;
+-----------------+
| Tables_in_test  |
+-----------------+
| qqnum           |
| userfriend      |
| userinformation |
+-----------------+
3 rows in set (0.16 sec)
```

图 8-13

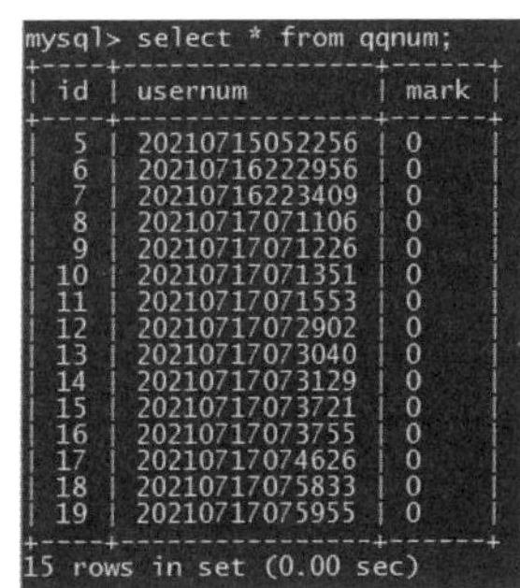

```
mysql> select * from qqnum;
+----+----------------+------+
| id | usernum        | mark |
+----+----------------+------+
|  5 | 20210715052256 | 0    |
|  6 | 20210716222956 | 0    |
|  7 | 20210716223409 | 0    |
|  8 | 20210717071106 | 0    |
|  9 | 20210717071226 | 0    |
| 10 | 20210717071351 | 0    |
| 11 | 20210717071553 | 0    |
| 12 | 20210717072902 | 0    |
| 13 | 20210717073040 | 0    |
| 14 | 20210717073129 | 0    |
| 15 | 20210717073721 | 0    |
| 16 | 20210717073755 | 0    |
| 17 | 20210717074626 | 0    |
| 18 | 20210717075833 | 0    |
| 19 | 20210717075955 | 0    |
+----+----------------+------+
15 rows in set (0.00 sec)
```

图 8-14

mark为0表示该用户账号已经有人用了。

表userfriend存放已经互加为好友的账号信息，如图8-15所示。

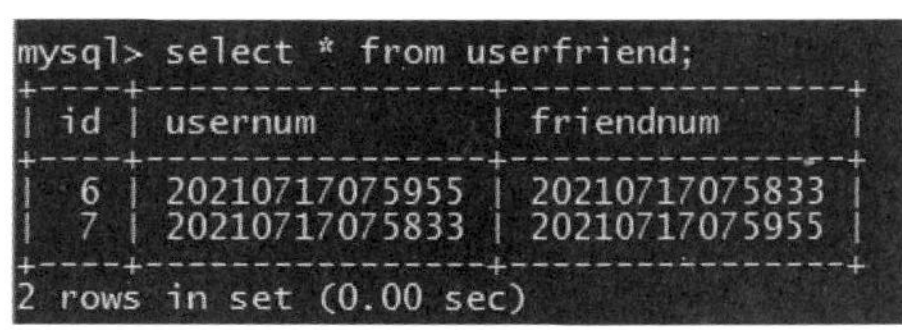

```
mysql> select * from userfriend;
+----+----------------+----------------+
| id | usernum        | friendnum      |
+----+----------------+----------------+
|  6 | 20210717075955 | 20210717075833 |
|  7 | 20210717075833 | 20210717075955 |
+----+----------------+----------------+
2 rows in set (0.00 sec)
```

图 8-15

表userinformation存放用户的具体信息，如图8-16所示。

```
mysql> select * from userinformation;
+----+----------+----------------+------+----------+---------+-------------------
------+-------------+--------+------------------+------+--------------------
-------+
| id | username | usernum        | sex  | password | address | birth
      | sign        | status | portrait         |.port | ip
      |
+----+----------+----------------+------+----------+---------+-------------------
------+-------------+--------+------------------+------+--------------------
-------+
|  4 | aa       | 20210716222956 | 男   | 123456   | wx      | 公历-1950年1月1日
      | 个性签名    |      0 | src/head/head.png | 0    | NULL
      |
|  5 | bb       | 20210716223409 | 女   | 123456   | wx      | 公历-1950年2月1日
      | 个性签名    |      0 | src/head/head.png | NULL | NULL
      |
|  6 | cc       | 20210717071106 | 男   | 123456   | bj      | 公历-1950年1月1日
      | 个性签名    |      0 | src/head/head.png | NULL | NULL
```

图 8-16

看起来稍微有点凌乱，读者可以下载一些图形化的MySQL工具来查看和管理数据库，比如Navicat等。另外，所有表中的数据不需要预先手动添加，我们的服务端程序会自动在用户注册时添加这些数据。

8.13 服务端程序的设计

作为C/S模式下的系统开发，很显然服务端程序的设计是非常重要的。下面就开始对服务端的相关程序模块进行设计，并在一定程度上实现相关功能。客户端程序和服务端程序是通过TCP连接并进行交互的，而客户端之间的聊天室是基于UDP交互的。所以本案例是一个TCP和UDP联合应用的项目。

服务端程序的主要功能如下：

1）接受客户端用户的注册，然后把注册信息添加到数据库表中。

2）显示当前在线的用户，并能查看用户的具体信息。

3）接受客户端用户的登录，用户登录成功后，服务端程序把数据库中该用户的好友信息发给客户端程序，这样客户端程序就可以显示用户有哪些好友了。

4）实现用户查找和添加好友的功能。

5）显示实时日志信息。

在服务端程序对应的工程中，我们定义的类如图8-17所示。

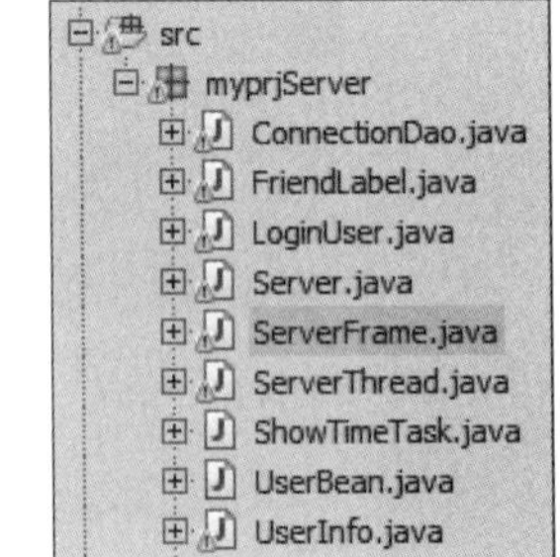

图 8-17

每个类的主要功能如下：

1）ServerFrame类：该类用于实现服务器主界面，程序入口main函数位于该类中。

2）ConnectionDao类：该类用于实现数据库连接。

3）FriendLabel类：该类是实现头像显示的公有类。

4）LoginUser类：该类用于管理登录用户模块，将当前登录的用户情况显示到ServerFrame中。

5）Server类：该类为客户端程序提供功能服务模块，功能有注册新用户、用户登录、查找好友、添加好友、删除好友、修改自己的信息、用户下线、修改头像和文件传输等。

6）ServerThread类：该类实现服务端程序连接线程，循环阻塞等待接受客户端的连接，即在该类中会调用accept方法。

7）ShowTimeTask类：该类是显示时间的公有类。

8）UserBean类：该类提供给外部进行存取的方法，用于设置（set）和获取（get）每个用户的某项信息。

9）UserInfo类：该类实现一个对话框，对话框显示该用户的详细信息。

服务端程序的网络通信是基于TCP的通信，在线程类ServerThread的run方法中，服务端程序在端口6544上创建套接字，循环调用accept方法等待客户端程序的连接请求，一旦有客户端连接过来，就开启另一个线程类，专门为该客户端提供服务，并且把accept返回的套接字作为参数传入该线程类的构造方法，代码如下：

```
Server p = new Server(socket);
p.start();
```

然后进行下一次循环并调用accept方法，继续阻塞监听下一个客户端的连接请求。以上是概要设计，下面我们开始详细设计。

【例8.3】 即时通信系统服务端程序的详细设计

1)打开Eclipse，新建一个Java工程，工程名为myprjServer，在工程中添加一个类ServerFrame，并勾选main函数，在该类中实现服务器的主界面。打开ServerFrame.java，在该类的构造方法中添加如下代码：

```
public ServerFrame()
{
    this.setSize(800, 700);
    this.setLocationRelativeTo(null);
    this.setLayout(null);
    this.setTitle("服务端程序的控制界面");
    //创建数据库连接
    con=ConnectionDao.getConnection();
    init();
    //添加界面控件
    this.add(jshowList);
    this.add(jSuserList);
    this.add(jBgetInfo);
    this.add(jBkickOut);
    this.add(jUserCount);
    this.add(jCount);
    this.add(jshowServerLog);
    this.add(jServerLog);
    this.add(jBpauseServer);
    this.add(jBexit);
    this.add(jLtime);
    //启动ServerSocket套接字，并做好等待客户端连接的准备
    serverThread=new ServerThread(jTServerLog);
    serverThread.start();
    //使jLtime动态显示时间
```

```
        java.util.Timer myTime=new java.util.Timer();
        java.util.TimerTask task_showtime=new ShowTimeTask(jLtime);
        myTime.schedule(task_showtime, 0,1000);
        java.util.Timer time=new java.util.Timer();
        java.util.TimerTask task_time=new LoginUser(listModel,userList,jCount,
userTable,con);
        time.schedule(task_time, 0,10000);//每10秒刷新一次
        try {
            System.out.println(InetAddress.getLocalHost());
        } catch (UnknownHostException e) {
            //TODO Auto-generated catch block
            e.printStackTrace();
        }
        //服务端程序刚刚启动时，要把用户信息表中的在线状态标记全部重置为离线状态
        String sql="UPDATE UserInformation SET Status = 0 where Status= 1";
        try {
            Statement stmt=con.createStatement();
            stmt.executeUpdate(sql);
            stmt.close();
        } catch (SQLException e) {
            //TODO Auto-generated catch block
            e.printStackTrace();
        }
    }
```

注意结尾的SQL语句，服务端程序刚刚启动时，要把用户信息表中的在线状态标记全部重置为离线状态，这是因为有些客户端程序可能是异常退出的，或是退出时没有来得及更新状态。另外，init方法用于初始化服务器主界面，并且实现一些按钮事件处理函数，代码如下：

```
        public void init()
        {
            jshowList.setBounds(20, 10, 150, 25);
            jshowList.setFont(new Font("宋体",Font.PLAIN,11));
            jSuserList.setBounds(10, 40, 190, 500);
            jBgetInfo.setBounds(20, 550, 75, 25);
            jBgetInfo.setFont(new Font("宋体",Font.PLAIN,10));
            //监听查看信息按钮
            jBgetInfo.addActionListener(new ActionListener()
            {
                @Override
                public void actionPerformed(ActionEvent arg0) {
                    //TODO Auto-generated method stub
                    String selectedUser=null;
                    String userNum=null;
                    selectedUser=(String)userList.getSelectedValue();
                    if(selectedUser==null)
                    {
                        JOptionPane.showMessageDialog(jBgetInfo, "请选择一个用户");
                    }
```

```
                    else
                    {
                        System.out.println(selectedUser);
                    userNum=selectedUser.substring(selectedUser.indexOf("<")+1,
selectedUser.indexOf(">"));
                        UserBean user=(UserBean)userTable.get(userNum);
                        UserInfo userInfo=new UserInfo(ServerFrame.this,
"信息查看",true,user);
                        userInfo.setVisible(true);
                    }
                }
            });
            jBkickOut.setBounds(110, 550, 60, 25);
            jBkickOut.setFont(new Font("宋体",Font.PLAIN,10));
            //退出按钮监听
            jBkickOut.addActionListener(new ActionListener(){
                @Override
                public void actionPerformed(ActionEvent e) {
                    //TODO Auto-generated method stub
                    int index=userList.getSelectedIndex();
                    String userNum=null;
                    if(index==-1)
                    {
                        JOptionPane.showMessageDialog(jBkickOut,"请单击选择一个用
户");
                    }
                    else{
                        String userInfo=(String)listModel.getElementAt(index);
                        userNum=userInfo.substring(userInfo.indexOf("<")+1,
userInfo.indexOf(">"));
                        System.out.println(userNum);
                        removeUser(userNum);
                        listModel.remove(index);
                        int num=Integer.parseInt(jCount.getText())-1;
                        jCount.setText(new Integer(num).toString());
                    }
                }
            });
            jUserCount.setBounds(25, 595, 100, 30);
            jUserCount.setFont(new Font("宋体",Font.PLAIN,12));
            jCount.setBounds(125, 595, 20, 30);
            jCount.setFont(new Font("宋体",Font.PLAIN,12));
            jshowServerLog.setBounds(220, 10, 150, 25);
            jshowServerLog.setFont(new Font("宋体",Font.PLAIN,11));
            jServerLog.setBounds(210, 40, 575, 550);
            jBpauseServer.setBounds(340, 595, 90, 25);
            jBpauseServer.setFont(new Font("宋体",Font.PLAIN,11));
```

```
        //暂停服务按钮监听
        jBpauseServer.addActionListener(new ActionListener(){
            @Override
            public void actionPerformed(ActionEvent e) {
                //TODO Auto-generated method stub
                String command=e.getActionCommand();
                if(command.equals("暂停服务"))
                {
                    serverThread.pauseThread();
                    jBpauseServer.setText("恢复服务");
                }
                else if(command.equals("恢复服务"))
                {
                    serverThread.reStartThread();
                    jBpauseServer.setText("暂停服务");
                }
            }
        });
        jBexit.setBounds(470, 595, 60, 25);
        jBexit.setFont(new Font("宋体",Font.PLAIN,11));
        //退出按钮监听
        jBexit.addActionListener(new ActionListener(){
            @Override
            public void actionPerformed(ActionEvent e) {
                //TODO Auto-generated method stub
                int option=JOptionPane.showConfirmDialog(jBexit, "亲，你确定要
退出吗？");
                if(option==JOptionPane.YES_OPTION)
                {
                    try {
                        con.close();//关闭数据库连接
                        //关闭服务器线程的数据库连接
                        System.exit(0);
                    } catch (SQLException e1) {
                        //TODO Auto-generated catch block
                        e1.printStackTrace();
                    }
                }
            }
        });
        jLtime.setBounds(600, 615, 250, 50);
        jLtime.setFont(new Font("宋体",Font.PLAIN,12));
    }//init
```

该段程序代码实现了服务端程序的控制界面对话框上的各个控件的布局，以及几个按钮的事件监听处理。其中removeUser方法在用户退出时在数据库中把Status及用户状态改为0，该方法代码如下：

```
        public void removeUser(String userNum)
        {
            String sql="UPDATE UserInformation SET Status = 0 where UserNum= '"
+userNum+"'";
            try {
                Statement stmt=con.createStatement();
                stmt.executeUpdate(sql);
                stmt.close();
            } catch (SQLException e) {
                //TODO Auto-generated catch block
                e.printStackTrace();
            }
        }
```

编写一条SQL语句，然后调用executeUpdate方法执行更新。

最后，在ServerFrame类中实现main函数，添加如下代码：

```
        public static void main(String args[])
        {
            ServerFrame f=new ServerFrame();
            f.setVisible(true);
        }
```

限于篇幅，这里就不一一列出ServerFrame类的一些控件的成员变量了，具体内容可以参考该工程的源代码。

2）在工程中新建一个类ConnectionDao，该类实现数据库连接，在ConnectionDao.java中添加如下代码：

```
    public class ConnectionDao {
        public static Connection getConnection() {
            Connection conn=null;
            try{
                Class.forName("com.mysql.cj.jdbc.Driver");
                System.out.print("");
            }catch(ClassNotFoundException ex){
                System.out.println("加载驱动失败");
            }
            try{
                String url="jdbc:mysql://localhost:3306/test?user=
root&password=123456";
                conn=DriverManager.getConnection(url);
                System.out.print("连接成功");
                return conn;
            }catch(SQLException ex){
                System.out.println("连接失败"+ex);
                return null;
            }
        }
    }
```

这段代码的主要功能是连接MySQL数据库。在程序运行前，要确保MySQL已经安装好，并且数据库test已经创建好。

3）在工程中新建类FriendLabel，该类是实现头像显示的公有类。该类主要和界面显示有关，限于篇幅，代码就不列出了。

4）在工程中新建类LoginUser，该类用于管理登录用户模块，将当前登录的用户情况显示到ServerFrame中，在LoginUser.java输入如下代码：

```
public class LoginUser extends TimerTask{
    private DefaultListModel listModel=null;
    private JList userList=null;
    private JLabel jCount=null;
    private Hashtable userTable=new Hashtable();//存放每一个用户的基本信息
    private int count=0;//上线人数
    private Connection con=null;//数据库连接
    public LoginUser(DefaultListModel listModel,JList userList,JLabel jCount,
Hashtable userTable,Connection con) {
        //TODO Auto-generated constructor stub
        this.listModel=listModel;
        this.userList=userList;
        this.jCount=jCount;
        this.userTable=userTable;
        this.con=con;
    }
    //定时器的方法
    @Override
    public void run() {
        //TODO Auto-generated method stub
        count=0;
        userTable.clear();
        listModel.clear();
        getUser(); //查询数据库，获取上线用户名单
        getUserInfo(); //获取在线用户信息并显示出来
        userList.setCellRenderer(new FriendLabel());//调用FriendLabel显示头像
        jCount.setText(new Integer(count).toString());
    }
    public void getUser()
    {
        String sql="select * from UserInformation where Status = 1";
        String userNum=null;
        try {
            Statement stmt=con.createStatement();
            ResultSet rs=stmt.executeQuery(sql);
            while(rs.next())
            {
                ++count;//人数加1
                //创建存储用户信息的类
                UserBean user=new UserBean();
```

```
                userNum=rs.getString("UserNum");
                //将用户信息存储到该类中
                user.setUserNum(userNum);
                user.setUserName(rs.getString("UserName"));
                user.setPassword(rs.getString("Password"));
                user.setSex(rs.getString("Sex"));
                user.setBirth(rs.getString("Birth"));
                user.setAddress(rs.getString("Address"));
                user.setSign(rs.getString("Sign"));
                user.setPortrait(rs.getString("Portrait"));
                user.setStatus(rs.getInt("Status"));
                user.setPort(rs.getInt("Port"));
                user.setIp(rs.getString("IP"));
                userTable.put(userNum, user);
            }
        } catch (SQLException e) {
            //TODO Auto-generated catch block
            e.printStackTrace();
        }
    }
    //获得用户信息，以创建列表
    public void getUserInfo()
    {
        //实现Enumeration接口的对象，它生成一系列元素，一次生成一个
        //连续调用nextElement方法将返回一系列的连续元素
        Enumeration it=userTable.elements();
        String userName="";
        String userNum="";
        String portrait="";
        String userInfo = "";
        int status = 0;
        while (it.hasMoreElements()) {
            UserBean user = (UserBean) it.nextElement();
            userName = user.getUserName().trim();
            userNum = user.getUserNum().trim();
            portrait = user.getPortrait();
            status = user.getStatus();
            userInfo = status + userName + "<" + userNum + ">" + "*" + portrait+"^";
            listModel.addElement(userInfo);
        }
    }
}
```

定时器方法run每隔10秒就调用getUser方法来查询数据库，以获得上线用户名单。然后调用getUserInfo获取在线用户信息并显示出来。在getUser方法开头的SQL语句中，Status = 1表示用户在线，当用户成功登录服务器时，会把数据库中表UserInformation内的字段Status设置为1，当用户下线时，会将Status设置为0。

5）在工程中新建类Server，该类为客户端提供服务，比如注册新用户、用户登录、查找好友、添加好友、删除好友、修改自己的信息、用户下线、修改头像、文件传输等。Server类也是一个线程类，它负责和客户端交互，接收客户端发来的指令（以字符串形式），然后进行相应的处理，并把处理结果反馈给客户端。

在Server.java中，添加本线程的主方法run，该方法中，根据客户端发送的命令调用对应的方法。代码如下：

```
public void run()  //本线程的主方法
{
    try {
        while(flag)
        {
            String str=in.readLine();
            if(str.equals("end"))
            {
                break;
            }
            else if(str.equals("registNewUser"))//注册新用户
            {
                registNewUser(); //注册新用户
            }
            else if(str.equals("login"))//登录
            {
                login();
            }
            else if(str.equals("queryUser"))//查找用户信息
            {
                String userNum=in.readLine();
                queryUser(userNum);
            }
            else if(str.equals("addFriend"))//添加好友
            {
                addFriend();
            }
            else if(str.equals("deleteFriend"))//删除好友
            {
                deleteFriend();
            }
            else if(str.equals("updateOwnInformation"))//修改自己的信息
            {
                updateOwnInformation();
            }
            else if(str.equals("logout"))//用户下线
            {
                logout();
            }
```

```
                else if(str.equals("UpdateMyportrait"))//修改头像
                {
                    UpdateMyportrait();
                }
//              else if(str.equals("sendFile"))
//              {
//                  sendFile();
//              }
            }
        } catch (IOException e) {
            //TODO Auto-generated catch block
            e.printStackTrace();
        }
    }
```

上述代码结构一目了然，在while循环中，通过方法readLine读取客户端发来的数据，然后匹配命令字符串，调用相应的处理方法，比如注册新用户就是调用registNewUser方法。这些处理方法也在类Server中定义，比如方法registNewUser的代码如下：

```
    public void registNewUser()
    {
        String sql1="INSERT INTO UserInformation (UserName,UserNum,Sex,
Password,Address,Birth,Sign,Status,Portrait) values(?,?,?,?,?,?,?,?,?)";
        String sql2="select UserNum from QQNum where Mark = 1";
        Statement stmt1=null,stmt2=null;

        ResultSet rs=null;
        try {
            String userNum="";
            stmt1=con.createStatement();
            rs=stmt1.executeQuery(sql2);
            if(rs.next())   userNum=rs.getString("UserNum");//从QQNum表获取一
个合法QQ号
            else
            {
                //如果注册时没有新QQ号，则生成10个基于当前时间数字的QQ号
                Date time = new java.util.Date();
                SimpleDateFormat format = new
SimpleDateFormat("yyyyMMddkkmmss");
                String timeInfo = format.format(time);
                long a = Long.parseLong(timeInfo);
                a++;
                String s = String.valueOf( a);
                String sql3="INSERT INTO QQNum (UserNum,mark) values
(\""+s+"\",\"1\")";
                PreparedStatement pstmt=con.prepareStatement(sql1);
                stmt1.executeUpdate(sql3);
                pstmt.close();
```

```
                stmt1=con.createStatement();
                rs=stmt1.executeQuery(sql2);
                if(rs.next())
                    userNum=rs.getString("UserNum");//从QQNum表获取一个合法QQ号
            }

            PreparedStatement pstmt=con.prepareStatement(sql1);
            String userName=in.readLine();      //读取客户端发来的昵称
            String password=in.readLine();      //读取客户端发来的登录密码
            String sex=in.readLine();           //读取客户端发来的性别
            String birth=in.readLine();         //读取客户端发来的生日
            String address=in.readLine();       //读取客户端发来的地址
            pstmt.setString(1, userName);
            pstmt.setString(2, userNum);
            pstmt.setString(3, sex );
            pstmt.setString(4, password);
            pstmt.setString(5, address );
            pstmt.setString(6, birth);
            pstmt.setString(7, "个性签名");
            pstmt.setInt(8, 0);//默认用户的状态为不在线
            pstmt.setString(9, "src/head/head.png");//当用户注册的时候，默认给用
户指定一个头像，这里为存储头像文件的路径

            pstmt.executeUpdate();//向UserInformation表中插入信息
            pstmt.close();
            //修改QQNum中的Mark值，改为0，表示该QQ已被用户注册
            System.out.println(userNum);
            String sql3="UPDATE QQNum SET Mark = 0 where UserNum = '"+
userNum+"'";
            stmt2=con.createStatement();
            stmt2.executeUpdate(sql3);
            out.println("registerOver");//注册完毕
            out.flush();
            //告诉客户端注册所获取的QQ号
            out.println(userNum);
            out.flush();
            stmt2.close();
            stmt1.close();
            rs.close();
        } catch (Exception e) {
            //TODO Auto-generated catch block
            e.printStackTrace();
            out.println("registerFail");
            out.flush();
        }
    }
```

注册新用户主要是把客户端发来的注册信息（比如昵称、登录密码、性别和生日等）存

入数据库的表中。限于篇幅，其他方法就不一一列出了，具体内容可以参考本工程的源代码。

6）在工程中新建类ServerThread，该类实现服务器连接。该类也是一个线程类，其中线程主方法run中实现了网络服务功能，代码如下：

```
public void  run()
{
    try {
        server=new ServerSocket(6544);  //服务器在6544端口上启动监听
        jTServerLog.append("聊天服务器系统开始启动・・・・・・"+line_separator);
        jTServerLog.append(line_separator);
    } catch (IOException e) {
        //TODO Auto-generated catch block
        e.printStackTrace();
        jTServerLog.append("服务器端口打开出错・・・・・・"+line_separator);
        jTServerLog.append(line_separator);
    }
    //交互系统的服务器建立连接的线程程序
    if(server!=null)
    {
    while(flag)
    {
        try {
            System.out.println("服务器: "+flag);
            //监听客户端的连接请求
            Socket socket=server.accept();
            jTServerLog.append("****************************"+
line_separator);
            jTServerLog.append("Connection accept : "+
socket+line_separator);
            Date time=new java.util.Date();
            SimpleDateFormat format=new SimpleDateFormat("yyy-MM-dd
kk:mm:ss");
            String timeInfo=format.format(time);
            jTServerLog.append("处理时间 : "+timeInfo+line_separator);
            jTServerLog.append("****************************"+
line_separator);
            Server p = new Server(socket);
            p.start();
        } catch (IOException e) {
            //TODO Auto-generated catch block
            e.printStackTrace();
            jTServerLog.append("客户端连接失败・・・・・・"+line_separator);
            jTServerLog.append(line_separator);
        }
    }
  }
}// run
```

这段程序代码的套路和TCP服务端程序的编程流程一样，先接受监听客户端的连接请求，连接成功后，就把返回的套接字传给Server的构造方法，然后进行处理。这种模型属于多线程服务器模型，后面讲述网络服务器的时候会具体讲述。

7）在工程中新建类ShowTimeTask，该类是显示时间的公有类。在ShowTimeTask.java中添加如下代码：

```
public class ShowTimeTask extends java.util.TimerTask {
    private JLabel showTime = null;

    public ShowTimeTask(JLabel showTime) {
        this.showTime= showTime;
    }
    public void run() {
        Date time = new java.util.Date();
        SimpleDateFormat format = new SimpleDateFormat("yyyy-MM-dd
kk:mm:ss");
        String timeInfo = format.format(time);
        showTime.setText("现在时间：" + timeInfo + "    ");
        try {
            Thread.sleep(1000);
        } catch (InterruptedException e) {
            //TODO Auto-generated catch block
            e.printStackTrace();
        }
    }
}
```

主要是通过java.util.Date来获得当前时间。

8）在工程中新建类UserBean，该类在内存中存储每一个用户的有关信息，并提供外部存取的接口，比如获取和设置用户昵称的代码如下：

```
public String getUserName() {
    return userName;
}
public void setUserName(String userName) {
    this.userName = userName;
}
```

由于篇幅所限，其他代码参见本工程的源代码。

9）在工程中新建类UserInfo，该类是显示用户基本信息的对话框模块，在主界面上单击“查看信息”按钮，就可以看到一个用户信息的对话框，该对话框就是该类的实现，所以该类主要是基于Swing的界面编程。

至此，服务端程序的编写就完成了。保存工程并运行，控制台运行的结果如下：

```
连接成功WIN-K3T300RT59J/192.168.1.2
服务器：true
```

其中，192.168.1.2是服务器的IP地址，这个IP地址要记下，后面在客户端在登录的时候需要输入它。该程序运行的结果如图8-18所示。

左边是在线用户的列表。右边显示的是实时日志信息。

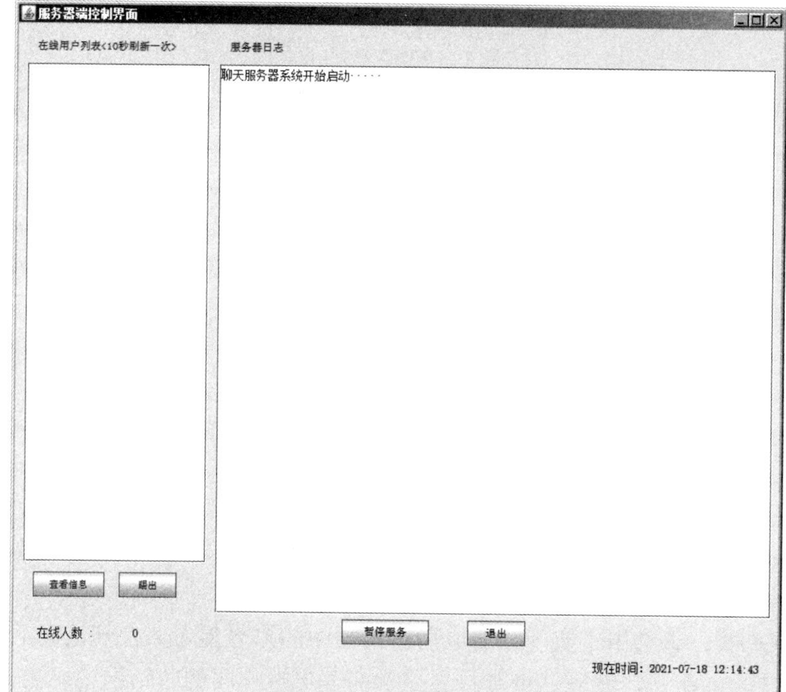

图 8-18

8.14　客户端程序的设计

客户端程序的主要功能如下：

1）提供注册界面，供用户输入注册信息，然后把注册信息以TCP方式发送给服务器进行注册登记（其实在服务端就是写入数据库）。

2）注册成功后，提供登录界面，让用户输入登录信息进行登录，登录时主要输入用户账号和登录密码，并以TCP方式发送给用户，服务端程序比对密码后，将登录结果发送给客户端。

3）用户登录成功后，就可以通过账号搜索其他用户，并加为好友，如果对方也加自己为好友，两人就可以相互聊天了。

4）删除好友等其他功能。

在客户端工程中，我们定义的类如图8-19所示。

每个类的主要功能如下：

1）HomePage类：该类用于实现客户端的登录窗口界面，程序入口main函数位于该类中。

2）AboutMy类：该类实现一个About对话框，上面显示一些产品信息。

3）ChangeHead类：该类用于实现修改头像功能。

4）ChangeMyInfo类：该类用于实现修改个人资料的功能。

5）ChatStrange类：该类用于处理收到的来自陌生人的消息。

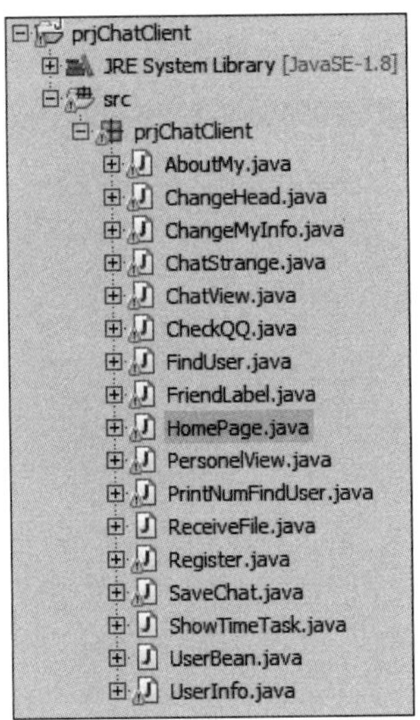

图 8-19

6）ChatView类：该类实现聊天对话框，在该对话框中可以输入信息并发送，并能查看当前的聊天记录。

7）CheckQQ类：该类用于实现注册成功对话框中的账号显示。注册成功后，服务端程序返回一个申请成功的账号，然后这个账号会显示在客户端程序的对话框中。

8）FindUser类：该类用于实现客户端程序查找好友后的信息显示。

9）FriendLabel类：该类是实现头像显示的公有类。

10）PersonelView类：该类用于实现客户端的主界面，上面显示了好友列表、查找联系人的界面元素等。

11）PrintNumFindUser类：该类用于实现输入账号的界面。

12）ReceiveFile类：该类用于实现接收文件功能。

13）Register类：该类用于实现注册账号的功能。

14）SaveChat类：该类用于实现保存聊天记录的功能。

15）ShowTimeTask类：该类是显示时间的公有类。

16）UserBean类：该类提供给外部进行存取的方法，用于设置（set）和获取（get）每个用户的某项信息。

17）UserInfo类：该类用于显示用户基本信息。

客户端程序的网络通信是基于TCP和UDP的通信，其中TCP通信是与服务器交互，UDP通信是与其他客户端交互。在用户登录对话框上，当单击“登录”按钮后，就向服务器发起连接请求，连接成功后把登录的账号和密码发给服务端程序，服务端程序收到后就验证账号和密码，并把验证结果返回给客户端程序。如果登录成功，该客户端就可以和其他客户端进行基于UDP协议的聊天通信。如果客户端还没注册过，第一步要在登录对话框上单击“注册”按钮。

【例8.4】 即时通信系统客户端程序的详细设计

1）打开Eclipse，新建一个Java工程，工程名为prjChatClient，在工程中添加一个类HomePage，并勾选main函数，在该类中实现登录界面。打开HomePage.java，在该类的构造方法中添加如下代码：

```
public HomePage(String qqnum)
{
    this.setSize(380, 290);
    this.setLocationRelativeTo(null);
    this.setLayout(null);
    this.setTitle("聊天系统客户端");
    this.add(jLabelIP);
    this.add(jIP);
    this.add(jLabelName);
    this.add(jLabelPwd);
    this.add(jLtitle);
    this.add(jLhead);

    this.add(jTusernumber);
    this.add(jPassword);
    this.add(Autologon);
    this.add(rememberPass);
    this.add(jBenter);
    init();
    jTusernumber.setText(qqnum);
}
```

主要是界面控件的布局，其中init方法用于初始化控件界面，并监听控件事件，该方法定义如下：

```
public void init()
{
    jLtitle.setBounds(0 ,0, 380, 105);

    jLabelIP.setBounds(28, 80, 85, 28);
    jIP.setBounds(120, 80, 160, 28);
    jLabelName.setBounds(65,110, 85, 28);
    jLabelPwd.setBounds(65,150, 85, 28);


    jTusernumber.setBounds(120, 110, 160, 28);
    jPassword.setBounds(120, 145, 160, 28);
    rememberPass.setFont(new Font("宋体",Font.PLAIN,10));
    rememberPass.setForeground(Color.BLACK);
    rememberPass.setBounds(148, 175, 70, 25);
    Autologon.setFont(new Font("宋体",Font.PLAIN,10));
    Autologon.setForeground(Color.BLACK);
    Autologon.setBounds(220, 175, 70, 25);
    jLhead.setBounds(3, 175, 87, 90);
    jBmore.setFont(new Font("宋体",Font.PLAIN,10));
    jBenter.setFont(new Font("宋体",Font.PLAIN,10));
    jBenter.setBounds(300, 225, 55, 23);
```

```
        jBenter.addActionListener(new ActionListener(){
        @Override
        public void actionPerformed(ActionEvent e){ //登录按钮的事件处理函数
            //TODO Auto-generated method stub
            String sIP = jIP.getText().trim();
            String userName=jTusernumber.getText().trim();
            String userPass=String.valueOf(jPassword.getPassword()). trim();
            InetAddress ip = null;
            int port = 0;
            if(userName.equals(""))
            {
                JOptionPane.showMessageDialog(jBenter, "请您输入账号后再登录");
                jTusernumber.requestFocus();
            }
            else if(userPass.equals(""))
            {
                JOptionPane.showMessageDialog(jBenter, "请您输入密码后再登录");
                jPassword.requestFocus();
            }
            else
            {
                HomePage.this.setVisible(false);
                try {
                    ip=InetAddress.getByName(sIP);
                    port=(6544);  //服务端程序的端口号
                } catch (IOException e1) {
                    //TODO Auto-generated catch block
                    e1.printStackTrace();
                }
                personelView= new PersonelView(userName,userPass,
HomePage.this,ip,port);
            }
            if(!pass)
            {
                personelView.setVisible(false);
                JOptionPane.showMessageDialog(null, "您输入的账号与密码不匹配，请检
查");
                if(enter==null)
                {
                    enter=new HomePage("");
                }
                //enter.pack();
                enter.setVisible(true);
            }
        }
    };
```

最终的登录界面如图8-20所示。

图 8-20

2）用户要输入服务器IP地址、账号和密码。其他代码限于篇幅，不再一一列出。

3）在工程中新建类AboutMy，该类实现关于对话框的功能，主要是一些产品信息的说明，该类主要涉及界面编程，限于篇幅，代码不再列出。

4）在工程中新建类ChangeHead，该类的主要功能是修改头像，主要涉及界面编程，限于篇幅，代码不再列出。

5）在工程中新建类ChangeMyInfo，该类的主要功能是修改个人资料，代码主要是界面编程，限于篇幅，代码不再列出。

6）在工程中新建类ChatStrange，该类用于处理收到的来自陌生人的消息，代码主要是界面编程。

7）在工程中新建类ChatView，该类实现聊天对话框。在该类的构造方法中，创建发送信息的数据报套接字，并准备好存储聊天记录的文件，代码如下：

```
    try {
        sendSocket=new DatagramSocket();   //创建发送信息的数据报套接字
        } catch (SocketException e) {
            e.printStackTrace();
            System.out.println("出现异常: "+e.getMessage());
        }
        //以自己的QQ号+好友的QQ号创建文件保存聊天记录
        try {
            createDir("src/聊天记录/");  //创建聊天记录文件所在的文件夹
            path="src/聊天记录/"+myInfo.getUserNum()+"-"+currentFriend.
getUserNum()+".txt";
            bw=new BufferedWriter(
                new OutputStreamWriter(
                new FileOutputStream(path,true)));
        } catch (FileNotFoundException e) {
            e.printStackTrace();
        }
```

该类中最重要的方法是信息发送方法，当用户单击“发送”按钮时，把输入的内容发送给对方（客户端）。发送按钮的事件处理方法如下：

```
    public void jBsend_actionPerformed()
    {
```

```
            String myNum=myInfo.getUserNum(); //获取我的QQ号
            String myName=myInfo.getUserName(); //获取我的用户名
            String initInfo=jTAshowsend.getText().trim(); //获取我要发送的信息
            String sendInfo=myNum+"*"+myName+"/"+initInfo; //装配我要发送的信息，由
3部分组成，包括我的QQ号、我的用户名和要发送的信息
            outBuf=sendInfo.getBytes(); //将我要发送的信息转换成字节数组
            if(initInfo.length()!=0)
            {
                try {
                    Date time = new java.util.Date();
                    SimpleDateFormat format = new SimpleDateFormat("yyyy-MM-dd
kk:mm:ss");
                    String timeInfo = format.format(time);
                    sendPacket=new DatagramPacket(outBuf,outBuf.length,
InetAddress.getByName(friendIp),friendPort);
                    System.out.println("发送信息给好友："+friendIp+"端口
"+friendPort+"  "+sendInfo);
                    sendSocket.send(sendPacket);
                    jTAshowChat.append(myInfo.getUserName()+"
"+timeInfo+line_separator);
                    jTAshowChat.append("  "+initInfo+line_separator);
                    jTAshowChat.append(line_separator+line_separator);
                    jTAshowsend.setText(null);
                    bw.write(myInfo.getUserName()+"  "+timeInfo);
                    bw.newLine();
                    bw.write("  "+initInfo);
                    bw.newLine();
                    bw.flush();
                } catch (UnknownHostException e) {
                    JOptionPane.showMessageDialog(jBsend, "对方不在线，无法连接到指
定地址");
                    //TODO Auto-generated catch block
                    e.printStackTrace();
                }
                catch(SocketException e)
                {
                    JOptionPane.showMessageDialog(jBsend, "无法打开指定端口");
                }
                catch (IOException e) {
                    JOptionPane.showMessageDialog(jBsend, "发送数据失败");
                    //TODO Auto-generated catch block
                    e.printStackTrace();
                }

            }
            else
                JOptionPane.showMessageDialog(jBsend,"发送信息不能为空，请重新输入");
        }
```

8）在工程中新建类Register，该类实现注册功能，如果注册成功，将返回一个账号，该账

号在服务端生成，生成方式是在当前时间基础上加1。为该类添加注册按钮的事件处理方法，代码如下：

```
    public void actionPerformed(ActionEvent arg0) {  //注册按钮事件处理函数
        //TODO Auto-generated method stub
        if(jIP.getText().trim().length()<3)
        {
            JOptionPane.showMessageDialog(null, "请输入服务器IP地址",
null,JOptionPane.ERROR_MESSAGE);
            return;
        }
        else if(jTname.getText().trim().length()>10||jTname.getText().trim().
length()==0)
        {
            alertName.setForeground(Color.RED);
        }
        else if((String.valueOf(jPass.getPassword()).trim().length())<6)
        {
            alertName.setText("");
            alertPass.setText("密码长度不能小于6");
            alertPass.setForeground(Color.RED);
        }
        else if((String.valueOf(jPass.getPassword()).trim().length())>16)
        {
            alertName.setText("");
            alertPass.setForeground(Color.RED);
            alertPass.setText("密码长度不能超过16");
        }
        else if(!((String.valueOf(jPass.getPassword()).trim()).
equals(String.valueOf(jRepass.getPassword()).trim())))
        {
            alertName.setText("");
            alertPass.setText("");
            alertRePass.setText("两次输入的密码不一致");
            alertRePass.setForeground(Color.RED);
            //JOptionPane.showMessageDialog(jBregist, "两次输入的密码不一致!");
        }
        else if(sex==null)
        {
            alertName.setText("");
            alertPass.setText("");
            alertRePass.setText("");
            JOptionPane.showMessageDialog(jBregist, "请选择你的性别! ");
        }
        else if((type==null)||(y==null)||(m==null)||(d==null))
        {
            alertName.setText("");
            alertPass.setText("");
            alertRePass.setText("");
```

```
            JOptionPane.showMessageDialog(jBregist,"请注意将你的生日信息选择完整! ");
        }
        else    if(jTplace.getText().trim().length()==0)
        {
            alertName.setText("");
            alertPass.setText("");
            alertRePass.setText("");
            JOptionPane.showMessageDialog(jBregist, "所在地不能为空! ");
        }

        else
        {
            userName=jTname.getText().trim();
            userPass=String.valueOf(jPass.getPassword()).trim();
            address=jTplace.getText();
            birth=type+"-"+y+"年"+m+"月"+d+"日";

            String sIP = jIP.getText().trim();

            try {
                InetAddress ip=InetAddress.getByName(sIP);//这里改成服务器的IP地址
                int port=(6544);
                socket=new Socket(ip,port);
                System.out.println("与服务器开始连接");
            } catch (IOException e1) {
                //TODO Auto-generated catch block
                e1.printStackTrace();
                System.out.println("服务器端口打开出错");
            }
            if(socket!=null)
            {
                System.out.println("与服务器连接成功");
                InetAddress userIp = null ;
                int userPort;
                try {
                    userIp= InetAddress.getLocalHost();
                } catch (UnknownHostException e2) {
                    //TODO Auto-generated catch block
                    e2.printStackTrace();
                }
                userPort=socket.getLocalPort();
                try {
                    in=new BufferedReader(new InputStreamReader
(socket.getInputStream()));
                    out=new PrintStream(socket. getOutputStream());
                    System.out.println(birth+sex+address+ userName+userPass);
                    out.println("registNewUser");
                    out.flush();
                    out.println(userName);
                    out.flush();
```

```
                    out.println(userPass);
                    out.flush();
                    out.println(sex);
                    out.flush();
                    out.println(birth);
                    out.flush();
                    out.println(address);
                    out.flush();
                    String judge=in.readLine();
                    if(judge.equals("registerOver"))
                    {
                        String userNum=in.readLine();
                        CheckQQ checkQQ=new CheckQQ(userNum);
                        checkQQ.setVisible(true);
                        Register.this.setVisible(false);
                    }
                    if(judge.equals("registerFail"))
                    {
                        System.out.println("注册失败！");
                        JOptionPane.showMessageDialog(jBregist,"注册失败,请重新注册");
                    }
                } catch (IOException e1) {
                    //TODO Auto-generated catch block
                    e1.printStackTrace();
                }
            }
        }
    }
```

至此，我们把客户端的主要类设计完成了。其他类都是一些辅助功能，限于篇幅，读者可以直接参考该工程的源代码。另外，文件发送功能部分的设计作为一个作业留给读者去完成，其实原理差不多，主要涉及Java文件的编程。

9）保存工程并运行（确保服务端程序已经在运行），客户端程序首先显示出登录对话框，如图8-21所示。

图 8-21

首先我们要申请一个账号，在登录对话框上单击“注册账号”，此时出现注册对话框，然后输入注册信息，如图8-22所示。

输入完毕后，单击“立即注册”按钮，如果注册成功，则出现一个注册成功提示对话框，并且上面显示申请到的账号，如图8-23所示。

我们把红色的账号记下来，在以后登录的时候要输入。然后单击“登录”按钮，返回登录对话框，在登录对话框中输入服务器IP地址和账号密码，注意刚刚注册完毕时，账号是自动帮我们输入的，如图8-24所示。

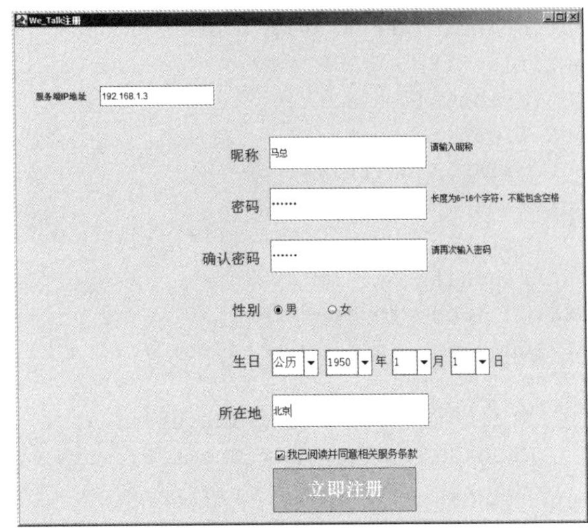

图 8-22

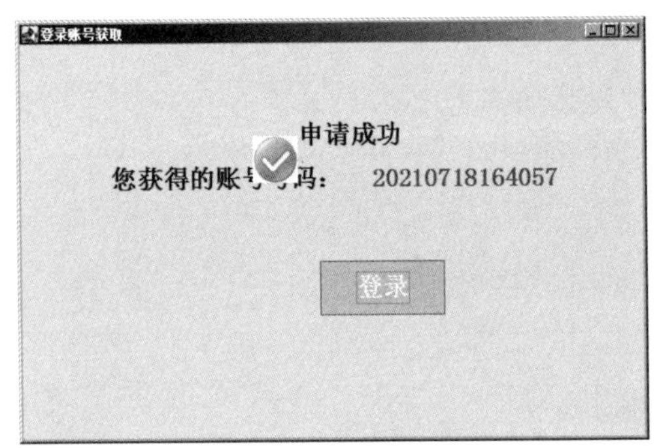

图 8-23

图 8-24

这里的密码要和注册时的密码一致，笔者的密码都是123456。然后单击“登录”按钮，此时进入客户端程序的主界面，如图8-25所示。

图8-25中显示的马总就是当前用户的用户名（昵称），下面的编辑框可以输入某个用户的账号来查询，如果查询到可以加为好友。现在马总还没有好友，所以我的好友下方是空的。

我们回到Eclipse客户端程序，再次运行一个客户端，然后用“驴总”作为昵称进行注册，注册成功的对话框如图8-26所示。

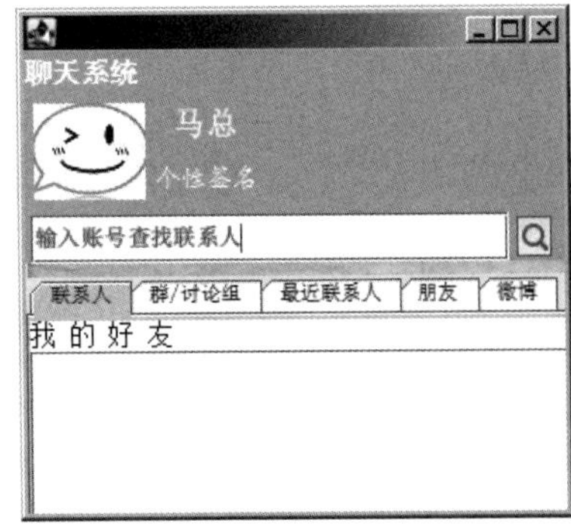

图 8-25

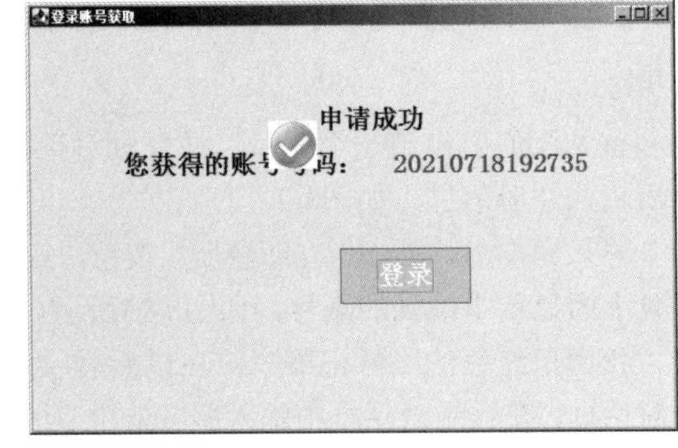

图 8-26

把驴总的账号记下来，然后单击“登录”按钮，返回登录对话框，输入IP和密码后单击“登录”按钮，此时驴总登录成功，如图8-27所示。

然后在编辑框中输入马总的账号：20210718164057，并单击旁边的搜索按钮，此时出现马总的个人信息对话框，如图8-28所示。

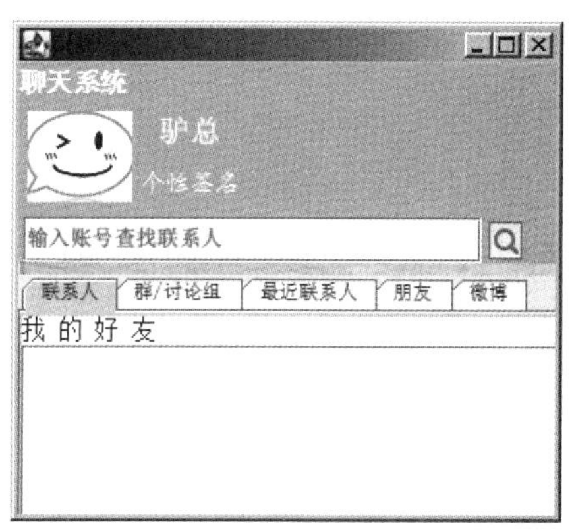

图 8-27

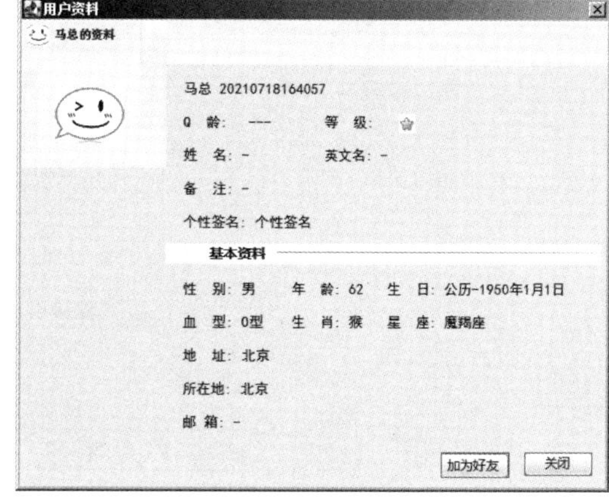

图 8-28

单击“加为好友”按钮，出现提示“添加成功”，如图8-29所示。

单击OK按钮关闭信息框。接着，我们切换到马总的主对话框中，在编辑框中输入驴总的账号，并单击搜索按钮，此时出现驴总的个人信息对话框，如图8-30所示。

图 8-29

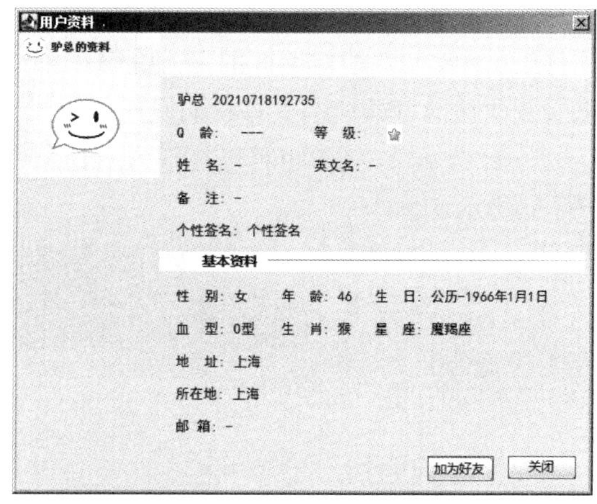

图 8-30

单击“加为好友”按钮，出现“添加成功”信息框，如图8-31所示。

此时，马总和驴总互为好友了，可以在各自的“我的好友”下面看到对方了，如图8-32所示。

图 8-31

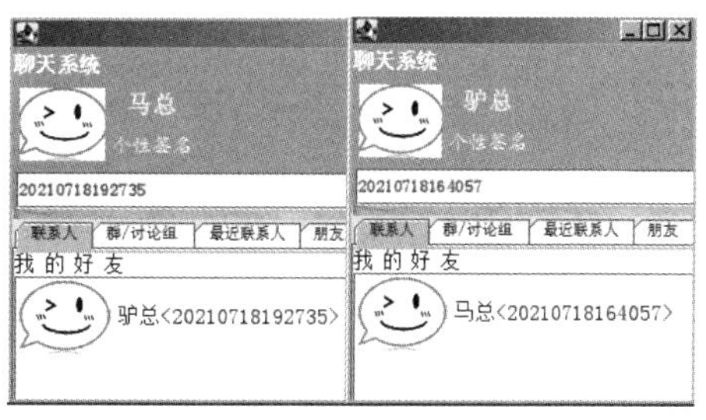

图 8-32

在马总对话框中双击驴总，并在驴总对话框中双击马总，此时各自出现聊天对话框，如图8-33所示。

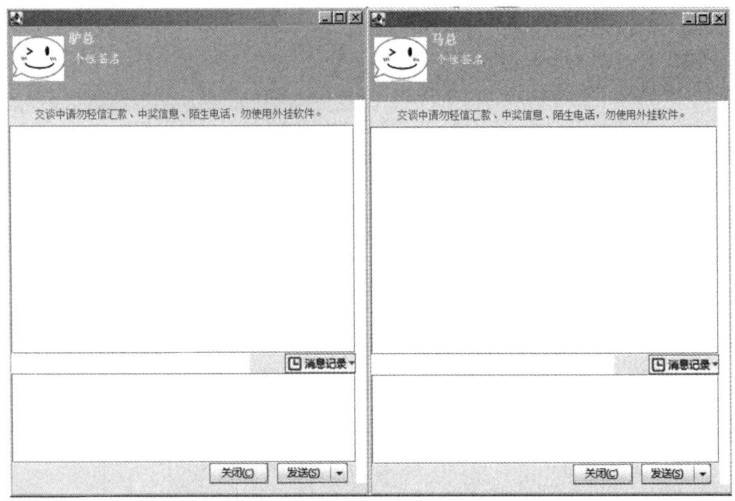

图 8-33

注意，在聊天对话框上方出现的昵称是对方的昵称，也就是当前和我们聊天的那个好友的昵称。在图8-32左边对话框的下方编辑框中输入要发送的信息，然后单击“发送”按钮，就可以看到两边的聊天记录里有我们发送的信息了。同样，在右边对话框的下方编辑框中输入信息，并单击“发送”按钮，也可以在双方对话框中看到聊天记录，我们可以多次输入发送信息，如图8-34所示。

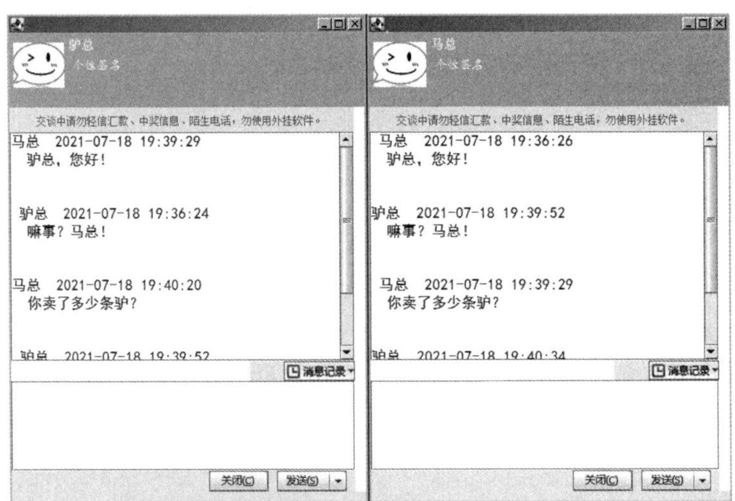

图 8-34

这就说明我们的即时通信系统建立起来了。使用方式和QQ软件几乎一样。

第 9 章

网络服务器设计

在网络通信中，服务器通常需要处理多个客户端的服务请求。由于客户端的请求会同时到来，服务器端可能采用不同的方法来处理。总体来说，服务器端可采用两种模式来实现：循环服务器模型和并发服务器模型。循环服务器在同一时刻只能响应一个客户端的请求，并发服务器在同一时刻可以响应多个客户端的请求。前面介绍的TCP编程或UDP编程只是基本的通信程序，学完这些基本技术后，我们要更上一层楼，进行网络服务器的设计。

9.1 概　　述

服务器的设计技术有很多，按使用的协议来分有TCP服务器和UDP服务器，按处理方式来分有循环服务器和并发服务器。

循环服务器模型是指服务器端依次处理每个客户端的服务请求，直到当前客户端的所有服务请求都处理完，再处理下一个客户端的服务请求。这类模型的优点是简单，缺点也显而易见，因为这样会造成其他客户端等待时间过长。

为了提高服务器的并发处理能力，引入了并发服务器模型。其基本思想是在服务器端采用多任务机制（比如多进程或者多线程），分别为每一个客户端创建一个任务来处理，这样极大地提高了服务器的并发处理能力。

不同于客户端程序，服务端程序需要同时为多个客户端提供服务，并及时响应。比如，Web服务器要能同时处理不同IP地址的计算机发来的浏览请求，并把网页及时反映给计算机上的浏览器。因此，开发服务器程序必须要能实现并发服务能力。这是网络服务器之所以成为服务器的本质要求。

这里要注意，有些并发并不需要精确地在同一时刻。在某些应用场合，比如每次处理客户端数据量较少的情况下，也可以简化服务器的设计。因为服务器的性能通常较高，所以分时轮流服务客户机，客户机也会感觉到服务器是在同时服务它们。

通常来讲，网络服务器的设计模型有（分时）循环服务器、多进程并发服务器、多线程并发服务器、IO复用并发服务器等。小规模场合通常循环服务器即可胜任，若是大规模应用场合，则要用到并发服务器。

在具体设计服务器之前，我们有必要了解一下Linux下的IO模型，这对于以后设计和优化服务器模型有很大的帮助。注意，不能混淆服务器模型和IO模型，模型在这里可以理解为用来描述系统的行为和特征。很多后来的开发语言或操作系统都是参考Linux下的IO模型开发而来的。

9.2 操作系统的 IO 模型

9.2.1 基本概念

IO（Input/Output，输入/输出）即数据的读取（接收）或写入（发送）操作，通常用户进程中的一个完整IO分为两个阶段：用户进程空间<-->内核空间、内核空间<-->设备空间（磁盘、网卡等）。IO分为内存IO、网络IO和磁盘IO三种，接下来我们讲的是网络IO。

Linux中的进程无法直接操作IO设备，其必须通过系统调用请求内核来协助完成IO动作。内核会为每个IO设备维护一个缓冲区。对于一个输入操作来说，进行系统调用后，内核会先看缓冲区中有没有相应的缓存数据，没有的话再到设备（比如网卡设备）中读取（因为设备IO一般速度较慢，需要等待），若内核缓冲区中有数据，则直接复制到用户进程空间。所以，一个网络输入操作通常包括两个不同的阶段：

1）等待网络数据到达网卡，把数据从网卡读取到内核缓冲区，准备好数据。

2）从内核缓冲区复制数据到用户进程空间。

网络IO的本质是对套接字的读取，套接字在Linux系统中被抽象为流，IO可以被理解为对流的操作。对于一次IO访问，数据会先被复制到操作系统内核的缓冲区中，然后才会从操作系统内核的缓冲区复制到应用程序的地址空间。

网络应用需要处理的无非就是两大类问题：网络IO和数据计算。网络IO是设计高性能服务器的基础，相对于数据计算，网络IO的延迟给应用带来的性能瓶颈大于数据计算。网络IO的模型可分为两种：异步IO（Asynchronous IO）和同步IO（Synchronous IO）。同步IO又包括阻塞IO（Blocking IO）、非阻塞IO（Non-Blocking IO）、多路复用IO（Multiplexing IO）和信号驱动IO（Signal-Driven IO）。由于信号驱动IO实际上并不常用，因此我们不具体阐述。

每个IO模型都有自己的使用模式，它们对于特定的应用程序都有自己的优点。

9.2.2 同步和异步

对于一个线程的请求调用来讲，同步和异步的区别在于是否要等这个请求最终得到的结果，注意不是请求的响应，是提交的请求最终得到的结果。如果要等最终结果，那就是同步，如果不等，做其他无关事情了，就是异步。其实这两个概念与消息的通知机制有关。所谓同步，就是在发出一个功能调用时，在没有得到结果之前，该调用不返回。比如，调用readfrom系统调用时，必须等待IO操作完成才返回。异步的概念和同步相对。当一个异步过程调用发出后，调用者不能立刻得到结果。实际处理这个调用的部件在完成后，通过状态、通知和回调来通知调用者。比如，调用aio_read系统调用时，不必等IO操作完成就直接返回，调用结果通过信号来通知调用者。

对于多个线程而言，同步、异步就是线程间的步调是否要一致，是否要协调。要协调线程之间的执行时机，就是线程同步，否则就是异步。

根据字典，同步（Synchronization）是指两个或两个以上随时间变化的量在变化过程中保持一定的相对关系，或者说，对在一个系统中所发生的事件（Event）进行协调，在时间上出现一致性与统一化的现象。比如，两个线程要同步，即它们的步调要一致，要相互协调来完成一个或几个事件。

同步也经常用在一个线程内先后两个函数的调用上，后面一个函数需要前面一个函数的结果，那么前面一个函数必须完成且有结果才能执行后面的函数。这两个函数之间的调用关系就是一种同步（调用）。同步调用一旦开始，调用者就必须等到调用方法返回且结果出来（注意一定要在返回的同时出结果，不出结果就返回那是异步调用）后，才能继续后续的行为。同步一词用在这里也是恰当的，相当于一个调用者对两件事情（比如两次方法调用）之间进行协调（必须做完一件再做另一件），在时间上保持一致性（先后关系）。

这么看来，计算机中的“同步”一词所使用的场合符合字典中的同步含义。

对于线程间而言，要想实现同步操作，必须要获得线程的对象锁。获得它可以保证在同一时刻只有一个线程能够进入临界区，并且在这个锁被释放之前，其他的线程都不能再进入这个临界区。如果其他线程想要获得这个对象的锁，只能进入等待队列等待。只有当拥有该对象锁的线程退出临界区时，锁才会被释放，等待队列中优先级最高的线程才能获得该锁。

同步调用相对简单一些，比较某个耗时的大数运算函数及其后面的代码就可以组成一个同步调用，相应地，这个大数运算函数也可以称为同步函数，因为必须执行完这个函数才能执行后面的代码，比如：

```
long long  num = bigNum();
printf("%ld", num);
```

可以说，bigNum是同步函数，它返回的时候，大数结果也就出来了，然后执行后面的printf函数。

异步就是一个请求返回时一定不知道结果（如果返回时知道结果，就是同步了），还得通过其他机制来获知结果，比如主动轮询或被动通知。同步和异步的区别在于是否等待请求执行的结果。这里请求可以指一个IO请求或一个函数调用等。

为了加深理解，我们举一个生活中的例子，比如你去肯德基点餐，说“来份薯条”，服务员告诉你“对不起，薯条要现做，需要等5分钟”，于是你站在收银台前面等了5分钟，拿到薯条再去逛商场，这是同步。你对服务员说的“来份薯条”就是一个请求。薯条好了，就是请求的结果出来了。

再看异步，你说“来份薯条”，服务员告诉你“薯条需要等5分钟，你可以先去逛商场，不必在这里等，薯条做好了，你再来拿”。这样你可以立刻去干别的事情（比如逛商场），这就是异步。“来份薯条”是一个请求，服务员告诉你的话就是请求返回了，但请求的真正结果（拿到薯条）没有立即实现，异步的一个重要好处是你不必在那里等了，而同步肯定是要等的。

很明显，使用异步方式来编写程序，性能和友好度远远高于同步方式，但是异步方式的缺点是编程模型复杂。想想看，在上面的场景中，要想吃到薯条，你得知道“什么时候薯条好了”，有两种方式可以知道：一种是你主动每隔一小段时间就跑到柜台上去看薯条有没有好（定时主动关注下状态），这种方式通常称为主动轮询；另一种是服务员通过电话、微信通知你，这种方式称为（被动）通知。显然，第二种方式更高效。因此，异步还可以分为两种：带通知的异步和不带通知的异步。

在上面的场景中，“你”可以比作一个线程。

9.2.3 阻塞和非阻塞

阻塞和非阻塞这两个概念与程序（线程）请求的事情出最终结果前（无所谓同步或者异步）的状态有关。也就是说，阻塞与非阻塞主要是从程序（线程）请求的事情出最终结果前的状态角度来说的，也就是阻塞和非阻塞与等待消息通知时的状态（调用线程）有关。阻塞调用是指调用结果返回之前，当前线程会被挂起。函数只有在得到结果之后才会返回。阻塞和同步是完全不同的概念。首先，同步是针对消息的通知机制而言的，阻塞是针对等待消息通知时的状态来说的。而且对于同步调用来说，很多时候当前线程还是激活的，只是从逻辑上当前函数没有返回而已。非阻塞和阻塞的概念相对应，指在不能立刻得到结果之前，该函数不会阻塞当前线程，而会立刻返回，并设置相应的错误码。虽然表面上看非阻塞的方式可以明显地提高CPU的利用率，但是也带来了另一种后果，就是系统的线程切换增加。增加的CPU执行时间能不能补偿系统的切换成本需要好好评估。

大家学操作系统课程的时候一定知道，线程从创建、运行到结束总是处于5个状态之一：新建状态、就绪状态、运行状态、阻塞状态及死亡状态。阻塞状态的线程的特点是：该线程放弃CPU的使用，暂停运行，只有等到导致阻塞的原因消除之后才恢复运行。或者被其他的线程中断，该线程也会退出阻塞状态，同时抛出InterruptedException。线程运行过程中，可能由于各种原因进入阻塞状态：

1）线程通过调用sleep方法进入睡眠状态。

2）线程调用一个在IO上被阻塞的操作，即该操作在输入/输出操作完成之前不会返回它的调用者。

3）线程试图得到一个锁，而该锁正被其他线程持有，于是只能进入阻塞状态，等到获取了同步锁，才能恢复执行。

4）线程在等待某个触发条件。

5）线程执行了一个对象的wait()方法，直接进入阻塞状态，等待其他线程执行notify()或者notifyAll()方法。

这里我们要关注一下第2点，很多网络IO操作都会引起线程阻塞，比如recv函数，但数据还没过来或还没接收完毕，线程就只能阻塞等待这个IO操作完成。这些能引起线程阻塞的函数通常称为阻塞函数。

阻塞函数其实就是一个同步调用，因为要等阻塞函数返回，才能继续执行其后的代码。有阻塞函数参与的同步调用一定会引起线程阻塞，但同步调用并不一定会阻塞，比如同步调用关系中没有阻塞函数或能引起其他阻塞的原因存在。举一个例子，一个非常消耗CPU时间的大数运算函数及其后面的代码，其执行过程也是一个同步调用，并且会引起线程阻塞。

这里，我们可以区分一下阻塞函数和同步函数，同步函数被调用时不会立即返回，直到该函数所要做的事情全部做完了才返回。阻塞函数也是被调用时不会立即返回，直到该函数所要做的事情全部做完了才返回，而且还会引起线程阻塞。这么看来，阻塞函数一定是同步函数，但同步函数不一定是阻塞函数。强调一下，阻塞一定会引起线程进入阻塞状态。

下面用一个生活场景来加深理解。你去买薯条，服务员告诉你5分钟后才能好，你说“好吧，我就在这里等，同时睡一会儿”。这就是阻塞，而且是同步阻塞，在等并且睡着了。

下面看一下非阻塞。非阻塞是指在不能立刻得到结果之前，请求不会阻塞当前线程，而会立刻返回（比如返回一个错误码）。强调一下，非阻塞不会引起线程进入阻塞状态，而且请求是马上有响应的（比如返回一个错误码）。

具体到Linux操作系统下，套接字有两种模式：阻塞模式和非阻塞模式。默认创建的套接字属于阻塞模式的套接字。在阻塞模式下，在IO操作完成前，执行的操作函数一直等候而不会立即返回，该函数所在的线程会阻塞在这里（线程进入阻塞状态）。相反，在非阻塞模式下，套接字函数会立即返回，而无论IO是否完成，该函数所在的线程都会继续运行。

在阻塞模式的套接字上，调用大多数Linux Sockets API函数都会引起线程阻塞，但并不是所有Linux Sockets API以阻塞套接字为参数的调用都会发生阻塞。例如，以阻塞模式的套接字为参数调用bind()、listen()函数时，函数会立即返回。这里，将可能阻塞套接字的Linux Sockets API调用分为以下4种：

（1）输入操作

recv、recvfrom函数。以阻塞套接字为参数调用函数接收数据。如果此时套接字缓冲区内没有数据可读，则调用线程在数据到来前一直阻塞。

（2）输出操作

send、sendto函数。以阻塞套接字为参数调用函数发送数据。如果套接字缓冲区没有可用空间，则线程会一直睡眠，直到有空间。

（3）接受连接

accept函数。以阻塞套接字为参数调用函数，等待接受对方的连接请求。如果此时没有连接请求，线程就会进入阻塞状态。

（4）发起连接

connect函数。对于TCP连接，客户端以阻塞套接字为参数，调用该函数向服务器发起连接请求。该函数在收到服务器的应答前不会返回。这意味着TCP连接总会等待，至少到服务器的一次往返时间。

使用阻塞模式的套接字开发网络程序比较简单，容易实现。当希望立即发送和接收数据，且处理的套接字数量比较少时，使用阻塞模式开发网络程序比较合适。

阻塞模式套接字的不足表现为，在大量建立好的套接字线程之间进行通信比较困难。当使用“生产者－消费者”模型开发网络程序时，为每个套接字分别分配一个读线程、一个处理数据线程和一个用于同步的事件，这样无疑会加大系统的开销。其最大的缺点是当希望同时处理大量套接字时将无从下手，可扩展性很差。

总之，我们要时刻记住阻塞函数和非阻塞函数的重要区别：阻塞函数通常指一旦调用，线程就阻塞；非阻塞函数一旦调用，线程并不会阻塞，而是会返回一个错误码，表示结果还没出来。

对于处于非阻塞模式的套接字，会马上返回而不去等待该IO操作的完成。针对不同的模式，Winsock提供的函数也有阻塞函数和非阻塞函数。相对而言，阻塞模式比较容易实现，在阻塞模式下，执行IO的Linsock调用（如send和recv）一直到操作完成才返回。

我们再来看一下发送和接收在阻塞、非阻塞条件下的情况：

- 发送时：在发送缓冲区的空间大于待发送数据长度的条件下，阻塞套接字一直等到有足够的空间存放待发送的数据，将数据复制到发送缓冲区才返回；非阻塞套接字在没有足够空间时会复制部分数据，返回已复制的字节数，并把errno设置为EWOULDBLOCK。
- 接收时：无论套接字的接收缓冲区中无数据，或是否正在接收数据，阻塞套接字都将等待，直到有数据可以复制到用户程序中；非阻塞套接字会返回-1，并把errno设置为EWOULDBLOCK，表示“没有数据，回头来看”。

9.2.4 同步、异步和阻塞、非阻塞的关系

下面用一个生活场景来加深理解。你去买薯条，服务员告诉你5分钟后才能好，你站在柜台旁开始等，但人没有睡着，或许还在玩微信。这就是非阻塞，而且是同步非阻塞，在等但人没睡着，还可以玩玩手机。

如果你没有等，只是告诉服务员薯条好了后告诉我，或者我过段时间来看看（是否好了的状态），就不等而跑去逛街了，就属于异步非阻塞。事实上，异步肯定是非阻塞的，因为异步肯定要做其他事情，做其他事情是不可能睡着的，所以切记异步只能是非阻塞的。

但是需要注意，同步非阻塞的形式效率低下，想象一下你一边玩手机一边还需要时刻留意到底薯条有没有好，大脑频繁切换关注，很累，手机游戏也玩不好。如果把玩手机和观察薯条状态看成程序的两个操作的话，这个程序需要在这两种不同的行为之间来回切换，效率可想而知是低下的。而异步非阻塞形式却没有这样的问题，因为你不必等薯条是否好了（以后会有人通知或过一段时间去主动看一下有没有好），可以尽情地去逛街或在其他安静的地方定心玩手机。程序没有在两种不同的操作中来回频繁切换。

同步非阻塞虽然效率不高，但比同步阻塞已经高了很多，同步阻塞除了傻等外，其他任何事情都做不了，因为睡着了。

以小明下载文件为例，对上述概念进行梳理。

1）同步阻塞：小明一直盯着下载进度条，到100%的时候就完成。

- 同步：等待下载完成通知。
- 阻塞：等待下载完成通知的过程中，不能做其他任务。

2）同步非阻塞：小明提交下载任务后就去干别的，每过一段时间就去瞄一眼进度条，看到100%就完成了下载。

- 同步：等待下载完成通知。

- 非阻塞：等待下载完成通知的过程中去干别的了，只是时不时瞄一眼进度条，小明必须要在两个任务间切换，关注下载进度。

3）异步阻塞：小明换了一个有下载完成通知功能的软件，下载完成就“叮”一声。不过小明仍然一直等待“叮”的声音（看起来很傻）。

- 异步：下载完成“叮”一声通知。
- 阻塞：等待下载完成“叮”一声通知的过程中，不能做其他任务。

4）异步非阻塞：仍然是那个会“叮”一声的下载软件，小明提交下载任务后就去干别的，听到“叮”一声就知道下载完成了。

- 异步：下载完成“叮”一声通知。
- 非阻塞：等待下载完成“叮”一声通知的过程中去干别的了，只需要接收“叮”一声通知。

9.2.5　为什么要采用套接字的 IO 模型

为什么要采用套接字IO模型，而不直接使用套接字？原因是recv方法是阻塞式的，当多个客户端连接服务器时，其中一个套接字的recv方法调用就会产生阻塞，使其他连接不能继续。这样我们想到用多线程来实现，每个套接字连接使用一个线程，但这样做效率十分低下，根本不可能应对负荷较大的情况。于是便有了各种模型的解决方法，目的都是实现多个线程同时访问时不产生阻塞。

如果使用“同步”的方式来通信的话，这里说的同步方式是所有的操作都在一个线程内顺序执行完成，缺点是很明显的：因为同步的通信操作会阻塞来自同一个线程的任何其他操作，只有这个操作完成之后，后续的操作才可以完成。一个明显的例子是在带界面的程序中，直接使用阻塞套接字调用的代码，整个界面都会因此阻塞住而没有响应。我们不得不为每一个通信的套接字都建立一个线程，非常麻烦，所以要编写高性能的服务器程序，要求通信一定是异步的。

各位读者肯定知道，可以使用“同步通信（阻塞通信）+多线程”的方式来改善同步阻塞线程的情况。那么好好想一下，我们好不容易实现了让服务器在每一个客户端连入之后，都启动一个新的线程与客户端进行通信，有多少个客户端就需要启动多少个线程，但是由于这些线程都处于运行状态，因此系统不得不在所有可运行的线程之间进行上下文（或称为运行环境）的切换，我们自己或许感觉不到什么，但是CPU却“痛苦不堪”，因为线程的切换是相当浪费CPU资源的。如果客户端连入的线程过多，就会弄得CPU只能忙于线程的切换，根本没有多少时间去执行线程本身，所以效率是非常低下的。

在阻塞IO模式下，如果暂时不能接收到数据，则接收函数（比如recv）不会立即返回，而是等到有数据可以接收时才返回，如果一直没有数据，该函数就会一直等待下去，应用程序也就挂起了，这对用户来说通常是不可接受的。很显然，异步的接收方式更好一些，因为无法保证每次的接收调用总能适时地接收到数据。而异步的接收方式也有其复杂之处，比如立即返回的结果并不总是成功收发数据，实际上很可能会失败，最多的失败原因是EWOULDBLOCK（可以使用错误码得到发送和接收失败时的失败原因）。这个失败原因较为特殊，也常出现，它的意思是说要进行的操作暂时不能完成，如果在以后的某个时间再次执行该操作，也许会成功。

如果发送缓冲区已满，调用send函数就会出现这个错误，同理，如果接收缓冲区内没有内容，调用recv也会得到同样的错误，这并不意味着发送和接收调用会永远地失败下去，而是在以后某个适当的时间，比如发送缓冲区有空间了，接收缓冲区有数据了，再调用发送和接收操作就会成功。那么什么时间是恰当的呢？这就是IO多路复用模型产生的原因，它的作用就是通知应用程序发送或接收数据的时间点到了，可以开始收发了。

9.2.6 同步阻塞 IO 模型

在Linux中，对于一次读取IO的操作，数据并不会直接复制到程序的缓冲区。通常包括两个不同阶段：

1）等待数据准备好，到达内核缓冲区。

2）从内核向进程复制数据。

对于一个套接字上的输入操作，第一步通常涉及等待数据从网络中到达。当所有等待数据报到达时，它被复制到内核中的某个缓冲区。第二步就是把数据从内核缓冲区复制到应用程序缓冲区。

同步阻塞IO模型是常用、简单的模型。在Linux中，默认情况下，所有套接字都是阻塞的。下面我们以阻塞套接字的recvfrom的调用图来说明阻塞，如图9-1所示。

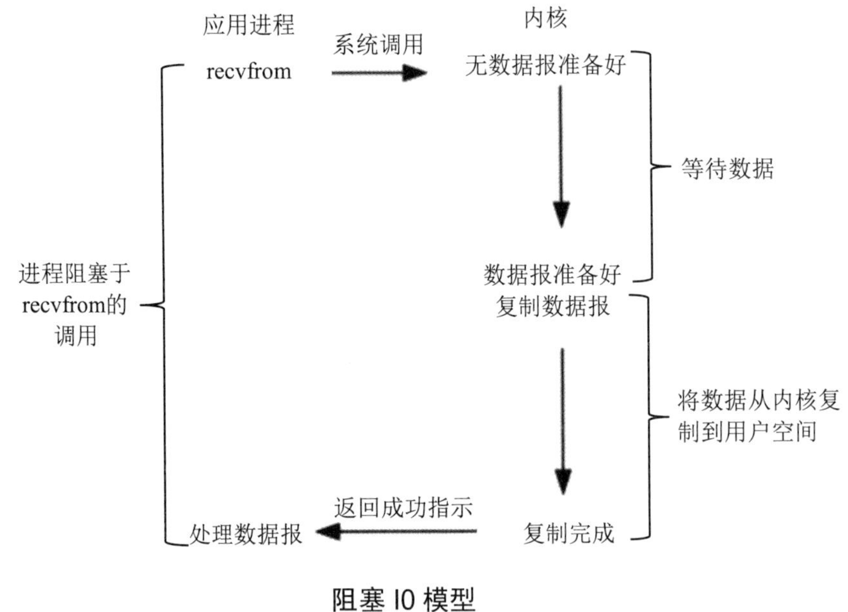

阻塞 IO 模型

图 9-1

进程调用一个recvfrom请求，但是它不能立刻收到回复，直到数据返回，然后将数据从内核复制到用户空间。在IO执行的两个阶段中，进程都处于阻塞状态，在等待数据返回的过程中不能做其他的工作，只能阻塞地等在那里。

该模型的优点是简单，实时性高，响应及时，无延时；缺点也很明显，需要阻塞等待，性能差。

9.2.7　同步非阻塞 IO 模型

与阻塞IO不同的是，非阻塞的recvfrom系统调用之后，进程并没有被阻塞，内核马上返回给进程，如果数据还没准备好，此时会返回一个error（EAGAIN或EWOULDBLOCK）。进程在返回之后，可以处理其他的业务逻辑，过会儿再发起recvfrom系统调用。采用轮询的方式检查内核数据，直到数据准备好，再复制数据到进程，进行数据处理。在Linux下，可以通过设置套接字选项使其变为非阻塞。图9-2是非阻塞的套接字的recvfrom操作。

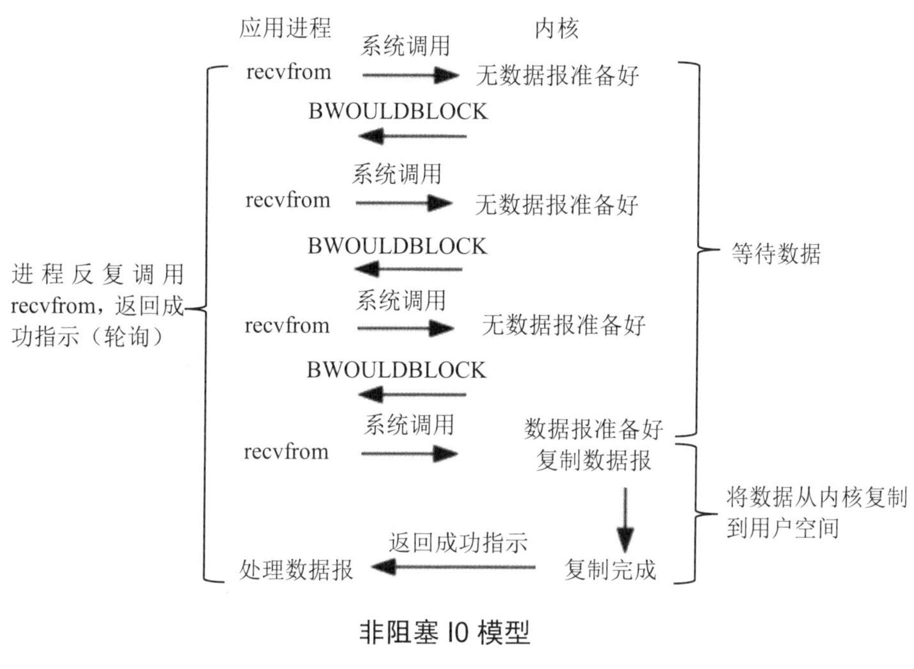

图 9-2

如图9-2所示，前3次调用recvfrom请求并没有数据返回，所以内核返回error（EWOULDBLOCK），并不会阻塞进程。当第4次调用recvfrom时，数据已经准备好了，然后将它从内核复制到用户空间，处理数据。在非阻塞状态下，IO执行的等待阶段并不是完全阻塞的，但是第二个阶段依然处于阻塞状态（调用者将数据从内核复制到用户空间，这个阶段阻塞）。该模型的优点是能够在等待任务完成的时间里干其他活（包括提交其他任务，也就是“后台”可以有多个任务在同时执行）；缺点是任务完成的响应延迟增大了，因为每过一段时间才去轮询一次read操作，而任务可能在两次轮询之间的任意时间完成，这会导致整体数据吞吐量降低。

9.2.8　同步多路复用 IO 模型

多路复用IO的好处在于单个进程可以同时处理多个网络连接的IO。它的基本原理是不再由应用程序自己监视连接，而是由内核替应用程序监视文件描述符。

以select函数为例，当用户进程调用了select，那么整个进程会被阻塞，同时内核会“监视”所有select负责的套接字，当任何一个套接字中的数据准备好时，select函数就会返回。这时用户进程再调用read操作，将数据从内核复制到用户进程，如图9-3所示。

这里需要使用两个系统调用（select和recvfrom），而阻塞IO只调用了一个recvfrom。所以，如果处理的连接数不是很高的话，使用IO复用的服务器并不一定比使用多线程+非阻塞IO的性能好，可能延迟更大。多路复用IO的优势并不是对于单个连接能处理得更快，而是单个进程可以同时处理多个网络连接的IO。

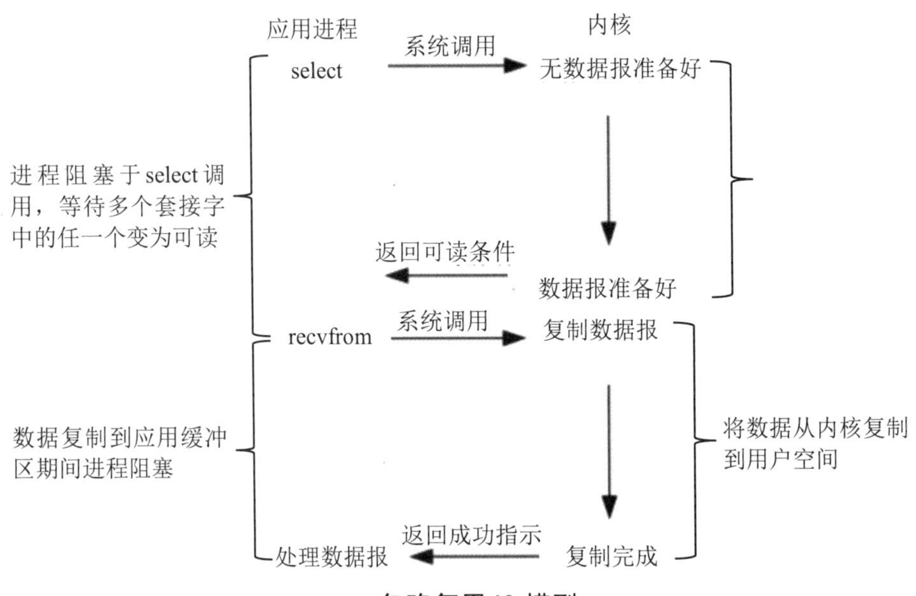

多路复用 IO 模型

图 9-3

在实际使用时，对于每一个套接字，都可以设置为非阻塞。如图9-3所示，整个用户的进程其实是一直被阻塞的，只不过进程是被select这个函数阻塞，而不是被IO操作阻塞。所以IO多路复用是阻塞在select、epoll这样的系统调用之上，而没有阻塞在真正的IO系统调用（如recvfrom）中。

由于其他模型通常需要搭配多线程或多进程以进行“联合作战”，因此该模型与其他模型相比，IO多路复用的最大优势是系统开销小，系统不需要创建新的额外进程或者线程，也不需要维护这些进程和线程的运行，降低了系统的维护工作量，节省了系统资源。其主要应用场景如下：

1）服务器需要同时处理多个处于监听状态或者多个连接状态的套接字。

2）服务器需要同时处理多种网络协议的套接字，如同时处理TCP和UDP请求。

3）服务器需要监听多个端口或处理多种服务。

4）服务器需要同时处理用户输入和网络连接。

9.2.9 同步信号驱动 IO 模型

该模型允许套接字进行信号驱动IO，并注册一个信号处理函数，进程并不阻塞而继续运行。当数据准备好时，进程会收到一个SIGIO信号，可以在信号处理函数中调用IO操作函数处理数据，如图9-4所示。

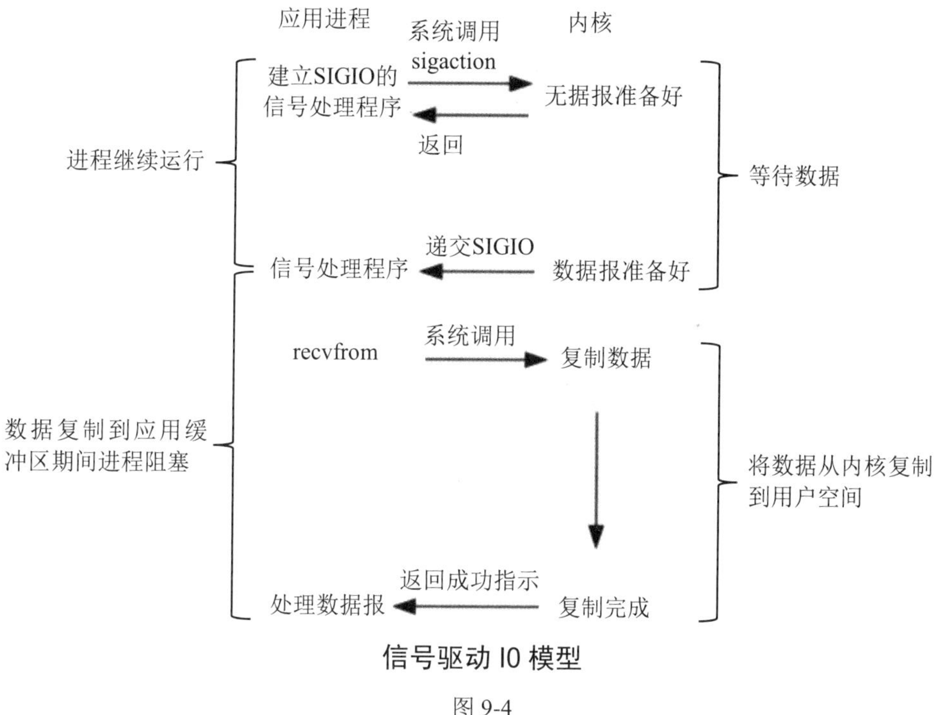

图 9-4

9.2.10　异步 IO 模型

前面讲述的4种IO模型都是同步的。相对于同步IO，异步IO不是顺序执行的。用户进程进行aio_read系统调用之后，就可以去处理其他的逻辑了，无论内核数据是否准备好，都会直接返回给用户进程，不会对进程造成阻塞。等到数据准备好了，内核直接复制数据到用户空间，然后从内核向进程发送通知，此时数据已经在用户空间，可以对数据进行处理了。

在Linux中，通知的方式是“信号”，分为3种情况：

1）如果这个进程正在用户态处理其他逻辑，那就强行打断，调用事先注册的信号处理函数，这个函数可以决定何时以及如何处理这个异步任务。由于信号处理函数是突然“闯”进来的，因此跟中断处理程序一样，有很多事情是不能做的，为了保险起见，一般是把事件“登记”一下放进队列，然后返回该进程原来在做的事。

2）如果这个进程正在内核态处理，例如以同步阻塞方式读写磁盘，就把这个通知挂起来，等到内核态的事情忙完了，快要回到用户态的时候，再触发信号通知。

3）如果这个进程现在被挂起了，例如陷入睡眠，就把这个进程唤醒，等待CPU调度，触发信号通知。

异步IO模型图如图9-5所示。

可以看到，IO两个阶段的进程都是非阻塞的。

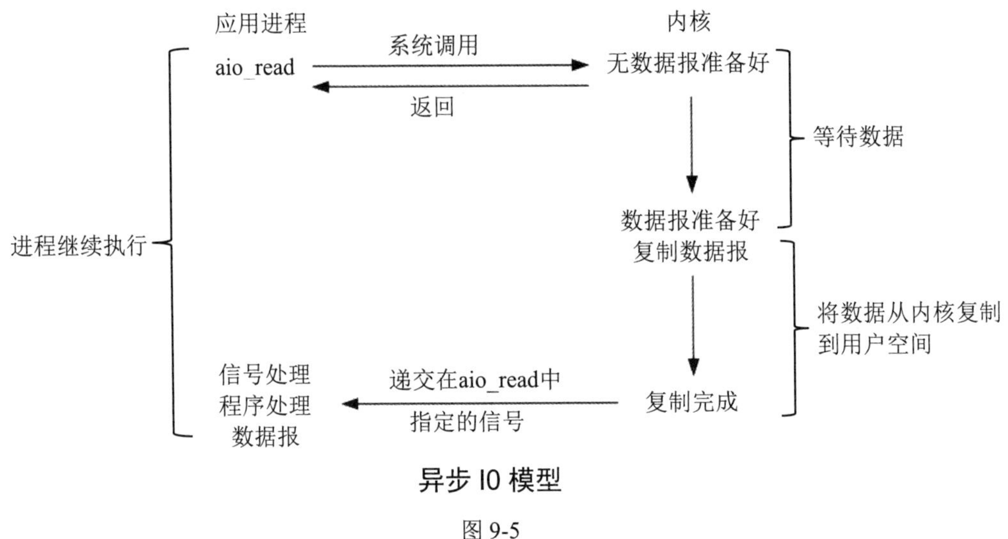

异步 IO 模型

图 9-5

9.2.11 5 种 IO 模型比较

现在我们对前面讲述的5种IO模型进行比较，如图9-6所示。

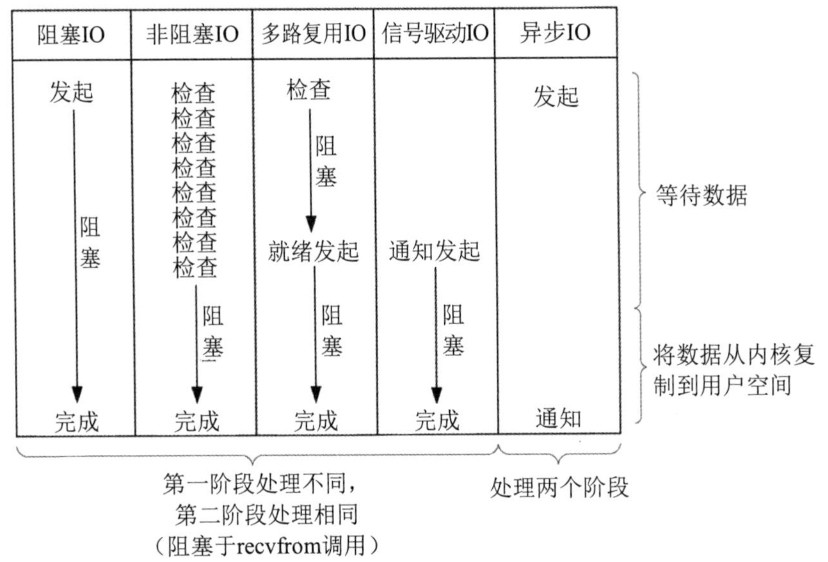

5 种 IO 模型的比较

图 9-6

其实前4种IO模型都是同步IO操作，它们的区别在于第一阶段，而第二阶段是一样的：在数据从内核复制到应用缓冲区（用户空间）期间，进程阻塞于recvfrom调用。相反，异步IO模型在等待数据和接收数据的两个阶段都是非阻塞的，可以处理其他的逻辑，用户进程将整个IO操作交由内核完成，内核完成后会发送通知。在此期间，用户进程不需要去检查IO操作的状态，也不需要主动去复制数据。

在了解了Linux的IO模型之后，就可以进入Java的IO设计殿堂了。

9.3　Java IO 流

在Java中，流表示连续的数据序列的抽象概念，IO流（Input/Output Stream）是对输入输出数据的抽象，流封装了Java与数据源或数据目的地进行IO的具体细节。

9.3.1　输入流和输出流

根据数据流动的方向进行划分，流可分为两大类，即输入流和输出流。输入流表示从外部数据源流入Java程序中的数据流，输出流表示从Java程序中流出到其他位置的数据流。数据源或数据目的地包括字节数组、字符串、文件、管道、其他输入/输出流和网络。Java提供了多种不同的类，以满足不同的输入/输出需要。Java输入流的部分类图如图9-7所示。

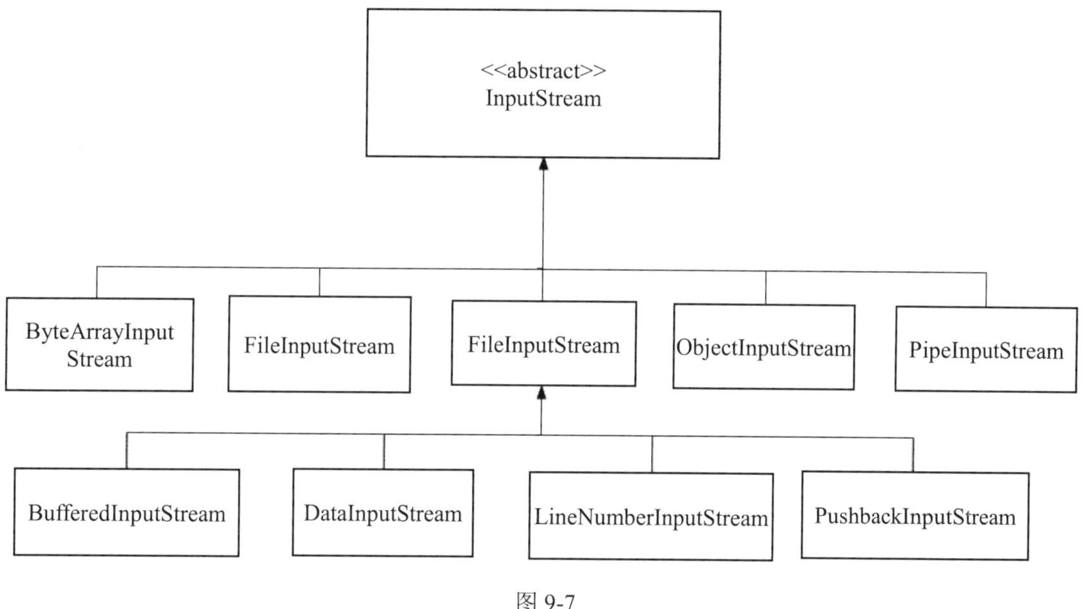

图 9-7

Java中所有的输入流都继承自抽象类InputStream，它声明了输入流应具有的方法和功能，如read方法从输入流中读取数据，close方法关闭输入流等。在InputStream的子类中，根据数据源的不同，Java提供了从字节数组中读取数据的ByteArrayInputStream，从文件中读取数据的FileInputStream，以及从管道流中读取数据的PipedInputStream。此外，Java使用装饰器模式为输入流添加了更多的功能，如读取Java对象的ObjectInputStream，读取基本数据类型的DataInputStream，为读取添加缓冲区的BufferedInputStream，支持将已读取的数据推回流中的PushbackInputStream等。除图9-7显示的类外，还有读取加密数据的CipherInputStream，读取压缩数据的GZIPInputStream等。

输出流与输入流类似，只是数据流动的方向与输入流相反，数据从Java程序中流出到其他位置，如字节数组、文件、网络等。Java中所有的输出流都继承自OutputStream。

9.3.2 字符流

在输入流InputStream和输出流OutputStream中流动的数据都是字节，通过输入/输出流读取和写入的也都是字节。在某些情况下需要读取字符，如读写文本文件、发送网络消息等。输入/输出流只能处理8位的字节流，对16位的Unicode字符处理十分不便，为此，Java提供了面向字符的输入流Reader和输出流Writer。与字节流类似，Java字符流也支持多种数据源，并通过装饰器模式为基础字符流添加额外功能。字符输入流的类图如图9-8所示。

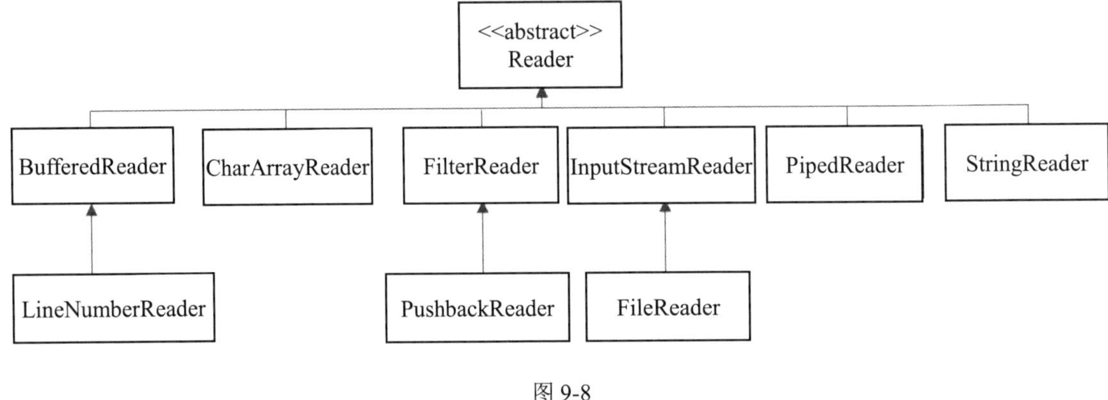

图 9-8

字符输入流中的类按照数据来源区分，包括从字符数组中读取的CharArrayReader，从字节输入流中读取的InputStreamReader，从文件中读取的FileReader，从管道流中读取的PipedReader以及从字符串中读取的StringReader。此外，BufferedReader类提供了输入缓冲功能，LineNumberReader类提供了跟踪行号的功能。

同样，字符输出流也与字符输入流结构类似，只是数据流动方向与之相反。

9.3.3 运行机制

如前所述，Java IO流按数据流动方向分为输入流和输出流两类，即流是单向的，数据在一个流中只能按照一个方向流动。

此外，无论是字节流还是字符流，其底层数据依然是字节，即Java IO流技术是面向字节的，IO流以字节为单位进行输入和输出。以读取文件的字节输入流FileInputStream为例，其read方法通过调用Java本地方法read来实现，该方法返回一个从文件中读取到的字节，若文件结束，则返回−1。Java本地方法是Java运行环境JVM中使用其他语言实现的方法。为了读取一个字节，需要调用FileInputStream的read方法，再调用本地方法read，通过操作系统提供的API从文件中读取一个字节，这在连续读取时效率是十分低下的。

为此，Java提供了InputStream的一个装饰类BufferedInputStream。该类内部维护一个字节数组作为输入数据的缓冲区，当从BufferedInputStream中读取数据时，会先返回缓冲区中的数据，缓冲区中的数据不足时，会从原始的输入流中读取多个字节的数据来填充缓冲区，再从缓冲区中返回数据给用户。BufferedInputStream需要工作在其他基础输入流之上，即BufferedInputStream修饰了基础输入流，使其具有了缓冲数据的功能。使用FileInputStream构造

BufferedInputStream，当缓冲流需要填充时，会调用FileInputStream的readBytes方法，readBytes方法也是本地方法，它一次读取多个字节，将其填充到给定的字节数组中。使用缓冲流可以从底层一次性读取多个字节，减少了访问底层数据源的次数，大大加快了连续读取的速度。

此外，IO流还是阻塞的，对应Linux 5种IO模型中的阻塞式IO模型，如图9-9所示。

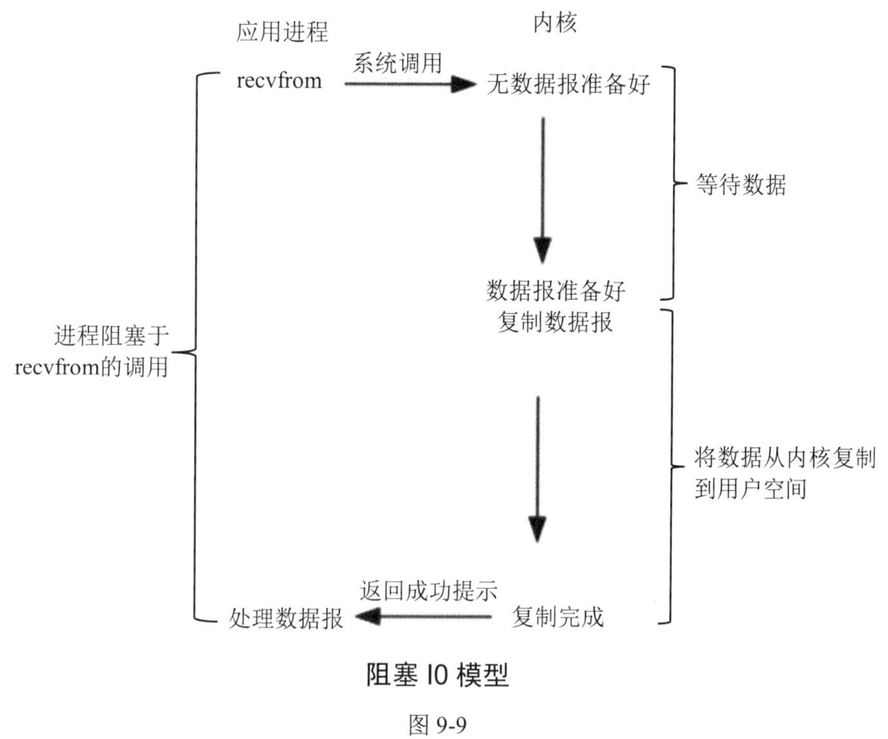

图 9-9

IO流的read和write方法是阻塞的。若数据源的数据没有准备好，或数据目的地还没有准备好接收数据，则调用read或write方法的线程会进入阻塞状态，直到成功读取或写入，线程才会从阻塞状态中恢复，read或write方法返回。

9.4　传统服务器模型 BIO

传统服务器模型也就是阻塞（Block）IO模型。由于Java传统的IO方式是阻塞式的，故称为BIO（Blocking IO）。BIO中的B有两种说法，一种为Base，是JDK中最早抽象出的IO体系；另一种为Block，JDK 1.0中的IO体系是阻塞的。两种说法皆有道理，一般我们认为B取Block（阻塞）之意。Java中提供了对TCP进行封装的套接字API，传统的服务器模型使用套接字中的输入输出流来传输数据。

BIO体系类图如图9-10所示。

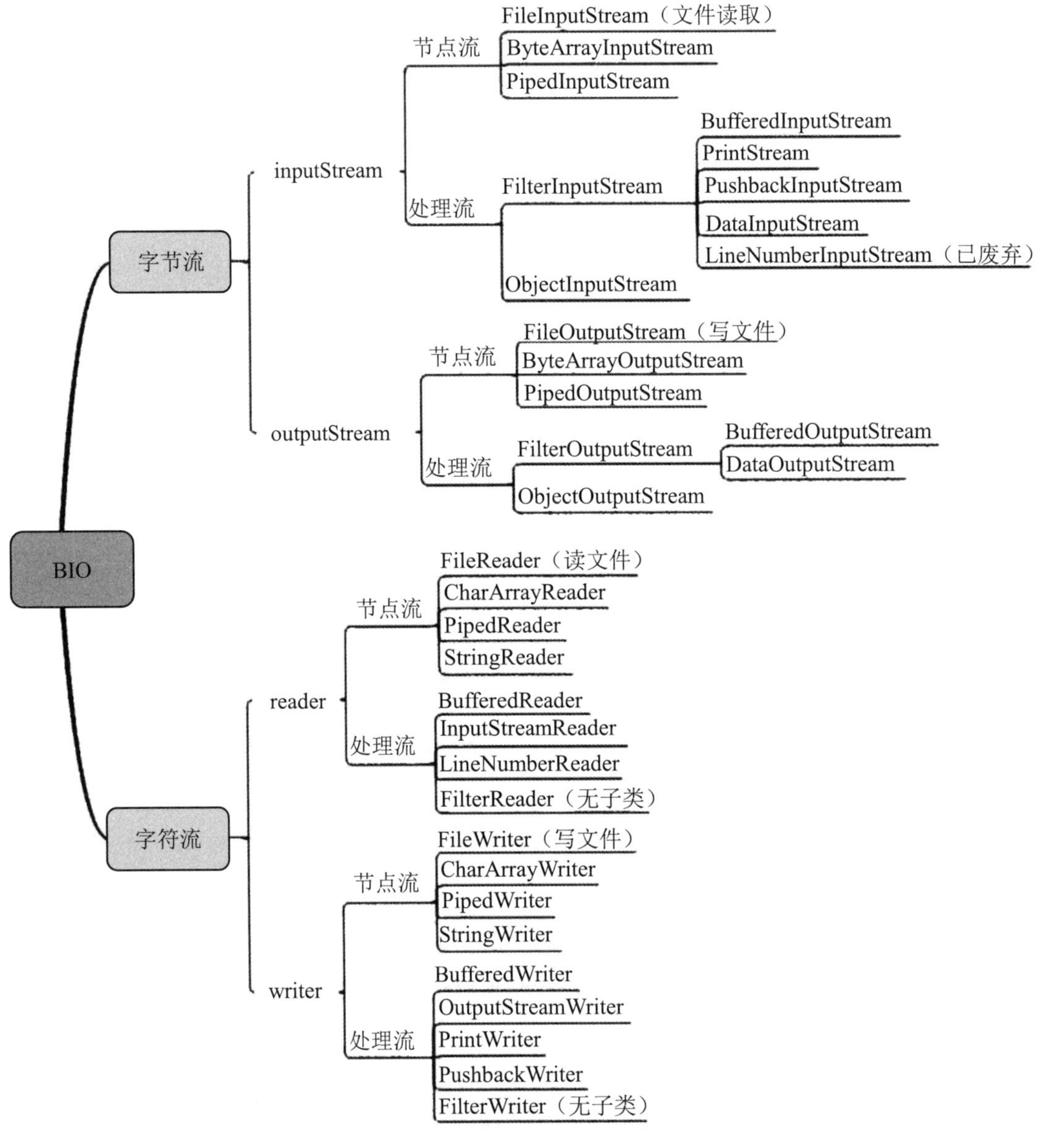

图 9-10

9.4.1 单线程模型

单线程模型是基本的服务器模型，它仅使用一个线程处理所有的连接和事件，其模型如图9-11所示。

单线程服务器每次只能服务于一个客户端连接，其他客户端只能等待上一个客户端连接断开之后才有可能得到服务。因此，需要支持并发访问的网络应用无法采用单线程服务器模型。第5章中的例5.3就是一个单线程模型，部分代码如下：

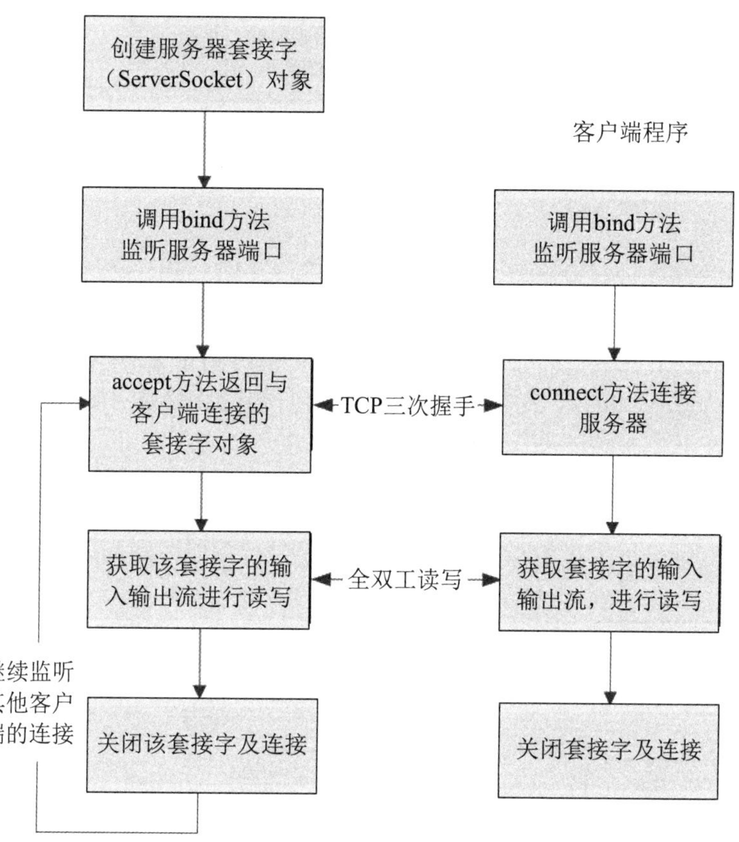

图 9-11

```
    public static void main(String[] args) throws IOException
    {
        InetAddress address =  InetAddress.getByName("192.168.1.2");
        ServerSocket server = new ServerSocket(7777,50,address);
        System.out.println("服务器启动，IP: " +  server.getInetAddress().
getHostAddress());
        while (true)
        {
            System.out.println("--------等待客户端的连接请求--------\n");
            Socket s = server.accept(); //阻塞并等待客户端的连接请求
            System.out.println("客户端:"+s.getInetAddress().getHostAddress()
+"已连接到服务器");
            //连接之后接收客户端发来的消息
            InputStream is = s.getInputStream();  //这里用了匿名子类实例化
            //把消息返回给客户端程序
            OutputStream os = s.getOutputStream(); //创建输出流，准备发送数据
            os.write("Hello,client,Bye.".getBytes());//发送数据，这句话将发送给
客户端程序
```

```
            byte[] b = new byte[1024];
            int n = is.read(b);
            System.out.println("收到客户端消息："+new String(b,0,n));
            s.close();  //关闭与客户端交互的通信套接字
            System.out.println("是否继续监听？(y/n)");
            Scanner in = new Scanner(System.in);
            String msg = in.nextLine();
            if (msg=="y") //如果不是y就退出循环
                break;
        }
        server.close();
    }
```

上述程序的结构和图9-11的流程一样，在一个while循环中监听，如果客户端的连接请求过来了，就和客户端进行交互，交互完毕则关闭与客户端交互的通信套接字，然后根据用户的输入来决定是否在下一次循环进行监听。

9.4.2 多线程模型

为了能够处理多个客户端连接，Java网络应用一般采用多线程模型，如图9-12所示。

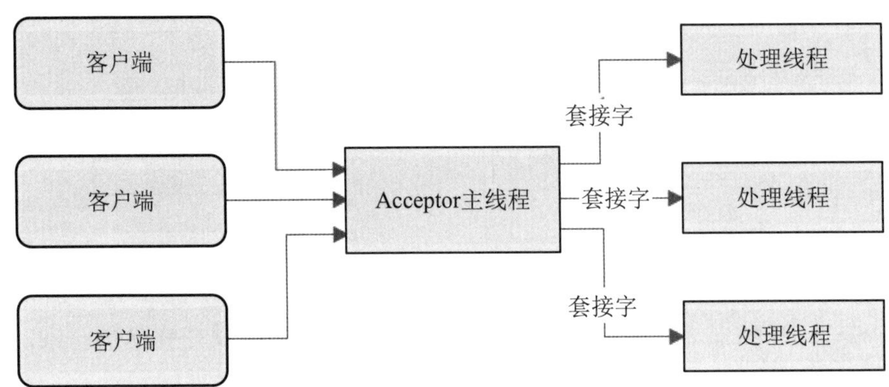

图 9-12

在多线程模型中，主线程循环调用accept方法，负责接收多个客户端的连接，故称主线程为Acceptor。主线程接收到客户端的连接请求，返回一个套接字后，开启一个新的线程，将套接字分配给新线程，由新线程负责对该套接字进行读写和后续的关闭等操作，故称新线程为Handler（处理线程），也称为工作线程。由于IO流的阻塞性，一个线程无法同时处理多个连接，因此需要为每个客户端连接都开启一个工作线程。在并发量不高的情况下，多线程模型能够很好地同时处理多个连接，大部分传统的Java服务器均采用此模型。我们在第8章的例8.3中可以看到该模型的代码，比如例7.3中的类ServerThread的run方法：

```
public void  run()
{
    try {
        server=new ServerSocket(6544);  //服务器在6544端口上启动监听
```

```
            jTServerLog.append("聊天服务器系统开始启动• • • • • "+ line_separator);
            jTServerLog.append(line_separator);
        } catch (IOException e) {
            //TODO Auto-generated catch block
            e.printStackTrace();
            jTServerLog.append("服务器端口打开出错• • • • • •"+line_separator);
            jTServerLog.append(line_separator);
        }
        //交互系统服务器的连接线程程序
        if(server!=null)
        {
            while(flag)
            {
                try {
                    System.out.println("服务器: "+flag);
                    //监听客户端的连接请求
                    Socket socket=server.accept();
                    jTServerLog.append("****************************"+
line_separator);
                    jTServerLog.append("Connection accept : "+socket+
line_separator);
                    Date time=new java.util.Date();
                    SimpleDateFormat format=new SimpleDateFormat("yyy-MM-dd
kk:mm:ss");
                    String timeInfo=format.format(time);
                    jTServerLog.append("处理时间 : "+timeInfo+line_separator);
                    jTServerLog.append("****************************"+
line_separator);
                    Server p = new Server(socket);  //实例化和客户端通信的线程类
                    p.start();  //启动线程和客户端交互
                } catch (IOException e) {
                    //TODO Auto-generated catch block
                    e.printStackTrace();
                    jTServerLog.append("客户端连接失败• • • • • •"+line_separator);
                    jTServerLog.append(line_separator);
                }
            }
        }
    }// run
```

主程序结构也是一个while循环，但在while循环中会实例化和客户端通信的线程类，多次循环后，就有多个线程对象和多个客户端一对一交互，就像图9-12中那样，服务器通过各个处理线程来处理不同的客户端那样。

9.4.3　线程池模型

多线程模型已经能够同时处理多个连接，但在高并发的情况下，多线程模型为每个连接新建一个线程的方式会导致产生大量的线程，消耗巨大的系统资源，频繁的线程新建、销毁和切换也会带来不可忽视的系统开销。为了限制多线程模型无限制地消耗系统资源，提出了线程池模型，如图9-13所示。

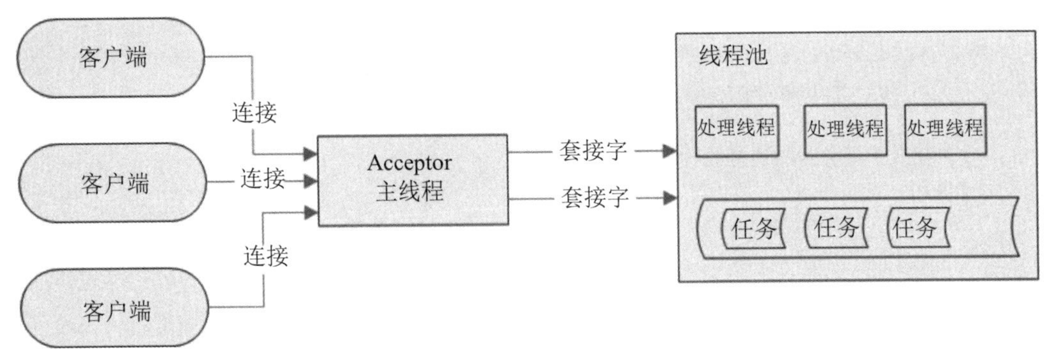

图 9-13

图9-13所示是一个传统线程池服务器模型。与多线程模型不同，Acceptor主线程接收到客户端的连接后，不再将套接字交给新线程处理，而是提交到线程池中。线程池使用空闲的线程来处理套接字，工作中的线程与多线程模型中的处理线程（Handler）一致。当线程池中的线程无空闲时，任务会保存在队列中，等待线程空闲后再执行。线程池模型限制了服务器创建线程的数量，同时通过复用线程避免了多线程模型中频繁新建和销毁线程所带来的系统开销。但在并发量较大时，由于同时运行的线程数较少，部分连接会在队列中等待，导致通信时延增大。此外，线程池模型无法处理长连接的请求，因为连接未释放，始终占用着线程池中的线程，最终将导致线程池中的线程耗尽，其余所有连接阻塞在队列中，而没有线程进行处理。

线程池模型有利有弊，它降低了服务器的资源消耗，但同时也降低了并发处理能力，因此需要仔细分析应用场景，慎重使用线程池模型。

下面我们来实现一个基于线程池模型的阻塞聊天程序，程序分为服务端和客户端两部分，服务端程序向客户端程序发一句话，然后客户端程序回一句话，最后客户端程序结束，服务端程序则继续监听。

【例9.1】 线程池模型的BIO聊天程序

1）打开Eclipse，工作区文件夹名称是swServer，然后新建一个Java工程，工程名为prjServer，我们把prjServer工程作为服务端程序。在工程中添加一个类，类名是mysrv。

2）打开mysrv.java，为类mysrv添加两个成员变量：

```
private int port;//服务端程序的端口号
//线程池，每个会话由一个线程处理
private ExecutorService cachedThreadPool = Executors.newCachedThreadPool();
```

调用newCachedThreadPool方法创建一个可缓存线程池，如果线程池长度超过处理需要，则可灵活回收空闲线程，若无可回收空闲线程，则新建线程。

再添加构造方法，代码如下：

```
protected  mysrv(int port){
```

```
    this.port = port;
}
```

其中参数port是传入的要监听的端口号。

再添加启动服务方法，代码如下：

```
public void startsrv(){
    try {
        ServerSocket serverSocket = new ServerSocket(port);
        System.out.println("服务器开启服务端口" + port ");
        while(true) {
            System.out.println("等待客户端的连接请求...");
            Socket socket = serverSocket.accept();
            System.out.println("接受客户端的连接请求，开始聊天...");
            //设置服务端套接字读超时为20秒
            socket.setSoTimeout(20000);
            //把聊天操作提交给线程池，由另外的线程单独处理
            cachedThreadPool.execute(new Runnable(){
                @Override
                public void run() {
                    try {
                        chat(socket); //开始和客户端聊天
                        socket.close();
                        System.out.println("聊天结束，服务端关闭连接。继续下次监
听...");
                    }catch (Exception e){
                        e.printStackTrace();
                    }
                }
            };
        }// while
    }//try
    catch (Exception e){
        e.printStackTrace();
    }
}
```

在上述程序代码中，首先实例化ServerSocket对象，此时将在当前主机所有可用的IP地址上开启服务端口。然后进入while循环，调用accept方法等待客户端的连接请求。一旦有客户端的连接请求来了，则开始聊天，这里我们把聊天操作提交给线程池，由另外的线程单独处理，具体的聊天方法是chat，该方法传入的是accept方法返回的套接字，即负责和客户端通信的套接字。聊天结束后，则关闭该套接字。

再为类mysrv添加聊天方法chat，代码如下：

```
protected void chat(Socket socket) throws Exception
{
    String msg="hello,客户端";
    byte[ ] obytes = msg.getBytes("utf-8");

    OutputStream outs = socket.getOutputStream();
```

```
    int sendlen = obytes.length;
    //先发送字节数，再发送字节数组
    byte[ ] bySendlen =  intToByteArray(sendlen);
    outs.write(bySendlen, 0, bySendlen.length);
    outs.flush();
    outs.write(obytes, 0, obytes.length);  //发送字节数组
    outs.flush();
    //先接收4字节长度，再接收实际数据
    byte[ ] byrcvlen = new byte[4];

    rcv(socket, byrcvlen);
    int rcvlen =  byteArrayToInt(byrcvlen);
    byte[] data = new byte[rcvlen];
    rcv(socket, data);
    msg = new String(data,0, data.length,"utf-8");
    System.out.println("接收到客户端信息: "+msg);
}
```

这段程序代码的逻辑很简单，就是先向客户端发送信息，再接收客户端反馈来的信息。为了让客户端知道服务端发送了多少字节的数据，我们在具体发送时先发送信息的长度（字节数），再发送实际数据。接收也是如此，先接收对方发来的数据长度，再接收具体的数据。

再为类mysrv添加接收信息的方法rcv，代码如下：

```
private static void rcv(Socket socket, byte[ ] bytes)  //bytes用来存放接收到的数据
{
    try {
        InputStream ins = socket.getInputStream();
        int res,bytesToRead = bytes.length,readcn= 0;
        while (readcn < bytesToRead)
        {
            res = ins.read(bytes, readcn, bytesToRead - readcn);
            if (res == -1) //客户端调用了socket.close
            {
                System.out.println("读取错误，客户端可能关闭了。");
                break;
            }
            readcn += res;
        }
    }
    catch(Exception e)
    {
        if(e instanceof SocketException)
            System.out.println("客户端退出了");
        else e.printStackTrace();
    }
}
```

由于网络运行时的情况千差万别，不知道每次具体会接收多少数据，因此我们在接收数据时要通过循环来接收，每次根据实际接收到的数据计算出下一次要接收多少数据，直到全部接收完毕。另外，rcv方法对常见的网络情况进行了处理，当read返回–1的时候，通常表示客户端调用了socket.close，读者可以在客户端程序中加一句socket.close试试。当抛出SocketException异常的时候，通常表示客户端没有调用socket.close就结束程序了，或其他原因导致连接重置。读者可以让客户端程序不调用socket.close而直接结束程序来测试一下。

最后，再为类mysrv添加两个辅助方法，分别是intToByteArray和byteArrayToInt，前者是把整型数据转化为网络字节序的字节数组，后者是把字节数组转换为整型数据。需要注意的是，网络上要传输整数型数据，通常情况下要先转换为网络字节序，再以字节数组的形式进行数据的发送。接收的时候，则要把字节流转为主机字节序，这样的方式对于通信两端是不同平台时尤为重要。不过，由于我们本示例中的程序两端都是Java虚拟机平台，Java虚拟机的字节序和网络字节序相同，都是BIG-ENDIAN（大端模式，是指数据的高字节保存在内存的低地址中，而数据的低字节保存在内存的高地址中），因此对于通信双方都是Java平台的程序，只需在发送端把整型数据转换为字节数组，在接收端再以同样的方式把字节数组转换为整型数据，也就是两端的转换方式互逆即可。对于两端是不同平台的情况，比如一端是Java平台，一端是C/C++程序，C/C++程序端则需要根据具体的主机字节序来进行转换。从这个角度来讲，Java编程还是相对简单的，毕竟有了Java虚拟机这个平台，很多主机细节都被屏蔽掉了，Java程序不需要考虑过多细节，因此难度和出错率也就降低了。限于篇幅，不列出intToByteArray和byteArrayToInt方法的源代码了，具体内容可参见该工程的源代码。

最后，添加main方法，代码如下：

```
public static void main(String[] args) {
    mysrv srv1 = new mysrv(8888);
    srv1.startsrv();
}
```

3）保存工程并运行，运行的结果如下：

```
服务器开启服务端口8888,等待客户端连接请求...
```

4）下面实现客户端。再打开一个Eclipse，工作区文件夹名是swClient，然后新建一个Java工程，工程名为prjClientt，我们把prjClientt工程作为客户端程序。然后在工程中添加一个类，类名是mycli。首先为类mycli添加两个成员变量：

```
private String serverIP;    //服务器的IP地址
private int port;           //服务端程序的端口，比如8888
```

其中serverIP是服务器的IP地址，可以用命令ipconfig（Windows主机）或ifconfig（Linux主机）查看到。

然后添加构造方法，代码如下：

```
protected mycli(String ip, int port)
{
    this.serverIP = ip;
    this.port = port;
}
```

再添加startchat方法，该方法发起连接，并调用chat方法开始聊天，代码如下：

```
public void startchat()
{
    InetSocketAddress isAddr = new InetSocketAddress(serverIP, port);
    Socket socket = new Socket();
    try {
        socket.connect(isAddr , 5000 );     //设置客户端的连接超时时间为5秒
        System.out.println("客户端连接成功，开始聊天...");
        socket.setSoTimeout(20000);         //设置客户端的读超时时间为20秒
        chat(socket);
        socket.close();
        System.out.println("聊天结束，客户端关闭连接。");
    }catch (Exception e){
        e.printStackTrace();
    }
}
```

在上述程序代码中，实例化Socket对象后，就调用connect方法连接服务器，然后调用chat方法和服务器进行交互。交互完毕后就关闭套接字。

添加chat方法，代码如下：

```
public void chat(Socket socket) throws Exception
{
    //先接收4字节长度，再接收实际数据
    byte[ ] byrcvlen = new byte[4];
    rcv(socket, byrcvlen);
    int rcvlen =  byteArrayToInt(byrcvlen);
    byte[] data = new byte[rcvlen];
    rcv(socket, data);

    String msg = new String(data,0, data.length,"utf-8");
    System.out.println("接收到服务端信息："+msg);

    //向服务器发送数据，先发送4字节长度，再发送具体数据
    msg="hello,服务端";
    byte[ ] obytes = msg.getBytes("utf-8");

    OutputStream outs = socket.getOutputStream();
    int sendlen = obytes.length;

    byte[ ] bySendlen =  intToByteArray(sendlen);
    outs.write(bySendlen, 0, bySendlen.length);
    outs.flush();
    outs.write(obytes, 0, obytes.length);  //发送字节数组
    outs.flush();
}
```

这段程序的逻辑与服务端程序的逻辑类似，先接收再发送。先接收数据长度，然后根据数据长度循环接收（在rcv方法中实现）服务端程序发来的数据。全部接收完毕后，就打印一

下接收到的数据，然后再发送自己想要发送数据的长度，最后发送具体的数据内容。如果要测试让服务端程序的read方法返回–1，可以把这两个发送代码注释掉，这样客户端程序接收完数据后，chat方法就结束了，然后调用chat方法后面的socket.close();语句，此时服务端程序的等待接收数据的方法read就会返回–1。如果要测试让服务端程序收到连接重置异常（Connection Reset），可以把客户端的发送代码和socket.close();语句一起注释掉，也就是说在服务端等待接收数据时，客户端程序不关闭套接字而直接结束程序，此时服务端程序就能收到连接重置异常。有兴趣的读者可以试一试，感受一下，毕竟以后在一线开发中，这些基本情况都是要考虑到的，而且需要友好地反馈给服务端用户（或管理员）。不能客户端一有什么异常情况，就把服务端程序给弄挂掉了，那就太尴尬了。rcv、byteArrayToInt、intToByteArray方法和服务端程序中的方法是一致，这里不再赘述了。

最后添加main方法，代码如下：

```
    public static void main(String[] args) {
        mycli cli = new mycli("192.168.1.2",8888);//192.168.1.2是笔者服务端主机的IP地址
        cli.startchat(); //启动连接和聊天
    }
```

5）保存客户端工程并运行，客户端程序运行的结果如下：

```
客户端连接成功，开始聊天...
接收到服务端信息：hello,客户端
聊天结束，客户端关闭连接。
```

服务端程序运行的结果如下：

```
服务器开启服务端口8888，等待客户端连接请求...
接受客户端的连接，开始聊天...
接收到客户端信息：hello，服务端
聊天结束，服务端关闭连接。继续下次监听...
```

9.5　NIO 及高性能网络模型的构建

NIO中的N也有两种说法：一种为New，是针对Base而言的；另一种为Non-Block（非阻塞），是针对Block而言的。

本节将介绍Java NIO技术，对其中的3个重要组件——通道、缓冲区和选择器进行详细的分析，探究NIO与传统IO的异同，并得出NIO能够支持高并发的原因。随后对目前使用NIO的网络模型进行研究，分析其优劣，并在此基础上提出新的多Reactor服务器模型，详细阐述其设计思路及实现方式。最后对NIO读写性能和多种服务器模型的网络通信性能进行测试，得出NIO的读写性能优于传统IO，以及多Reactor服务器模型在并发能力和资源占用上优于现有的服务器模型。

除了BIO之外，Java引入了NIO（Non-Blocking IO，非阻塞IO），相较于传统IO，故而也被称为New IO。BIO与NIO的区别如表9-1所示。

表 9-1 BIO 与 NIO 的区别

IO 方式	数据流向	数据单位	是否阻塞
BIO	单向	字节	阻塞
NIO	双向	缓冲区	非阻塞

套接字属于IO的一种，普通套接字是客户端发出一次请求，服务端接收到后响应，客户端接收到服务端的响应才能再次请求。NIO中主要包括3个核心概念，即通道（Channel）、缓冲区（Buffer）和选择器（Selector），缓冲区将很多请求打包一次性发出去，选择器将请求分转给对应的通道进行响应处理。

9.5.1 通道

在Java中，各种类型的通道都代表着能连接到执行IO操作的实体，比如连接硬件设施（打印机）、文件、网络套接字等。有点类似于流，但是通道具有以下特性：

1）面向数据块的读写方式，即数据从缓冲区读后写到通道中或者从通道中读后写到缓冲区中。面向流的读写都是单个字节的读写方式。

2）通道是双向的，一个打开的通道既可以读又可以写。面向流的读写是单向的。

3）通道中有些类型的读写有阻塞模式和非阻塞模式之分。流的读写是阻塞模式的。

4）通道是线程安全的。

NIO中的通道是传输数据的管道对象，类似BIO中的流，但不同的是，数据在通道中是双向流动的，利用同一个通道既可以读取又可以写入，如文件或网络，通道相关的部分类图如图9-14所示。

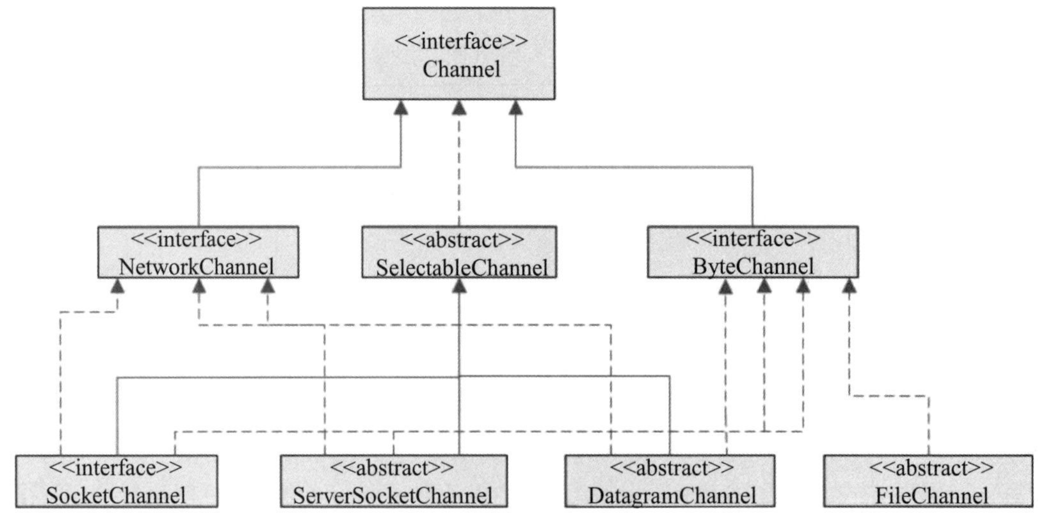

图 9-14

根据将通道连接到不同的地方执行IO操作来对通道进行简单的分类：

1）ServerSocketChannel：使用TCP协议的服务端通道。

2）SocketChannel：用于TCP可靠连接的客户端通道，连接到套接字。

3）DatagramChannel：基于UDP的通道。

4）FileChannel：读写文件数据的通道（这里不介绍）。

其中SocketChannel、ServerSocketChannel、DatagramChannel继承自SelectableChannel，即它们可配置为非阻塞的，这意味着线程在读写这些通道时不会进入阻塞状态，对应Linux IO模型中的非阻塞式IO。SocketChannel和ServerSocketChannel拥有两种读写模式：阻塞和非阻塞模式，可以通过成员方法configureBlocking来配置。

Java NIO中的ServerSocketChannel用于服务端，是一个可以监听新进来的TCP连接的通道，就像标准IO中的ServerSocket一样。ServerSocketChannel类在java.nio.channels包中。ServerSocketChannel类的常用方法如下：

（1）open方法

该方法是一个静态方法，用来打开一个服务器套接字通道（server-socket channel），它的声明如下：

```
public static ServerSocketChannel open()  throws IOException
```

该方法返回一个新的服务器套接字通道，比如：

```
ServerSocketChannel serverSocketChannel = ServerSocketChannel.open();
```

（2）bind方法

该方法将通道的套接字绑定到本地地址，并将套接字配置为监听连接。这个方法的声明如下：

```
public final ServerSocketChannel bind(SocketAddress local)  throws
IOException
```

比如，服务通道把套接字绑定到IP地址192.168.12，端口号是8888：

```
ServerSocketChannel ssc = ServerSocketChannel.open();
ssc.bind(new InetSocketAddress("192.168.1.2", 8888));
```

（3）configureBlocking

该方法继承自java.nio.channels.spi.AbstractSelectableChannel，调整通道的阻塞模式，该方法的声明如下：

```
protected abstract void implConfigureBlocking(boolean block)  throws
IOException
```

参数block是true时表示阻塞模式，若为false则表示非阻塞模式，比如：

```
ServerSocketChannel ssc;
ssc.bind(new InetSocketAddress("192.168.1.2", 8888));
ssc.configureBlocking(false);
```

（4）register

该方法继承自java.nio.channels.spi.AbstractSelectableChannel。register方法用给定的选择器注册通道，并返回一个选择键。该方法的声明如下：

```
public final SelectionKey register(Selector sel, int ops)  throws
ClosedChannelException
```

其中，参数sel表示要注册此频道的选择器；ops表示感兴趣的事件操作集合，ops的取值是SelectionKey对象的4个静态常量，SelectionKey对象的4个静态常量代表4种操作类型：

- electionKey.OP_ACCEPT代表接受连接请求操作，isAcceptable()表示是否有连接请求事件发生。
- SelectionKey.OP_CONNECT代表连接操作，isConnectable()表示是否有连接事件发生。
- SelectionKey.OP_READ代表读操作，isReadable()表示是否有读数据事件发生。
- SelectionKey.OP_WRITE代表写操作，isWritable()表示是否有写数据事件发生。

该方法返回选择键（SelectionKey），比如：

```
Selector selector = Selector.open();
//注册通道，并且指定感兴趣的事件是Accept（接受）
ssc.register(selector, SelectionKey.OP_ACCEPT);
```

（5）accept方法

该方法接受与此通道的套接字的连接，声明如下：

```
public abstract SocketChannel accept()  throws  IOException
```

返回的是套接字通道（SocketChannel）。在非阻塞模式下，accept 方法会立刻返回，如果没有新进来的连接，返回的将是 null。因此，需要检查返回的 SocketChannel 是不是 null，比如:

```
ServerSocketChannel serverSocketChannel = ServerSocketChannel.open();
serverSocketChannel.socket().bind(new InetSocketAddress(9999));
serverSocketChannel.configureBlocking(false);
while(true){
    SocketChannel socketChannel = serverSocketChannel.accept();
    if(socketChannel != null){
        //do something with socketChannel...
    }
}
```

（6）close方法

close方法继承自类java.nio.channels.spi.AbstractInterruptibleChannel，用于关闭此通道，该方法的声明如下：

```
public final void close()  throws IOException
```

如果通道已经关闭，则此方法将立即返回；否则将通道标记为关闭，然后调用implCloseChannel方法完成关闭操作。

阻塞模式不能使用 Selector。下面我们再来看 SocketChannel，它用于客户端和服务端的 SocketChannel 进行通信，服务端的 SocketChannel 由 accept 返回。SocketChannel 是对传统 Java Socket API 的改进，主要是支持非阻塞的读写，还改进了传统的单向流 API，通道同时支持读写（其实就是加了一个中间层缓冲区）。SocketChannel 具有以下特征:

1）SocketChannel 是用来处理网络 IO 的通道。
2）SocketChannel 是基于 TCP 连接传输的。
3）SocketChannel 实现了可选择通道，可以被多路复用。
4）对于已经存在的套接字不能创建 SocketChannel。
5）SocketChannel 中提供的 open 接口创建的通道并没有进行网络级联，需要使用 connect 接口连接到指定地址。
6）未进行连接的SocketChannle执行IO操作时，会抛出NotYetConnectedException异常。
7）SocketChannel 支持两种 IO 模式：阻塞式和非阻塞式。
8）SocketChannel 支持异步关闭。如果 SocketChannel 在一个线程上读阻塞，另一个线程对该 SocketChannel 调用 shutdownInput，则读阻塞的线程将返回–1，表示没有读取任何数据；如果 SocketChannel 在一个线程上写阻塞，另一个线程对该 SocketChannel 调用 shutdownWrite，则写阻塞的线程将抛出 AsynchronousCloseException 异常。
9）SocketChannel 支持设置参数，如表 9-2 所示。

表 9-2 SocketChannel 支持设置的参数

参 数 名	作用说明
SO_SNDBUF	套接字发送缓冲区的大小
SO_RCVBUF	套接字接收缓冲区的大小
SO_KEEPALIVE	保活连接
O_REUSEADDR	复用地址
SO_LINGER	有数据传输时延缓关闭通道（只有在非阻塞模式下有用）
TCP_NODELAY	禁用Nagle算法

SocketChannel类的常用方法如下：

（1）open方法

该方法是一个静态方法，用来创建套接字通道（SocketChannel），在内部会打开套接字通道并将其连接到远程地址。声明该方法有两种形式，第一种形式不带参数：

```
public static SocketChannel open()  throws IOException
```

如果成功，该方法返回一个新的和未连接的套接字通道，注意是未连接的通道，随后还要调用connect方法来连接，比如：

```
SocketChannel socketChannel = SocketChannel.open();
socketChannel.connect(new InetSocketAddress("www.baidu.com", 80));
```

又比如：

```
SocketChannel socketChannel = SocketChannel.open();
socketChannel.connect(new InetSocketAddress("192.168.1.2", 8888));
```

无参open方法只是创建了一个SocketChannel对象，并没有进行实质的TCP连接。

第二种形式把一个远程地址作为参数：

```
public static SocketChannel open(SocketAddress remote)  throws IOException
```

其中，参数remote表示要连接新通道的远程地址，一般就是远程服务器地址。如果成功，该方法将返回一个新的和连接的套接字通道，比如：

```
SocketChannel socketChannel = SocketChannel.open(new InetSocketAddress
("www.baidu.com", 80));
```

（2）connect方法

该方法用来连接该套接字的通道，声明如下：

```
public abstract boolean connect(SocketAddress remote) throws IOException
```

其中参数remote表示要连接新通道的远程地址，一般就是远程服务器地址。如果此通道处于非阻塞模式，则此方法的调用将启动非阻塞连接操作。如果连接成功，该方法将返回true，否则返回false，并且连接操作必须稍后通过调用finishConnect方法来完成。

（3）write方法

该方法从给定的缓冲区向该通道写入一系列字节，声明如下：

```
public final long write(ByteBuffer[] srcs) throws IOException
```

其中参数srcs表示字节缓冲区，比如：

```
ByteBuffer writeBuffer = ByteBuffer.allocate(32);
writeBuffer.put("hello".getBytes());
socketChannel.write(writeBuffer);
```

（4）read方法

该方法从通道读取数据到给定的缓冲区，声明如下：

```
public final long read(ByteBuffer[] dsts)  throws  IOException
```

其中参数dsts存放要读取的数据。该方法返回实际读取到的数据字节数，可能为0，如果通道已达到流出端，则返回–1。

（5）close方法

该方法继承自class java.nio.channels.spi.AbstractInterruptibleChannel，用于关闭该套接字通道。该方法的声明如下：

```
public final void close()  throws  IOException
```

如果通道已经关闭，则此方法将立即返回；否则，将通道标记为关闭，然后调用implCloseChannel方法以完成关闭操作。

9.5.2 缓冲区

在Java的套接字编程中，若使用阻塞式（BIO），则往往通过调用ServerSocket的accept方法来获取客户端的套接字，随后再调用客户端套接字的InputStream和OutputStream进行读写。Socket.getInputstream.read(byte[] b)和Socket.getOutputStream.write(byte[] b)方法中的参数都是字节数组。这种阻塞式的套接字编程显然已经远远不能满足目前的并发式访问需求。到了Java的NIO，则需要通过调用ServerSocketChannel的accept方法来获取客户端的SocketChannel，再使用客户端SocketChannel直接进行读写。但SocketChannel.read(ByteBuffer dst)和

SocketChannel.write (ByteBuffer src)方法中的参数都变为java.nio.ByteBuffer，该类型就是JavaNIO对字节数组的一种封装，其中包括很多基本的操作。

Java NIO中的缓冲区用于和NIO通道进行交互。数据是从通道读入缓冲区，再从缓冲区写入通道的。缓冲区本质上是一块可以写入数据，然后从中读取数据的内存。这块内存被封装成NIO Buffer对象，并提供了一组方法，用来方便地访问这块内存。

Java NIO中使用通道读取数据，但与传统IO流不同的是，无法通过通道直接读写数据，而必须经过缓冲区。缓冲区是临时存储数据的容器，按照数据类型的不同可分为ByteBuffer、CharBufifer、IntBuffer等，如图9-15所示。

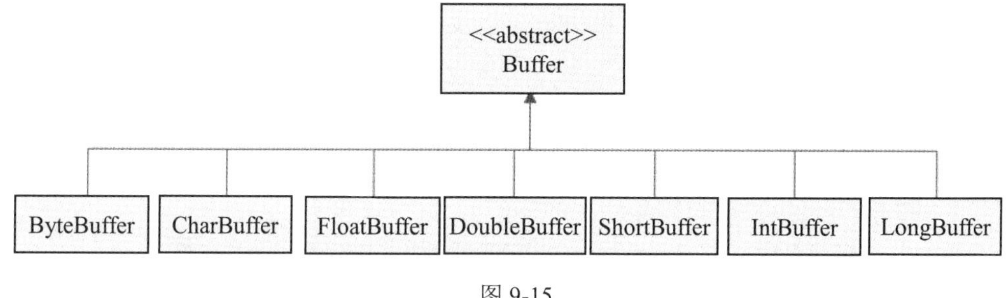

图 9-15

缓冲区中包括一个用于存储数据的数组，使用3个私有变量capacity（容量）、limit（界限）和position（位置）控制读写。缓冲区分为读和写两种模式，读模式即从缓冲区中读取数据，但需要先使用写模式向缓冲区中写入数据才可供读取，缓冲区的数据写入过程如图9-16所示。

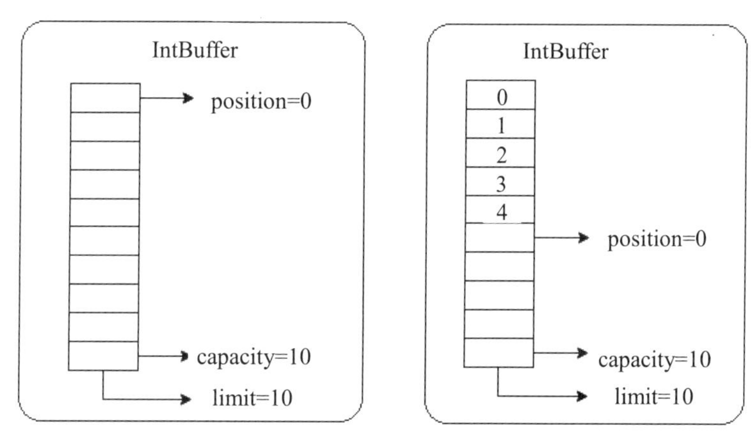

图 9-16

以IntBuffer为例，创建一个容量为10的缓冲区，此时处于写模式的缓冲区内整数数组为空；position为0表示下一个数据写入的位置；limit为10等于缓冲区容量capacity，表明最多可以写入10个数据。依次写入5个数据后，position为5，表示下一个数据将放置在下标为5的内存槽中，此时limit依旧为10，只要position小于等于limit，就可以继续写入。

当需要从缓冲区中读取数据时，需要调用flip方法，将缓冲区切换到读模式，缓冲区的数据读取过程如图9-17所示。

切换到读模式后，缓冲区的容量不变，仍旧是10；position变为0，指向要读取的第一个数据；limit变为原来position的值，表示最多读取5个数据。

读取两个数据0和1后，position变为2，指向下一个要读取的位置；limit依然为5，只要position小于limit，就可以继续读取。

读取完成后，需要调用clear方法清空缓冲区，以便再次写入。clear方法会将position重置为0，使limit等于capacity，即还原到缓冲区刚创建的状态，然而不会清空实际存储数据的数组，而是在写入时将原本的数据覆盖。执行clear方法后的缓冲区如图9-18所示。

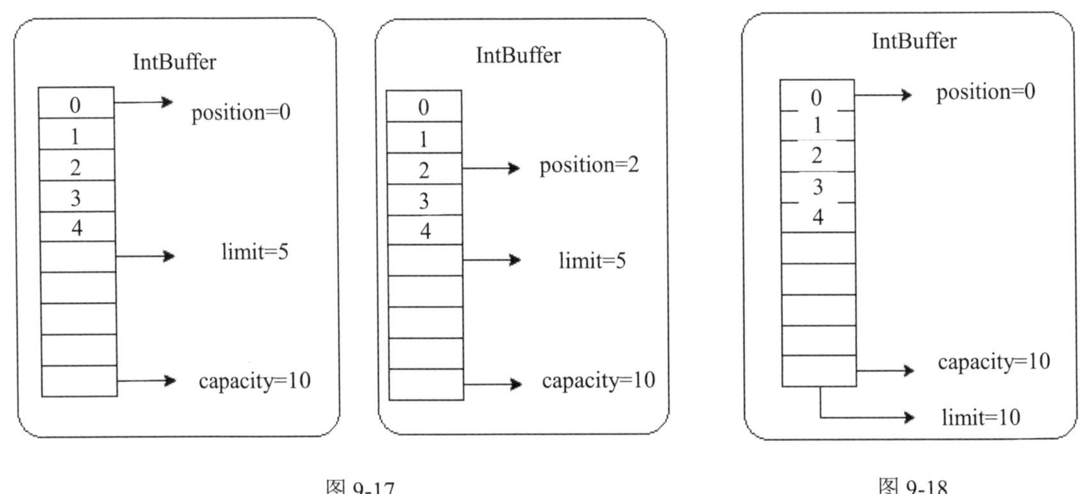

图 9-17 图 9-18

此外，缓冲区还提供了一些方法用于控制读写，如rewind方法重置position为0，mark方法标记一个位置，reset方法将position重置为标记位置。

使用缓冲区读写数据一般遵循以下4个步骤：

步骤01 写入数据到缓冲区。

步骤02 调用 flip 方法。

步骤03 从缓冲区中读取数据。

步骤04 调用 clear 方法或者 compact 方法。

当向缓冲区写入数据时，缓冲区会记录下写了多少数据。一旦要读取数据，需要通过调用flip方法将缓冲区从写模式切换到读模式。在读模式下，可以读取之前写入缓冲区的所有数据。一旦读完了所有的数据，就需要清空缓冲区，让它可以再次被写入。有两种方式能清空缓冲区：调用clear或compact方法。clear方法会清空整个缓冲区。compact方法只会清除已经读过的数据。任何未读的数据都被移到缓冲区的起始处，新写入的数据将放到缓冲区未读数据的后面。

ByteBuffer（字节缓冲区）包含几个基本的属性：

1）position：当前的下标位置，表示进行下一个读写操作时的起始位置。

2）limit：结束标记下标，表示进行下一个读写操作时的（最大）结束位置。

3）capacity：该ByteBuffer的容量。

4）mark：自定义的标记位置。

无论如何，这4个属性总会满足如下关系：mark <= position <= limit <= capacity。目前对mark属性了解得不多，因此暂不做讨论。其余3个属性可以分别通过ByteBuffer.position()、ByteBuffer.limit()、ByteBuffer.capacity()获取，其中position和limit属性也可以分别通过

ByteBuffer.position(int newPos)、ByteBuffer.limit(int newLim)进行设置，但由于ByteBuffer在读取和写出时是非阻塞的，读写数据的字节数往往不确定，因此通常不会调用这两个方法直接进行修改。

ByteBuffer的基本用法是：初始化（allocate）→写入数据（read/put）→转换为写出模式（flip）→写出数据（get）→转换为写入模式（compact）→写入数据（read/put）。

（1）初始化

首先无论读写，均需要初始化一个ByteBuffer容器。如上所述，ByteBuffer其实是对字节数组的一种封装，所以可以调用静态方法wrap(byte[] data)手动封装数组，也可以调用另一个静态的allocate(int size)方法初始化指定长度的ByteBuffer。初始化后，ByteBuffer的position是0，其中的数据就是初始化为0的字节数组，limit = capacity = 字节数组的长度。因为用户还未自定义标记位置，所以mark = –1，即未定义（undefined）状态。图9-19表示初始化了一个容量为16字节的ByteBuffer，其中每字节用两位十六进制数表示。

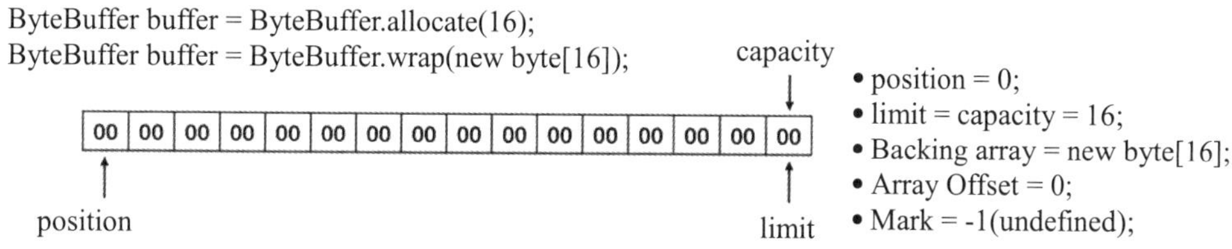
ByteBuffer buffer = ByteBuffer.allocate(16);
ByteBuffer buffer = ByteBuffer.wrap(new byte[16]);
capacity
00 00 00 00 00 00 00 00 00 00 00 00 00 00 00 00
position
limit
• position = 0;
• limit = capacity = 16;
• Backing array = new byte[16];
• Array Offset = 0;
• Mark = -1(undefined);

图 9-19

（2）向ByteBuffer写数据

可以手动通过put(byte b)或put(byte[] b)方法向ByteBuffer中添加一字节或一字节的数组。ByteBuffer提供了几种写入基本类型的put方法：putChar(char val)、putShort(short val)、putInt(int val)、putFloat(float val)、putLong(long val)、putDouble(double val)。调用这些写入方法，就会以当前的position作为起始位置，写入对应长度的数据，并在写入完毕之后将position向后移动对应的长度。如图9-20所示为分别向ByteBuffer中写入1字节的字节类型的数据和4字节的整数类型的数据的结果示意图。

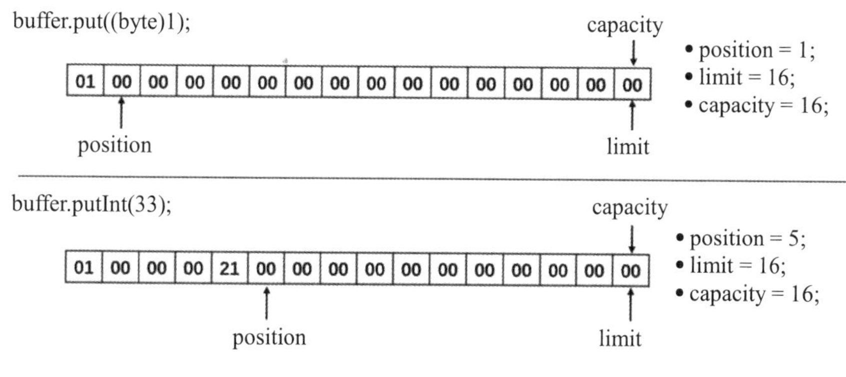
buffer.put((byte)1);
capacity
01 00 00 00 00 00 00 00 00 00 00 00 00 00 00 00
position
limit
• position = 1;
• limit = 16;
• capacity = 16;
buffer.putInt(33);
capacity
01 00 00 00 21 00 00 00 00 00 00 00 00 00 00 00
position
limit
• position = 5;
• limit = 16;
• capacity = 16;

图 9-20

当想要写入的数据长度大于ByteBuffer当前剩余的长度时，会抛出BufferOverflowException异常，剩余长度的定义即为limit与position之间的差值（limit–position）。如上述例子中，如果再执行buffer.put(new byte[12]);语句就会抛出BufferOverflowException异常，因为剩余长度为11。可以通过调用ByteBuffer.remaining()来查看该ByteBuffer当前剩余的可用长度。

（3）从SocketChannel中读入数据至ByteBuffer

在实际应用中，往往是调用SocketChannel.read(ByteBuffer dst)从SocketChannel中读入数据至指定的ByteBuffer中。由于ByteBuffer常常是非阻塞的，因此该方法的返回值即为实际读取到的字节长度。假设实际读取到的字节长度为n，ByteBuffer剩余可用长度为r，则二者的关系一定满足：0 <= n <= r。继续上述例子，假设调用read方法，从SocketChannel中读入4字节的数据，则Buffer的情况如图9-21所示。

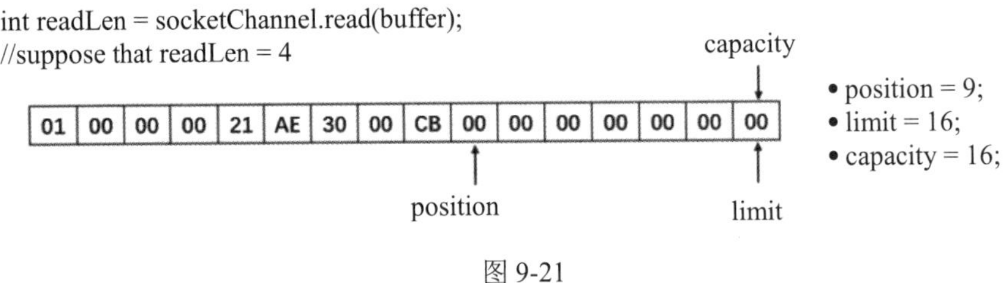

图 9-21

（4）从ByteBuffer中读数据

首先是复位position，在ByteBuffer容器中已经存有数据，现在就要从ByteBuffer中将这些数据取出来解析。由于position就是下一个读写操作的起始位置，因此在读取数据后直接写出数据肯定是不正确的，先把position复位到想要读取的位置。先看rewind方法，该方法仅仅是简单粗暴地将position直接复原到0，limit不变。这样进行读取操作的话，就是从第一个字节开始读取，如图9-22所示。

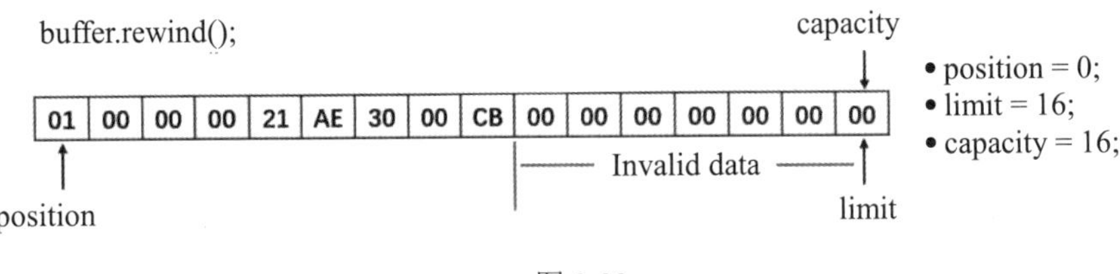

图 9-22

该方法虽然复位了position，可以从头开始读取数据，但是并未标记有效数据的结束位置。如本例所述，ByteBuffer总容量为16字节，实际上只读取了9字节的数据，因此最后的7字节是无效的数据。故rewind方法常常用于字节数组的完整复制。

实际应用中更常用的是flip方法，该方法不仅将position复位为0，同时也将limit的位置放置在了position之前所在的位置上，这样position和limit之间即为新读取到的有效数据，如图9-23所示。

在将position复位之后，我们即可从ByteBuffer中读取有效数据。类似put方法，ByteBuffer同样提供了一系列get方法，从position开始读取数据。get方法读取1字节，getChar、getShort、getInt、getFloat、getLong、getDouble等方法读取相应字节数的数据，并转换成对应的数据类型的数据。例如getInt读取4字节，返回一个整数类型的数据。在调用这些方法读取数据之后，ByteBuffer还会将position向后移动读取的长度，以便继续调用get一类的方法读取之后的数据。这一系列get方法也都有对应的接收一个整型参数的重载方法，参数值表示从指定的位置读取对应长度的数据。例如getDouble(2)表示从下标为2的位置开始读取8字节的数据，转换为双精度浮点数后返回。不过实际应用中往往对指定位置的数据并不那么确定，所以带整型参数的方法也不是很常用。

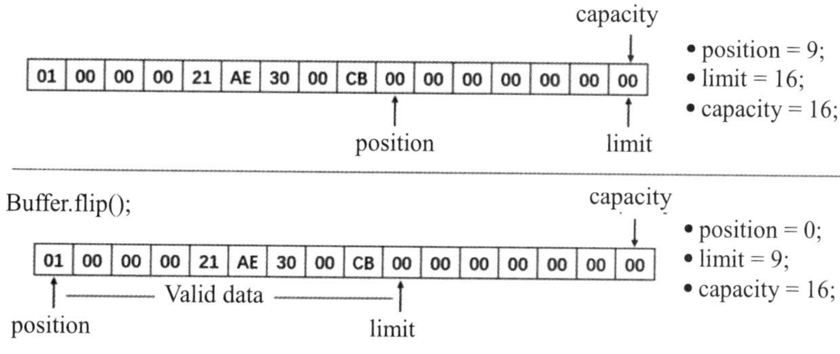

图 9-23

get方法有两个重载方法，分别说明如下：

get(byte[] dst, int offset, int length)表示尝试从position开始读取length长度的数据，复制到dst目标数组offset～offset + length的位置，相当于执行了：

```
for (int i = off; i < off + len; i++)
    dst[i] = buffer.get();
```

get(byte[] dst)尝试读取dst目标数组长度的数据，复制到目标数组，相当于执行了：

```
buffer.get(dst, 0, dst.length);
```

此处应注意读取数据后，已读取的数据不会被清0。图9-24即为从例子中连续读取1字节的字节类型的数据和4字节的整数类型的数据。

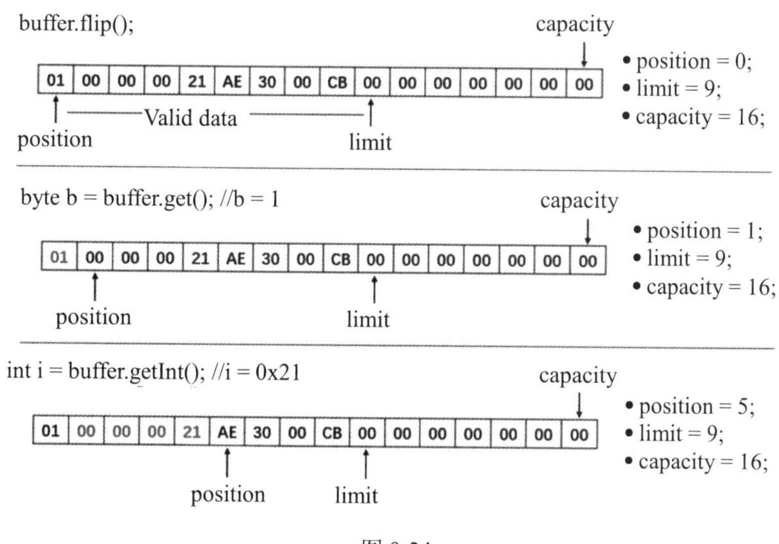

图 9-24

此处同样要注意，当想要读取的数据长度大于ByteBuffer剩余的长度时，则会抛出BufferUnderflowException异常。如上例中，若再调用buffer.getLong()就会抛出BufferUnderflowException异常，因为remaining仅为4。

为了防止出现上述BufferUnderflowException异常，最好在读取数据之前确保ByteBuffer中的有效数据长度足够长，比如我们可以这样检查长度，代码如下：

```
    private void checkReadLen(
        long reqLen,
        ByteBuffer buffer,
        SocketChannel dataSrc
    ) throws IOException {
        int readLen;
        if (buffer.remaining() < reqLen) { //剩余长度不够，重新读取
            buffer.compact(); //准备继续读取
            System.out.println("Buffer remaining is less than" + reqLen + ". Read
Again...");
            while (true) {
                readLen = dataSrc.read(buffer);
                System.out.println("Read Again Length: " + readLen + "; Buffer
Position: " + buffer.position());
                if (buffer.position() >= reqLen) { //可读的字节数超过要求的字节数
                    break;
                }
            }
        }
        buffer.flip();
        System.out.println("Read Enough Data. Remaining bytes in buffer: " +
buffer.remaining());
        }
    }
```

由于ByteBuffer往往是非阻塞式的，故不能确定新的数据是否已经读完，但这时依然可以调用ByteBuffer的compact方法切换到读取模式。该方法就是将position到limit之间还未读取的数据复制到ByteBuffer中数组的最前面，再将position移动至这些数据之后的一位，将limit移动至capacity。这样position和limit之间就是已经读取过的旧的数据或初始化的数据，可以放心大胆地继续写入覆盖了。仍然使用之前的例子，调用compact方法后状态如图9-25所示。

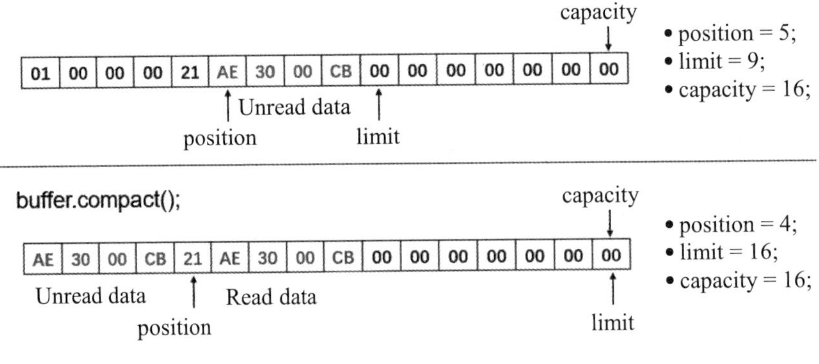

图 9-25

下面是一个使用缓冲区的例子：

```
RandomAccessFile aFile = new RandomAccessFile("data/nio-data.txt", "rw");
FileChannel inChannel = aFile.getChannel();
//create buffer with capacity of 48 bytes
ByteBuffer buf = ByteBuffer.allocate(48);
int bytesRead = inChannel.read(buf); //读入缓冲区
```

```
while (bytesRead != -1) {
    buf.flip();  //使缓冲区读就绪

    while(buf.hasRemaining()){
        System.out.print((char) buf.get()); //一次读一字节
    }
    buf.clear(); //使缓冲区写就绪
    bytesRead = inChannel.read(buf);
}
aFile.close();
```

9.5.3 选择器

选择器（Selector）也可以翻译为多路复用器，它是Java NIO核心组件中的一个，用于检查一个或多个NIO通道的状态是否处于可读、可写。如此可以实现单线程管理多个通道，也就是可以管理多个网络连接。使用选择器的好处在于可以使用更少的线程来处理通道，相比使用多个线程，避免了线程上下文切换带来的开销，如图9-26所示。

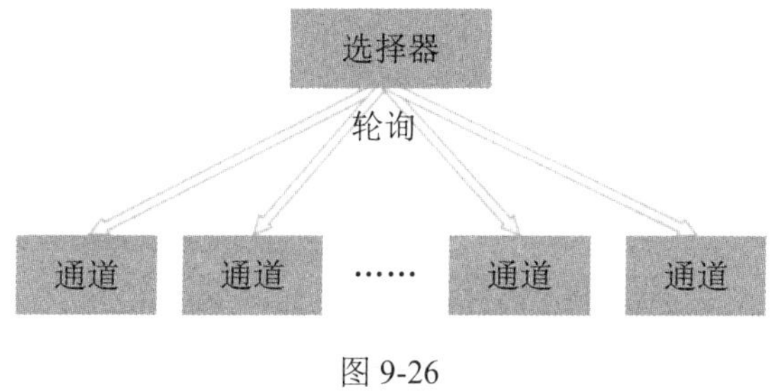

图 9-26

选择器是Java中的多路复用器，能够选择出注册在其上就绪的通道，对应于Linux IO模型中的多路复用机制，如图9-27所示。

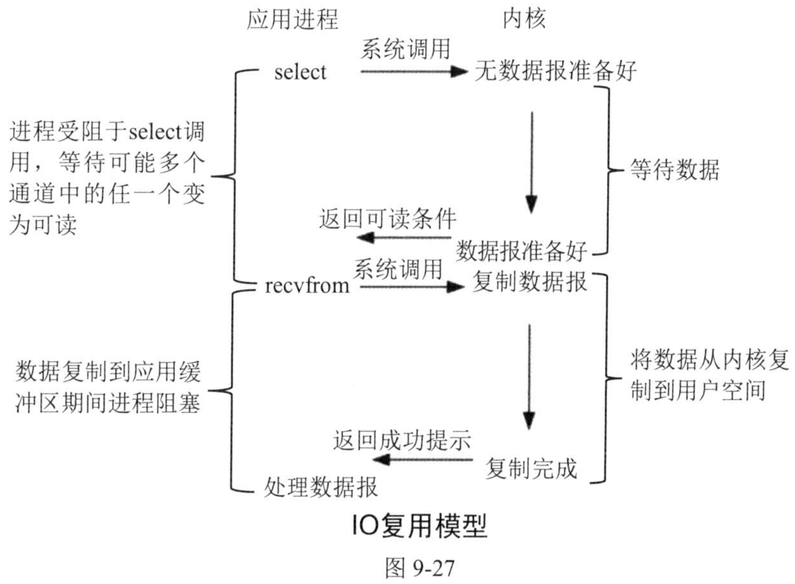

图 9-27

各个操作系统都实现了IO多路复用机制，但其实现方式并不相同，在Linux中有select、poll、

epoll三种方式，在Windows下使用IOCP，在macOS下使用Kqueue。Java隐藏了底层系统的实现差异，提供统一的API，用户能够方便地使用多路复用机制，而不需要考虑底层系统的差异。

Java NIO中可将SocketChannel、ServerSocketChannel和DatagramChannel配置为非阻塞模式，然后将与此通道有关的事件注册到选择器上。例如将ServerSocketChannel上的Accept事件和SocketChannel上的Read事件注册到选择器上，调用select方法程序就会发生阻塞，当ServerSocketChannel接收到客户端的连接或SocketChannel中有数据可读时，select方法返回就绪的事件集合，随后程序就可以对其中的事件进行处理。

选择器是IO多路复用机制的核心，利用选择器单个线程可以处理多个连接，这是使用NIO开发高性能网络应用的关键。

要使用选择器，需要在程序中导入java.nio.channels.Selector包。选择器的使用方法如下：

（1）选择器的创建

通过调用Selector.open()方法创建一个Selector对象，比如：

```
Selector = Selector.open();
```

（2）向选择器注册通道

为了将通道和选择器配合使用，必须将通道注册到选择器上。通过SelectableChannel.register()方法来实现，代码如下：

```
channel.configureBlocking(false);
SelectionKey key = channel.register(selector,Selectionkey.OP_READ);
```

与选择器一起使用时，通道必须处于非阻塞模式。这意味着不能将FileChannel与Selector一起使用，因为FileChannel不能切换到非阻塞模式，而套接字通道可以。注意register方法的第二个参数，这是一个“interest集合”，意思是在通过选择器监听通道时对什么事件感兴趣。可以监听4种不同类型的事件：Connect、Accept、Read、Write，这4种事件用SelectionKey的4个常量来表示：SelectionKey.OP_CONNECT、SelectionKey.OP_ACCEPT、SelectionKey.OP_READ和SelectionKey.OP_WRITE。通道触发了一个事件的意思是该事件已经就绪。因此，某个通道成功连接到另一个服务器称为“连接就绪”。一个服务器套接字通道（Server Socket Channel）准备好接收新进入的连接被称为“接收就绪”。一个有数据可读的通道可以说是“读就绪”。等待写数据的通道可以说是“写就绪”。如果对不止一种事件感兴趣，那么可以用“位或”操作符将常量连接起来，代码如下：

```
int interestSet = SelectionKey.OP_READ | SelectionKey.OP_WRITE;
```

（3）使用SelectionKey

当向选择器注册通道时，register方法会返回一个SelectionKey对象。这个对象包含一些有用的属性：interest集合、ready集合、Channel（通道）、Selector（选择器）和附加的对象（可选）。一个SelectionKey键表示一个特定的通道对象和一个特定的选择器对象之间的注册关系。

interest集合是我们所选择的感兴趣的事件集合。可以通过SelectionKey读写interest集合，代码如下：

```
int interestSet = selectionKey.interestOps();
boolean isInterestedInAccept  = (interestSet & SelectionKey.OP_ACCEPT) == 
SelectionKey.OP_ACCEPT;
```

```
boolean isInterestedInConnect = interestSet & SelectionKey.OP_CONNECT;
boolean isInterestedInRead    = interestSet & SelectionKey.OP_READ;
boolean isInterestedInWrite   = interestSet & SelectionKey.OP_WRITE;
```

可以看到，用“位与”操作interest集合和给定的SelectionKey常量可以确定某个事件是否在interest集合中。

ready集合是通道已经准备就绪的操作的集合。在一次选择之后，会首先访问ready集合。可以这样访问ready集合：

```
int readySet = selectionKey.readyOps();
```

可以用像检测interest集合那样的方法来检测通道中什么事件或操作已经就绪。不过，也可以调用以下4个方法，它们都会返回一个布尔类型：

```
selectionKey.isAcceptable();
selectionKey.isConnectable();
selectionKey.isReadable();
selectionKey.isWritable();
```

从SelectionKey访问通道和选择器很简单。代码如下：

```
Channel   = selectionKey.channel();
Selector = selectionKey.selector();
```

可以将一个对象或者更多信息附加到SelectionKey上，这样就能方便地识别某个给定的通道。例如，可以附加与通道一起使用的缓冲区，或者包含聚集数据的某个对象。调用方法如下：

```
selectionKey.attach(theObject);
Object attachedObj = selectionKey.attachment();
```

还可以在调用register方法向选择器注册通道时附加对象，例如：

```
    SelectionKey key = channel.register(selector, SelectionKey.OP_READ,
theObject);
```

（4）通过选择器选择通道

一旦向选择器注册了一个或多个通道，就可以调用几个重载的select方法。这些方法可返回我们所感兴趣的事件（如连接、接受、读或写）——对应已经准备就绪的那些通道。换句话说，如果对“读就绪”的通道感兴趣，select方法会返回读事件已经就绪的那些通道。

下面是select方法：

```
int select()
int select(long timeout)
int selectNow()
```

select阻塞到至少有一个通道在我们注册的事件上就绪了。

select(long timeout)和select一样，除了最长会阻塞timeout毫秒（参数）外。

selectNow不会阻塞，无论什么通道就绪都立刻返回（此方法执行非阻塞的选择操作，如果自从前一次选择操作后没有通道变成可选择的，则此方法直接返回0）。

select方法返回的整数值表示有多少通道已经就绪。也就是自上次调用select方法后有多少通道变成就绪状态。如果调用select方法，因为有一个通道变成就绪状态，返回了1，若再次调用select方法，另一个通道就绪了，它会再次返回1。如果对第一个就绪的通道没有执行任何操作，那么现在就有两个就绪的通道，但在每次select方法调用之间，只有一个通道就绪。

一旦调用了select方法，并且返回值表明有一个或更多通道就绪了，就可以通过调用选择器的selectedKeys()方法访问“已选择键集”（Selected Key Set）中的就绪通道。代码如下：

```
Set selectedKeys = selector.selectedKeys();
```

当向选择器注册通道时，Channel.register()方法会返回一个SelectionKey对象。这个对象代表注册到该选择器的通道。可以通过SelectionKey的selectedKeySet方法访问这些对象。

可以遍历这个已选择的键集合来访问就绪的通道，代码如下：

```
Set selectedKeys = selector.selectedKeys();
Iterator keyIterator = selectedKeys.iterator();
while(keyIterator.hasNext()) {
    SelectionKey key = keyIterator.next();
    if(key.isAcceptable()) {
        //由ServerSocketChannel接受连接
    } else if (key.isConnectable()) {
        //同远程服务器建立连接
    } else if (key.isReadable()) {
        //通道读就绪
    } else if (key.isWritable()) {
        //通道写就绪
    }
    keyIterator.remove();
}
```

这个循环遍历已选择键集中的每个键，并检测各个键所对应通道的就绪事件。注意每次迭代末尾的keyIterator.remove()调用。选择器不会自己从已选择键集中移除SelectionKey实例，必须在处理完通道时自己移除。下次该通道变成就绪时，选择器会再次将其放入已选择键集中。

SelectionKey.channel()方法返回的通道需要转型成需要处理的类型，如ServerSocketChannel、SocketChannel等。

某个线程调用select方法后阻塞了，即使没有通道已经就绪，也有办法让其从select方法返回。只要让其他线程在第一个线程调用select方法的那个对象上调用Selector.wakeup()方法即可。阻塞在select方法上的线程会立马返回。如果有其他线程调用了wakeup方法，但当前没有线程阻塞在select方法上，下一个调用select方法的线程就会立即“醒来（wake up）”。

用完选择器后，调用其close方法会关闭该选择器，并且使注册到该选择器上的所有SelectionKey实例无效。此外，通道本身并不会关闭。

我们来看完整过程的程序代码。打开一个选择器r，注册一个通道到这个选择器上（通道的初始化过程略去），然后持续监控这个选择器的4种事件（接受、连接、读、写）是否就绪。

```
Selector selector = Selector.open();
    channel.configureBlocking(false);
    SelectionKey key = channel.register(selector, SelectionKey.OP_READ);
    while(true) {
```

```
        int readyChannels = selector.select();
        if(readyChannels == 0) continue;
        Set selectedKeys = selector.selectedKeys();
        Iterator keyIterator = selectedKeys.iterator();
        while(keyIterator.hasNext()) {
            SelectionKey key = keyIterator.next();
            if(key.isAcceptable()) {
                //ServerSocketChannel接受连接
            } else if (key.isConnectable()) {
                //同远程服务器建立连接
            } else if (key.isReadable()) {
                //通道读就绪
            } else if (key.isWritable()) {
                //通道写就绪
            }
            keyIterator.remove();
        }
    }
```

9.5.4　实战 NIO 服务器

与传统IO流服务器不同，NIO服务器使用通道传输数据。利用NIO非阻塞的特性和多路复用机制能够开发出并发能力更高的服务器。单线程模型如图9-28所示。

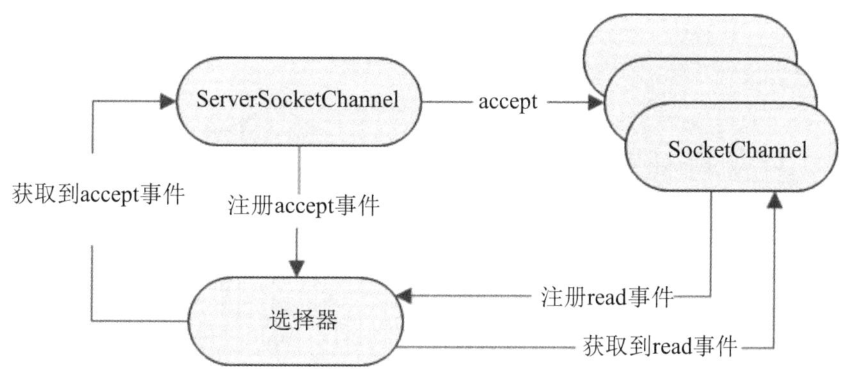

图 9-28

在NIO单线程模型内所有的操作都在主线程中进行。主线程中只有一个选择器，负责选择就绪的通道。首先将ServerSocketChannel的accept事件注册到选择器上，调用select方法后线程阻塞；当有连接到来时获取到key，调用key绑定的ServerSocketChannel的accept方法得到socketChannel，将socketChannel配置为非阻塞模式后，将它的read方法也注册到选择器中，进行下一次select；当socketChannel可读后获取到key，程序从阻塞中恢复，即可对socketChannel进行读写。单线程服务器的流程图如图9-29所示。

NIO单线程模型由主线程处理所有accept、read和write事件，当在慢网络环境下或读写的数据过大时，单个连接的处理时间很长，会阻塞其他的请求，所以需要用到多线程技术。

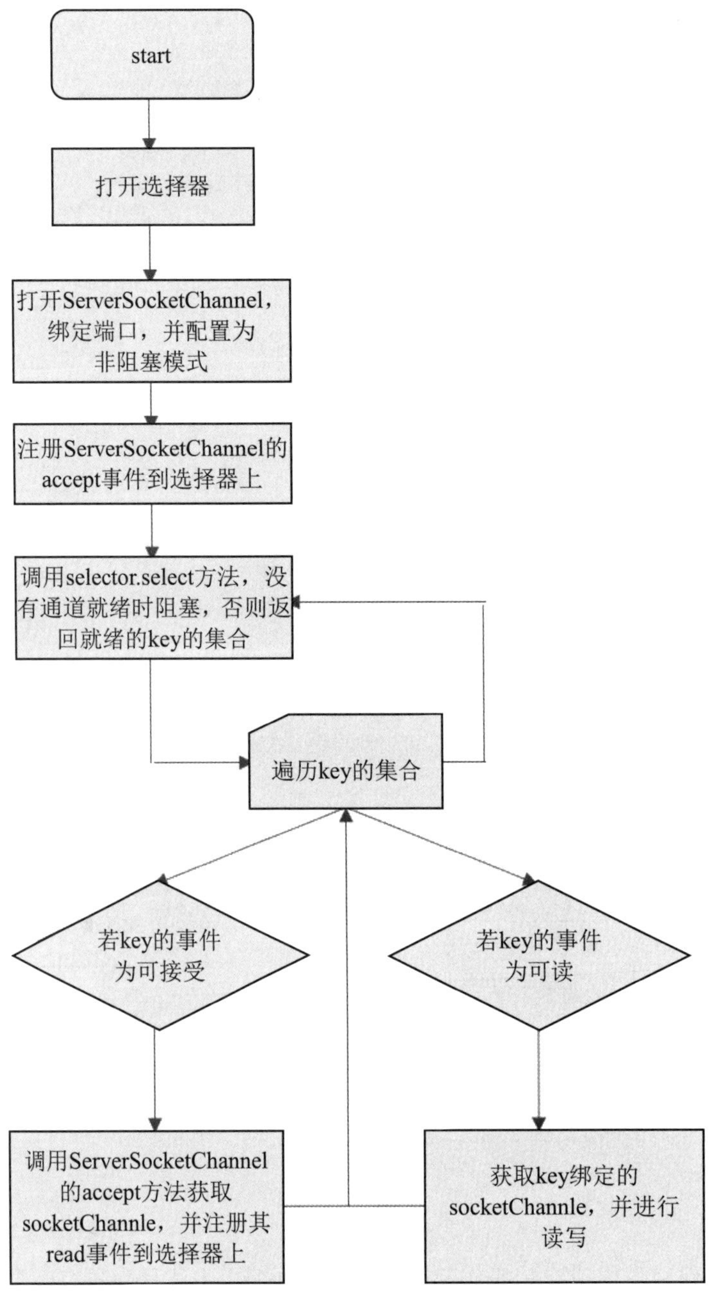

图 9-29

NioSocket中服务端程序的处理过程分为5步：

1）创建ServerSocketChannel对象并设置相关参数（比如设置监听端口号、设置阻塞模式等）。

2）创建选择器并注册到服务器套接字通道（ServerSocketChannel）上。

3）调用选择器的select方法等待请求。

4）接收到请求后调用selectedKeys方法获得selectionKey集合。

5）根据选择键获得通道、选择器和操作类型进行具体处理。

下面我们来看一个服务端程序模板的代码，在模板中添加相应的业务代码如下：

```
ServerSocketChannel ssc = ServerSocketChannel.open();
ssc.socket().bind(new InetSocketAddress("localhost", 8080));
ssc.configureBlocking(false);

Selector selector = Selector.open();
ssc.register(selector, SelectionKey.OP_ACCEPT);

while(true) {
    int readyNum = selector.select();
    if (readyNum == 0) {
        continue;
    }

    Set<SelectionKey> selectedKeys = selector.selectedKeys();
    Iterator<SelectionKey> it = selectedKeys.iterator();

    while(it.hasNext()) {
        SelectionKey key = it.next();

        if(key.isAcceptable()) {
            //接受连接
        } else if (key.isReadable()) {
            //通道可读就绪
        } else if (key.isWritable()) {
            //通道可写就绪
        }
        it.remove();
    }
}
```

按照这个模板，我们来实现一个NIO单线程服务器通信程序。

【例9.2】　基于NIO的单线程服务器

1）打开Eclipse，工作区文件夹名称是swServer。然后新建一个Java工程，工程名为prjServer，我们把prjServer工程作为服务端程序。在工程中添加一个类，类名是mysrv。

2）打开mysrv.java，mysrv.java代码如下：

```
package prjServer;

import java.io.IOException;
import java.net.InetSocketAddress;
import java.nio.ByteBuffer;
import java.nio.channels.SelectionKey;
import java.nio.channels.Selector;
import java.nio.channels.ServerSocketChannel;
import java.nio.channels.SocketChannel;
import java.util.Iterator;
import java.util.Set;
```

```
import java.net.*; //for SocketException

public class mysrv {
    public static void main(String[] args) {
        SelectionKey key=null;
        try {
            ServerSocketChannel ssc = ServerSocketChannel.open();
            ssc.bind(new InetSocketAddress("192.168.1.2", 8888));
            System.out.println("服务器已启动…");
            ssc.configureBlocking(false);

            Selector selector = Selector.open();
            //注册通道，并且指定感兴趣的事件为Accept
            ssc.register(selector, SelectionKey.OP_ACCEPT);

            ByteBuffer readBuff = ByteBuffer.allocate(1024);
            ByteBuffer writeBuff = ByteBuffer.allocate(128);
            writeBuff.put("hi,client".getBytes());
            writeBuff.flip();

            while (true)
            {
                try {
                    int nReady = selector.select(); //阻塞在这里，若有事件发生，
则进行下一步
                    Set<SelectionKey> keys = selector.selectedKeys();
                    Iterator<SelectionKey> it = keys.iterator();

                    while (it.hasNext()) {
                        key = it.next();
                        it.remove();
                        if (key.isAcceptable()) {
                            //创建新的连接，并且把连接注册到选择器上，而且
                            //声明这个通道只对读操作感兴趣
                            SocketChannel socketChannel = ssc.accept();
                            System.out.println("客户端连接过来了");
                            socketChannel.configureBlocking(false);
                            socketChannel.register(selector,
SelectionKey.OP_READ);
                        }
                        else if (key.isReadable()) {
                            SocketChannel socketChannel = (SocketChannel)
key.channel();

                            readBuff.clear();
                            socketChannel.read(readBuff);

                            readBuff.flip();
                            System.out.println("received : " + new
String(readBuff.array()));
                            key.interestOps(SelectionKey.OP_WRITE);
                        }
                        else if (key.isWritable()) {
```

```
                              writeBuff.rewind();
                              SocketChannel socketChannel = (SocketChannel)
key.channel();
                              socketChannel.write(writeBuff);
                              key.interestOps(SelectionKey.OP_READ);
                          }
                      }

                  }
                  catch(Exception e)
                  {
                      if(e instanceof SocketException)
                      {
                          key.cancel();
                          System.out.println("客户端居然不关闭套接字通道就退出！");
                      }
                      else if(e instanceof IOException)
                      {
                          key.cancel();
                          System.out.println("客户端关闭套接字了");
                      }
                  }
              }// while
          } catch (IOException e) {
             e.printStackTrace();
          }
      }
  }
```

上述程序的结构很清楚，在main方法中先绑定IP地址和端口号，然后注册通道，并且指定感兴趣的事件是Accept。接下来在while循环中，阻塞在selector.select();处，当客户端连接请求过来时，则调用ssc.accept()接受这个连接请求，然后对读事件（OP_READ）进行注册，这样客户端发来数据时，就能捕捉到读数据事件了。随后，当客户端发数据过来的时候，将调用“socketChannel.read(readBuff);”读取发来的数据，然后打印出来。

3）下面实现客户端程序。另外再打开一个Eclipse，工作区文件夹名称是swClient。然后新建一个Java工程，工程名为prjClientt，我们把prjClientt工程作为客户端程序。然后在工程中添加一个类，类名是mycli。在mycli.java中输入如下代码：

```
package prjClient;

import java.io.IOException;
import java.net.InetSocketAddress;
import java.nio.ByteBuffer;
import java.nio.channels.SocketChannel;
import java.util.Scanner;

public class mycli {
    public static void main(String[] args) throws IOException {
```

```
        try {
            SocketChannel socketChannel = SocketChannel.open();
            socketChannel.connect(new InetSocketAddress("192.168.1.2",
8888));

            System.out.println("是否发送数据？");
            Scanner in = new Scanner(System.in);
            String msg = in.nextLine();
            if (msg.compareToIgnoreCase("y")!=0) //如果不是y就退出循环
                return;

            ByteBuffer writeBuffer = ByteBuffer.allocate(32);
            ByteBuffer readBuffer = ByteBuffer.allocate(32);
            writeBuffer.put("hello,server.".getBytes());
            writeBuffer.flip();
            int i=0;
            while (i<6) {
                writeBuffer.rewind();
                socketChannel.write(writeBuffer);
                readBuffer.clear();
                socketChannel.read(readBuffer);
                System.out.println("received : " + new String(readBuffer.
array()));

                i++;
            }
            socketChannel.close();
        } catch (IOException e) {
        }
        System.out.println("over");
    }
}
```

在上述程序代码中，首先创建SocketChannel，然后连接到服务器，再调用put方法准备好数据“hello”。在调用flip之后，读/写指针position指到缓冲区头部，并且设置了最多只能读出之前写入的数据长度（而不是整个缓存的容量大小）。接着在while中进行发送和接收。

4）保存工程并运行，先运行服务端程序，再运行客户端程序，输入y，发送数据，客户端运行的结果如下：

```
是否发送数据？
y
received : hi,client
received : hi,client
received : hi,client
received : hi,client
received : hi,client
received : hi,client
over
```

服务端程序运行的结果如下：

```
服务器已启动…
客户端连接过来了
received : hello,server.
received : hello,server.
received : hello,server.
received : hello,server.
received : hello,server.
received : hello,server.
客户端关闭套接字了
```

相互多次聊天创建成功了。通过这个例子，我们即使改写成传输文件也很容易，无非就是把传输字符串改为传输文件字节数据。

第 10 章 网络性能工具 Iperf 的使用

作为一个网络程序开发者，不但要掌握网络编程知识，而且要掌握常用的一些网络工具，这些工具能对我们的网络程序进行测评。Iperf是一个网络性能测试工具。Iperf可用于测试TCP和UDP的最大带宽性能，具有多种参数和UDP特性，可以根据需要调整，可以报告带宽、延迟抖动和数据报丢失率。

10.1 Iperf 概述

Iperf是美国伊利诺斯大学（University of Illinois）开发的一种网络性能测试工具，可以用来测试网络节点间TCP或UDP连接的性能，包括带宽、延时抖动（Jitter，适用于UDP）以及误码率（适用于UDP）等，对于学习C++编程和网络编程具有相当的借鉴意义。学习一定不能闭门造车，要学习天下优秀的开源工具。

Iperf开始出现时是在2003年，最初的版本是1.7.0，该版本是使用C++编写的，后面到了Iperf2版本，C++和C结合，现在有一个法国人团队另起炉灶重构出了不向下兼容的Iperf3。C++开发者要学习Iperf源码，最好使用1.7.0版本。Iperf的官方网站网址为https://iperf.fr/，源码可以在上面下载。

10.2 Iperf 的特点

Iperf有以下特点：

1）开源：每个版本的源码都能进行下载和研习。

2）跨平台：支持Windows、Linux、MacOS、Android等主流平台。

3）支持TCP、UDP协议：包括IPv4和IPv6，最新的Iperf还支持SCTP协议。如果使用TCP协议，Iperf可以测试网络带宽，报告MSS（最大数据报段长度）和MTU（最大传输单元）的大小，支持通过套接字缓冲区修改TCP窗口大小，支持多线程并发。如果使用UDP协议，客户端可创建指定大小的带宽流，统计数据报丢失率和延迟抖动率等信息。

10.3　Iperf 的工作原理

Iperf是基于C/S模式实现的。在测量网络参数时，Iperf区分听者和说者两种角色。说者向听者发送一定量的数据，由听者统计并记录带宽、延迟抖动等参数。说者的数据全部发送完成后，听者通过向说者回送一个数据报，将测量数据告知说者。这样，在听者和说者两边都可以显示记录的数据。如果网络过于拥塞或误码率较高，当听者回送的数据报无法被说者收到时，说者就无法显示完整的测量数据，而只能报告本地记录的部分网络参数，包括发送的数据量、发送时间、发送带宽等，像延时抖动等参数在说者一侧无法获得。

Iperf提供了3种测量模式：normal、tradeoff和dualtest。对于每一种模式，用户都可以通过-P选项指定同时测量的并行线程数。以下讨论假设用户设定的并行线程数为P个。

在normal模式下，客户端生成P个说者线程，并行向服务端发送数据。服务端每接收到一个说者的数据，就生成一个听者线程，负责与该说者间的通信。客户端有P个并行的说者线程，而服务端有P个并行的听者线程（针对这一客户端），两者之间共有P个连接同时收发数据。测量结束后，服务端的每个听者向自己对应的说者回送测得的网络参数。

在tradeoff模式下，首先进行normal模式下的测量过程，然后服务端和客户端互换角色。服务端生成P个说者，同时向客户端发送数据。客户端对应每个说者生成一个听者接收数据并测量参数。最后有客户端的听者向服务端的说者回馈测量结果。这样就可以测量两个方向上的网络参数了。

在dualtest模式下，同样可以测量两个方向上的网络参数。与tradeoff模式的不同之处在于，在dualtest模式下，由服务端到客户端方向上的测量与由客户端到服务端方向上的测量是同时进行的。客户端生成P个说者和P个听者，说者向服务端发送数据，听者等待接收服务端的说者发来的数据。服务端也进行相同的操作。在服务端和客户端之间同时存在2P个网络连接，其中有P个连接的数据由客户端流向服务端，另外P个连接的数据由服务端流向客户端。因此，dualtest模式需要的测量时间是tradeoff模式的一半。

在3种模式下，除了P个听者或说者进程外，在服务端和客户端两侧均存在一个监控线程（Monitor Thread）。监控线程的作用包括：

1）生成说者或听者线程。

2）同步所有说者或听者的动作（开始发送、结束发送等）。

3）计算并报告所有说者或听者的累计测量数据。

在监控线程的控制下，所有P个线程间可以实现同步和信息共享。说者线程或听者线程向一个公共的数据区写入测量数据（此数据区位于实现监控线程的对象中），由监控线程读取并处理。通过互斥锁实现对该数据区的同步访问。

服务端可以同时接收来自不同客户端的连接，这些连接是通过客户端的IP地址标识的。服务端将所有客户端的连接信息组织成一个单向链表，每个客户端对应链表中的一项，该项包含该客户端的地址结构（sockaddr）以及实现与该客户端对应的监控线程的对象（我们称它为监控对象），所有与此客户端相关的听者对象和说者对象都是由该监控线程生成的。

10.4 Iperf 的主要功能

对于TCP，Iperf有以下几个主要功能：

1）测量网络带宽。

2）报告MSS/MTU值的大小和观测值。

3）支持TCP窗口值通过套接字缓冲。

4）当P线程或Win32线程可用时，支持多线程。客户端与服务端支持同时多重连接。

对于UDP，Iperf有以下几个主要功能：

1）客户端可以创建指定带宽的UDP流。

2）测量丢包。

3）测量延迟。

4）支持多播。

5）当P线程可用时，支持多线程。客户端与服务端支持同时多重连接（不支持Windows）。

其他功能：

1）在适当的地方，选项中可以使用K（kilo-）和M（mega-）。例如131072字节可以用128KB代替。

2）可以指定运行的总时间，甚至可以设置传输的数据总量。

3）在报告中，为数据选用最合适的单位。

4）服务器支持多重连接，而不是等待一个单线程测试。

5）在指定时间间隔重复显示网络带宽、波动和丢包情况。

6）服务端程序可作为后台程序运行。

7）服务端程序可作为Windows服务运行。

8）使用典型数据流来测试链接层压缩对于可用带宽的影响。

9）支持传送指定文件，可以定性和定量测试。

10.5 Iperf 在 Linux 下的使用

在一线开发中，很多网络程序离不开Linux系统，比如VPN程序、防火墙程序等。因此，接下来介绍在Linux中Iperf的使用。

10.5.1 在 Linux 下安装 Iperf

对于Linux版本的Iperf，可以登录官网（https://iperf.fr/iperf-download.php#source），下载1.7.0版本的源码iperf-1.7.0-source.tar.gz，然后使用以下命令进行安装：

```
[root@localhost iperf-1.7.0]# tar -zxvf iperf-1.7.0-source.tar.gz
[root@localhost soft]# cd iperf-1.7.0/
```

```
[root@localhost soft]#make
[root@localhost soft]#make install
```

基本就是老套路，先解压，然后编译和安装。

安装完毕后，在命令行下可以直接输入iperf命令，比如查看一下帮助：

```
[root@localhost iperf-1.7.0]# iperf -h
Usage: iperf [-s|-c host] [options]
       iperf [-h|--help] [-v|--version]

Client/Server:
  -f, --format    [kmKM]   format to report: Kbits, Mbits, KBytes, MBytes
  -i, --interval  #        seconds between periodic bandwidth reports
  -l, --len       #[KM]    length of buffer to read or write (default 8 KB)
  -m, --print_mss          print TCP maximum segment size (MTU - TCP/IP header)
  -p, --port      #        server port to listen on/connect to
  -u, --udp                use UDP rather than TCP
  -w, --window    #[KM]    TCP window size (socket buffer size)
  -B, --bind      <host>   bind to <host>, an interface or multicast address
  -C, --compatibility      for use with older versions does not sent extra msgs
  -M, --mss       #        set TCP maximum segment size (MTU - 40 bytes)
  -N, --nodelay            set TCP no delay, disabling Nagle's Algorithm
  -V, --IPv6Version        Set the domain to IPv6

Server specific:
  -s, --server             run in server mode
  -D, --daemon             run the server as a daemon

Client specific:
  -b, --bandwidth #[KM]    for UDP, bandwidth to send at in bits/sec
                           (default 1 Mbit/sec, implies -u)
  -c, --client    <host>   run in client mode, connecting to <host>
  -d, --dualtest           Do a bidirectional test simultaneously
  -n, --num       #[KM]    number of bytes to transmit (instead of -t)
  -r, --tradeoff           Do a bidirectional test individually
  -t, --time      #        time in seconds to transmit for (default 10 secs)
  -F, --fileinput <name>   input the data to be transmitted from a file
  -I, --stdin              input the data to be transmitted from stdin
  -L, --listenport #       port to recieve bidirectional tests back on
  -P, --parallel  #        number of parallel client threads to run
  -T, --ttl       #        time-to-live, for multicast (default 1)

Miscellaneous:
  -h, --help               print this message and quit
  -v, --version            print version information and quit

[KM] Indicates options that support a K or M suffix for kilo- or mega-

The TCP window size option can be set by the environment variable
TCP_WINDOW_SIZE. Most other options can be set by an environment variable
IPERF_<long option name>, such as IPERF_BANDWIDTH.

Report bugs to <dast@nlanr.net>
```

说明安装成功了。

10.5.2 Iperf 的简单使用

在分析源码之前，我们需要学会Iperf的简单使用。Iperf是一个C/S模式的程序。因此在使用的时候需要在服务器运行Iperf，还需要在客户机运行Iperf。简单的网络拓扑图如图10-1所示。

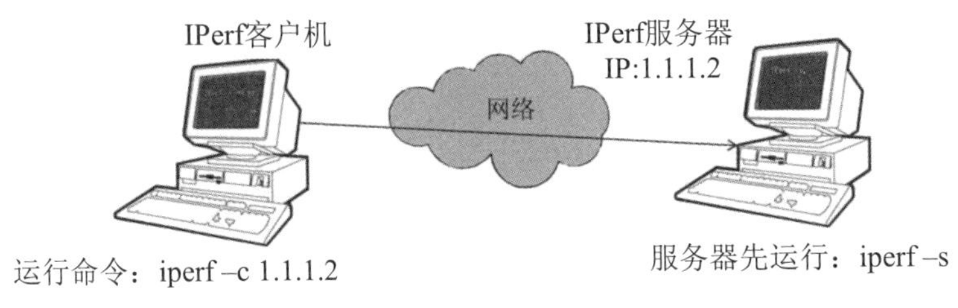

图 10-1

右边是服务器，在命令行下使用iperf加参数-s，左边是客户机，运行时加上-c和服务器的IP地址。Iperf通过选项-c和-s决定其当前是作为客户端程序还是作为服务端程序运行，当作为客户端程序运行时，-c后面必须带所连接对端服务器的IP地址或域名。经过一段测试时间（默认为10秒），在服务端和客户端就会打印出网络连接的各种性能参数。Iperf作为一种功能完备的测试工具，还提供了各种选项，例如是建立TCP连接还是UDP连接、测试时间、测试应传输的字节总数、测试模式等。而测试模式又分为单向测试（Normal Test，即常规测试）、同时双向测试（Dual Test）和交替双向测试（Tradeoff Test）。此外，用户可以指定测试的线程数。这些线程各自独立地完成测试，并可报告各自的测试数据以及汇总统计的测试数据。我们可以用虚拟机软件VMware来模拟上述两台主机，在VMware下构建两个Linux虚拟机即可，并且确保能互相ping通，而且要关闭两端的防火墙：

```
[root@localhost iperf-1.7.0]#  firewall-cmd --state
running
[root@localhost iperf-1.7.0]# systemctl stop firewalld
[root@localhost iperf-1.7.0]#  firewall-cmd --state
not running
```

其中，firewall-cmd --state用来查看防火墙的当前运行状态，systemctl stop firewalld用来关闭防火墙。

具体使用Iperf的时候，一台主机作为服务器，另一台作为客户机。在服务器端输入命令：

```
[root@localhost iperf-1.7.0]# iperf -s
------------------------------------------------------------
Server listening on TCP port 5001
TCP window size: 85.3 KByte (default)
------------------------------------------------------------
```

此时服务器处于监听等待状态。接着，在客户端输入命令：

```
[root@localhost iperf-1.7.0]# iperf -c 1.1.1.2
```

其中，1.1.1.2是服务器的IP地址。

10.6　Iperf 在 Windows 下的使用

10.6.1　命令行版本

Windows下的Iperf既有命令行版本，又有图形用户界面的版本。命令行版本的使用与在Linux下的使用方式类似。比如TCP测试：

```
服务器执行：#iperf -s -i 1 -w 1M
客户机执行：#iperf -c host -i 1 -w 1M
```

其中-w表示TCP Window Size，host需要替换成服务器的IP地址。

```
UDP测试：
服务器执行：#iperf -u -s
客户机执行：#iperf -u -c 10.32.0.254 -b 900M -i 1 -w 1M -t 60
```

其中-b表示使用带宽的数量，千兆的网络使用90%容量进行测试即可。

10.6.2　图形用户界面版本

Iperf在Windows系统下还有一个图形用户界面的版本，程序名为Jperf。如果要使用图形用户界面的版本，可以到网站http://www.iperfwindows.com/处下载。

使用JPerf程序可以简化复杂命令行及其参数的使用方式（即不用为命令行构造各种参数），而且它还可以保存测试的结果，并实时以图形化的方式显示测试结果。JPerf可以测试TCP和UDP的带宽质量，可以测量最大TCP带宽和UDP特性，可以设置多种参数进行不同的测试。JPerf也可以报告带宽，延迟抖动和数据报丢失率等。

如图10-2所示，Iperf分为服务端程序和客户端程序，服务端程序负责接收数据报，客户端程序负责发送数据报。使用Jperf进行测试只需要两台计算机，一台运行服务端程序，一台运行客户端程序，其中在客户机只需要输入服务器的IP地址即可，另外，在测试时还可以配置需要发送数据报的大小。

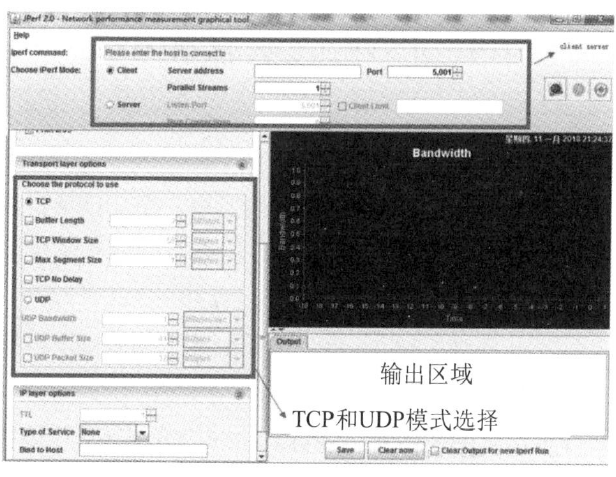

图 10-2

图形用户界面的版本比较“傻瓜化”，用户一看便会，限于篇幅，这里不再赘述。

第 11 章

IPv6 编程

IPv6（Internet Protocol Version 6，互联网协议第6版）是互联网工程任务组（The Internet Engineering Task Force，IETF）设计的用于替代IPv4的下一代IP，其地址数量之大，就是为地球上的每一粒沙子都分配一个IPv6的地址都绰绰有余。

IPv4最大的问题在于网络地址资源不足，严重制约了互联网的应用和发展。IPv6的使用不仅能解决网络地址资源不足的问题，而且扫清了众多接入设备连入互联网的障碍。

互联网数字分配机构（Internet Assigned Numbers Authority，IANA）在2016年已向国际互联网工程任务组提出建议，要求新制定的国际互联网标准只支持IPv6，不再兼容IPv4。2021年7月，中央网络安全和信息化委员会办公室、国家发展和改革委员会、工业和信息化部发布了《关于加快推进互联网协议第6版（IPv6）规模部署和应用工作的通知》。

当今，无论是新开发的网络程序，还是以前开发的旧系统，都被要求支持IPv6，因此一个网络开发者掌握IPv6编程是一项基本的技能。

11.1 IPv4 的现状和不足

目前全球各国几乎使用的都是IPv4地址，几乎每个网络及其连接的设备都支持IPv4。现行的IPv4自1981年RFC 791标准发布以来并没有多大的改变。事实证明，IPv4具有相当强大的生命力，易于实现且互操作性良好，经受住了从早期小规模互联网络扩展到如今全球范围互联网应用的考验。所有这一切都应归功于IPv4最初的优良设计。

由于IPv4地址的分配采用的是“先到先得，按需分配”的原则，再加上互联网在全球各个国家和各个国家内的各个地区、领域的发展又是极不均衡的，因此造成了大量IP地址资源集中分布在某些发达国家和各个国家的某些发达地区、领域的情况。全球可提供的IPv4地址大约有40多亿个，随着互联网的增长速度继续呈现为指数型的，估计在不久的将来所有IPv4的地址会因持续分配而耗尽。

从IPv4的历史以及它所带来的巨大贡献来看，我们可以毫不犹豫地说，IPv4是成功的，它的设计曾经是合理、灵活且强有力的，今天绝大多数网络还使用着IPv4。但是在迅猛发展的互联网面前，IPv4也开始显露出垂垂老态，越来越不能适应网络发展的需要。

事实上，主要是以下3方面的因素推动了TCP/IP和互联网体系结构的迅猛变革：

第一，新的通信技术。往往高速计算机一问世便被用作主机或路由器，新的通信技术一出台也会很快被用来传送IP数据报。TCP/IP的研究人员已经研究了点对点卫星通信、多站同步卫星、分组无线电以及ATM。最近，研究人员还对可以采取红外线或扩频无线电技术进行通信的无线网络进行了研究。

第二，应用。新的应用往往要提出新的要求，而这种要求是当前的网络协议无法满足的。研究能支持这些应用的协议是互联网中最前沿的领域。例如，人们对多媒体的强烈兴趣，要求网络能够有效地传送声音和图像，这就要求新协议能保证信息的传递会在一个固定的时延内完成，并且能使音频和视频数据流同步。

第三，规模和负载的增长。整个互联网已经经历了连续几年的指数型增长，其规模每9个月翻一番，甚至更快。到1994年年初，互联网上每30.9秒增加一个新的主机，并且这个速率还在不断地增长。而且，互联网上业务负载的增长比网络规模的增长还要快。

IPv4面对这些变化已经显现出了很大的局限性，其中最为突出的就是其地址空间的不足，另外还包括路由问题、网络管理和配置问题、服务类型和服务质量特性的交付问题、IP选项的问题、以及安全性问题等。

11.1.1　地址空间、地址方案与路由问题

IPv4的地址方案使用了一个32位（bit）的数值作为主机在互联网上的唯一标识。IP地址的使用屏蔽了网络物理地址多样性造成的不同，使得在IP层以上进行的网络通信有了统一的地址。因为TCP/IP网络是为大规模的互联网设计的，所以我们不能用全部的32位来表示网络上主机的地址，否则将得到一个拥有数以亿计网络设备的巨大网络，这样的网络不需要数据报（packet，也称为分组）交换路由设备和子网，这将完全丧失分组交换互联网的优势。所以，我们需要使用IP地址的一部分来标识不同的网络或子网，剩下的部分再用来标识各个网络中的网络设备。于是，IP地址被分为两部分：网络ID（Net ID）和主机ID（Host ID）。用来标识设备所在网络的部分叫作网络ID，用来标识特定网络设备的部分叫作主机ID，在每一个IP地址中，网络ID总是位于主机ID之前。对于固定长度为32位的IP地址来说，划分给网络ID的位数越多，余下给主机ID的位数就越少，即互联网所容纳的网络数越多，那么每个网络中所容纳的主机数就越少。没有一个简单的划分办法能满足所有要求，因为增加一部分的位数必然意味着其他部分的位数就减少了。为了有效地利用IP地址中所有的位，就需要合理地划分网络ID和主机ID分别占用的长度，网络设计者将32位IP地址分成了5类，如图11-1所示。

在IPv4中还有一些用于特殊用途的地址，如表11-1所示。

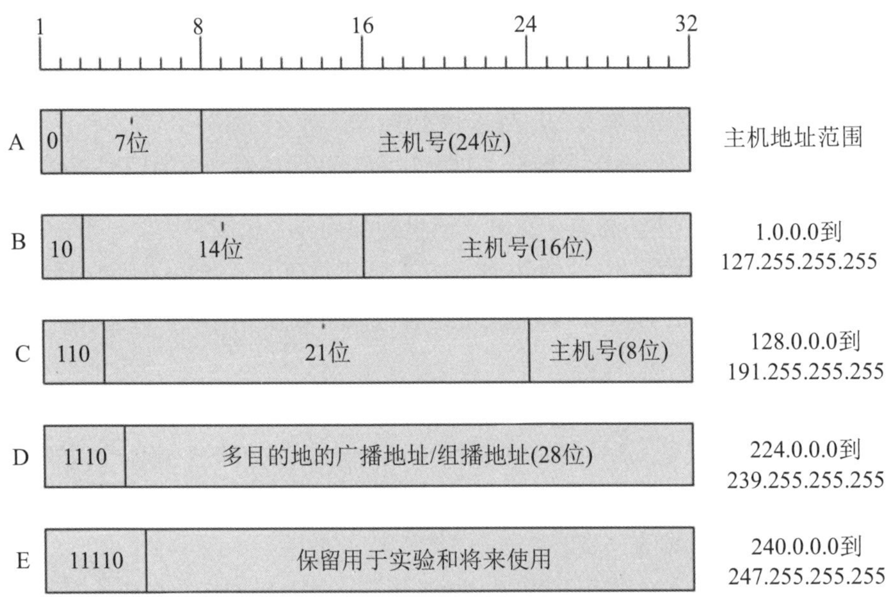

图 11-1

表 11-1　IPv4 的一些特殊用途的地址

网　络　ID	主　机　ID	地址类型	说　　明
全0	全0	本主机	主机启动时，为获得自动分配的IP地址而发送的数据报中，以此作为源地址，表示本主机
某个网络号	全0	本网络	表示以该网络ID标识的网络，而不是该网络上的主机
某个网络号	全1	直接广播	发往这类地址的数据报将在由网络ID所标识的网络中广播，该网络上的主机都能收到，并且都要处理该数据报
全1	全1	有限广播	以这个地址为目的地址的数据报仅在数据报发出主机所在的网络上进行广播
127	任意	环回地址	这种地址用于本机内部的网络通信和网络软件的测试。发往环回地址的数据报都直接送回该主机，而不会送到网络上。一般人们习惯用271.0.0.1作为环回地址
10.0.00~10.255.255.255 172.16.0.0~172.31.255.255 192.168.0.0~192.168.255.255		孤立的局域网地址	这类地址主要用于不直接同互联网相连的局域网，使用这类地址的局域网可以通过代理与互联网连接

IPv4的地址分类使地址有了一定的层次结构，这给网络寻址提供了便利。在发送一个IP数据报时，数据报先是送往由其目的地址的网络号所标识的网络，再在该网络内部选择与目的地址主机号相符的主机。

然而，IPv4的地址方案存在以下局限：

1）地址空间不足。基于互联网的各种应用正在如火如荼地迅猛发展着，而与此热闹场面截然不同的是IP地址即将耗尽。有预测表明，以目前互联网发展的速度计算，所有IPv4地址将很快分配完毕。

2）地址利用效率不高。这主要是由于各类网络下所能容纳的主机数目跨度过大造成的。例如，无论申请人的网络中的主机是200台、20台还是2台，都将获得一个C类地址，这样就占用了254个主机地址。如果申请人能够使权威机构确信他的确需要一个B类地址，即便申请人只有1000台主机，仍将会得到一个完整的B类地址，这样一来又占用了65 534个主机地址。由于一个C类网络仅能容纳256台主机，而个人计算机的普及使得许多企业网络中的主机台数都超出了256，基于这种原因，尽管这些企业的上网主机可能远远没有达到B类地址的最大主机容量65 536，但InterNIC（Internet Network Information Center，互联网信息中心）不得不为它们分配B类地址。这种情况的大量存在一方面造成了IP地址资源的极大浪费，另一方面又导致B类地址面临即将被分配殆尽的危险。

3）路由表过大。在互联网上传输的IPv4数据报必须从一个网络选路到另一个网络以达到其目的地，选路协议可以使用动态机制来确定路由，但是所有选路最终依赖于某个路由器查看路由表（路由表的结构依据路由算法的不同而不同）并确定正确的路由。通过路由器查看数据报的目的地址，确定数据报所在的网络（或一个更大的、包含该网络的网络），然后把数据报发送到适当的网络接口。现在的问题在于路由表的长度将随着网络数量的增加而变长。路由表越长，路由器在表中查询正确路由的时间就越长。如果只需要了解10个、100个或1000个网络，还不是问题，但是对于诸如现在的拥有大量网络的互联网，其骨干网上的路由器通常携带超过11万个不同的网络地址的显式路由，这时的选路工作就很困难了。选路问题影响到性能，这对互联网增长的影响远比地址空间的日渐匮乏更为紧迫。如果说IPv4地址还可以支持10年的话，不使用分级寻址来聚集和简化选路，互联网的性能可能变得不可接受。

目前，对于IPv4所存在的地址利用率不高和路由表过大的问题，人们使用了以下3种主要的解决机制：

1）划分子网。通常情况下，拥有同一个网络号的主机分布在同一个物理网络中。然而，想让一个物理网络来容纳一个A类网络的上千万台主机是极不现实的。提出子网技术的目的就是为了解决这个困难，它在P地址原有的两层结构中，利用主机号中的一部分比特位增加了子网号。这时IP地址就变成了形如“网络号，子网号，本地主机号”的三元组结构。使用子网技术后，互联网地址分配授权中心负责分配网络号给各个组织，然后由各个组织自行分配其内部的子网号。子网号的长度由各个组织根据内部网络需要自行设定。

一个网络内部的子网对网络外部来说是不可见的。这样网络路由就变成了网络、子网和主机3个层次。通过数据报的“目的地址”字段所标识的网络号和子网号就能判断出一个数据报是在子网内直接发送还是送往路由器进行路由，从外部发往网络内部任一处的所有数据报都先由一个路由器处理，该路由器将把这些数据重新路由到本机构内的目的地。同时，由于子网对外部世界是透明的，因此对该网络的所有子网，外部路由器的路由表中只需要保存一项到该网络的路由信息就足够了，从而既不需要为每个子网又不需要为每台主机独立保存路由信息，这大大减小了路由表的尺寸。但是，划分子网后，网络所容纳的最大主机数将减少，这是由于每个子网上都必须扣除主机号全0和全1这两个分别用作标识本网络地址和直接广播地址的特殊地址，它们不能被分配给任何主机作为其IP地址。

2）超网（Super Net）。超网也称为无类域间路由（Classless Inter-Domain Routing，CIDR），它最初是节省B类地址的一个紧急措施。CIDR把划分子网的概念向相反的方向做了扩展：通过借用前3字节的几位，可以把多个连续的C类地址集聚在一起，即为那些拥有数千个网络主机的企业分配一个由一系列连续的C类地址组成的地址块，而非一个B类地址。例如，假设某家企业的网络有1500台主机，那么可能为该企业分配8个连续的C类地址，如192.56.0.0～192.56.7.0，并将子网掩码定为255.255.248.0，即地址的前21位标识网络，剩余的11位标识主机。称作无类域间路由的原因是，它使得路由器可以忽略网络类型（C类）地址，并可以将原本分配给网络ID的后几位看作主机ID的前几位。这体现了分配地址的一种好方法——根据组织的需要，灵活选择IP地址中主机号的长度，不再是机械地划分成地址类。

由于B类物理地址相对缺乏，而C类网络地址相对富裕，这种把C类地址捆在一起的方法对于中等规模的机构来说很有用。此外，为了能将数据报路由到另一个网络上，互联网上的路由器需要知道这两条信息：该网络地址前缀的长度和该网络地址前缀的值。这两条信息构成了路由表中的一项。主干网上的路由器将数据报转发给该网络，由该网络内部的路由器负责将数据报转发给各子网上的主机。通过CIDR，高层路由表中的一项能够聚合地表示多个底层路由器中的路由表项，这有利于减少路由表的规模，大大增加了路由的效率。

尽管通过采用CIDR可以保护B类地址免遭无谓的消耗，但它并不能增加IPv4下总的主机数量，故这只是一种短期解决办法，而不能从根本上解决IPv4面临的地址耗尽问题。

3）网络地址转换（Network Address Translation，NAT）。网络向外泄漏的信息越少，网络的安全性就越高。对于TCP/IP网络来说，这就意味着可能需要在内部网络和外部网络间设立一个防火墙，由它来接收所有请求。既然内部主机与外部主机失去了直接联系，那么IP地址就无所谓全球唯一，也就是说，如果内部主机不需要与互联网直接连接，就可以给它们任意分配一个IP地址。实际上，许多与互联网没有任何联系的机构采用的就是这种方法，但当它们确实需要直接连接到互联网时，就必须对所有主机重新编号。

曾经有一段时间，许多公司无论是否打算连接互联网，都急于先申请一段全球唯一的地址，因为这样可使它们今后不必为主机重新编号。但是随着专用IP网络的发展，为了避免减少可分配的IP地址，有一组IP地址被拿出来专门用于专用IP网络：任何一个专用IP网络均可以使用包括一个A类地址（10000）、16个B类地址（172.16.0.0～172.31.0.0）和256个C类地址（192.168.0.0～192.168.255.0）在内的任何地址。

NAT是在专用网络和公用网络之间的接口实现的，该系统（一般是防火墙或路由器）了解专用网络上所有主机的地址，并将无法在互联网上使用的保留IP地址转换成可以在互联网上使用的合法IP地址，这样所有的内部主机就可以与外部主机通信了。NAT使企业不必再为无法得到足够的合法IP地址而发愁，它们只要为内部网络主机分配保留IP地址，然后在内部网络与互联网交接点设置NAT和一个由少量合法IP地址组成的IP地址池，就可以解决大量内部主机访问互联网的需求。

但是，在决定一个网络是否使用NAT之前需要注意一点，NAT仅用于那些永远不需要与其他网络合并或直接访问公用网络的网络。例如对两个使用专用IP地址的银行要把它们的ATM机合并，那么最终形成的网络很可能需要进行重新编号以避免IP地址的冲突。

与CIDR不同，NAT确实提供了一种可以真正减少IP地址需求的办法。由于目前要想得到一个A类或B类地址十分困难，因此许多企业纷纷采用了NAT。而且，NAT还使一些机构可以快速灵活地定义临时地址或真正的专用网络地址。

然而，NAT也有其无法克服的弊端。首先，NAT会使网络吞吐量降低，由此影响网络的性能。其次，NAT必须对所有往来互联网的IP数据报进行地址转换，但是大多数NAT无法将转换后的地址信息传递给IP数据报负载，这个缺陷将导致某些必须将地址信息嵌在IP数据报负载中的高层应用（如FTP等）的失败。

11.1.2　网络管理与配置问题

IPv4和大多数其他TCP/IP应用协议族的设计都没有过多考虑到易于使用的问题。一个使用IPv4的系统必须使用一组复杂的参数来进行正确的配置，其中一般包括主机名、IP地址、子网掩码、默认路由器和其他（根据应用而有所不同）。这就意味着进行这些配置的人必须理解所有参数，或至少由真正理解它的人来提供这些参数。这使一个系统连接到IPv4网络十分复杂，费时且代价高。能实现将主机自动连接到网络上一直是人们的梦想之一，这个梦想经历了从RARP到BOOTP（Bootstrap Protocol，自举协议），再到IPv4的DHCP的过程。

RARP有3个主要的缺点：第一，RARP在硬件层操作，要应用它需要对网络硬件直接进行控制，故建立一个RARP服务器对于应用程序编程人员来说很困难甚至是不可能的；第二，在RARP客户机/服务器式的交互过程中，只含有客户机4字节IP地址的应答报文所包含的信息太少，没能提供其他有用信息（如服务器地址和网关地址），这在类似以太网这样的规定了最小数据报大小的网络中显得尤为低效，因为在没有达到最小数据报尺寸的数据报中增加一定长度的信息不会带来额外的开销；第三，因为RARP用计算机的网络硬件地址作为标识，故它不能用于动态分配硬件地址的网络中。

为了克服RARP的一些缺点，研究人员设计了BOOTP，特点是：首先，BOOTP同RARP一样是基于客户机/服务器模式并且只要求一次数据报的交换，但是BOOTP比RARP更有效率，一条BOOTP消息中就含有许多启动时需要的信息，包括计算机的IP地址、路由器地址和服务器地址，而且在BOOTP应答数据报中还有一个“生产商特定字段”专门供生产商发送额外信息给他们所生产的计算机。其次，BOOTP使用IP协议时，在包含客户机物理地址的BOOTP请求数据报的目的地址是一个有限广播地址（全1，255.255.255.255），在同一个物理网络中的BOOTP服务器收到请求数据报后，会以有限广播方式发送应答数据报。有时，在一个大型的网络上有多个BOOTP服务器为客户机提供IP地址，以防某个BOOTP服务器发生故障，或者在一些较小的、不值得仅仅为了BOOTP就配备一台昂贵的服务器的子网上，我们必须使用一种叫作BOOTP中继代理（Relay Agent）的机制来使得广播流量跨越路由器。这时，BOOTP使用UDP协议。再次，所有工作站不一定运行相同的操作系统，BOOTP允许管理员构建一个启动文件名数据库，将一般描述性的文件名（如UNX）对应到其完整精确的文件名上，使得用户不必精确地指定将在其机器上运行的操作系统的启动文件名。

BOOTP同RARP一样都是为相对静态的网络环境而设计的，网络管理员必须在服务器的配置文件中为网络上的每台主机设置相应的一条信息，将该主机的链路层地址（如以太网地址）映射到其IP地址以及其他配置信息上。这就意味着无法为经常移动的（如通过无线上网的或便携式）计算机提供自动配置，无论主机是否连接到网络上，均要为每台主机捆绑一个IP地址，这就会浪费宝贵的IP地址，并且不能应对主机数超过IP地址数的情况。为了使主机配置成即插即用（只需把主机插到网络上，它就可以自动配置）以及在多台主机间共享IP地址（如果有100

台主机，只要在任意时刻同时上网的主机数不超过一半，那么只需使用50个IP地址让所有主机共享即可），在BOOTP的框架上构造了DHCP，它仍然使用客户机/服务器模式，但它提供了3种更加灵活的地址分配方案，可以随着IP地址分配办法的不同而提供不同的配置信息：

1）自动分配：主机申请IP地址，然后获得一个永久的地址，可在每次连接网络时使用。

2）手工分配：服务器根据网络管理员提供的主机IP地址映射表为特定主机分配一个特定的IP地址。无论需要的时间长短，这些地址都将被保留，直到被管理员修改为止。

3）动态分配：服务器按照先来先服务的原则分配IP地址，主机在一个特定时间范围内“借用”该IP地址，在借用期满前“续借”该地址，否则该地址借用期满就会被服务器收回。借用期的长短可以由客户机和服务器“谈判”决定，或由管理员指定。一个拥有无限借用期的地址相当于BOOTP中的永久地址。

无论是自动分配还是手工分配都可能使得IP地址分配效率很低。自动分配占用与主机数相同的IP地址；手工分配依赖管理员，很不方便灵活。而动态分配可以使大量的用户共享少量的IP地址。

但是，现在IPv4上实现的DHCP只能支持所谓的“状态自动配置”，它要求安装的DHCP服务器“了解”其管理的主机，同时要求支持DHCP的主机“了解”最近距离的DHCP服务器。接受DHCP服务的每一个新节点（包含主机）都必须在服务器上进行配置，即DHCP服务器保存着用于提供配置信息的节点列表，如果节点不在列表中，那么该节点就无法获得IP地址。DHCP服务器还保持着使用该服务器的节点的状态，用于“了解”每个IP地址使用的时间，以及何时IP地址可以进行重新分配。“状态自动配置”有两方面的问题：其一，对于有足够资源来建立和维护服务器的机构（如为大量个人用户提供接入服务的ISP，和雇员经常在各部门间流动的大型机构等）来说，IPv4的DHCP还可以接受，但是对于没有这些资源的小型机构就行不通了；其二，真正的即插即用和移动性问题是IPv4的DHCP不能支持的，这也增强了升级IPv4的呼声。

11.1.3 服务类型问题

IP使用的是数据报（packet，或称为分组）交换网络体系结构，这意味着数据报可以使用许多不同的路由到达目的地。这些路由的区别在于：有的吞吐量比较大，有的时延比较小，还有的可能会比其他的更可靠。在IPv4的数据报中有一个服务类型字段（Type of Service，ToS），允许应用程序告诉IP如何处理其业务流。一个需要大吞吐量的应用（如FTP）可以强制ToS为其选择具有更大吞吐量的路由，一个需要更快响应的应用（如Telnet）可以强制ToS为其选择一个具有更小时延的路由。

ToS是一个很好的想法，但从来没能在实际应用中真正实现，甚至现在连如何实现都不太清楚。一方面，这需要路由协议彼此协作，除了提供基于开销的最佳路由外，还要提供可选路由的时延、吞吐量和可靠性的数值。另一方面，需要应用程序开发者实现可供不同应用选择的不同类型的服务请求，但是必须注意的是，ToS提供的是一种非此即彼的选择，低时延将可能牺牲其吞吐量或可靠性。

11.1.4　IP 选项问题

IPv4报头包含一个可变长的选项字段，用来指示一些特殊的功能——安全性与处理限制（Security and Handling Restrictions）选项和记录路由（Record Route）选项。安全性与处理限制选项用于军事应用。记录路由选项有4类记录：路由选项让每个处理带有此选项的数据报的路由器都将自己的地址记录到该数据报中;时间戳选项让每个处理带有此选项的数据报的路由器在该数据报中记录自己的地址和处理数据报的时间：两个源路由选项，宽松源路由选项指明数据报在发往其目的地的过程中必须经过的一组路由器，严格源路由选项指定数据报只能由列出的路由器处理。

IP选项的问题在于它们是特例。大多数IP数据报不包括任何选项，并且厂商一般按照不包括选项的数据报来设计优化路由器的算法。IP报头如果不包含选项，则为5字节长，易于处理，尤其是在路由器设计中优化了这种报头的处理后。对于路由器的销售而言，能快速处理绝大多数不含选项的数据报是保持高性能的关键所在，故而可以先将少数含有选项的数据报搁置起来，只有在不会影响路由器总体性能时才加以处理。这样，尽管使用IPv4选项有很多好处，但由于它们对于性能的影响，使得它们很少被使用。

11.1.5　IPv4 的安全性问题

很长时间以来，人们认为安全性问题不是网络层的任务。关于安全性问题，主要是对净荷数据的加密，另外还包括对净荷的数字签名（具有不可再现性，用来防止发送方拒绝承认发送了某段数据）、密钥交换、实体的身份验证以及资源的访问控制。这些功能一般由高层处理，通常是应用层，有时是传输层。例如，广泛使用的安全套接字层（Secure Socket Layer，SSL）协议由IP之上的传输层处理，而应用相对较少的安全HTTP（SHTTP）由应用层处理。

随着虚拟专用网（Virtual Private Network，VPN，允许各机构使用互联网作为其专用骨干网络来传输其敏感信息）软件和硬件产品的引入，安全隧道协议和机制得以扩展。例如Microsoft的点到点隧道协议，它首先会对整个IP数据报加密，而不是仅对IP数据报中的净荷数据加密，即把整个IP数据报作为另一个具有不同地址信息的IP数据报的净荷数据进行打包，再发送到隧道上进行传输。

所有这些关于IP安全性的办法都存在问题。首先，在应用层加密使很多信息被公开。尽管应用层数据本身是加密的，但携带它的IP数据报仍会泄漏参与处理的进程和系统相关的信息。其次，在传输层加密要好一些，但它要求客户机和服务器两端的应用程序都要重写以支持SSL。再次，虽然在网络层的隧道协议工作得很好，但缺乏统一的标准。

IETF的互联网安全协议（Internet Protocol Security，IPSec）工作组一直致力于设计一些机制和协议来保证IP业务流的安全性。虽然已有一些基于IP选项的IPv4安全性机制，但在实际应用中并不成功。IPSec在IPv6中将集成更加完整的安全性。

11.2　是增加补丁还是彻底升级改进

改进IPv4使之能胜任新要求比彻底地用一个新的协议来替换它更好。因为如果把IPv4彻底替换掉，那么网络中的所有系统均需要升级。升级到最新的Microsoft Windows易如闲庭信步，但IPv4的升级对于大型机构或组织来说简直就是一场灾难。我们讨论的网络可能包括十亿甚至更多的遍布全球的系统，上面运行着不知道多少种不同版本的TCP/IP联网软件、操作系统和硬件平台，要求对其中所有系统同时进行升级是不可想象的，并且可能有许多是比较老的、过时的甚至是已经废弃的系统，在这些系统上运行的网络软件可能已经过期而无人再提供支持。

那么有没有办法可以避免IP升级可能带来的混乱呢？答案取决于对新协议的要求程度，即如果协议的唯一问题仅仅在于IP地址的匮乏，通过使用前面所讨论的划分子网、网络地址转换、无类域间路由等现有工具和技术，也许可以使该协议在相当长的时间内仍可以继续工作。但是，这种权宜之计不可能长期有效，实际上这些技术已经使用了很多年，如果不实现对IP的彻底升级，它们最终将阻碍未来互联网的发展，因为它们限制了可连接的网络数和主机数，更何况IPv4还有其他多方面的落后之处。

而且，任何对现有系统的修改，不论是暂时加入一个补丁还是升级到一个重新设计的协议，都将导致混乱。既然彻底升级不比使用一个个单独的补丁更麻烦，那我们为什么不采用比补丁更强健完整的升级方案呢？所以，有远见的IPv4研究人员决定升级，而不是改进IPv4。

11.3 IPv6 的发展历史

到1992年年初，一些关于互联网地址系统的建议由IETF提出，并于1992年年底形成白皮书。在1993年9月，IETF建立了一个临时的ad-hoc下一代IP（IPng）领域来专门解决下一代IP的问题。这个新领域由Allison Mankin和Scott Bradner领导，成员是15名来自不同工作背景的工程师。IETF于1994年7月25日采纳了IPng模型，并形成了几个IPng工作组。

从1996年开始，一系列用于定义IPv6的RFC发表出来，最初的版本为RFC1883。由于IPv4和IPv6地址格式不相同，因此在未来的很长一段时间里，互联网中将会出现IPv4和IPv6长期共存的局面。在IPv4和IPv6共存的网络中，对于仅有IPv4地址或仅有IPv6地址的系统，两者无法直接通信，此时可依靠中间网关或者使用其他过渡机制实现通信。

2003年1月22日，IETF发布了IPv6测试性网络，即6Bone网络。它是IETF用于测试IPv6网络而进行的一项IPng工程项目，该工程的目的是测试如何将IPv4网络向IPv6网络迁移。作为IPv6问题测试的平台，6Bone网络包括协议的实现、IPv4向IPv6迁移等功能。6Bone操作建立在IPv6试验地址分配的基础上，并采用3FFE::/16的IPv6前缀，为IPv6产品及网络的测试和试商用部署提供测试环境。

截至2009年6月，6Bone网络技术已经支持39个国家的260个组织机构。6Bone网络被设计成一个类似于全球性层次化的IPv6网络，同实际的互联网类似，它包括伪顶级转接提供商、伪次级转接提供商和伪站点级组织机构。由伪顶级提供商负责连接全球范围的组织机构，伪顶级提供商之间通过IPv6的IBGP-4扩展来尽力通信，伪次级提供商也通过BGP-4连接到伪区域性顶级提供商，伪站点级组织机构连接到伪次级提供商。伪站点级组织机构可以通过默认路由或BGP-4连接到其伪提供商。6Bone最初开始于虚拟网络，它使用IPv6-over-IPv4隧道过渡技术。因此，它是一个基于IPv4互联网且支持IPv6传输的网络，后来逐渐建立了纯IPv6连接。

从2011年开始，主要用在个人计算机和服务器系统上的操作系统基本上都支持高质量IPv6

配置产品。例如，Microsoft Windows从Windows 2000起就开始支持IPv6，到Windows XP时已经进入产品完备阶段。而Windows Vista及以后的版本，如Windows 7、Windows 8等操作系统已经完全支持IPv6，并对其进行了改进以提高支持度。Mac OS X Panther（10.3）、Linux 2.6、FreeBSD和Solaris同样支持IPv6的成熟产品。一些应用基于IPv6实现，如BitTorrent点到点文件传输协议等，避免了使用NAT的IPv4私有网络无法正常使用的普遍问题。

2012年6月6日，国际互联网协会举行了世界IPv6启动纪念日，这一天，全球IPv6网络正式启动。多家知名网站（如Google、Facebook和Yahoo等）于当天全球标准时间0点（北京时间8点整）开始永久性支持IPv6访问。

根据飓风电子统计，截至2013年9月，互联网318个顶级域名中的283个顶级域名支持IPv6接入它们的DNS，约占89.0%，其中276个域名包含IPv6黏附记录。

2017年11月26日，中共中央办公厅、国务院办公厅印发《推进互联网协议第六版（IPv6）规模部署行动计划》。

2018年6月，三大运营商联合阿里云宣布，将全面对外提供IPv6服务，并计划在2025年前助推中国互联网真正实现IPv6 Only。7月，百度云制定了中国的IPv6改造方案。8月3日，工信部通信司在北京召开IPv6规模部署及专项督查工作全国电视电话会议，中国将分阶段有序推进规模建设IPv6网络，实现下一代互联网在经济社会各领域的深度融合。11月，国家下一代互联网产业技术创新战略联盟在北京发布了中国首份IPv6业务用户体验监测报告，报告显示移动宽带IPv6普及率为6.16%，IPv6覆盖用户数为7017万户，IPv6活跃用户数仅有718万户，与国家规划部署的目标还有较大距离。

2019年4月16日，工业和信息化部发布《关于开展2019年IPv6网络就绪专项行动的通知》，指出2019年主要目标之一是完成全部13个互联网骨干直联点IPv6改造。看来，工业和信息化部已经发布通知了，所以我们要尽快掌握这项技术。

11.4　IPv6 的特点

由于IPv6的大多数思想都来源于IPv4，因此IPv6的基本原理保持不变，同时与IPv4相比又有以下主要技术进步：

1）更大的地址空间。IPv4中规定IP地址长度为32位，即有$2^{32}-1$个地址；而IPv6中IP地址的长度为128位，即有$2^{128}-1$个地址。

2）更小的路由表。IPv6的地址分配一开始就遵循聚类（Aggregation）的原则，这使得路由器能在路由表中用一条记录（Entry）表示一片子网，大大减小了路由器中路由表的长度，提高了路由器转发数据报的速度。

3）增强的组播（Multicast）支持以及对流控制的支持（Flow-Control）。这使得网络上的多媒体应用有了长足发展的机会，为服务质量（Quality of Service，QoS）控制提供了良好的网络平台。

4）地址自动配置。加入了对地址自动配置（Auto-Configuration）的支持。这是对DHCP协议的改进和扩展，使得网络（尤其是局域网）的管理更加方便和快捷。

5）更高的安全性，集成了身份验证和加密两种安全机制。在使用IPv6的网络中，用户可以对网络层的数据进行加密并对IP数据报进行校验，这极大地增强了网络安全。

6）报头格式的简化。

7）扩展为新的ICMPv6（Internet Control Message Protocol Version6，互联网控制信息协议版本6），并加入了IPv4的IGMP（Internet Group Management Protocol，互联网组管理协议）的多播控制功能以使协议更完整。

8）用设置流标记的方法支持实时传输。

9）增强了对扩展和选项的支持。

11.5 IPv6 地址

11.5.1 IPv6 地址表示方法

IPv6地址总共有128位（16字节），用一串十六进制的数字来表示，总共32个十六进制数，并且划分成8个块，每块16位（2字节），块与块之间用“:”隔开，如下所示：

```
abcd:ef01:2345:6789:abcd:ef01:2345:6789
```

如果要带有子网前缀，可以这样表示：

```
abcd:ef01:2345:6789:abcd:ef01:2345:6789/64
```

如果要带有端口号，可以这样表示：

```
[abcd:ef01:2345:6789:abcd:ef01:2345:6789]:8080
```

十六进制数字中使用的字母、字符不区分大小写，因此大写和小写字符是等价的。虽然IPv6地址用小写或大写编写都可以，但RFC 5952（IPv6地址文本表示建议书）建议用小写字母表示IPv6地址。

我们再来看一个IPv6地址：

```
2001:3CA1:010F:001A:121B:0000:0000:0010
```

这就是一个完整的IPv6地址格式，一共用冒号分为8组，每组4个十六进制数，每个十六进制数占4位，那么4个十六进制数就是4×4=16位，即每组为16位，8组就是128位。

从上面这个例子看起来IPv6地址非常冗长，不过IPv6有下面几种简写形式：

1）IPv6地址中每个16位分组中的前导零位可以去除，采用简写形式，但每个分组必须保留一位数字，请看下面的例子；

```
/*完整版的IPv6地址*/
 2001:3CA1:010F:001A:121B:0000:0000:0010
   /* 去除前导0的简写形式，可以看到第3个分组和第4个分组都去除了前导0，
    * 第7个分组和第8个分组因为全部是0，但必须保留一位数字，
    * 所以保留一个0，但这还不是最简写的形式*/
   2001:3CA1:10F:1A:121B:0:0:10
```

2）可以将冒号十六进制格式中相邻的连续零位合并，用双冒号来表示“::”，并且双冒号在地址格式中只能出现一次，请看下面的例子。

```
/*完整版的IPv6地址*/
   2001:3CA1:010F:001A:121B:0000:0000:0010
    /*去除前导零并将连续的零位合并*/
    2001:3CA1:10F:1A:121B::10
/*另一个完整的IPv6地址*/
   2001:0000:0000:001A:0000:0000:0000:0010
    /*
     * 可以看到虽然第2组和第2组也是连续的零位,
     * 但双冒号只能在IPv6的简写中出现一次，运用到了后面更长的连续零位上。
     * 这个地址还可以简写成这样2001::1A:0:0:0:10
     */
    2001:0:0:1A::10
    /*
     * 需要将上面这个地址还原也很简单，只要看存在数字的分组有几个,
     * 然后就能推测出双冒号代表了多少个连续的零位分组。
     * 一共有5个保留了数字的分组，那么连续冒号就代表3个连续的零位分组
     */
     /*
     * 需要注意的是，只有前导零位可以去除，如果这个地址写成下面这样就是错误的,
     * 注意最后一组，不能去除1后面的那个0
     */
    2001:0:0:1A::1  /*这是错误的写法*/
```

IPv6可以将每个分组的十六进制数字中的前导零位去除而采用简写形式，但每个分组必须至少保留一位数字。

与IPv4一样，IPv6也由两部分组成：前面64位是网络部分，后面64位是主机部分。通常，IPv6地址的主机部分将派生自MAC地址或其他接口标识号。

从地址形式上看，我们可以看出和IPv4地址形式的区别：

- IPv4地址表示为点分十进制数字的格式，32位的地址分成4个8位分组，每个8位写成十进制，中间用点号分隔，比如192.168.0.1。
- IPv6地址表示为冒号分十六进制数字的格式，128位地址以16位为一个分组，每个16位分组写成4个十六进制数，中间用冒号分隔。

11.5.2 IPv6 前缀

前缀是地址中具有固定值的位数部分或表示网络标识的位数部分。IPv6的子网标识、路由器和地址范围前缀表示法与IPv4采用的CIDR标记法相同，其前缀可书写为：地址/前缀长度。例如21DA:D3::/48是一个路由器前缀，而21DA:D3:0:2F3B::/64是一个子网前缀。

IPv6地址后面跟着的/64、/48、/32指的是IPv6地址的前缀长度。由于IPv6地址的长度是128位，但协议规定了后64位为网络接口ID（可理解为设备在网络上的唯一ID），因此一般家用IPv6分发是分配/64前缀的（64位前缀+64位网络接口ID）。

注 意

在 IPv4 实现中普遍使用的被称为子网掩码的点分十进制网络前缀表示法，在 IPv6 中已不再使用，IPv6 仅支持前缀长度表示法。

11.5.3 IPv6 地址的类型

IPv6中的地址通常可分为3类：单播地址（Unicast）、组播地址（Multicast）、任播地址（Anycast，或称为泛播地址，任意播地址）。

1. 单播地址

一个单播地址对应一个接口，发往单播地址的数据报会被对应的接口接收。单播地址是单一接口的标识符，发往单播地址的数据报被送给该地址标识的接口。对于有多个接口的节点，它的任何一个单播地址都可以用作该节点的标识符。

IPv6单播地址又可以分为本地链路地址、站点本地地址、可集聚全球地址、不确定地址、本地环回地址和兼容性地址共6类。其中前两者用于本地网络。未指定地址和本地环回地址是两类特殊地址。

（1）本地链路地址

本地链路地址的前缀为FE80::/10，前10位以FE80开头。该类地址类似于IPv4私有地址，也是不可路由的。可将它们视为一种便利的工具，让我们能够为召开会议而组建临时局域网（LAN）或创建小型局域网，这些局域网不与互联网相连，但需要在本地共享文件和服务。

本地链路地址用于同一个链路上的相邻节点之间的通信，IPv6的路由器不会转发本地链路地址的数据报。前10个bit是1111 1110 10，由于最后是64bit的接口标识符（Interface ID），因此它的前缀总是FE80::/64。

（2）站点本地地址

对于无法访问互联网的本地网络，可以使用站点本地地址，这个相当于IPv4里面的私网地址（Private Address）：10.0.0.0/8、172.16.0.0/12和192.168.0.0/16。它的前10个位是1111 1110 11，最后是16位的子网ID（Subnet ID）和64位的接口ID（Interface ID），所以它的前缀是FEC0::/48。

需要注意的是，在RFC3879中，最终决定放弃单播站点本地地址。放弃的理由是，由于其固有的二义性给单播站点本地地址带来的复杂性超过了它可能带来的好处。它在RFC4193中被ULA取代，在RFC4193中被标准化成了一种用来在本地通信中取代单播站点本地地址的地址。ULA拥有固定前缀FD00::/8，后面跟一个被称为全局ID的40位随机标识号。

（3）可集聚全球地址

可集聚全球地址是能够全球到达和确认的地址。可集聚全球地址由一个全球路由前缀、一个子网ID和一个接口ID组成。当前可集聚全球地址分配使用的地址范围从二进制值001（2000::/3）开始，即全部IPv6地址空间的1/8。例如，2000::1:2345:6789:abcd是一个可集聚全球地址。

可聚集全球地址这个名字有点长，其实就相当于IPv4的公网地址。从名字上来看，这种地址有两个特点，一是可聚集的，二是全球单播的。第二个很容易理解，就是指这类地址在整个互联网中是唯一寻址的，就好比新浪或者网易的IP地址，你在中国或者美国都可以通过这个唯一的地址访问到。可聚集是一个路由上的概念，是指可以将一类IP地址汇总起来，从而减少有效路由的条数。

图11-2就是可集聚全球单播地址的结构图。前3位是固定的001，表示这是一个全球单播地址。

001	TLA ID	Res	NLA ID	SLA ID Interface ID

图 11-2

其中，TLA ID是顶级集聚标识号。这个字段的长度是13位。TLA ID标识了路由层次结构的最高层，由互联网地址授权机构IANA来分配和管理。一般来说是分配给顶级的互联网服务提供商（Internet Service Provider，ISP）的。

Res是保留字段，长度为8位，保留作为以后扩展使用。

NLA ID是下一级集聚标识号。这个字段长度为24位。NLA ID允许ISP在自己的网络中建立多级的寻址结构，以使这些ISP既可以为其下级的ISP组织寻址和路由，也可以识别其下属的机构站点。

SLA ID是站点级集聚标识号。这个字段长度为16位。SLA ID被一个单独的机构用于标识自己站点中的子网。一个机构可以利用这个16位的字段在自己的站点内创建65 536（2^{16}）个子网，或者建立多级的寻址结构和有效的路由结构。这样的子网规模相当于IPv4中的一个A类地址的大小。

Interface ID 标识特定子网上的接口。这部分就是前面说的IPv6地址结构中的接口部分，这个字段的长度是64位。一般就是用来标识网络上的一台主机或者一个设备的IPv6接口。

这里的前48位地址组合在一起一般称为公共拓扑，用来表示提供介入服务的大大小小的ISP的集合。后面的80（16+64）位就是具体到了某个机构或者站点的某个具体的接口和主机。

（4）不确定地址

单播地址0:0:0:0:0:0:0:0称为不确定地址，它不能分配给任何节点。不确定地址的一个应用示例是初始化主机时，在主机未取得自己的地址以前，对它发送的任何IPv6数据报的源地址字段就放上不确定地址。不确定地址不能在IPv6数据报中用作目的地址，也不能用在IPv6路由中。

（5）本地环回地址

单播地址0:0:0:0:0:0:0:1称为环回地址，节点用它来向自身发送IPv6数据报。环回地址不能分配给任何物理接口。

（6）内嵌IPv4的IPv6地址（也称兼容性地址）

虽然现在纯IPv6的网络（6Bone）已经开始运行，但是IPv4已经开发应用并且不断完善了近20年，互联网也得到了空前的发展，IPv6在短期内完全取代IPv4以及同时将互联网中的所有网络全部升级是不可能的。如何利用现有的网络环境实现IPv6主机与IPv4主机之间的互操作是一个很值得研究的问题。IPv6的开发策略必然是：IPv4和IPv6系统在互联网中长期共存，使IPv6与IPv4之间具有互操作性，同时IPv6保持与IPv4向下兼容。

内嵌IPv4的IPv6地址有两种，分别是IPv4兼容的IPv6地址和映射IPv4的IPv6地址。

IPv4兼容的IPv6地址在原有IPv4地址的基础上构造IPv6地址。通过在IPv6的低32位上携带IPv4的IP地址，使具有IPv4和IPv6两种地址的主机可以在IPv6网络上进行通信。这种地址的表示格式为0:0:0:0: 0:0:a.b.c.d或者::a.b.c.d，其中a.b.c.d是点分十进制表示的IPv4地址。比如一个主机的IPv4地址为172.16.0.1，那么它与IPv4兼容的IPv6地址为::172.16.0.1。

IPv4兼容地址用于具有IPv4和IPv6双地址的主机在IPv6网络上的通信，而今支持IPv4协议栈的主机可以使用IPv4映射地址在IPv6网络上进行通信。IPv4映射地址是另一种内嵌IPv4地址的IPv6地址，它的表示格式为0:0:0:0:0:FFFF:a.b.c.d或::FFFF:a.b.c.d。使用这种地址时，需要应用程序支持IPv6地址和IPv4地址。比如一个主机的IPv4地址为172.16.0.1，那么其映射IPv4的IPv6地址为::FFFF:172.16.0.1。

运用在IPv6主机和路由器上，与IPv4主机和路由器互操作的机制包括3种：

（1）地址转换器（兼容IPv4的IPv6地址）

通过网络地址转换服务实现两种网络的互联，地址转换器的功能是将一种网络的IP地址转换成另一种网络的IP地址。NAT服务意味着IPv6网络可以被看作与外界分离的保留的地址域，通过NAT服务将网络的内部地址转换外部地址，NAT可以与协议转换（Protocol Translation，PT）相结合形成NAT-PT（网络地址转换-网络协议转换），实现IPv4与IPv6地址的兼容，但是会在内部网和互联网间引发NAT瓶颈效应。

（2）双IP协议栈

双协议栈方式包括提供IPv6和IPv4协议栈的主机和路由器。双协议栈工作方式的简单描述如下：

- 如果应用程序使用的目的地址是IPv4地址，那么将使用IPv4协议栈。
- 如果应用程序使用的目的地址是兼容IPv4的IPv6地址，那么IPv6就封装到IPv4中。
- 如果目的地址是另一种类型的IPv6地址，那么将使用IPv6地址，可能封装在默认配置的隧道中。

实现双IP协议栈技术必须设定一个同时支持IPv4和IPv6的域名管理DNS（Domain Name Server，域名服务器）。IEIF定义了一个IPv6 DNS标准（RFC1886，DNS扩展用于支持IPv6），该规定定义了AAAA型的记录类型来表示128位地址，以替代IPv4 DNS中的A型记录。

（3）IPv6 over IPv4隧道技术

隧道提供了一种在IPv4路由基础上传输IPv6包的方法。隧道应用于路由器到路由器、主机到路由器、主机到主机、路由器到主机等应用中。隧道技术分为以下两种：

- 人工配置隧道。如果IPv6 over IPv4隧道终点的IPv4地址不能从IPv6数据报的目的地址中自动获取，就需要手动进行配置，这样的隧道称为“人工配置隧道”。
- 自动隧道。如果IPv6数据报的目的地址中嵌入了IPv4地址，则可以从IPv6数据报的目的地址中自动获取隧道终点的IPv4地址，这样的隧道称为“自动隧道”。

2. 任播地址

一个任播地址对应一组接口，发往任播地址的数据报会被这组接口的其中一个接收，被哪个接口接收由具体的路由协议确定。

任播地址是一组接口（一般属于不同节点）的标识号。发往任播地址的包被送给该地址标识的接口之一。IPv6任播地址存在以下限制：

- 任播地址不能用作源地址，而只能作为目的地址。
- 任播地址不能指定给IPv6主机，只能指定给IPv6路由器。

3. 组播地址

一个组播地址对应一组接口，发往组播地址的数据报会被这组的所有接口接收。组播地址是一组接口（一般属于不同节点）的标识号。发往多播地址的数据报被送给该地址标识的所有接口。地址开始的11111111标识该地址为组播地址。

IPv6中没有广播地址，它的功能正在被组播地址所代替。另外，在IPv6中，任何全0和全1的字段都是合法值，除非特殊情况排除在外。特别是前缀可以包含0值字段或以0终结。一个单接口可以指定任何类型的多个IPv6地址（单播、任播、组播）或范围。

组播也称为多播，其地址格式如图11-3所示。

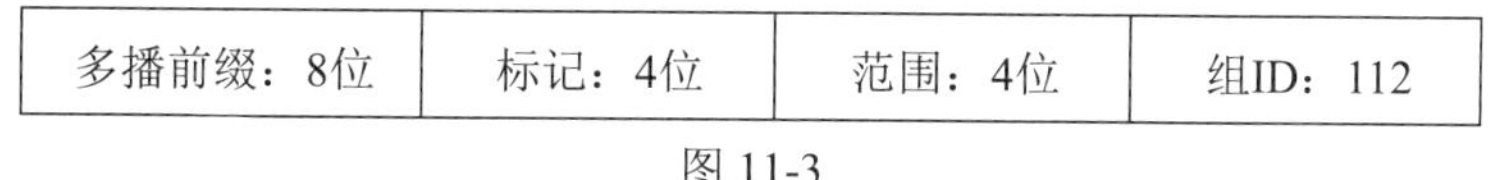

多播前缀：8位	标记：4位	范围：4位	组ID：112

图 11-3

- 标记位：前3位保留为0，第4位：0表示永久的公认的地址，1表示暂时的地址。
- 范围：包括节点本地-0X1、链路本地-0X2、地区本地-0X5、组织本地-0X8、全球-0XE、保留-0XF 0X0。
- 组ID：前面80位设置为0，只使用后面的32位。

11.6　IPv6 数据报格式

在IP层传输的数据单元叫数据报。数据报通常可以划分为报头和数据区两部分。数据报格式是一个协议对报头的组成字段的具体划分和对各个字段内容的定义。IPv4的数据报格式用了近20年，至今仍十分流行，这是因为它有很多优秀的设计思想。IPv6保留了IPv4的长处，对其不足之处做了一些简化、修改，并且增加了新功能。

RFC2460定义了IPv6数据报的格式。总体结构上，IPv6数据报的格式与IPv4数据报的格式是一样的，也是由IP报头和数据（在IPv6中称为有效载荷）这两部分组成的。但IPv6数据报在基本报头的后面允许有零个或多个扩展报头，再后面是数据。所有的扩展报头都不属于IPv6数据报的报头。所有的扩展报头和数据合起来叫作数据报的有效载荷或净负荷。

IP基本报头固定为40字节的长度，而有效载荷部分最长不得超过65 535字节。IPv6数据报的一般格式如图11-4所示。

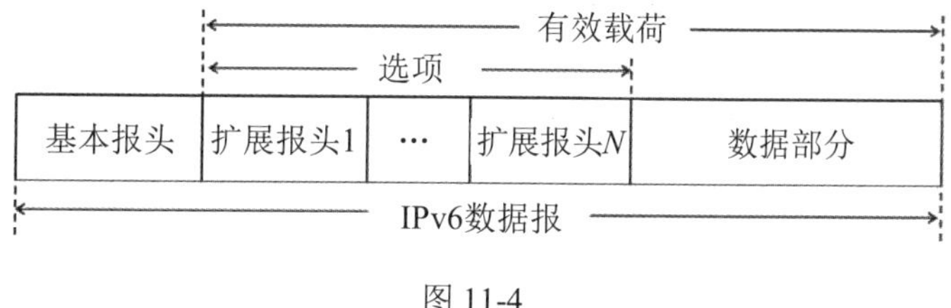

图 11-4

详细格式如图11-5所示。

对IPv6基本报头各字段的说明如下：

- 版本：4位，它指明了协议的版本，对IPv6而言该字段总是6。
- 通信量类：8位，这是为了区分IPv6数据报的不同类别或优先级。

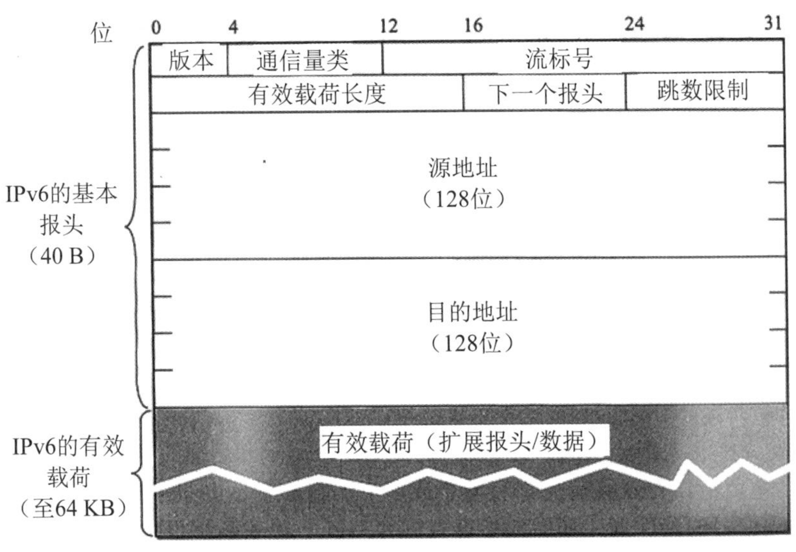

图 11-5

- 流标号：20位，用于源节点标识IPv6路由器需要特殊处理的数据报序列。
- 有效载荷长度：16位，它指明IPv6数据报除了基本报头以外的字节数（所有扩展报头都算在有效载荷之内），其最大值是64KB。
- 下一个报头：8位，它相当于IPv4的协议字段或可选字段。
- 跳数限制：8位，源站在数据报发出时即设定跳数限制。路由器在转发数据报时将跳数限制字段中的值减1。当跳数限制的值为0时，就要将此数据报丢弃。
- 源地址：128位，指明生成数据报的主机的IPv6地址。
- 目的地址：128位，指明数据报最终要到达的目的主机的IPv6地址。

可以看出，IPv6报头比IPv4报头简单。两个报头中唯一保持同样含义和同样位置的是版本号字段，都是用最开始的4位来表示。但IPv4报头中有6个字段不再采用，它们是报头长度、服务类型、标识号、分片标志、分片偏移量、报头校验和；其中有3个字段被重新命名，并在某些情况下略有改动，它们是总长度、上层协议类型、存活时间。对IPv4报头中的可选项机制进行了彻底的修正，增加了两个新的字段：通信类型和流标签。接下来介绍IPv6相对于IPv4数据报格式的技术进步。

（1）简化

IPv6取消了IPv4报头中的可选项+填充字段，用可选的扩展报头来代替。这样IPv6基本报头长度和格式都固定了。基本报头携带的信息为数据报传输途中经过的每个节点都必须要解释处理的信息，而扩展报头相对独立于基本报头，根据数据报的不同需要来选择使用，根据其类型的不同不一定要求数据报在传输过程中的每一个节点都对其进行处理，因此提高了数据报的处理效率。

IPv6基本报头中去除了报头校验和，这主要是为了减少数据报处理过程中的开销，因为每次中转都不需要校验和更新校验和。去除报头校验和可能会导致数据报错误传送，但是因为数据在互联网层以上和以下的很多层上进行封装时都做了校验和，所以这种错误出现的概率很小。如果需要对数据报进行校验，可以使用IPv6新定义的认证扩展报头和封装安全负载报头。

IPv6去除了IPv4中逐跳的分段过程。IPv6的分段和重装只能发生在源节点和目的节点。由源节点取代中间路由器进行分段，称为端到端的分段。这样就简化了报头并减少了沿途路由器和目的节点用于了解分段标识、计算分段偏移量、把数据报分段和重装的开销。IPv4的逐跳分段是有害的，它在端到端的分段中产生更多的分段，而且在传输过程中，一个分段的丢失将导致所有分段重传，这就大大降低了网络的使用效率。IPv6主机通过一个称为“路径MTU发现”（Path MTU Discovery）的机制事先知道整个路径的最大可接收数据报的大小，并且同时要求所有支持IP的链路都必须能够处理合理的最小长度的数据报。在最新的草案中，MTU被设为1280字节。不想发现或记忆路径MTU的主机只需发送不大于1280字节的数据报即可。

在IPv4中，服务类型字段用来表明主机对最宽、最短、最便宜或最可靠路径的需求，然而这个字段在实际应用中很少使用。IPv6取消了服务类型字段，通过新增的通信类型和流标签字段实现这些功能。

（2）修改

像IPv4一样，IPv6报头包含数据报长度、存活时间和上层协议类型等参数，但是携带这些参数的字段都根据经验做了修改。

IPv4中的“总长度”在IPv6中用“有效负载长度”代替。IPv4的总长度字段以字节为单位表示整个IP数据报的长度（包括报头和后边的数据区）。由于该字段长度（16位）的限制，IPv4数据报的最大长度为$2^{16}-1$=65 535字节。因为IPv6基本报头的长度固定，故IPv6的有效负载长度为各个扩展报头和后边的数据区的长度之和。“有效负载长度”字段也占16位，这是因为将非常大的包分成65 535字节大小的段最多只会产生大约0.06%的开销（每65 535字节多出40字节），而且非常大的包在路由器里中转效率很低，因为它会增加队列的大小和时延。尽管这样，IPv6还是在逐跳选项报头中设计了“大型有效负载”（Jumbogram）选项，只要介质和对方允许，超过65 535字节长的数据报就可以发送，这个选项主要是为了满足超级计算机用户的需要，因为它们可以通过直接连接计算机来进行巨大的内存页面之间的交换。IPv4的“上层协议类型”字段被IPv6的“下一个报头”字段代替。在IPv4报头后是传输协议数据（如TCP或UDP数据）。IPv6数据报设计了新的结构：基本报头+可以选择使用的各个扩展报头+传输协议数据。“下一个报头”字段标识紧接在基本报头后面的第一个扩展报头类型，或当没有扩展报头时标识传输协议类型。

IPv4的“存活时间”（Time To Live，TTL）字段被改为IPv6的“跳数极限”（Hop Limit）字段。在IPv4中，TTL用秒数来表示数据报在网络中被销毁之前能够保留的时间长短。TCP根据TTL来设定一个连接在结束以后所需保持的空闲期的长短，设置这段空闲期是为了保证网络中所有属于过时连接的数据报都被清除干净。IPv4要求TTL值在数据报每经过一个路由器时减1秒，或数据报在路由队列中等待的时间超过1秒，就减少实际等待的时间。实际上，估计等待时间很困难，而且时间计数通常以毫秒而不是秒为单位，所以大多数路由器就只简单地在每次中继时将TTL减1。IPv6正是采用这种做法，并采用了新名字。

（3）新增的字段

IPv6新增了“通信类型”和“流标签”字段。这两个字段的设定是为了满足服务质量（Quality of Service，QoS，根据开销、带宽、时延或其他特性进行的特殊服务）和实时数据传输的需要。关于它们的问题将在后面的部分专门讨论。

（4）IPv6的扩展报头

IPv4报头中包含安全、源路由、路由记录和时间戳等可选项，用以对某些数据报进行特殊处理。但这些可选项的性能很差。这是因为：数据报转发的速度是路由器的关键性能。程序员为了加速对数据报的转发，通常对最常出现的数据报进行集中处理，让这些数据报通过“快速路径”（Fast Path），而带有可选项的数据报因为需要特殊处理，不能通过快速路径，它们由优先级较低的、没有优化的程序处理。结果是应用程序员发现使用可选项会使性能下降，他们就更倾向于不带选项；而网络中带有可选项的数据报越少，路由器就越有理由不去关心对带有可选项的数据报的路由优化。

但是，对某些数据报的特殊处理仍是有必要的，故IPv6设计了扩展报头来做这些特殊处理。在IPv6基本报头和上层协议数据报之间可以插入任意数量的扩展报头。每个扩展报头根据需要有选择地使用并相对独立，各个扩展报头连接在一起成为链状，每个报头都包含一个“下一个报头”字段用来标识并携带链中下一个报头的类型。因为8位的“下一个报头”字段既可以是一个扩展报头类型，又可以是一个上层协议类型（如TCP或UDP），故扩展报头类型和所有封装在IP数据报内的上层协议类型共享256个数字标识范围，现在还未指派的值相当有限。

IPv6将原来IPv4报头中选项的功能都放在扩展报头中，并将扩展报头留给路径两端的源站和目的站的主机来处理。数据报途中经过的路由器都不处理这些扩展报头（只有一个报头例外，即逐跳选项扩展报头）。这样就大大提高了路由器的处理效率。在RFC 2460中定义了6种扩展报头，分别说明如下：

1）逐跳选项报头：此扩展头必须紧随在基本报头之后，它包含所经路径上的每个节点都必须检查的选项数据。由于它需要对每个中间路由器进行处理，因此逐跳选项报头只有在绝对必要时才会出现。到目前为止已经定义了两个选项：大型有效负载选项和路由器提示选项。大型有效负载选项指明数据报的有效负载长度超过IPv6的16位有效负载长度。只要数据报的有效负载超过65 535字节（其中包括逐跳选项头），就必须包含该选项。如果节点不能转发该数据报，则一定会发送一个ICMPv6出错数据报。路由器提示选项用来通知路由器该数据报中的信息，希望能够被中间路由器察看和处理，即使该数据报是发送给其他某个节点的。

2）源路由选择报头：指明数据报在到达目的地途中必须要经过的路由节点，它包含沿途经过的各个节点的地址列表，多播地址不能出现在源路由选择报头的地址列表和基本报头的目的地址字段中，但用于标识路由器集合的群集地址可以在其中出现。目前IPv6只定义了路由类型为0的源路由选择报头。0类型的源路由选择报头不要求数据报严格地按照目的地址字段和扩展报头中的地址列表所形成的路径进行传输，也就是说，可以经过那些没有指定必须经过的中间节点。但是，仅有指定必须经过的中间路由器才对源路由选择报头进行相应的处理，那些没有明确指定的中间路由器且不做任何额外处理就将数据报转发出去，从而提高了处理性能，这是与IPv4路由选项处理方式的显著不同之处。在带有0类型源路由选择报头的数据报中，开始的时候，数据报的最终目的地址并不是像普通数据报那样始终放在基本报头的目的地址字段，而是先放在源路由选择报头地址列表的最后一项，在进行最后一跳之前才被移到目的地址字段；而基本报头的目的地址字段是数据报必须经过的一系列路由器中的第一个路由器地址。当一个中间节点的IP地址与基本报头中目的地址的字段相同时，它会先把自己的地址与下一个在源路由选择报头地址列表中指明必须经过的节点地址对调位置，再将数据报转发出去。

3）分片报头：用于源节点对长度超出源端和目的端路径MTU的数据报进行分片。此扩展头包含一个分片偏移量、一个“更多片”标志和一个用于标识属于同一原始数据报的所有分片的标识号字段。

4）目的地选项报头：此扩展头用来携带仅由目的地节点检查的信息。目前唯一定义的目的地选项是在需要的时候把选项填充为64位的整数倍的填充选项。

5）认证报头：提供对IPv6基本报头、扩展报头、有效负载的某些部分进行加密的校验和的计算机制。

6）加密安全负载报头：这个扩展报头本身不进行加密，它只是指明剩余的有效负载已经被加密，并为已获得授权的目的节点提供足够的解密信息。封装安全有效载荷报头提供数据加密功能，实现端到端的加密，提供无连接的完整性和防重发服务。封装安全载荷报头可以单独使用，也可以在使用隧道模式时嵌套使用。

路由器按照数据报中各个扩展报头出现的顺序依次进行处理，但不是每一个扩展报头都需要在所经过的每一个路由器进行处理(例如目的地选项报头的内容只需要在数据报的最终目的节点进行处理，一个中继节点如果不是源路由选择报头所指明的必须经过的那些节点之一，它就只需要更新基本报头中的目的地址字段并转发该数据报，根本不看下一个报头是什么），因此数据报中的各种扩展报头出现的顺序有一个原则：在数据报传输途中，各个路由器需要处理的扩展报头出现在只需由目的节点处理的扩展报头的前面。这样，路由器不需要检查所有的扩展报头以判断哪些是应该处理的，从而提高了处理速度。

IPv6推荐的扩展报头出现的顺序如下：

1）IPv6基本报头。
2）逐跳选项报头。
3）目的地选项报头。
4）源路由选择报头。
5）分片报头。
6）认证报头。
7）目的地选项报头。
8）上层协议报头（如TCP或UDP）。

在上述顺序中，目的地选项报头出现了两次：当该目的地选项报头中携带的TLV可选项需要在数据报基本报头中的“目的地址”字段和源路由选择报头中的地址列表所标识的节点上进行处理时，该目的地选项报头应该出现在源路由选择报头之前（即位置A处）；当该目的地选项报头中的TLV可选项仅需在最终目的节点上进行处理时，该目的地选项报头就应该出现在上层协议报头之前。除了目的地选项报头在数据报中最多可以出现两次外，其余扩展报头在数据报中最多只能出现一次。如果在路径中仅要求一个中继节点，就可以不用源路由选择报头，而使用IPv6隧道的方式传送IPv6数据报(也就是将该Pv6数据报封装在另一个IPv6数据报中传送)。该隧道内的IPv6数据报中的扩展报头的安排独立于IPv6隧道本身。

11.7 为系统设置 IPv6 地址

在Windows中，设置IPv6地址很简单。打开控制面板，依次进入"网络和Internet→网络连接"，右击"本地连接"，在弹出的"属性"对话框中双击"Internet协议版本6（TCP/IP），在其属性框中选择"手动"，输入IPv6地址"3FFE:FFFF:7654:FEDA:1245:BA98:3210:4562"，子网掩码长度设置为64。

然后进行测试，按Win+R组合键打开"运行"对话框。输入"cmd"按回车键，在弹出的命令行窗口中输入"ipconfig"命令来查看本地的所有IP地址配置情况，如图11-6所示。

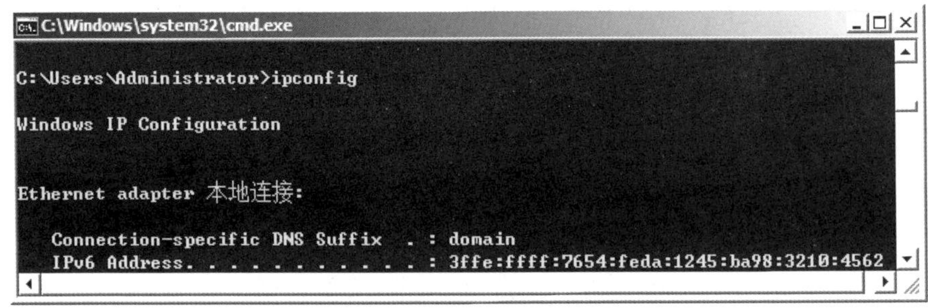

图 11-6

11.8 Java 对 IPv6 的支持

随着IPv6越来越受到业界的重视，Java从1.4版开始支持Linux和Solaris平台上的IPv6，1.5版起又加入了Windows平台上的支持。相对于C++，Java很好地封装了IPv4和IPv6的变化部分，遗留代码都可以原生支持IPv6，而不用随底层具体实现的变化而变化。

Java网络栈会优先检查底层系统是否支持IPv6，以及采用何种IP栈系统。如果是双栈系统，那它直接创建一个IPv6套接字。双栈如图11-7所示。

分隔栈如图11-8所示。

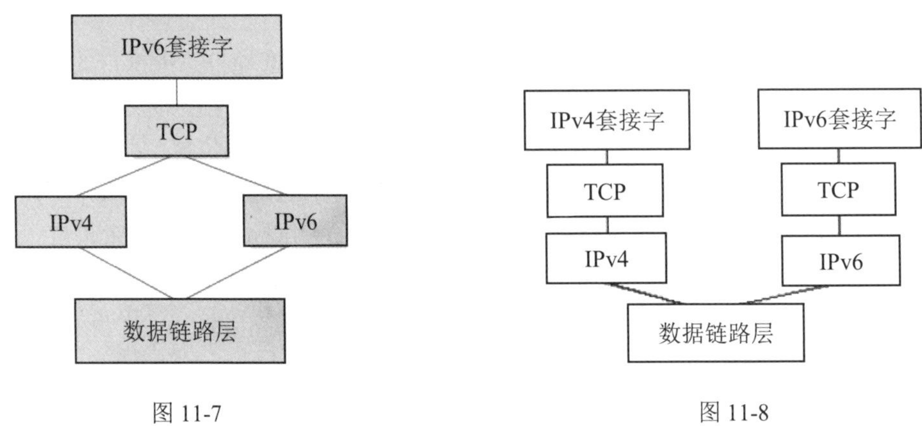

图 11-7　　图 11-8

Java创建IPv4/IPv6两个套接字。如果是TCP客户端程序，一旦其中某个套接字连接成功，另一个套接字就会被关闭，这个套接字连接使用的IP协议类型就此被固定下来；如果是TCP服务端程序，因为无法预期客户端使用的IP协议，所以IPv4/IPv6两个套接字会被一直保留；对于UDP应用程序，无论是客户端还是服务端程序，两个套接字都会保留来完成通信。

11.8.1　IPv6 地址的校验

在IPv6环境下开发Java应用，或者移植已有的IPv4环境下开发的Java应用到IPv6环境中来，对于IPv6网络地址的验证是必需的步骤，尤其是对那些提供了UI（用户接口）的Java应用。IPv4地址可以很容易地转化为IPv6格式。举例来说，如果一个IPv4的地址为135.75.43.52（十六进制为0x874B2B34），它可以被转化为0000:0000:0000:0000:0000:0000:874B:2B34或者:874B:2B34。同时，还可以使用IPv4兼容地址（IPv4 Compatible Address），则地址表示为135.75.43.52。所幸从Java 1.5开始，Java就增加了对IPv6网络地址校验的支持。程序员可以通过简单地调用方法sun.net.util.IPAddressUtil.isIPv6LiteralAddress()来验证一个String类型的输入是不是一个合法的IPv6网络地址。但仅仅会调用现成的方法是不够的，有时候自己动手，丰衣足食。

首先，我们要知道3点：

1）由于IPv6协议允许的网络地址格式较多，规范较宽松（例如零压缩地址、IPv4映射地址等），因此导致IPv6网络地址的格式变化很大。

2）Java对于IPv6网络地址的验证是通过对输入字符的循环匹配做到的，并没有采取正则表达式的做法，其匹配过程中还依赖于其他的Java方法。

3）目前网络上流传的IPv6网络地址验证的正则表达式通常都只能涵盖部分地址格式，而且表达式冗长难读，非常难于理解。

基于通用性考虑，以及为了使验证方法尽量简单易读，将IPv6网络地址的格式简单分类以后，使用多个正则表达式进行验证。这种做法兼顾了通用性（基于正则表达式，所以方便用各种不同的编程语言进行实现）以及易读性（每个独立的正则表达式相对简短），并且根据测试，支持目前所有的IPv6网络地址格式类型。

IPv6的128位地址通常写成8组，每组为4个十六进制数的形式，比如：

```
AD80:0000:0000:0000:ABAA:0000:00C2:0002
```

是一个合法的IPv6地址。这个地址比较长，看起来不方便，也不易于书写。零压缩法可以用来缩减其长度。如果几个连续段位的值都是0，那么这些0就可以简单地以::来表示，上述地址就可写成：

```
AD80::ABAA:0000:00C2:0002
```

这个简化只能用一次，在上例中的ABAA后面的0000就不能再次简化。当然，也可以在ABAA后面使用::，这样前面的12个0就不能压缩了。这个限制的目的是为了能准确地还原被压缩的0，不然就无法确定每个::代表了多少个0。例如，下面是一些合法的IPv6地址：

```
CDCD:910A:2222:5498:8475:1111:3900:2020
1030::C9B4:FF12:48AA:1A2B
2000:0:0:0:0:0:0:1
::0:0:0:0:0:0:1
2000:0:0:0:0::
```

检查的基本原理是首先进行归一化，然后进行模式匹配。其中归一化调用方法Normalizer.normalize()，在一线开发中经常会碰到Normalizer.normalize()方法的身影，因此需要简单了解一下这个方法的作用。归一化也称标准化，意思是确保具有相同意义的字符串具有统一的二进制描述，推荐使用Normalizer.Form.NFKC参数进行归一化（标准化）。

现在假设系统对外部输入进行校验，如果发现输入中包含“<”或者“>”字符，就判定此输入不合法，无法通过校验。但如果输入的是全角形式的字符，判断就会稍微变得麻烦，而且并不方便，一旦有所遗漏，出错之后排查可能会花费较多的时间。

```
//包含全角尖括号
String sbcCase = "\uFe64" + ";reboot;" + "\uFe65";
//包含半角尖括号
String dbcCase = "\u003C" + ";reboot;" + "\u003E";
System.out.println("包含全角尖括号的输入字符串：" + sbcCase + "\n包含半角尖括号的输入字符串：" + dbcCase);
//虽然可以使用Unicode来校验，但是这种方式比较烦琐，并不方便
System.out.println("字符串\"" + sbcCase + "\"中是否包含全角尖括号：" + sbcCase.contains("＜"));
System.out.println("字符串\"" + sbcCase + "\"中是否包含全角尖括号：" + sbcCase.contains("\uFe64"));
```

运行的结果如下：

```
包含全角尖括号的输入字符串：﹤;reboot;﹥
包含半角尖括号的输入字符串：<;reboot;>
字符串"﹤;reboot;﹥"中是否包含全角尖括号：false
字符串"﹤;reboot;﹥"中是否包含全角尖括号：true
```

虽然可以使用Unicode来校验，但是很明显这种方式比较烦琐，并不方便。此时，可以考虑在校验之前调用normalize方法对外部输入字符串进行归一化。以下是一个包含尖括号的外部输入字符串的简单例子。

【例11.1】 归一化的简单使用

1）打开Eclipse，工作区文件夹名称是mysql。然后新建一个Java工程，工程名为myprj。在工程中添加一个类，类名是test。

2）打开test.java，test.java代码如下：

```
package myprj;

import java.text.Normalizer;
import java.util.regex.Matcher;
import java.util.regex.Pattern;

/**
 * 以尖括号为例，有全角（＜＞）和半角（<>）之分，但是其语义是一样的
 * 如果未对输入中的此类字符串进行归一化处理，可能会导致绕过系统输入限制而对系统造成破坏
 */
public class test {
    public static void main(String[] args) {
        //包含全角尖括号
```

```
        String sbcCase = "\uFe64" + ";reboot;" + "\uFe65";
        //包含半角尖括号
        String dbcCase = "\u003C" + ";reboot;" + "\u003E";
        System.out.println("包含全角尖括号的输入字符串：" + sbcCase + "\n包含半角尖括号的输入字符串：" + dbcCase);
        //普通方法无法判断是否包含全角尖括号
        System.out.println("字符串\"" + sbcCase + "\"中是否包含全角尖括号：" + sbcCase.contains("<"));

        //归一化前无法正确区分全角和半角尖括号，出错校验遗漏，系统受到破坏，服务被重启
        System.out.println("----------------------------");
        System.out.println("归一化前：" + sbcCase);
        checkInputString(sbcCase);

        //归一化后就可以正确校验，系统免受破坏
        System.out.println("----------------------------");
        String normalized = Normalizer.normalize(sbcCase, Normalizer.Form.NFKC);
        System.out.println("归一化后：" + normalized);
        checkInputString(normalized);
    }

    private static void checkInputString(String str) {
        Pattern pattern = Pattern.compile("<\\s*;reboot\\s*;>");
        Matcher matcher = pattern.matcher(str);
        if (matcher.find()) {
            System.out.println("命令注入失败");
            return;
        }
        System.out.println("命令注入成功，服务器即将重启");
    }
}
```

3）保存工程并运行，运行的结果如下：

```
包含全角尖括号的输入字符串：﹤;reboot;﹥
包含半角尖括号的输入字符串：<;reboot;>
字符串"﹤;reboot;﹥"中是否包含全角尖括号：false
----------------------------
归一化前：﹤;reboot;﹥
命令注入成功，服务器即将重启
----------------------------
归一化后：<;reboot;>
命令注入失败
```

当然，这只是一个例子，表明对外部输入字符串进行归一化后再校验可以避免一些潜在的“坑”点，实际操作时完全可以只判断黑名单，只要输入中包含"reboot"这种注入命令就无法通过校验。不过，就业务而言，外部输入中的错误应该尽早拦截，早发现早处理，越到后面捅出的篓子可能也越大。就这点而言，使用归一化操作还是必要的。

但normalize方法也存在缺点，输入字符串太长的话转换效率会比较低，所以最好还是结合实际按需使用。

Java正则表达式通过java.util.regex包下的Pattern类与Matcher类来实现。Pattern类用于创建一个正则表达式，也可以说创建一个匹配模式，它的构造方法是私有的，不可以直接创建，但可以通过调用Pattern.complie(String regex)简单工厂方法来创建一个正则表达式，比如：

```
Pattern p=Pattern.compile("\\w+");
p.pattern();//返回 \w+
```

pattern()返回正则表达式的字符串形式，其实就是返回Pattern.complile(String regex)的regex参数。正则表达式描述了一种字符串匹配的模式，可以用来检查一个串是否含有某种子串、将匹配的子串替换或者从某个串中取出符合某个条件的子串等，例如：

runoo+b可以匹配 runoob、runooob、runoooooob等，“+”代表前面的字符必须至少出现一次（一次或多次）。

runoo*b可以匹配 runob、runoob、runoooooob等，“*”代表前面的字符可以不出现，也可以出现一次或者多次（0次、一次或多次）。

colou?r 可以匹配 color或者 colour，“?”问号代表前面的字符最多只可以出现一次（0次或一次）。

构造正则表达式的方法和创建数学表达式的方法一样，也就是用多种元字符与运算符可以将小的表达式结合在一起来创建更大的表达式。正则表达式的组件可以是单个字符、字符集合、字符范围、字符间的选择或者所有这些组件的任意组合。

正则表达式是由普通字符（例如字符a～z）以及特殊字符（称为“元字符”）组成的文字模式。模式描述在搜索文本时要匹配的一个或多个字符串。正则表达式作为一个模板，将某个字符模式与所搜索的字符串进行匹配。

【例11.2】 检查IPv6地址的合法性

1）打开Eclipse，工作区文件夹名称是mysql。然后新建一个Java工程，工程名为myprj。然后在工程中添加一个类，类名是test。

2）打开test.java，test.java代码如下：

```
package myprj;

import java.text.Normalizer;
import java.text.Normalizer.Form;
import java.util.regex.Matcher;
import java.util.regex.Pattern;

public class test {

    public static void main(String[] args) {
    String ipv6_1 = "2019:db8:a583:64:c68c:d6df:600c:ee9a";
    String ipv6_2 = "2019:db8:a583::9e42:be55:53a7";
    String ipv6_3 = "2019:db8:a583:::9e42:be55:53a7";
    String ipv6_4 = "1:2:3:4:5::192.168.254.254";
    String ipv6_5 = "ABCD:910A:2222:5498:8475:1111:3900:2020";
    String ipv6_6 = "1030::C9B4:FF12:48AA:1A2B";
    String ipv6_7 = "2019:0:0:0:0:0:0:1";
    String ipv6_8 = "::0:0:0:0:0:0:1";
```

```
        String ipv6_9 = "2019:0:0:0:0::";
        String ipv6_10= "2048:877e:31::7";

        String resultLine = "\n==> ";
        String splitLine = "\n-------------------------------------------\n";
        System.out.println(ipv6_1 + resultLine + isValidIpv6Addr(ipv6_1) +
splitLine);
        System.out.println(ipv6_2 + resultLine + isValidIpv6Addr(ipv6_2) +
splitLine);
        System.out.println(ipv6_3 + resultLine + isValidIpv6Addr(ipv6_3) +
splitLine);
        System.out.println(ipv6_4 + resultLine + isValidIpv6Addr(ipv6_4) +
splitLine);
        System.out.println(ipv6_5 + resultLine + isValidIpv6Addr(ipv6_5) +
splitLine);
        System.out.println(ipv6_6 + resultLine + isValidIpv6Addr(ipv6_6) +
splitLine);
        System.out.println(ipv6_7 + resultLine + isValidIpv6Addr(ipv6_7) +
splitLine);
        System.out.println(ipv6_8 + resultLine + isValidIpv6Addr(ipv6_8) +
splitLine);
        System.out.println(ipv6_9 + resultLine + isValidIpv6Addr(ipv6_9) +
splitLine);
      System.out.println(ipv6_10 + resultLine + isValidIpv6Addr(ipv6_10) +
splitLine);
    }

    //校验IPv6地址的合法性
    public static boolean isValidIpv6Addr(String ipAddr) {

        String regex = "(^((([0-9A-Fa-f]{1,4}:){7}(([0-9A-Fa-f]{1,4}){1}|:))"
          + "|(([0-9A-Fa-f]{1,4}:){6}((:[0-9A-Fa-f]{1,4}){1}|"
          + "((22[0-3]|2[0-1][0-9]|[0-1][0-9][0-9]|"
          + "([0-9]){1,2})([.](25[0-5]|2[0-4][0-9]|"
          + "[0-1][0-9][0-9]|([0-9]){1,2})){3})|:))|"
          + "(([0-9A-Fa-f]{1,4}:){5}((:[0-9A-Fa-f]{1,4}){1,2}|"
          + ":((22[0-3]|2[0-1][0-9]|[0-1][0-9][0-9]|"
          + "([0-9]){1,2})([.](25[0-5]|2[0-4][0-9]|"
          + "[0-1][0-9][0-9]|([0-9]){1,2})){3})|:))|"
          + "(([0-9A-Fa-f]{1,4}:){4}((:[0-9A-Fa-f]{1,4}){1,3}"
          + "|:((22[0-3]|2[0-1][0-9]|[0-1][0-9][0-9]|"
          + "([0-9]){1,2})([.](25[0-5]|2[0-4][0-9]|[0-1][0-9][0-9]|"
          + "([0-9]){1,2})){3})|:))|(([0-9A-Fa-f]{1,4}:){3}((:[0-9A-Fa-f]
{1,4}){1,4}|"
          + ":((22[0-3]|2[0-1][0-9]|[0-1][0-9][0-9]|"
          + "([0-9]){1,2})([.](25[0-5]|2[0-4][0-9]|"
          + "[0-1][0-9][0-9]|([0-9]){1,2})){3})|:))|"
          + "(([0-9A-Fa-f]{1,4}:){2}((:[0-9A-Fa-f]{1,4}){1,5}|"
          + ":((22[0-3]|2[0-1][0-9]|[0-1][0-9][0-9]|"
          + "([0-9]){1,2})([.](25[0-5]|2[0-4][0-9]|"
          + "[0-1][0-9][0-9]|([0-9]){1,2})){3})|:))"
          + "|(([0-9A-Fa-f]{1,4}:){1}((:[0-9A-Fa-f]{1,4}){1,6}"
```

```
            + "|:((22[0-3]|2[0-1][0-9]|[0-1][0-9][0-9]|"
            + "([0-9]){1,2})([.](25[0-5]|2[0-4][0-9]|"
            + "[0-1][0-9][0-9]|([0-9]){1,2})){3})|:))|"
            + "(:((:[0-9A-Fa-f]{1,4}){1,7}|(:[fF]{4}){0,1}:((22[0-3]|2[0-1]
[0-9]|"
            + "[0-1][0-9][0-9]|([0-9]){1,2})"
            + "([.](25[0-5]|2[0-4][0-9]|[0-1][0-9][0-9]|([0-9]){1,2}))
{3})|:)))$)";

        if (ipAddr == null) {
            System.out.println("IPv6 address is null ");
            return false;
        }
        ipAddr = Normalizer.normalize(ipAddr, Form.NFKC);  //归一化
        Pattern pattern = Pattern.compile(regex);
        Matcher matcher = pattern.matcher(ipAddr);          //模式匹配

        boolean match = matcher.matches();                  //得到匹配结果
        if (!match) {
        System.out.println("Invalid IPv6 address = " + ipAddr);
        }

        return match;
        }
    }
```

3）保存工程并运行，运行的结果如下：

```
2019:db8:a583:64:c68c:d6df:600c:ee9a
==> true
--------------------------------------------------

2019:db8:a583::9e42:be55:53a7
==> true
--------------------------------------------------

Invalid IPv6 address = 2019:db8:a583:::9e42:be55:53a7
2019:db8:a583:::9e42:be55:53a7
==> false
...
```

11.8.2 正规化 IPv6 地址

在网络程序开发中，经常使用IP地址来标识一个主机，例如记录终端用户的访问记录等。由于IPv6具有零压缩地址等多种表示形式，因此直接使用IPv6地址作为标示符可能会带来一些问题。

为了避免这些问题，在使用IPv6地址之前有必要将其正规化。除了通过我们熟知的正则表达式，笔者在开发过程中发现使用一个简单的Java API也可以达到相同的效果。InetAddress.getByName(String)方法接收的参数既可以是一个主机名，也可以是一个IP地址字符串。

我们输入任一信息的合法IPv6地址，再通过调用getHostAddress()方法取出主机IP时，地址字符串ipAddr已经被转换为完整形式。例如输入2002:97b:e7aa::97b:e7aa，上述代码执行过后，零压缩部分将被还原，ipAddr变为2002:97b:e7aa:0:0:0:97b:e7aa。

11.8.3　获取本机 IPv6 地址

为了开发服务器程序，开发人员需要使用本机的IPv6地址，这一地址不能简单地通过InetAddress.getLocalhost()获得。因为这样有可能获得诸如 0:0:0:0:0:0:0:1 这样的特殊地址。使用这样的地址，其他服务器将无法把通知发送到本机上，因此必须先进行过滤，选出确实可用的地址。以下代码实现了这一功能，思路是遍历网络接口的各个地址，直到找到符合要求的地址。

【例11.3】　获得本机IPv4和IPv6地址

1）打开Eclipse，工作区文件夹名称是mysql。然后新建一个Java工程，工程名为myprj。然后在工程中添加一个类，类名是test。

2）打开test.java，test.java代码如下：

```
package myprj;

import java.io.IOException;
import java.net.Inet4Address;
import java.net.Inet6Address;
import java.net.InetAddress;
import java.net.NetworkInterface;
import java.net.SocketException;
import java.util.Enumeration;

public class test {
    /**
    * Check if it's "local address" or "link local address" or "loopbackaddress"
    * @param ip address
    * @return result
    */
    private static boolean isReservedAddr(InetAddress inetAddr) {
        if(inetAddr.isAnyLocalAddress() || inetAddr.isLinkLocalAddress()
            || inetAddr.isLoopbackAddress()) {
            return true;
        }
        return false;
    }

    public static void main(String[] args) throws SocketException
    {
        //get all local ips
        Enumeration<NetworkInterface> interfs = NetworkInterface.
getNetworkInterfaces();
        while (interfs.hasMoreElements())
        {
            NetworkInterface interf = interfs.nextElement();
            Enumeration<InetAddress> addres = interf.getInetAddresses();
            while (addres.hasMoreElements())
            {
                InetAddress in = addres.nextElement();
                if (in instanceof Inet4Address)
                {
```

```
                    if(false==isReservedAddr(in))
                        System.out.println("v4:" + in.getHostAddress());
                }
                else if (in instanceof Inet6Address)
                {
                    if(false==isReservedAddr(in))
                        System.out.println("v6:" + in.getHostAddress());
                }
            }
        }
    }
}
```

在上述程序代码中，isReservedAddr方法用于把保留的地址过滤掉，比如v4:127.0.0.1和v6:0:0:0:0:0:0:0:1。

3）保存工程并运行，运行的结果如下：

```
v4:192.168.1.2
v6:3ffe:ffff:7654:feda:1245:ba98:3210:4562
```